多目标进化优化

郑金华 邹 娟 著

科学出版社
北 京

内 容 简 介

近年来，多目标进化算法（MOEA）的研究进入了快速发展阶段，越来越多的人开始从事 MOEA 新方法和新技术的设计与实现，MOEA 的应用日益广泛。

本书比较全面地综述了 MOEA 的国际研究现状和发展趋势，介绍了 MOEA 的基础知识和基本原理；论述和分析了构造 Pareto 最优解集的方法、保持进化群体分布性的方法和策略，以及 MOEA 的收敛性；讨论了目前国际上最具代表性的 MOEA 以及高维 MOEA、偏好 MOEA 和动态 MOEA；探讨了 MOEA 的性能评价方法、MOEA 的测试方法，以及 MOEA 测试实验平台。最后，讨论了用多目标进化方法求解约束优化问题，并分类概述了 MOEA 的应用及两个具体应用实例。

本书可作为计算机、自动控制和其他相关专业高年级本科生、硕士研究生、博士研究生，以及 MOEA 爱好者研究和学习的教材或参考书。

图书在版编目（CIP）数据

多目标进化优化/郑金华，邹娟著. —北京：科学出版社，2017
ISBN 978-7-03-052149-1

Ⅰ. ①多… Ⅱ. ①郑… ②邹… Ⅲ. ①最优化算法-研究 Ⅳ. ①O242.23

中国版本图书馆 CIP 数据核字（2017）第 044642 号

责任编辑：孙露露　常晓敏/责任校对：王万红
责任印制：吕春珉/封面设计：耕者设计工作室

科 学 出 版 社 出版
北京东黄城根北街 16 号
邮政编码：100717
http://www.sciencep.com

北京中科印刷有限公司 印刷
科学出版社发行　各地新华书店经销

*

2017 年 5 月第　一　版　　开本：787×1092　1/16
2024 年 1 月第五次印刷　　印张：19
字数：431 000

定价：128.00 元
（如有印装质量问题，我社负责调换〈中科〉）
销售部电话 010-62136230　编辑部电话 010-62135763-2010

版权所有，侵权必究

本研究得到国家自然科学基金项目（61379062、61502408）、教育部重点实验室（智能计算与信息处理）、智能信息处理与应用湖南省重点实验室（2016TP1020）、计算机科学与技术湖南省重点学科等的资助。

谨以此书纪念我的父亲郑石铭（1935～1998年）。父亲9岁时爷爷抗日阵亡，从此与奶奶相依为命；他曾经是一名优秀的小学教师，1963年响应国家号召主动申请支援农村建设，成为一位出色的农民；他朴实、勤劳、善良，种出的庄稼总是最好的。

郑金华

序　言

　　进化算法是一类基于群体的启发式搜索优化策略，这类方法使用方便，易于理解，对所求解的问题数学性质要求不高，其应用领域越来越广泛，得到许多研究者和工程技术人员的重视。2015 年 5 月，*Nature* 出版的机器智能专刊将进化计算列为当今机器智能研究的六大代表性领域之一。

　　多目标优化是一类常见的优化决策问题，经过来自不同领域的研究者和使用者的近 30 年的努力，多目标进化算法（multi-objective evolutionary optimization，MOEA）的研究和应用已取得巨大成功。事实上，MOEA 已成为多目标决策领域的主流方法和技术，MOEA 也是进化计算领域研究热点。2000~2015 年的 15 年，国际上所出版的 MOEA 论文是过去 15 年（1985~2000 年）的 10 倍之多。*IEEE Transactions on Evolutionary Computation*、*Evolutionary Computation* 和 *Genetic Programming and Evolvable Machines* 三个重要进化优化领域国际期刊都出版了 MOEA 专刊。2001 年以来，每两年召开一次有关多目标进化的国际会议 EMO（Evolutionary Multi-Criterion Optimization），现已成为进化优化领域的主流会议。近年在进化计算领域的两个重要会议 CEC（IEEE Congress on Evolutionary Conference）和 GECCO（Genetic and Evolutionary Computation Conference）上发表的论文中，有关多目标优化的论文占相当比例。国内学者也十分重视多目标进化优化的研究，并取得了许多具有重要价值的成果，出版了多部著作。尽管如此，MOEA 仍远未成为一门成熟学科，其理论、算法设计、应用以及和其他优化学习方法的关系方面，仍有大量基本问题需要进一步研究。

　　郑金华教授曾于 2007 年出版《多目标进化算法及其应用》一书，此书成为国内多目标进化优化领域颇具影响力的著作之一。历经 10 年，郑金华教授和邹娟博士将自己的研究心得和研究结果写成本书，在书中全面介绍和讨论了国际上有关多目标进化优化的最新成果，并对其发展趋势进行了探讨。读者可通过本书系统学习 MOEA 方法，为从事 MOEA 研究和应用打下一个好的基础。我衷心地向读者推荐此书。

张青富
香港城市大学教授，IEEE Fellow，
教育部长江学者讲座教授

前　言

20世纪80年代末期，国内外对多目标进化算法MOEA的研究进入了快速发展时期，1994～2001年的8年，国际上所出版的论文是过去10年（1984～1993年）的3倍之多，近15年又有很大的发展。一方面，以实际应用为驱动的新的研究方向不断涌现，如高维多目标进化优化、基于偏好的多目标进化优化、基于动态环境的多目标进化优化，并产生了很多具有重要价值的成果；另一方面，在 *IEEE Transactions on Evolutionary Computation*、*Evolutionary Computation* 等期刊和EMO（Evolutionary Multi-Criterion Optimization）等学术会议上所发表论文的影响力越来越大；第三个方面，国内外从事MOEA及其应用研究的人员越来越多，他们在MOEA新方法、新技术和应用等方面做了许多卓有成效的工作。

MOEA研究之所以有今天这么好的势头，主要是因为它具有广泛的应用领域和应用前景。现实世界中的许多实际问题都是多个目标的同时优化，这些问题通常又是高度复杂的、非线性的，使用传统方法求解十分困难，而MOEA非常适合求解这类问题。事实上，比较早期的向量评估遗传算法（VEGA）就是为了解决机器学习中的有关问题而提出的。MOEA发展到今天，已经在许多领域得到了成功应用，如优化控制、数据挖掘、机械设计、移动网络规划、证券组合投资、仿人机器人中枢神经运动控制器的设计、固体火箭发动机的优化设计、QoS路由、物流配送、逻辑电路设计、多传感器多目标跟踪数据关联、水下机器人运动规划、导弹自动驾驶仪设计、柔性制造系统流程规划、森林规划优化，以及车间调度等。

作者累积多年的研究心得和研究结果，并结合国内外MOEA研究的最新成果写成本书，以供MOEA爱好者参考，希望起到抛砖引玉的作用。

全书共分14章。第1章回顾了MOEA的研究历史和发展，讨论了MOEA的分类和有待进一步研究的课题。第2章讨论了多目标优化问题、多目标进化个体之间的关系、基于Pareto的多目标最优解，以及MOEA的一般框架。第3章讨论了基于Pareto的多目标最优解集的构造方法。第4章讨论了保持进化群体分布性的方法和策略。第5章对MOEA的收敛性进行讨论和分析。第6章对当前具有代表性的MOEA进行了讨论和分析。第7～9章分别讨论和分析了高维MOEA、基于偏好的MOEA，以及基于动态环境的MOEA。第10章对MOEA收敛性、分布性等性能评价方法进行了讨论。第11章阐述了MOEA的测试方法，同时给出了大量的测试用例。第12章介绍了多目标进化优化实验平台。第13章讨论了用多目标进化方法求解约束优化问题。第14章从11个方面概述了MOEA的应用，并给出了两个具体的MOEA应用实例。

本书收集了国内外有关MOEA的主要研究成果，但近些年有关MOEA的研究成果十分丰硕，因此还有很多优秀成果没有收集到本书中来，敬请专家和读者谅解。

本书适合作为高年级本科生、硕士研究生、博士研究生和MOEA爱好者研究和学习的教材或参考书。为此，作者在叙述上力求通俗易懂，深入浅出。

作者在撰写本书时，得到了张青富的指导；公茂果、唐珂、王勇、李辉、周爱民、俞扬等专家为作者提供了许多重要写作素材和帮助。除作者外，李辉撰写了6.1节，王勇撰写了第13章，参与写作和实验的主要人员有李密青、李珂、刘敏、罗彪、肖赤心、喻果、马忠伟，以及朱铮、韩平、柏卉、胡建杰、刘元、王帅发、张宇平、李庆亚、阮干等。

感谢章兢、黄云清、高协平、刘任任、段斌、欧阳建权对本书出版的支持和鼓励。感谢刘沛林、皮修平、李浪的支持和帮助。感谢姚新、张青富、金耀初、杨圣祥、李晓东、梁吉业、王宇平、张军、周育人、崔逊学、李元香、曾三友、丁立新、蔡之华、巩敦卫、公茂果、唐珂、江贺、王勇、李辉、周爱民、俞扬、秦凯、黄翰等国内外专家对作者和研究团队的长期指导和帮助。感谢实验室全体老师和同学的辛苦工作。特别感谢蔡自兴教授，他指导作者郑金华完成了博士论文，同时给予了长期指导和帮助；特别感谢史忠植教授，他指导作者郑金华完成了博士后工作，同时给予了长期指导和帮助。

感谢家人的全力支持，感谢所有关心、支持和帮助作者的朋友和同事。

由于作者水平有限，书中难免有不足之处，敬请广大读者批评指正。作者 E-mail：jhzheng@xtu.edu.cn，zoujuan@xtu.edu.cn。

郑金华，邹娟
2016年8月

目 录

序言
前言
第1章 绪论 ··· 1
  1.1 MOEA 概述 ·· 1
  1.2 MOEA 的分类 ·· 2
    1.2.1 按不同的进化机制分类 ····································· 2
    1.2.2 按不同的决策方式分类 ····································· 4
  1.3 多目标进化优化方法研究 ·· 5
  1.4 MOEA 理论研究 ·· 7
  1.5 MOEA 应用研究 ·· 9
  1.6 有待进一步研究的课题 ·· 9
第2章 多目标进化优化基础 ··· 14
  2.1 进化算法 ·· 14
    2.1.1 遗传算法的基本流程 ······································ 14
    2.1.2 编码 ·· 15
    2.1.3 适用度评价 ··· 15
    2.1.4 遗传操作 ··· 16
  2.2 多目标优化问题 ·· 17
  2.3 多目标进化个体之间关系 ··· 17
  2.4 基于 Pareto 的多目标最优解集 ······································ 19
    2.4.1 Pareto 最优解 ··· 19
    2.4.2 Pareto 最优边界 ··· 20
    2.4.3 凸空间和凹空间 ··· 21
  2.5 基于 Pareto 的多目标进化算法的一般框架 ····························· 22
第3章 多目标 Pareto 最优解集构造方法 ··· 23
  3.1 构造 Pareto 最优解的简单方法 ······································ 23
    3.1.1 Deb 的非支配排序方法 ···································· 23
    3.1.2 用排除法构造非支配集 ··································· 24
  3.2 用庄家法则构造 Pareto 最优解集 ···································· 25
    3.2.1 用庄家法则构造非支配集的方法 ····························· 26
    3.2.2 正确性论证 ··· 26
    3.2.3 时间复杂度分析 ··· 28
    3.2.4 实例分析 ··· 28
    3.2.5 实验结果 ··· 30

3.3 用擂台赛法则构造 Pareto 最优解集 ······ 31
 3.3.1 用擂台赛法则构造非支配集的方法 ······ 32
 3.3.2 正确性论证及时间复杂度分析 ······ 33
 3.3.3 实例分析 ······ 34
 3.3.4 实验结果 ······ 35
3.4 用递归方法构造 Pareto 最优解集 ······ 39
3.5 用快速排序方法构造 Pareto 最优解集 ······ 42
 3.5.1 个体之间的关系 ······ 42
 3.5.2 用快速排序方法构造非支配集 ······ 46
3.6 用改进的快速排序方法构造 Pareto 最优解集 ······ 49
 3.6.1 改进的快速排序算法 ······ 49
 3.6.2 实验结果 ······ 51

第4章 多目标进化群体的分布性 ······ 56
4.1 用小生境技术保持进化群体的分布性 ······ 56
4.2 用信息熵保持进化群体的分布性 ······ 58
4.3 用聚集密度方法保持进化群体的分布性 ······ 59
4.4 用网格保持进化群体的分布性 ······ 61
 4.4.1 网格边界 ······ 61
 4.4.2 个体在网格中的定位 ······ 62
 4.4.3 自适应网格 ······ 62
4.5 用聚类方法保持进化群体的分布性 ······ 63
 4.5.1 聚类分析中的编码及其相似度计算 ······ 63
 4.5.2 聚类分析 ······ 66
 4.5.3 极点分析与处理 ······ 69
4.6 非均匀问题的分布性 ······ 69
 4.6.1 非均匀分布问题 ······ 70
 4.6.2 杂乱度分析 ······ 70
 4.6.3 种群维护 ······ 71

第5章 多目标进化算法的收敛性 ······ 73
5.1 多目标进化模型及其收敛性分析 ······ 73
 5.1.1 多目标进化简单模型 ······ 73
 5.1.2 reduce 函数 ······ 74
 5.1.3 收敛性分析 ······ 76
5.2 自适应网格算法及其收敛性 ······ 77
 5.2.1 有关定义 ······ 77
 5.2.2 自适应网格算法 ······ 79
 5.2.3 AGA 收敛性分析 ······ 79
 5.2.4 AGA 的收敛条件 ······ 84
5.3 MOEA 的收敛性分析 ······ 85
 5.3.1 Pareto 最优解集的特征 ······ 85
 5.3.2 MOEA 的收敛性 ······ 87

第6章 多目标进化算法 ··· 90
6.1 基于分解的 MOEA ··· 90
6.1.1 三类聚合函数 ·· 90
6.1.2 基于分解的 MOEA 算法框架 ··································· 93
6.2 基于支配的 MOEA ··· 94
6.2.1 Schaffer 和 Fonseca 等的工作 ································· 94
6.2.2 NSGA-Ⅱ ·· 96
6.2.3 NPGA ·· 99
6.2.4 SPEA2 ·· 101
6.2.5 PESA ·· 104
6.2.6 PAES ·· 105
6.2.7 MGAMOO ·· 106
6.2.8 MOMGA ·· 108
6.2.9 基于信息熵的 MOEA ·· 111
6.2.10 mBOA ·· 114
6.3 基于指标的 MOEA ··· 118
6.3.1 Hypervolume 指标和二元 ε-indicator 指标 ············· 118
6.3.2 SMS-EMOA ·· 119
6.3.3 IBEA ·· 120
6.4 NSGA-Ⅱ、SPEA2、MOEA/D 实验比较结果 ····················· 121

第7章 高维 MOEA ··· 123
7.1 概述 ··· 123
7.2 NSGA-Ⅲ ·· 124
7.2.1 参考点的设置 ·· 124
7.2.2 种群的自适应标准化 ·· 125
7.2.3 关联操作 ·· 126
7.2.4 个体保留操作 ·· 127
7.2.5 NSGA-Ⅲ 时间复杂度分析 ······································ 128
7.3 ε-MOEA ·· 128
7.4 SDE ·· 130
7.5 实验结果及对高维 MOEA 研究的思考 ··························· 131

第8章 偏好 MOEA ··· 136
8.1 概述 ··· 136
8.2 g-dominance 算法 ··· 136
8.3 r-dominance 算法 ··· 138
8.4 角度信息偏好算法 ··· 139
8.5 实验结果 ·· 141

第9章 基于动态环境的 MOEA ··· 143
9.1 动态多目标优化问题（DMOP） ··································· 143
9.1.1 DMOP 基本概念及数学表述 ································· 143
9.1.2 DMOP 的分类 ·· 143

9.1.3 动态多目标进化方法 ... 144
9.1.4 动态多目标测试问题 ... 145
9.2 FPS ... 148
9.2.1 预测策略及算法 ... 148
9.2.2 实验结果 ... 150
9.3 PPS ... 151
9.3.1 PPS 基本原理 ... 151
9.3.2 PS 中心点的预测 ... 152
9.3.3 PS 的副本估计 ... 153
9.3.4 下一时刻解的生成 ... 153
9.3.5 PPS 算法 ... 153
9.3.6 实验结果 ... 154
9.4 DEE-PDMS ... 155
9.4.1 动态环境模型 ... 155
9.4.2 动态进化模型的实现 ... 155
9.4.3 DEE-PDMS ... 158
9.4.4 实验结果 ... 159

第 10 章 MOEA 性能评价 ... 160
10.1 概述 ... 160
10.2 实验设计与分析 ... 161
10.2.1 实验目的 ... 161
10.2.2 MOEA 评价工具的选取 ... 161
10.2.3 实验参数设置 ... 162
10.2.4 实验结果分析 ... 163
10.3 MOEA 性能评价方法 ... 163
10.3.1 评价方法概述 ... 163
10.3.2 收敛性评价方法 ... 163
10.3.3 分布性评价方法 ... 167
10.4 综合评价指标 ... 175
10.4.1 超体积指标 ... 175
10.4.2 反转世代距离 ... 176

第 11 章 MOEA 测试函数 ... 177
11.1 概述 ... 177
11.2 MOEA 测试函数集 ... 177
11.3 MOP 问题分类 ... 179
11.3.1 非偏约束的数值 MOEA 测试函数集 ... 182
11.3.2 带偏约束的数值 MOEA 测试函数集 ... 186
11.4 构造 MOP 测试函数的方法 ... 190
11.4.1 从数值上构造 MOP ... 191
11.4.2 规模可变的多目标测试函数的构造方法 ... 195
11.4.3 自底向上地构造规模可变的多目标测试函数 ... 197
11.4.4 对曲面进行约束构造规模可变的多目标测试函数 ... 202

11.5 DTLZ 测试函数系列 ··· 203
11.5.1 DTLZ1 ··· 203
11.5.2 DTLZ2 ··· 204
11.5.3 DTLZ3 ··· 205
11.5.4 DTLZ4 ··· 205
11.5.5 DTLZ5 ··· 206
11.5.6 DTLZ6 ··· 207
11.5.7 DTLZ7 ··· 207
11.5.8 DTLZ8 ··· 208
11.5.9 DTLZ9 ··· 208
11.6 组合优化类 MOEA 测试函数 ··· 209
11.7 WFG 测试问题工具包 ··· 210
11.7.1 问题特性 ··· 210
11.7.2 Pareto 最优面的几何结构 ··· 213
11.7.3 构造测试问题的一般方法 ··· 213
11.7.4 WFG1~WFG9 ··· 215
11.8 可视化测试问题 ··· 217
11.9 其他测试问题 ··· 218

第 12 章 多目标优化实验平台 ··· 220
12.1 多目标优化实验平台特性 ··· 220
12.2 开源软件框架 ··· 221
12.3 优化模板库 ··· 222
12.3.1 OTL 的构成 ··· 222
12.3.2 OTL 面向对象的设计架构 ··· 223
12.3.3 OTL 的三个组成工程 ··· 226

第 13 章 基于多目标优化求解单目标约束优化问题 ··· 227
13.1 约束优化概述 ··· 227
13.2 CW 算法 ··· 229
13.3 HCOEA 算法 ··· 230

第 14 章 MOEA 应用 ··· 232
14.1 MOEA 应用概述 ··· 232
14.1.1 MOEA 在环境与资源配置方面的应用 ··· 232
14.1.2 MOEA 在电子与电气工程方面的应用 ··· 233
14.1.3 MOEA 在通信与网络优化方面的应用 ··· 234
14.1.4 MOEA 在机器人方面的应用 ··· 235
14.1.5 MOEA 在航空航天方面的应用 ··· 235
14.1.6 MOEA 在市政建设方面的应用 ··· 236
14.1.7 MOEA 在交通运输方面的应用 ··· 237
14.1.8 MOEA 在机械设计与制造方面的应用 ··· 238
14.1.9 MOEA 在管理工程方面的应用 ··· 238
14.1.10 MOEA 在金融方面的应用 ··· 239
14.1.11 MOEA 在科学研究中的应用 ··· 240

14.2 MOEA 在车辆路径问题中的应用 ………………………………………… 242
　　14.2.1 带时间窗的车辆路径问题 …………………………………… 242
　　14.2.2 求解 VRPTW 问题的 MOEA ………………………………… 244
　　14.2.3 可变概率的 λ-interchange 局部搜索法 ……………………… 245
　　14.2.4 实验与分析 …………………………………………………… 246
14.3 MOEA 在供水系统中的应用 ……………………………………………… 250
　　14.3.1 水泵调度问题 ………………………………………………… 250
　　14.3.2 求解方法 ……………………………………………………… 252
　　14.3.3 实验结果分析 ………………………………………………… 253
附录 A　符号及缩写 ………………………………………………………………… 256
附录 B　MOPs 测试函数 …………………………………………………………… 257
附录 C　表 B.1 测试函数的 P_{true} 图和 PF_{true} 图 ……………………………… 261
附录 D　表 B.2 测试函数的 P_{true} 图和 PF_{true} 图 ……………………………… 268
参考文献 ……………………………………………………………………………… 272

第1章 绪 论

进化算法(evolutionary algorithm,EA)是一类模拟生物自然选择与自然进化的随机搜索算法,因其适用于求解高度复杂的非线性问题而得到了非常广泛的应用,同时它又具有较好的通用性。在解决只有单个目标的复杂系统优化问题时,进化算法的优势得到了充分展现。然而,现实世界中的优化问题通常是多属性的,一般是对多个目标的同时优化,如一个国家的最优良性发展,涉及经济的快速增长、社会秩序的稳定、环境的保护和改善等多个方面。在这里,经济快速增长和社会秩序稳定这两个优化目标是相辅相成、互相促进的,通常称其为一致的。多数情况下,被同时优化的多个目标之间是相互作用且相互冲突的,如企业生产活动中,产品质量与生产成本是两个相互冲突的目标。为了达到总目标的最优化,通常需要对相互冲突的子目标进行综合考虑,即对各子目标进行折衷(tradeoffs)。由此,针对多个目标的优化问题,出现了多目标进化算法 MOEA。值得说明的是,在国内外诸多文献中,在称谓上可能有比较大的差异,如多目标遗传算法(multi-objective genetic algorithm,MOGA)、进化多目标优化(evolutionary multi-objective optimization,EMOO)等。

1.1 MOEA 概述

1967 年,Rosenberg 建议采用基于进化的搜索来处理多目标优化问题(Rosenberg, 1967),但他没有具体实现。1985 年,David Schaffer 首次在机器学习中实现了向量评估遗传算法(vector evaluated genetic algorithm,VEGA)(Schaffer, 1985)。1989 年,David Goldberg 在其著作 *Genetic Algorithms in Search, Optimization and Machine Learning* 中,提出了用进化算法实现多目标的优化技术(Goldberg et al., 1989),对多目标进化算法的研究具有重要的方向性指导意义。近年来,多目标进化算法引起了许多研究者的广泛关注,并涌现出了大量的研究成果。

1994~2001 年的 8 年,国际上所出版的论文是过去 10 年(1984~1993 年)的 3 倍多(Coello Coello et al., 2002)。最近 15 年的发展速度比过去 8 年又有很大提高。一方面,在 *IEEE Transactions on Evolutionary Computation*(1997 年创刊)、*Evolutionary Computation*(1993 年创刊)和 *Genetic Programming and Evolvable Machines*(1999 年创刊)等国际重要学术期刊,以及各类国际进化计算学术会议(如 Evolutionary Multi-criterion Optimization、Congress on Evolutionary Computation、Genetic and Evolutionary Computation Conference)上发表的有关多目标进化的论文比过去 8 年增长的幅度大得多。另一方面,有关进化计算的期刊或会议的影响力越来越大,如 *IEEE Transactions on Evolutionary Computation*、*Evolutionary Computation* 按 JCR 期刊影响因子均已进入 SCI 一

区。第三个方面，应用成果越来越多，涉及的应用范围越来越广。

1.2 MOEA 的分类

MOEA 种类较多，根据不同的需要也有多种分类方法。本节只讨论按不同的进化机制和不同的决策方式对 MOEA 进行分类。

1.2.1 按不同的进化机制分类

按进化机制的不同，MOEA 可分为三类：基于分解的 MOEA（decomposition-based MOEA）、基于支配关系的 MOEA（domination-based MOEA）和基于指标的 MOEA（indicator-based MOEA）。

1. 基于分解的 MOEA

在处理多目标优化问题时，最直接的方法，也是比较早期所使用的方法就是聚集函数方法。这种方法将被优化的所有子目标组合（combine）或聚集（aggregate）为单个目标，从而将多目标优化问题转换为单目标的优化问题。

Schaffer 对简单遗传算法（simple genetic algorithm，SGA）进行了扩充，于 1985 年提出了向量评价遗传算法（vector evaluated genetic algorithm，VEGA），可以对目标向量进行处理。

例如，设有 r 个子目标，对 r 个子目标的优化问题可以转化为

$$\min \sum_{i=1}^{r} w_i \times f_i(X) \qquad (i=1,2,\cdots,r) \tag{1.1}$$

这里，$w_i \geqslant 0$ 为第 i 个子目标的权重系数，且一般有

$$\sum_{i=1}^{r} w_i = 1 \tag{1.2}$$

聚集函数可以是线性的，也可以是非线性的。当聚集函数呈线性时，无论如何调整权重系数，都难以搜索到非凸解（Das et al.，1997；Ritzel et al.，1994；Richardson et al.，1989）。但当聚集函数呈非线性时，可以很好地解决以上问题（Coello Coello et al.，2002；Jaszkiewicz，2002）。

张青富等基于分解思想，将数学规划方法和进化算法相结合，将多目标优化问题转化为一组单目标优化问题，提出了基于分解的多目标进化算法（multi-objective evolutionary algorithm based on decomposition，MOEA/D）(Zhang Q et al.，2007)。在此基础上，李辉和张青富提出了采用两种不同的邻域策略来平衡探索和开发（Li H et al.，2009）。为降低算法的运行成本并提高算法的性能，张青富等提出了为 MOEA/D 中不同的子问题进行动态分配计算量的理论（Zhang Q et al.，2009）。Nebro 和 Durillo 发展了基于线型的并行 MOEA/D，可在多核计算机上并行执行（Nebro et al.，2010）。Ishibuchi 等提出了在不同的搜索阶段使用不同聚类函数的方法（Ishibuchi et al.，2011）。Li Yuanlong 和周育人等从理论上分析了 MOEA/D 运行一些基本例子的时间复杂度，同时在目标空间和决策空间中对两个具有较差的邻域关系的复杂例子进行了分析（Li Y et al.，2016）。李珂等将 MOEA/D 与蚁群优化相结合，提出了 MOEA/D-ACO，并取得了良好的效果（Li K et al.，2013）。丁大维在其

博士论文中，将 MOEA/D 应用于天线优化设计中（丁大维，2015）。喻果等基于 MOEA/D 框架，提出了一种偏好多目标优化方法（Yu G et al.，2015）。

2. 基于支配关系的 MOEA

基于 Pareto 方法的基本思路是利用基于 Pareto 的适应度分配策略，从当前进化群体中找出所有非支配个体，这种方法最早是由 Goldberg 提出来的（Goldberg et al.，1989）。基于 Pareto 方法的 MOEA 比较多，主要有以下几种：

① Srinivas 和 Deb 等提出的 NSGA（the nondominated sorting genetic algorithm）（Srinivas et al.，1994）和 Deb 等提出的 NSGA-Ⅱ（Deb et al.，2002）和 NSGA-Ⅲ（Deb et al.，2013）。

② Zitzler 和 Thiele 于 1999 年提出的 SPEA（strength pareto evolutionary algorithm）（Zitzler et al.，1999）和 SPEA2（Zitzler et al.，2001）。

③ Fonseca 和 Fleming 提出的 MOGA（multi-objective genetic algorithm）（Fonseca et al.，1993）。

④ Horn 和 Nafpliotis 等提出的 NPGA（niched Pareto genetic algorithm）（Horn et al.，1994）。

⑤ Van Veldhuizen 通过扩充 mGA（a messy genetic algorithm）（Goldberg et al.，1991），提出了 MOMGA（multi-objective messy genetic algorithm）（Veldhuizen，1999），后来 Zydallis 在 MOMGA 的基础上提出了 MOMGA-Ⅱ（Zydallis et al.，2001）。

⑥ Pelikan 等提出的 hBOA（multi-objective hierarchical Bayesian optimization algorithm）（Pelikan et al.，2000），Khan 通过扩充 hBOA 提出了 mhBOA（Bayesian optimization algorithm for multiple-objective and hierarchically difficult problems）（Khan，2003）。

⑦ Knowles 等提出的 PAES（Pareto archived evolution strategy）（Knowles et al.，2000）。

⑧ Corne 等提出的 PESA（the Pareto envelope-based selection algorithm for multi-objective optimization）（Corne et al.，2000，2001）。

⑨ Coello Coello 等提出的 MMOGA（a micro-genetic algorithm for multi-objective optimization）（Coello Coello et al.，2001）。

⑩ 曾三友等提出的 OMOEA（orthogonal multi-objective evolutionary algorithm）（Zeng S et al.，2004；曾三友等，2004）。

⑪ 郑金华提出的 EMOEA（entropy based multi-objective evolutionary algorithm）（郑金华，2005）。

3. 基于指标的 MOEA

基于指标的 MOEA 使用性能评价指标来引导搜索过程和对解的选择过程。Zitzler 等于 2004 年提出了一个通用的基于指标的进化算法 IBEA（Zitzler et al.，2004），使用一个任意的指标来评价并比较一对候选解的性能，不再需要诸如适应度共享等类似的分布性保持机制。Basseur 和 Zitzler 提出了一个用于解决不确定性问题的基于指标的模型（Basseur et al.，2006），其中每个个体被赋予一个在目标空间中的概率值，在不确定环境中讨论了一些用来计算期望指标值的方法，并且提出和实证研究了一些基于指标模型的变种模型。Beume 提出的 SMS-EMOA（Beume et al.，2007），采用 $\mu+1$ 的稳态进化策略，即每次仅产生一个子代个体，这样每一代只需要从种群中淘汰一个个体，节省了计算资源。Bader 和 Zitzler 提出了针对高维优化的一个快速计算的基于超体积指标的算法（Bader et al.，2008），研究了基于超体积指标的多目标搜索算法的鲁棒性（Bader et al.，2010）。

1.2.2 按不同的决策方式分类

按决策方式不同，可以将 MOEA 分为三大类：前决策技术（priori technique）、交互决策技术（progressive technique）和后决策技术（posteriori technique）。

1. 前决策技术

前决策技术指在 MOEA 搜索之前就输入决策信息，然后通过 MOEA 运行产生一个解提供给决策者。其主要优点是简单、易于实现，同时具有较高的效率；最大的不足是限制了搜索空间，从而不能找出所有的可能解。

前决策技术的主要方法有 lexicographic、linear fitness combination 和 nonlinear fitness combination。Lexicographic 方法首先将目标按重要性排序，然后依次选择目标进行优化；也可以在每一代进化中随机地选择一个目标进行优化（Fourman，1985）。Linear fitness combination 方法将多目标优化问题中的多个目标进行线性组合，并对各个子目标赋予不同的权值，将其转化为单目标问题的优化。Nonlinear fitness combination 方法又有三类方法，即 multiplicative fitness combination 方法（将不同的目标值通过乘法运算组合起来）、target vector fitness combination 方法（将一个目标与其期望的目标之间的距离作为组合适应度）和 minimax fitness combination 方法（最小化各目标与决策者指定的目标之间的最大差异）。

2. 后决策技术

后决策技术通过运行 MOEA 产生一组解供决策者选择，是最常用的方法，也是研究成果最多的方法。

后决策技术的主要方法有 independent sampling、criterion selection、aggregation selection 和 Pareto sampling。

(1) independent sampling 方法

Independent sampling 方法是一类采用单目标搜索策略实现多目标优化的方法，每个目标赋予不同的权值，每次运行时对权值进行调整。其优点是简单并具有较高的效率，不足之处是由于每次运行时需要调整权值，这样当目标数目比较大时，运行次数就会很大。

(2) criterion selection 方法

VEGA（Schaffer，1985）是 criterion selection 方法的典型代表，即将一个规模为 M 的群体分成 k 个子群体，并分别针对不同的子目标进行进化，每个子群体规模为 M/k（k 为目标数），然后将 k 个子群体混合到一起进化。其优点是简单、易于实现，一次运行可以产生多个解，不足之处是当 true pareto front 呈非凸时难以找到最优解。

(3) aggregation selection 方法

Aggregation selection 方法是采用 fitness combination 方法（线性或非线性的）对所求取的个体适应度进行选择操作的一类方法，每次运行时产生一组解。不足之处是因为采用了带权组合方法求个体的适应度，因此将会丢失一些属于最优边界上的解。

(4) Pareto sampling 方法

Pareto sampling 方法的基本思路是利用基于 Pareto 的适应度分配策略,从当前进化群体中找出所有非支配个体,这种方法最早是由 Goldberg 提出的(Goldberg et al.,1989)。主要有下列几类:Pareto-based selection,Pareto deme-based selection,Pareto elitist-based selection 以及 Pareto rank and niche-based selection。

① Pareto-based selection 方法引入了 Pareto 排序机制来实现选择操作,但不是用 Niching Crowding 或 Fitness Sharing 等机制来维持解群体的分布性(Kita et al.,1996;Brown et al.,1998),而是采用别的方法来维持解群体的分布性和多样性,如在 TDGA(thermodynamical genetic algorithm)(Kita et al.,1996)中通过调节温度 T 来控制解群体的分布性和多样性。

② Pareto deme-based selection 将 Pareto 排序机制引入各子群体中实现选择操作(Marvin et al.,1999;Kim et al.,2001),通过各子群体的并行进化来维持解群体的分布性和多样性。自然地,由于各子群体之间的信息交换而增加了通信开销。

③ Pareto elitist-based selection 将当前进化群体中一部分优秀个体直接复制到下一代,而不对它们执行任何进化操作。最典型的代表有 PESA(Corne et al.,2001),它设置了一个内部群体 IP(internal population)和一个外部群体 EP(external population)。进化时,将 IP 中的非支配个体并入 EP 中,当一个新个体进入 EP 时,同时要在 EP 中淘汰一个个体。具体方法是在 EP 中寻找挤压系数(squeeze factor)最大的个体并将它清除掉,如果同时存在多个个体具有相同的挤压系数,则随机清除一个。挤压系数被看成选择操作的适应度,当采用锦标赛选择方法,从 EP 中随机选取两个个体时,具有较低的挤压系数的个体将被选中。在这里,一个个体的挤压系数是指该个体所对应的网格(hyper-box)中所聚集个体的总数目,而整个个体(显型)空间被划分为若干个这样的网格,这样做的目的主要是维持解群体的分布性或多样性。类似 PESA,网格(hyper-grid)也被 PAES 采用(Knowles et al.,2000),只是选择操作有所不同。因为 PAES 事实上是一个用于局部搜索的爬山算法,选择操作只在当前解与变异个体两者之中进行。IS-PAES(inverted-shrinkable PAES)(Aguirre et al.,2004)对 PAES 进行了改进,采用缩减搜索空间的策略,在一定程度上提高了算法的效率。

④ Pareto rank and niche-based selection 方法是目前最热门的方法,它对不同层次的非支配个体赋予不同的 rank 值,采用 niche 共享机制来维持解群体的分布性和多样性。最具代表性的算法有 Fonseca 和 Fleming 的 MOGA、Horn 和 Nafpliotis 的 NPGA、Zitzler 和 Thiele 的 SPEA,以及 Srinivas 和 Deb 的 NSGA。

3. 交互决策技术

交互决策技术是决策与搜索或搜索与决策的交互过程,在此过程中既可能用到前决策技术,也可能用到后决策技术。不足之处是难以定义决策偏好,同时效率比较低。

1.3 多目标进化优化方法研究

在 MOEA 新方法和新技术研究方面,涉及的内容很多,研究成果丰硕。

为提高 MOEA 处理高维多目标优化问题的选择压力,Ikeda 等提出的 α 支配方法

(Ikeda K et al., 2001)、Laumanns 等提出的 ε 支配 (Laumanns et al., 2002)、曾三友等提出的一种具有偏序属性的新型 Pareto 占优关系，称为偏好 Pareto 占优 (曾三友等, 2014)。它能够缩小 Pareto 集合的规模，用偏好 Pareto 占优关系替代 Pareto 占优关系，使 MOEA 可以有效地求解高维目标的优化问题。李密青等提出了一种基于移动的密度估计策略 (shift-based density estimation, SDE) (Li M et al., 2013)；邹娟等提出了将最小二乘法与基于指标方法相结合，可有效地评估冗余目标 (Zou J et al., 2015)。

为求解基于偏好的 MOP，Molina 等提出了 g-Dominance (Molina et al., 2009)，Ben Said 等提出了 r-Dominance (Ben Said et al., 2010)，郑金华等提出了偏好角度支配 (郑金华等, 2014)。

为求解动态 MOP，Hatzakis 等提出了一种向前预测策略 (feed-forward prediction strategy, FPS) (Hatzakis et al., 2006)；周爱民等提出了一种基于种群的预测策略 (population prediction strategy, PPS) (Zhou A et al., 2007, 2013)；郑金华等提出了一种基于进化环境的多目标进化模型 (郑金华等, 2014)，在此基础上，彭舟等提出了一种基于动态环境进化模型的种群多样性保持策略 (Peng Z et al., 2014)。

焦李成等提出了多目标优化免疫进化计算理论框架，并成功地应用于求解组合优化、移动通信中的智能多用户检测与自适应处理等实际问题 (焦李成等, 2010)。崔逊学等针对多约束路径问题，提出了一种基于 Pareto 最优路径选择遗传算法，该算法通过遗传机制产生一些互相非支配的最优路径来计算带约束的路径，同时分析了算法的收敛性和时间复杂度，该方法被应用到 MPLS 和大都市的网络系统中，提高了网络的传播效率 (Cui X et al., 2007)。

公茂果等对 MOEA 求解工程问题时高效获取并利用知识指导进化搜索的协作学习与优化理论进行了系统研究。针对数据挖掘和图像理解中的多目标优化问题，研究了基于个体和群体协同学习的进化机制，通过个体层次的局部搜索和群体层次的协同学习，获取从高维空间到迭代搜索空间的动态映射关系，指导优化搜索过程，实现了对百万变量的深度神经网络多目标稀疏特征学习问题的直接求解 (Gong M et al., 2015；Li L et al., 2014)。针对复杂网络聚类中模度优化的分辨率限制问题，设计了两个相互冲突的多分辨目标函数，提出了基于网络拓扑的个体学习策略，实现了基于群体智能的 MOEA，一次运行能求出网络在所有分辨率下的社区检测结果，解决了网络的自适应多分辨社区检测难题 (Gong M et al., 2014)，并成功应用于网络结构平衡 (Cai Q et al., 2015) 和个性化推荐问题 (Zuo Y et al., 2015；Wang S et al., 2016)。针对雷达影像变化检测中的相干斑抑制难题，提出了基于马尔可夫随机场的差异影像模糊聚类目标函数 (Gong M et al., 2014a)，设计了多尺度域的个体局部学习和群体协同学习策略 (Li H et al., 2016)，实现了相干斑抑制和细节保持两个优化目标的的多样性进化搜索，显著提高了检测的正确率 (Wang S et al., 2016)。

唐珂等针对大规模 (决策变量数多) 复杂优化问题求解中算法性能随着解空间维数的增大而快速退化的问题，以大规模车辆路径规划问题为例进行了深入研究，提出了一种基于问题层次分解的方法 (Tang K et al., 2016)，求解效率比传统算法提高了一个量级，该方法对解决其他类型的大规模复杂组合优化问题具有重要借鉴意义。江贺等针对度量二元优化中的 TSP 系列问题的效率和效力，用多目标进化方法进行优化，发现了 TSP 系列问题中的特征和困难度之间的关系 (Jiang H et al., 2014)，对解决此类问题具有重要借鉴意义。

周志华和喻扬建立了通用的复杂度分析方法 (Zhou Z et al., 2005, Yu Y et al.,

2012)。巩敦卫等提出了一种基于偏好的多面体理论的交互式进化算法（Gong D et al.，2013），该算法定期给决策者提供一组非支配解集，决策者选择最差个体作为顶点在目标空间中构成一个偏好多面体，根据构造的多面体，对相同级别的个体进行排序。应伟勤和李元香等为提高热力学遗传算法（thermodynamical genetic algorithms）的运行效率和解集分布均匀性，提出了一种几何热力学选择策略，通过扇形采样来度量种群逼近方向的多样性，利用距离精英定义距离能量来度量种群的逼近程度，避免了耗时的非劣分层操作（应伟勤等，2010）。Xie C 和丁立新等论证了拥有确定特征的 MOEA 的收敛性和将已知 Pareto 最优边界作为真实 Pareto 最优边界的合理性（Xie C et al.，2010）。

周育人对最大化问题的参数估计、性能和运行时间等进行了深入理论分析（Zhou Y et al.，2007，2009，2013）。Laumanns 等提出了对处理伪问题算法严谨的运行时间分析（Laumanns et al.，2004）。Neumann 证明了 MOEA 在求解 Spanning Forest 问题时，与最好的近似算法有相同的近似度而花费的时间更少（Neumann，2005）；论证了 MOEA 在求解 Minimum Multicuts 问题时，用多项式时间可取得 K-近似值（Neumann et al.，2008）。

Fonseca 等提出了使用 MOEA 求解多约束优化问题（Fonseca et al.，1998）。邹秀芬等提出了求解约束多目标优化问题的一种鲁棒的进化算法（邹秀芬等，2004）。蔡自兴和王勇于 2006 年提出了一种采用多目标进化求解约束优化问题的方法（CW）（Cai Z et al.，2006）；为进一步提高 CW 的性能，王勇和蔡自兴于 2012 年使用差异进化算法改进了群体进化模型，提出了 CMODE 算法（combining multi-objective optimization with differential evolution to solve constrained optimization problems）（Wang Y et al.，2012）。王勇和蔡自兴等于 2007 提出了 HCOEA（multi-objective optimization and hybrid evolutionary algorithm to solve constrained optimization problems）（Wang Y et al.，2007），并于 2012 年提出了 DyHF 算法（a dynamic hybrid framework for constrained evolutionary optimization）（Wang Y et al.，2012b）。

1.4 MOEA 理论研究

有关 MOEA 理论方面的研究结果比较少，涉及 MOEA 理论分析，如收敛性分析、Pareto 最优解集的构造方法、MOEA 性能评价方法、MOEA 测试及测试函数的构造方法等研究的论文不到 1%。

在 MOEA 收敛性方面，崔逊学（崔逊学，2003）、Van Veldhuizen 等（Veldhuizen et al.，1999）、Rudolph（Rudolph，2001）、Hanne（Hanne，1999）和 Knowles 等（Knowles et al.，2003）做出了具有重要价值的贡献，证明了 MOEA 满足约定条件下的收敛性。Knowles 等（Knowles et al.，2003）讨论了自适应网格算法（AGA），当 Pareto 最优解的最大上边界就是可行解集的最大上边界时，可以在有限步内收敛；其他多数都是讨论时间趋向于无穷大时 MOEA 的收敛性。因此，Coello Coello 等认为，至今还没有证据表明 MOEA 是否真的收敛到了 true Pareto front，已有的理论结果也只是做一些简单的假设，从而得出有限的理论结果（Coello Coello et al.，2002）。

对 Pareto 最优解集的构造方法，Rudolph 做了一系列的研究（Rudolph，1998a，2001，2001a），Deb 等（Deb et al.，2002）、Jensen（Jensen，2003）也提出了构造 MOEA 最优解集的方法，郑金华等（郑金华等，2004，2005）通过对进化个体之间关系的研究，提出了擂台赛法则、快速排序等多种构造 Pareto 最优解集的有效方法。曾三友等提出了一种快速算法求解非劣集合（曾三友等，2004）。为减少对昂贵多目标优化问题目标向量进行直接评估所导致的大量计算成本，郭观七等提出了用分类器预测候选解间 Pareto 优劣性的模式分类方法（Guo G et al.，2012），通过动态调整学习样本集数据，用预测的 Pareto 优劣性可以使候选解种群渐近地收敛到 Pareto 最优面；为提高预测的准确性，郭观七等提出了基于等价维交叉相似性测度的最近邻预测方法（郭观七等，2014），通过识别决策向量的等价维学习决策空间到目标空间映射的部分知识，从而提高在决策空间中应用最近邻方法预测的准确性。

在算法性能评价方面，Zitzler 等（Zitzler et al.，2000）提出了 MOEA 性能评价的一般准则，Deb 等提出了具体的评价方法（Deb et al.，2002b）；Zitzler 等提出了用覆盖空间大小（size of space covered）来评价算法的性能（Zitzler et al.，1999a），同时提出了多种其他性能评价方法（Zitzler et al.，2000）；Wu 等提出了用超区域覆盖差（hyperarea difference）来评价最优解集的质量（Wu et al.，2001）；Van Veldhuizen 等提出了总非劣矢量数目（overall non-dominated vector generation）和总非劣矢量比例（overall non-dominated vector generation ratio）两个性能评价指标（Veldhuizen et al.，2000），以及最大 Pareto 解面误差（maximum Pareto front Error）、代际距离（generational distance）和间距（spacing）等方法（Veldhuizen et al.，1999a）；Ali Farhang-Mehr 等从信息论的角度出发（Farhang-Mehr et al.，2002，2003），提出了一种基于信息论的性能评价方法——解集的熵，用于评价近似解面的多样性，熵越大的解集，它在目标向量空间可行域上的分布就越均匀，说明该解集的覆盖性能也越好。Zitzler 等通过严格的数学证明指出（Zitzler et al.，2002），有限个一元性能评价方法的组合无法给出两个近似解集之间的优劣关系，也可以说，确定一个近似解集好坏的准则在数目上是无限的，即仅仅根据近似解面到 Pareto 最优解面的距离和近似解面的多样性无法唯一决定一个解集的优劣。Ducheyne 等根据统计评估类似 NSGA-Ⅱ 算法的性能，提出了两种适应度继承方法（Ducheyne et al.，2008）。李密青等提出了一种 MOEA 解集分布广度评价方法（李密青等，2011），以及在 Pareto 最优面未知的情况下如何评价解集的分布性能（李密青等，2011a）。

在 MOEA 的测试及测试函数的构造方法方面，Whitley 等提出了测试函数的设计准则（Whitley et al.，1996）；Deb 等研究了测试函数的构造方法（Deb et al.，1999，2001，2001a，2002a，2005），并提出了多种测试函数；Van Veldhuizen 指出，多目标优化问题的测试函数集应当包含 Pareto 最优解集和 Pareto 最优解面的所有可能的性质（Van Veldhuizen，1999a）；Huband 等对当时几种流行的测试问题集进行了总结性分析，并提出了一个可扩展的 WFG 测试问题工具包（Huband et al.，2006）；张青富等提出了 CEC09_UF1-CEC09_UF10（Zhang Q et al.，2008）和 ZZJ08_F1-ZZJ08_F10（Zhang Q et al.，2008a）；刘静等提出了一种采样技术，通过计算 Motif Difficulty（MD）的近似值，预测问题难度（Liu J et al.，2012）；李辉等提出了 LZ09_F1-LZ09_F9（Li H et al.，2007）、CPFT1-CPFT8（Li H et al.，2014）和 BT1-BT9（Li H et al.，2016）；周爱民等提出了 ZZJ09_F1-ZZJ09_F7（Zhou A et al.，2009）。JY_F1-JY_F6（Jiang S et al.，2016）、GLT1-GLT6（Gu F et al.，2012）；李密青等从决策空间的角度考虑，构造了 Rectangle 可视化测试问题（Li M et al.，2014a）。

1.5　MOEA 应用研究

MOEA 应用研究是目前最为热门的主题之一，大约有 50% 的论文着眼于解决实际问题，这就是 MOEA 具有生命力的一个重要原因。事实上，比较早期的向量评估遗传算法（VEGA）就是为了解决机器学习中的有关问题而提出的。MOEA 发展到今天，已经在许多领域得到了成功应用，如优化控制（马清亮等，2004）、数据挖掘（Oliveira et al., 2005；Iglesia et al., 2005）、机械设计（Chiba et al., 2005）、移动网络规划（李满林等，2003）、证券组合投资（林丹，2002）、仿人机器人中枢神经运动控制器的设计（姜山等，2001）、固体火箭发动机的优化设计（杨青等，2002；Carrese et al., 2015；Arias-Montano et al., 2011）、QoS 路由（杨云等，2004）、物流配送（张潜等，2003；Jourdan et al., 2005；Marianoromero et al., 2005）、逻辑电路设计（赵曙光等，2004）、多主体自动协商（Zheng J et al., 2004）、多传感器多目标跟踪数据关联（朱力立等，2003）、水下机器人运动规划（张铭钧等，2001；Da Graca Marcos et al., 2012）、柔性制造系统流程规划（Chen C T et al., 2012）、车间调度问题（Esquivel et al., 2002；Kleeman et al., 2005）、城市水资源管理系统的设计问题（Matrosov et al., 2015），以及通信与网络优化（Murugeswari et al., 2016；Konstantinidis et al., 2011；Pereira et al., 2013）等。

总之，有关 MOEA 应用的文献很多，涉及的领域也很广。我国学者也十分重视 MOEA 的应用研究，如王凌教授对 MOEA 在调度问题中的应用进行了深入的理论研究和实践探索，并取得了重要系列成果（王凌等，2012）。本书第 14 章将会对 MOEA 的应用进行比较详细的讨论。

1.6　有待进一步研究的课题

目前国内外有关 MOEA 的研究进入了快速发展阶段，并取得了许多可喜成果。但由于 MOEA 是比较年轻的学科领域，值得进一步研究的课题还有很多，这里罗列一些，以供读者学习和研究时参考。

1. 更一般的、更通用的、更接近于自然进化的 MOEA 模型

① 已有的 MOEA 研究，主要是模仿生物自身的进化过程，没有（或很少）考虑进化环境对进化的作用，实际上进化环境对进化个体的影响也是非常重要的，正是因为大自然中环境和生物体之间奇妙的相互作用，才使得生命体有今天这样完美的结构。

② 已有的 MOEA 都与所求解的问题密切相关，即过分地依赖于所求解的问题，应用一个 MOEA 去求解不同的优化问题时，一般要对 MOEA 做一定的修改。

③ 已有的 MOEA 所采用的进化策略、个体适应度的分配机制、解群体的分布性保持方法等大多各不相同，各有其特点和不足，没有一个比较一致的模式来规范 MOEA 的设计。

④ 应用者，特别是不怎么熟悉 MOEA 的应用者，一方面难以选取合适的 MOEA，更为突出的是不知道怎么修改 MOEA 以使之适合求解自己的问题。

因此，建立一个更为一般的、具有通用性的、便于一般应用者使用的 MOEA 框架和模型，具有十分重要的理论价值和应用价值。

2. 基于进化环境的多目标进化模型

基于进化环境的 MOEA（evolutionary environment based MOEA，EEMOEA），借鉴自然界生物进化环境的特征（如环境对个体的约束和规范），在传统 MOEA 的进化模式上，充分考虑进化个体与进化环境的相互影响和相互作用，从而使 EEMOEA 具有像生物自然进化一样的进化能力和功效，这种研究方法更加符合自然进化的一般规律。进化环境与所求解的问题密切相关，是基于进化环境的 MOEA 的一个重要组成部分，但它又具有独立性。它对进化个体起"约束、促进和导向"作用。EEMOEA 由两部分构成：一部分为进化环境（evolutionary environment，EE），另一部分为进化操作（evolutionary operation，EO）。EE 由依赖于问题的约束条件（包括分布性要求）、归档集（用于保存当前最优解个体）、最优解集与最优解个体在进化环境中的评价机制、促进和引导群体逼近优化目标的机制，以及环境选择机制等组成。这样，进化便分为两个阶段：个体进化和受环境约束的进化，EO 作用于进化群体使个体进化，EE 作用于归档集即为受环境约束的进化。

3. 构造多目标最优解集的最少时间复杂度

目前对构造 Pareto 最优解集的研究结果较少，对于已提出的几类算法，时间复杂度也不同。而 MOEA 在每一次迭代时都要构造 Pareto 最优解集，因此构造 Pareto 最优解集的效率对 MOEA 的运行效率有很大的影响。因此，非常有必要从理论上论证，对于一个有 k 个目标的优化问题，构造其 Pareto 最优解集的最少时间复杂度。

4. 进化过程中，个体循环地进入归档集问题

在多目标进化过程中，可能重复产生相同的解个体，这些解个体因为边界条件的要求或是分布性的要求而进入归档集中；与此同时，当进化过程中产生了比这些个体更优秀的个体时，它们又将被从归档集中删除。有的时候，以上过程会交替循环地发生，从而导致算法不收敛。需要研究可行的方法来有效处理这类问题。

5. MOEA 在不同参数时的比较研究

针对同一个 MOEA，采用不同的参数，研究算法的各项性能变化，如收敛性、鲁棒性等。参数主要有三大类：一是测试问题参数，如不同的测试问题一般具有不同的问题特征，同一个测试问题在不同规模时也会对 MOEA 的性能具有很大的影响；二是 MOEA 自身的参数，如进化操作（交叉算子、选择机制、变异算子）、群体规模、共享机制等；三是环境参数，主要指 MOEA 运行的软硬件环境。

6. MOEA 进化过程中，非支配集变化规律的研究

当所采用的进化策略不同，以及待优化的多目标问题不同时，MOEA 在进化过程的不同阶段，其非支配集的规模大小可能存在着较大的差异。如果能找出一般的规律，则有利于深入研究 MOEA 的进化机理。

7. 比较并研究不同的保持进化群体分布性的方法

在已有的 MOEA 中，所采用的保持进化群体分布性的方法大多不相同，但各有其特点和不足。从本质上比较与研究它们之间的相同点与不同点，以及它们对 MOEA 收敛特性的影响是非常有意义的。

8. MOEA 并行实现的研究

近几年出现了一些十分有价值的成果，但总体来说研究成果较少。EA 具有隐并行性，

并行 MOEA 的研究具有重要意义。

9. MOEA 在异位显性问题中的应用

所谓异位显性问题（problems with epistasis or high epistasis）是指某个目标函数依赖于其他的决策变量之值。

10. 在 MOEA 中引入其他生物激励机制

EA 或 MOEA 本身就是模仿生物自然进化过程而设计的算法，可否在 MOEA 中引入其他的生物激励机制或概念（biologically-inspired concept），如成熟分裂（meiosis）、拉马克生物进化学（Lamarckism）、鲍尔温效应（Baldwin effect）等。

11. 非支配向量的数据结构

Habenicht 提出了采用 quad tree 作为非支配向量的数据结构（Habenicht et al.，1983），一方面可以高效地在 quad tree 中查找到一个非支配向量，另一方面，可以比较快速地判断一个向量是否被 quad tree 上的非支配向量所支配。Shi Chuan 等（Shi C et al.，2003）和 Chen Xianming（Chen X，2001）也分别提出了采用树作为非支配向量的数据结构，这样可以使构造非支配集的方法具有很高的效率。总的来说，这方面的研究结果很少。

12. 用多目标优化方法处理单目标优化问题

一些学者提出了用多目标优化方法来处理某些单目标优化问题，这样会使问题处理起来更加方便和容易。如文献（Knowles et al.，2001；Wang Y et al.，2008）中，将旅行商问题转化为多目标优化问题来处理。但并非所有的单目标优化问题都可以转化为多目标优化问题，有的时候也没有任何意义。进一步的研究可以从哪些问题能转化、哪些问题不能转化，以及这种转化的优缺点等方面展开。

13. MOEA 测试问题的构造方法

MOEA 的性能测试是非常重要的一项工作，已有 MOEA 测试问题主要是针对静态环境的，而对动态环境的测试也很重要。另外，结合实际应用提出测试问题也是目前测试问题构造比较缺失的方面。因此，这方面的研究具有重要意义。

14. MOEA 性能评价

主要从三个方面来评价 MOEA，一是 MOEA 的收敛性，二是 MOEA 所求解集的分布性，三是 MOEA 的鲁棒性。目前已有不少评价方法，有待进一步研究的课题有不同评价方法的优缺点、不同评价方法的适用范围，以及新的评价方法等。

15. 高维 MOEA

当目标维数超过 4 时，基于 Pareto 方法的 MOEA 选择压力减弱，导致算法难以收敛甚至不收敛。基于分解和基于指标的方法能较好地解决该问题，但与此同时，它们在一部分问题上很难保持解集分布性。因此，如何针对高维多目标问题设计有效的进化技术和方法是一个重要的研究课题。

16. 高维偏好 MOEA

一方面，由于高维问题随着维数的增加，目标空间的大小指数级增长；另一方面，在实际应用中，对于高维优化问题，隐含着用户的偏好信息。因此，对偏好高维多目标进化技术和方法的研究将是未来一个重要方向。

17. 高维 MOEA 的评价

现有的性能评价方法随着目标维数的增加遇到各种各样的问题，例如 Pareto 支配关系的失效、时间或空间呈指数增长、参数的敏感性增加等。因此，如何评价高维 MOEA 的性能是一个值得研究的课题。有兴趣的读者可参考有关文献（Li M et al.，2015）。

18. 混合 MOEA

目前，基于 Pareto、基于指标和基于分解三类方法是 MOEA 研究的主流方法。然而，三类方法都有其优点和不足，如何结合它们的优点设计混合 MOEA 是一个值得研究的重要课题，可能产生一些更为有效的 MOEA。有兴趣的读者可参考有关文献（Li M et al.，2016）。

19. 约束 MOEA

对于约束多目标进化的研究，具有十分重要的实际应用价值，是 MOEA 研究领域中一个重要的研究方向。目前，对约束单目标进化优化的研究还有许多没有解决的问题，因此对约束多目标进化优化方法和技术的研究十分具有挑战性。

20. 动态 MOEA

在动态单目标进化优化方面，已有较多优秀研究成果。但实际应用中，有很多十分复杂的动态多目标优化问题，因此，对动态 MOEA 的研究是未来的一个重要方向，且极具挑战性。

21. MOEA 的应用

研究 MOEA 的目的就是为了应用 MOEA 去更好地解决实际问题。因此，MOEA 在各个领域的应用研究是最具有意义和价值的。

作为本章的结束语，这里特别介绍几位在进化计算领域的国际知名华人专家。

姚新教授（Professor Yao Xin），长江学者，IEEE 智能计算学会（CIS）主席，IEEE Fellow，多个国际期刊的主编或副主编，现任英国伯明翰大学（University of Birmingham）计算机系首席教授。姚新教授于 2012 年获得了著名的皇家学会沃尔夫森研究奖，并于 2013 年获得了 IEEE 智能计算学会进化计算先驱奖。他在进化计算研究领域的许多思想，在国际上对该领域的研究起着重要的导向作用，他的主页是 http://www.cs.bham.ac.uk/~xin/。

张青富教授（Professor Zhang Qingfu），长江学者，千人计划入选者，*IEEE Transactions on Evolutionary Computation*、*IEEE Transactions on Cybernetics* 等杂志的副主编，现任英国埃塞克斯大学教授和中国香港城市大学教授。张青富教授主要从事多目标进化算法的研究，提出的 MOEA/D 将多目标进化优化研究推了一个新的高度，获得 IEEE 进化计算大会多目标优化国际竞赛第一名、*IEEE Transactions on Evolutionary Computation* 最佳论文奖。他的主页是 http://www.cs.cityu.edu.hk/~qzhang/services.html。

金耀初教授（Professor Jin Yaochu），长江学者，IEEE Fellow，*IEEE Transactions on Cognitive and Developmental Systems* 主编，*Complex & Intelligent Systems*（*Springer*）主编，现任英国萨里大学计算科学系"计算智能"首席教授。金耀初教授在将进化算法与实际问题相结合方面做出了卓越贡献，研究成果已成功应用于汽车自适应巡航控制、多机器人系统和复杂网络自组织、图像特征提取和医学图像处理等多个领域。他的主页是 http://

www.soft-computing.de/jin.html。

TanKay Chen 教授，现任新加坡国立大学教授，IEEE Fellow，IEEE 国际计算智能大会的共同主席，IEEE 计算智能协会的杰出讲师，*IEEE Transactions on Evolutionary Computation* 主编，多个国际期刊的副主编。由于他在多目标进化优化方面做出的突出贡献，获得 IEEE 计算智能协会 Outstanding Early Career 奖。由于在工程教育以及研究方面做出的杰出贡献，获得国际网络工程教育与研究成就奖。他的主页是 https://www.ece.nus.edu.sg/staff/bio/tankc.html。

杨圣祥教授（Professor Yang Shengxiang），现任英国德蒙福特大学计算机科学与信息学院终身教授，*IEEE Transactions on Cybernetics* 和 *Evolutionary Computation* 等 7 个国际期刊的副主编或编委，IEEE 计算智能协会进化计算技术委员会和智能系统应用技术委员会委员。杨圣祥教授主要从事计算智能方法与应用研究、进化计算方法求解动态优化问题的研究，取得了一系列独树一帜、具有国际影响力的研究成果。他的主页是 https://www.researchgate.net/profile/Shengxiang_Yang。

第 2 章　多目标进化优化基础

近二十年来，基于生物激励机制的算法得到快速发展，主要原因是这类算法能解决传统方法难以解决的问题，具有十分广阔的应用前景。这类算法归类为自然计算，如遗传算法、粒子群算法、蚁群算法、差分进化算法、免疫进化算法、鱼群算法、文化算法等，其共同特征是借鉴了自然现象中的某一种机制、机理或规则等而设计的优化算法。

为方便阅读本书后续内容，本章简单介绍进化算法和多目标进化算法。

2.1　进化算法

进化算法主要有三类：遗传算法（genetic algorithm，GA）、进化规划（evolutionary programming，EP）和进化策略（evolution strategies，ES）。这三类算法非常相似，它们的基本思想来源于生物学家达尔文的物竞天择、优胜劣汰、适者生存的自然选择和自然进化的机理，其主要特点是群体搜索策略和群体中个体之间的信息交换，适用于处理传统搜索方法难以解决的高度复杂的非线性问题，如求解 NP 完全问题。其中，遗传算法的基本理论和基本方法是由美国密歇根大学的 Holland 教授于 1975 年首先系统提出的。早在 1967 年，Bagley 就发明了"遗传算法"一词，并发表了第一篇有关遗传算法应用的论文。进化规划是由美国的 Fogel 教授等于 1966 年提出的（Fogel et al.，1966）。进化策略是由德国的 Rechenberg 教授等于 1965 年提出的（Rechenberg et al.，1965）。

为节省篇幅，本节只简单介绍遗传算法的基本框架，更详细的内容可参阅其他有关文献（陈国良等，1999；刘勇等，1995；潘正君等，1998；张文修等，2000；玄光男等，2004；王宇平，2011）。

2.1.1　遗传算法的基本流程

遗传算法的基本流程如图 2.1 所示。遗传算法利用简单的编码技术和繁殖机制来表现复杂的现象，它不受搜索空间的限制性约束，不必要求诸如连续性、导数存在和单峰等假设，能从离散的、多极值的、含噪音的高维问题中以很大的概率找到全局最优解。由于它固有的并行性，遗传算法非常适用于大规模并行计算。

设计或应用遗传算法解决实际问题时，请注意以下几点：

① 个体适应度的计算方法，是由适应度函数决定的。

② 交叉概率 P_c 一般比较大，如 0.9；变异概率 P_m 一般比较小，如 0.005。

③ 产生新一代群体时，必须采用最优个体保留机制，即将上一代最优个体直接复制到下一代新群体中。如果不保留上一代最优个体，遗传算法是不收敛的。

④ 遗传算法的终止条件最简单的有两种：一是完成了预定的进化代数；二是种群中的最优个体在连续若干代没有改进或平均适应度在连续若干代基本没有改进。

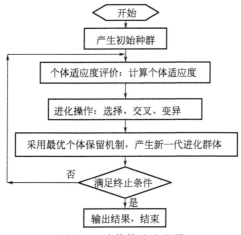

图 2.1　遗传算法流程图

2.1.2　编码

使用遗传算法求解问题时，由问题空间向编码空间的映射称为编码（encoding），而由编码空间向问题空间的映射称为译码（decoding）。

编码一般应满足以下三个原则。

（1）完备性（completeness）

问题空间中所有的点（可行解）都可以表示为遗传算法编码空间中的点（染色体位串）。

（2）健全性（soundness）

遗传算法编码空间中的染色体位串必须对应问题空间中的某一潜在解。

（3）非冗余性（non-redundancy）

染色体和潜在解必须一一对应。

最常用的编码为二进制编码和实数编码，此外还有大字符集编码、序列编码、树编码、乱序编码等。

2.1.3　适用度评价

在遗传算法中，为了体现适者生存的原则，必须对个体位串的适应性进行评价，通常用适应度来表示个体的优劣，一个个体的适应度越高，表明它的生存能力越强。

若用 S^L 表示位串空间，S^L 上的适应度函数可表示为 $f()：S^L \to \mathbb{R}^+$，它为实值函数，其中 $\mathbb{R}^+$ 为非负实数集合。

对于给定的优化问题 $g(x)$（$x \in [u, v]$），目标函数有正有负，甚至可能是复数值，所以有必要通过建立适应度函数与目标函数的映射关系，保证映射后的适应度是非负的，而且目标函数的优化方向应对应于适应度增大的方向。因此，需要针对待优化函数来确定适应度函数，即需要一个函数变换 $T：g \to f$，这里 $g()$ 为待优化函数，$f()$ 为适应度函数。

对于最小化问题，即 $\min g(x)$，函数变换 T 可以定义为

$$f(x) = \begin{cases} C_{\max} - g(x), & \text{若 } g(x) < C_{\max} \\ 0, & \text{否则} \end{cases} \tag{2.1}$$

其中，$C_{\max}$可以是一个输入值或是理论上的最大值，或者是到当前所有代或最近k代中$g(x)$的最大值，此时$C_{\max}$随着代数会有变化。

对于最大化问题，即 $\max g(x)$，函数变换T可以定义为

$$f(x) = \begin{cases} g(x) - C_{\min}, & \text{若 } g(x) > C_{\min} \\ 0, & \text{否则} \end{cases} \tag{2.2}$$

其中，$C_{\min}$既可以是一个特定的输入值或是理论上的最小值，也可以是当前所有代或最近k代中$g(x)$的最小值。

2.1.4 遗传操作

遗传算法的操作算子一般都包括选择（selection，或复制 reproduction）、交叉（crossover，或重组 recombination）和变异（mutation）三种基本形式。遗传算法操作依次按选择、交叉和变异的顺序执行。遗传算法利用遗传算子产生新一代群体来实现群体进化，算子的设计是遗传策略的主要组成部分，也是调整和控制进化过程的基本工具。

1. 选择算子

选择算子从当前进化群体中选择适应度高的个体，放入交配池（mating pool）中，交叉算子只能从交配池中随机地选取个体执行交叉操作。

常用的选择算子主要有适应值比例选择、Boltzmann 选择、排序选择、联赛选择等。

2. 交叉算子

交叉算子（crossover）是模仿自然界有性繁殖的基因重组过程，其作用在于将原有的优良基因遗传给下一代个体，并生成包含更复杂基因结构的新个体。交叉操作一般分为以下几个步骤：

① 从交配池中随机取出要交配的一对个体。

② 根据位串长度L，对要交配的一对个体，随机选取 $[1, L-1]$ 中一个或多个整数 k 作为交叉位置。

③ 根据交叉概率 P_c（$0 < P_c \leq 1$），实施交叉操作，配对个体在交叉位置处相互交换各自的部分内容，从而形成新的一对个体。

交叉算子通常有一点交叉、两点交叉、多点交叉、一致交叉等形式。

3. 变异算子

当交叉操作产生的后代个体的适应度不再比它们的前辈更好，但又未达到全局最优解时，就会发生非成熟收敛或早熟收敛（premature convergence），这时引入变异算子（mutation）往往能产生很好的效果。一方面，变异算子可以使群体进化过程中丢失的等位基因信息得以恢复，以保持群体中个体多样性，防止发生非成熟收敛；另一方面，当种群规模较大时，在交叉操作基础上引入适度的变异，也能够提高遗传算法的局部搜索效率。

变异操作模拟自然界生物体进化中染色体上某位基因发生的突变现象，从而改变染色体的结构和物理性状。在群体进化的整个过程中，交叉操作是最主要的基因重组和群体更迭的手段，变异操作起着重要的辅助作用。

在二进制编码中，变异算子通过按变异概率 P_m，反转某位等位基因的二进制字符值来实现，如将 1 变为 0，或将 0 变成 1。为了保证个体变异后不会与其父体产生太大的差异，变异概率一般取值较小，如取 $P_m = 0.005$，以保证种群的稳定性。

2.2 多目标优化问题

无论在科学研究还是在工程应用上，多目标优化都是非常重要的研究课题。这不仅是因为许多现实世界中的优化问题涉及多个目标的同时优化，还有一些与多目标优化有关的问题也是难以回答的，如最优解，它不同于单目标的优化，通常有多个最优解，对于多个最优解，究竟哪个是我们要找的呢？与此同时，如何构造一个多目标优化问题的最优解集？如何评价由不同的 MOEA 所构造的最优解集的优劣？

为了回答这些问题，首先给出有关多目标优化问题的一般描述。

给定决策向量 $\boldsymbol{X}=(x_1,x_2,\cdots,x_n)$，它满足下列约束：

$$g_i(\boldsymbol{X}) \geqslant 0 \quad (i=1,2,\cdots,k) \tag{2.3}$$

$$h_i(\boldsymbol{X})=0 \quad (i=1,2,\cdots,l) \tag{2.4}$$

设有 r 个优化目标，且这 r 个优化目标是相互冲突的，优化目标可表示为

$$\boldsymbol{f}(\boldsymbol{X})=(f_1(\boldsymbol{X}),f_2(\boldsymbol{X}),\cdots,f_r(\boldsymbol{X})) \tag{2.5}$$

寻求 $\boldsymbol{X}^*=(x_1^*,x_2^*,\cdots,x_n^*)$，使 $\boldsymbol{f}(\boldsymbol{X}^*)$ 在满足约束式（2.3）和式（2.4）的同时达到最优。

在多目标优化中，对于不同的子目标函数可能有不同的优化目标，有的可能是最大化目标函数，也有的可能是最小化目标函数，归纳起来，不外乎下列三种可能的情况：

① 最小化所有的子目标函数。
② 最大化所有的子目标函数。
③ 最小化部分子目标函数，而最大化其他子目标函数。

为了处理方便，一般来说，可以把各子目标优化函数统一转换为最小化或最大化。如将最大化转换为最小化，可以简单地用下列形式表示：

$$\max f_i(\boldsymbol{X})=-\min(-f_i(\boldsymbol{X})) \tag{2.6}$$

类似地，不等式约束

$$g_i(\boldsymbol{X}) \leqslant 0 \quad (i=1,2,\cdots,k) \tag{2.7}$$

可以方便地转换为

$$-g_i(\boldsymbol{X}) \geqslant 0 \quad (i=1,2,\cdots,k) \tag{2.8}$$

这样，任何不同表达形式的多目标优化问题都可以转换成统一的表示形式。本书如没有特别说明，统一为求总目标的最小化，即

$$\min \boldsymbol{f}(\boldsymbol{X})=(f_1(\boldsymbol{X}),f_2(\boldsymbol{X}),\cdots,f_r(\boldsymbol{X})) \tag{2.9}$$

接下来讨论多目标优化问题最优解的有关概念。

2.3 多目标进化个体之间关系

我们对两个量之间的大小关系进行比较时，在单目标情况下，如常量 5 和 8，显然有 5 比 8 小或 8 比 5 大；对两个变量（个体）x 和 y 进行比较时，可能存在三种关系：x 大于 y、

x 等于 y、x 小于 y。在多目标情况下,由于每个个体有多个属性,比较两个个体之间的关系不能使用简单的大小关系。如两个目标的个体(2,6)和(3,5),在第一个目标上有 2 小于 3,而在第二个目标上又有 6 大于 5,这种情况下个体(2,6)和(3,5)之间的关系是什么呢?另一种情况,如个体(2,6)和(3,8),它们之间的关系又是什么呢?当目标数大于 2 时,又如何比较不同个体之间的关系呢?

为此,这里讨论多目标个体之间非常重要的一种关系,叫做支配关系。

定义 2.1(个体之间的支配关系) 设 p 和 q 是进化群体 Pop 中的任意两个不同的个体,我们称 p 支配(dominate)q,则必须满足下列两个条件:

① 对所有的子目标,p 不比 q 差,即 $f_k(p) \leqslant f_k(q)$ ($k=1,2,\cdots,r$)。

② 至少存在一个子目标,使 p 比 q 好。即 $\exists l \in \{1,2,\cdots,r\}$,使 $f_l(p) < f_l(q)$。

其中,r 为子目标的数量。

此时称 p 为非支配的(non-dominated),或非劣的或占优的;q 为被支配的(dominated)。表示为 $p \succ q$,其中"$\succ$"是支配关系(dominate relation)。

值得说明的是,这里所定义的支配关系是"小"个体支配"大"个体,也可以按照完全相反的方式来定义支配关系,这取决于所求解的问题。此外,本书在表述上将"p 支配 q"表示为"$p \succ q$",而在有些文献上则刚好相反,将"p 支配 q"表示为"$p \prec q$"。

定义 2.1 所定义的支配关系是针对决策空间的,类似地,我们可以在目标空间中定义支配关系,如定义 2.2 所示。

定义 2.2(目标空间中的支配关系) 设 $\boldsymbol{U}=(u_1, u_2, \cdots, u_r)$ 和 $\boldsymbol{V}=(v_1, v_2, \cdots, v_r)$ 是目标空间中的两个向量,称 $\boldsymbol{U}$ 支配 $\boldsymbol{V}$ (表示为 $\boldsymbol{U} \succ \boldsymbol{V}$),当且仅当 $u_k \leqslant v_k$ ($k=1, 2, \cdots, r$);且 $\exists l \in \{1,2,\cdots,r\}$,使 $u_l < v_l$。

据定义 2.2 可以得出结论:(2,6)支配(3,8),(2,6)和(3,5)之间互相不支配。

值得说明的是,决策空间中的支配关系与目标空间中的支配关系是一致的,这一点由定义 2.1 可以看出,因为决策空间中的支配关系实质上是由目标空间中的支配关系决定的。此外,个体之间的支配关系还有程度上的差异,可参见定义 2.3 和定义 2.4。

定义 2.3(弱非支配,weak nondominance) 若不存在 $\boldsymbol{X} \in \Omega$,使 $f_k(\boldsymbol{X}) < f_k(\boldsymbol{X}^*)$ ($k=1, 2, \cdots, r$) 成立,则称 $\boldsymbol{X}^* \in \Omega$ 为弱非支配解(a weakly nondominated solution)。

定义 2.4(强非支配,strong nondominance) 若不存在 $\boldsymbol{X} \in \Omega$,使 $f_k(\boldsymbol{X}) \leqslant f_k(\boldsymbol{X}^*)$ ($k=1, 2, \cdots, r$) 成立,且至少存在一个 $i \in \{1, 2, \cdots, r\}$,使 $f_i(\boldsymbol{X}) < f_i(\boldsymbol{X}^*)$,则称 $\boldsymbol{X}^* \in \Omega$ 为强非支配解(a strongly nondominated solution)(Coello Coello et al., 2002)。

由以上定义可以看出,如果 $\boldsymbol{X}^*$ 是强非支配的,则 $\boldsymbol{X}^*$ 也是弱非支配的,反之则不然。对于两个目标的情况,如图 2.2 所示,在目标空间中强非支配解均落在粗曲线上,弱非支配解则落在细的直线上。

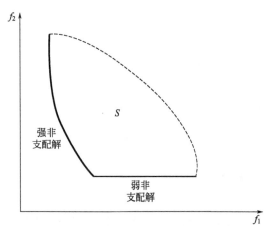

图 2.2 强非支配解和弱非支配解示例

2.4 基于 Pareto 的多目标最优解集

在多目标优化中，由于是对多个子目标的同时优化，而这些被同时优化的子目标之间往往又是相互冲突的，照顾了一个子目标的"利益"，同时必然导致其他至少一个子目标的"利益"受到损失。由此，我们可以想象，针对一个多目标优化问题，没有绝对的或者说是唯一的最好解。

2.4.1 Pareto 最优解

多目标优化中的最优解通常称为 Pareto 最优解，它是由 Vilfredo Pareto 在 1896 年提出的，因此命名为 Pareto 最优解（Pareto optimum solution）。一般地，可以描述如下。

定义 2.5 给定一个多目标优化问题 $f(\boldsymbol{X})$，它的最优解 $\boldsymbol{X}^*$ 定义为

$$f(\boldsymbol{X}^*) = \underset{\boldsymbol{X} \in \Omega}{\mathrm{opt}} f(\boldsymbol{X}) \tag{2.10}$$

其中

$$f : \Omega \rightarrow \mathbb{R}^r \tag{2.11}$$

式中，Ω 为满足式（2.3）和式（2.4）的可行解集，即

$$\Omega = \{\boldsymbol{X} \in \mathbb{R}^n \mid g_i(\boldsymbol{X}) \geqslant 0, h_j(\boldsymbol{X}) = 0 \quad (i=1,2,\cdots,k; j=1,2,\cdots,l)\}$$

称 Ω 为决策变量空间（简称决策空间），向量函数 $f(\boldsymbol{X})$ 将 $\Omega \subseteq \mathbb{R}^n$ 映射到集合 $\Pi \subseteq \mathbb{R}^r$，$\Pi$ 是目标函数空间（简称目标空间）。

定义 2.5 是从理论上对 Pareto 最优解的一个最一般的描述，在多目标进化算法有关文献中，还有多种更具体的定义，这些定义一方面可以让我们更好地理解 Pareto 最优解的含义，同时对设计算法具有重要指导意义。比较有代表性的定义有以下几个。

定义 2.6 给定一个多目标优化问题 $\min f(\boldsymbol{X})$，称 $\boldsymbol{X}^* \in \Omega$ 是最优解，若 $\forall \boldsymbol{X} \in \Omega$，满足下列条件：

$$\bigwedge_{i \in I}(f_i(\boldsymbol{X}) = f_i(\boldsymbol{X}^*)) \tag{2.12}$$

或者，至少存在一个 $j \in I, I = \{1, 2, \cdots, r\}$，使

$$f_j(\boldsymbol{X}) > f_j(\boldsymbol{X}^*) \tag{2.13}$$

式中，Ω 是满足式（2.3）和式（2.4）的可行解集，即

$$\Omega = \{\boldsymbol{X} \in \mathbb{R}^n \mid g_i(\boldsymbol{X}) \geqslant 0, h_j(\boldsymbol{X}) = 0 \quad (i=1,2,\cdots,k; j=1,2,\cdots,l)\}$$

定义 2.7 给定一个多目标优化问题 $\min f(\boldsymbol{X})$，若 $\boldsymbol{X}^* \in \Omega$，且不存在其他的 $\overline{\boldsymbol{X}}^* \in \Omega$ 使得 $f_j(\boldsymbol{X}^*) \geqslant f_j(\overline{\boldsymbol{X}}^*)(j=1,2,\cdots,r)$ 成立，且其中至少一个是严格不等式，则称 $\boldsymbol{X}^*$ 是 $\min f(\boldsymbol{X})$ 的 Pareto 最优解。式中，Ω 是满足式（2.3）和式（2.4）的可行解集，即

$$\Omega = \{\boldsymbol{X} \in \mathbb{R}^n \mid g_i(\boldsymbol{X}) \geqslant 0, h_j(\boldsymbol{X}) = 0 \quad (i=1,2,\cdots,k; j=1,2,\cdots,l)\}$$

定义 2.8 给定一个多目标优化问题 $\min f(\boldsymbol{X})$，设 $\boldsymbol{X}_1, \boldsymbol{X}_2 \in \Omega$，如果 $f(\boldsymbol{X}_1) \leqslant f(\boldsymbol{X}_2)$，则称 $\boldsymbol{X}_1$ 比 $\boldsymbol{X}_2$ 优越；如果 $f(\boldsymbol{X}_1) < f(\boldsymbol{X}_2)$，则称 $\boldsymbol{X}_1$ 比 $\boldsymbol{X}_2$ 更优越。

定义 $\boldsymbol{X}^* \in \Omega$：若比 $\boldsymbol{X}^*$ 更优越的 $\boldsymbol{X} \in \Omega$ 不存在，则称 $\boldsymbol{X}^*$ 为弱 Pareto 最优解；若 $\boldsymbol{X}^*$ 比任何 $\boldsymbol{X} \in \Omega$ 都优越，则称 $\boldsymbol{X}^*$ 为完全 Pareto 最优解；若比 $\boldsymbol{X}^*$ 优越的 $\boldsymbol{X} \in \Omega$ 不存在，则称 $\boldsymbol{X}^*$ 为强 Pareto 最优解。

其中，Ω 是满足式（2.3）和式（2.4）的可行解集，即
$$\Omega=\{X\in\mathbb{R}^n|g_i(X)\geqslant 0,h_j(X)=0 \quad (i=1,2,\cdots,k;j=1,2,\cdots,l)\}$$

由以上定义可以看出，满足 Pareto 最优解条件的往往不止一个，而是一个最优解集（Pareto optimal set），这里用 $\{X^*\}$ 表示，定义如下。

定义 2.9 给定一个多目标优化问题 $\min f(X)$，它的最优解集定义为
$$P^*=\{X^*\}=\{X\in\Omega|\neg\ \exists X'\in\Omega,f_j(X')\leqslant f_j(X) \quad (j=1,2,\cdots,r)\}$$

多目标进化算法的优化过程是，针对每一代进化群体，寻找出其当前最优个体（即当前最优解），称一个进化群体的当前最优解为非支配解（non-dominated solution）或非劣解（non-inferior solution）；所有非支配解的集合称为当前进化群体的非支配集（non-dominated solution set，NDSet）或非劣解集，并使非支配集不断逼近真正的最优解集，最终达到最优，即使 $NDSet^*\subseteq\{X^*\}$，$NDSet^*$ 为算法运行结束时所求得的非支配集。

2.4.2 Pareto 最优边界

为了更好地理解 Pareto 最优解，我们下面讨论它在目标函数空间中的表现形式。简单地说，一个多目标优化问题的 Pareto 最优解集在其目标函数空间中的表现形式就是它的 Pareto 最优边界。Pareto 最优边界 PF^* 或 PF_{True}（true Pareto front）定义如下。

定义 2.10 给定一个多目标优化问题 $\min f(X)$ 和它的最优解集 $\{X^*\}$，它的 Pareto 最优边界定义为
$$PF^*=\{f(X)=(f_1(X),f_2(X),\cdots,f_r(X))|X\in\{X^*\}\}$$

请注意 Pareto 最优解集和 Pareto 最优边界之间的联系与区别。大家知道，多目标优化是从决策空间 $\Omega\subseteq\mathbb{R}^n$ 到目标空间 $\Pi\subseteq\mathbb{R}^r$ 的一个映射。Pareto 最优解集 P^* 是决策向量空间的一个子集，即有 $P^*\subseteq\Omega\subseteq\mathbb{R}^n$；而 Pareto 最优边界则是目标向量空间的一个子集，即有 $PF^*\subseteq\Pi\subseteq\mathbb{R}^r$。

一个多目标问题的最优解 $X^*\in P^*$ 或 $Y^*=\min f(X^*)\in PF^*$，前者属于决策向量空间，后者属于目标向量空间，要注意区分。如图 2.3 所示，最优边界上的点（或个体）A、B、C、D、E、F 是 Pareto 最优解，它们属于目标空间。

在目标空间中，最优解是目标函数的切点，它总是落在搜索区域的边界线（面）上。如图 2.3 所示，粗线段表示两个优化目标的最优边界。三个优化目标的最优边界构成一个曲面，三个以上的最优边界则构成超曲面。图 2.3 中，实心点 A、B、C、D、E、F 均处在最优边界上，它们都是最优解，是非支配的；空心点 G、H、I、J、K、L 落在搜索区域内，但不在最优边界上，不是最优解，是被支配的（dominated），它们直接或间接受最优边界上的最优解支配。读者可用定义 2.6 和定义 2.7 来验证图 2.3 中粗线段上的点是否均为最优解。有关支

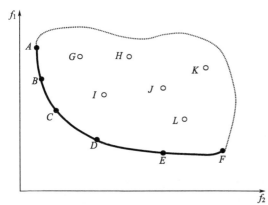

图 2.3 两个目标的最优边界

配和非支配的概念可参见 2.3 节。

多目标遗传算法在优化过程中，初始时随机产生一个进化群体 Pop_0，然后按照某种策略构造 Pop_0 的非支配集 $NDSet_0$，此时的 $NDSet_0$ 可能距离 $\{X^*\}$ 比较远。按照某种方法或策略产生一些个体，这些个体可以是被当前非支配集 $NDSet_0$ 中个体所支配的，也可以是随机新产生的，连同 $NDSet_0$ 中个体一起构成新的进化群体 Pop_1，对新进化群体 Pop_1 执行进化操作后，再构造新的非支配集 $NDSet_1$。由于 $NDSet_1$ 是在 $NDSet_0$ 的基础上产生的，故 $NDSet_1$ 比 $NDSet_0$ 更接近 $\{X^*\}$。如此继续下去，从理论上说，必能构造出 $NDSet_i$，使得当 $i\rightarrow\infty$ 时，为 Pareto 最优解集，即 $\lim\limits_{i\rightarrow\infty} NDSet_i = NDSet^*$，使 $NDSet^* \subseteq \{X^*\}$。

2.4.3 凸空间和凹空间

在讨论与评价一个 MOEA 的搜索性能的时候，常涉及凸空间（convexity）和凹空间（concavity 或 non-convexity）的概念。如某些 MOEA 在搜索空间呈凹状时，难以找到最优解。凸空间和凹空间也叫凸集和凹集。

定义 2.11 称 S 是一个凸集，若 $X_1, X_2 \in S$，则 $X \in S$，其中 $X = \theta X_1 + (1-\theta) X_2$，$0 \leqslant \theta \leqslant 1$。

也就是说，如果一个集合上的任意两点的连线上的点仍在该集合上，则该集合为凸集，否则为凹集。图 2.4 和图 2.5 分别为凸集和凹集的示例。

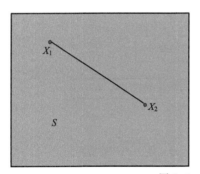
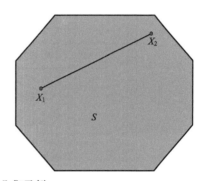

图 2.4　两个凸集示例

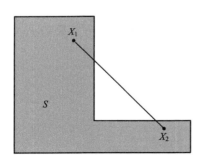
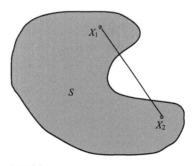

图 2.5　两个凹集示例

2.5 基于 Pareto 的多目标进化算法的一般框架

多目标进化算法的基础是进化算法，它的处理对象则是多目标优化问题（multi-objective problem，MOP）。由于 MOEA 种类较多，所采用的方法和技术有较大的差异，难以用一般框架来刻画。为了便于理解，这里给出一类基于 Pareto 的多目标进化算法的一般流程，如图 2.6 所示。首先产生一个初始种群 P，接着选择某个进化算法（如遗传算法）对 P 执行进化操作（如交叉、变异和选择），得到新的进化群体 R。然后采用某种策略构造 $P \cup R$ 的非支配集 $NDSet$，一般情况下在设计算法时已设置了非支配集的大小（如 N），若当前非支配集 $NDSet$ 的大小大于或小于 N 时，需要按照某种策略对 $NDSet$ 进行调整，调整时一方面使 $NDSet$ 满足大小要求，同时也必须使 $NDSet$ 满足分布性要求。之后判断是否满足终止条件，若满足终止条件则结束，否则将 $NDSet$ 中个体复制到 P 中并继续下一轮进化。在设计 MOEA 时，一般用进化代数来控制算法的运行。

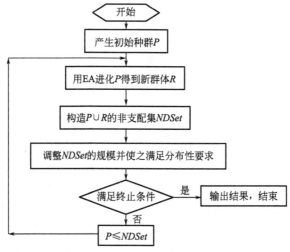

图 2.6 一类基于 Pareto 的多目标进化算法的一般流程

在 MOEA 中，保留上一代非支配集，并使之参与新一代的多目标进化操作是非常重要的，这类似于进化算法中保留上一代的最优个体，从而使新一代的非支配集不比上一代差，这也是算法收敛的必要条件。这样，一代一代进化下去，进化群体的非支配集不断地逼近真正的最优边界，最终得到满意的解集（不一定是最优解集）。

就一个具体的 MOEA 来说，如何选择构造非支配集的方法，采用什么样的策略来调整非支配集的大小，如何保持非支配集的分布性，是决定一个 MOEA 性能的重要内容。这些内容也是当前 MOEA 研究的热点。

第 3 章 多目标 Pareto 最优解集构造方法

在多目标进化算法中，近年的研究倾向于基于 Pareto 最优化的方法，通过构造进化群体的非支配集，并使非支配集不断逼近真正的 Pareto 最优边界实现。一个进化群体的非支配集实际上也是当前进化群体的最优个体集合。在算法收敛之前，这样的非支配集是局部最优解集。一个 MOEA 的收敛过程，就是通过在每一代进化时构造当前进化群体的非支配集，并通过最优个体保留机制（当前非支配个体），使每一代所构造的非支配集一步一步地逼近真正的 Pareto 最优面。因此，研究如何构造进化群体的非支配集，实际上就是研究如何构造一个多目标优化问题的 Pareto 最优解集。此外，进化算法的每一次迭代或每一代进化都要构造一次非支配集，因此构造非支配集的效率直接影响算法的运行效率。Coello Coello 等认识到（Coello Coello et al., 2001），尽管 MOEA 研究吸引了越来越多人的兴趣，但所提出的方法和技术，特别是比较早期的 MOEA，没有充分考虑算法的效率。由此可知，在多目标进化中，构造高效的非支配集的方法是一项非常重要的研究内容。

本章从构造非支配集的一般方法入手，这类构造非支配集的方法相对比较简单，便于理解，但效率要低一些。接着，依次讨论用庄家法则构造 Pareto 最优解集，用擂台赛法则构造 Pareto 最优解集，用递归方法构造 Pareto 最优解集，以及用快速排序方法构造 Pareto 最优解集。这 4 类方法各具特色，并具有较好的构造效率。

3.1 构造 Pareto 最优解的简单方法

这类方法的特点是简单、明了，但一般具有较高的时间复杂性，如 Deb 等提出的分层次构造非支配集的方法（Deb et al., 2002）（参考 6.1.2 小节）。本节介绍 3 种算法，算法的时间复杂度均为 $O(N^2)$。

3.1.1 Deb 的非支配排序方法

设进化群体为 P，同时设置一个构造集 P'。算法开始时将第一个个体放入构造集 P' 中，依次将进化群体 P 中的个体 p（$p \notin P'$）取出并放入构造集 P' 中（注意：此时放入 P' 中的个体只是临时的，因为有可能在随后的比较中被删除），同时将当前取出的 p 依次与 P' 中所有个体进行比较，删除 P' 中所有被 p 支配的个体，若个体 p 被 P' 中任意一个个体所支配，则将 p 从 P' 中删除。具体过程如算法 3.1 所示（Deb et al., 2002）。

算法 3.1 构造进化群体的非支配集，结果放在 P' 中。

```
1:  P'=find_nondominated_front(P);
2:  P'={1};                              //将第一个个体放入 P'中
3:  for each p∈P∧p∉P'                    //每次取一个个体
4:    {P'=P'∪{p};                        //将个体 p 放入 P'中(临时)
5:     for each q∈P'∧q≠p                 //比较 p 与 P'中其他个体 q 之间的支配关系
6:       {if p≻q then P'=P'\{q}          //若 p 支配 q,则删除 q
7:        else if q≻p then P'=P'\{p}}}   //若 q 支配 p,则删除 p
```

执行算法 3.1 时，进化群体 P 中的第 2 个个体只需要 1 次比较操作，P 中的第 3 个个体最多只需要 2 次比较，以此类推，P 中第 N 个个体最多只需要 $(N-1)$ 次比较操作。在最坏情况下，即当 P 中所有个体均为非支配个体时，算法 3.1 的比较操作总次数为

$$1+2+3+\cdots+(N-1)=N^2/2$$

考虑到每次比较时有 r 个子目标，因此，算法 3.1 的时间复杂度为 $O(rN^2)$。

3.1.2 用排除法构造非支配集

将进化群体 Pop 中的每个个体 X 依次与非支配集 $NDSet$（开始时为空）中的个体 Y 比较，如果 X 支配 Y，说明 Y 是被支配个体，将 Y 从 $NDSet$ 中删除（即排除掉）。如果 X 不被 $NDSet$ 中任何一个个体所支配，则将 X 并入 $NDSet$ 中。当 $NDSet$ 为空（初始）时，直接将 X 并入 $NDSet$ 中。具体过程如算法 3.2 所示（李丽荣等，2004）。

算法 3.2 用排除法构造非支配集 $NDSet$。

函数调用：NDSet=find_nondominated_set1(Pop)

```
1:  NDSet=∅;
2:  for each X∈Pop
3:    {dominated-sign=.t.;
4:     if(NDSet=∅) then NDSet=NDSet∪{X}
5:     else for each Y∈NDSet
6:       {if(X dominated Y) then NDSet=NDSet-{Y}
7:        else if(Y dominated X) then dominated-sign=.f.}end for Y
8:     if(dominated-sign) then NDSet=NDSet∪{X};
9:    }end for X
```

值得说明的是，算法结束之前 $NDSet$ 中的个体不一定是非支配的。例如，设当前非支配集 $NDSet=[Y_1, Y_2, \cdots, Y_k]$，进化群体 Pop 中尚未参与非支配集个体比较的个体集设为 $Pop'=[X_{r+1}, X_{r+2}, \cdots, X_n]$，$\forall Y \in NDSet$，$\exists X \in Pop'$，$Y$ 有可能受 X 的支配；此时 $NDSet=[Y_1, Y_2, \cdots, Y_k]$ 是 $[X_1, X_2, \cdots, X_r]$ 的非支配集，但不是 $[X_1, X_2, \cdots, X_n]$ 的非支配集。

这种方法只产生非支配集，非支配集的大小为 $\lambda=|NDSet|$，然后随机产生 $(N-\lambda)$ 个个体，一起构成新群体并执行遗传进化操作。实际比较次数为 $1+C_2+C_3+\cdots+C_{n-2}+\lambda$，其中 $1 \leqslant C_2 \leqslant C_3 \leqslant \cdots \leqslant C_{n-2} \leqslant \lambda$。最坏情况下，$\lambda=N$、$C_i=i$，$2 \leqslant i \leqslant N-2$，比较次数为 $1+2+\cdots+(N-1)=N^2/2$。最坏情况下的时间复杂度也为 $O(rN^2)$，此处 r 为目标数。当非支配集 $\lambda=|NDSet|$ 比较小时效率比较高。算法 3.2 与算法 3.1 比较类似，但算

法 3.2 的执行效率比算法 3.1 高，主要原因是：一方面，在算法 3.1 中，若当前比较个体 p 多次被 P' 中其他个体支配时，算法 3.1 将多次重复执行删除操作；另一方面，考虑到算法在执行过程中构造集可能出现空集的情况，这种情况下只需要将从进化群体中取出的当前个体直接放入构造集中，避免了其他不必要的操作。

以上分析表明，只有当非支配集比较小时，算法 3.1 和算法 3.2 的效率才比较高。下面采用不同的策略，给出另一个类似的算法。

将构造集与非支配集分开，初始时设构造集 $NDSet1$ 为进化群体 Pop，非支配集 $NDSet$ 为空。将构造集 $NDSet1$ 中不同个体 X 依次与其他个体 Y 比较（包括非支配集中个体），若 X 支配 Y，则将 Y 从构造集 $NDSet1$ 中清除；在一轮比较后若 X 不被任何其他个体支配，则 X 是非支配的，将 X 并入非支配集 $NDSet$ 中。具体实现如算法 3.3 所示（李丽荣等，2004；郑金华，2005）。这种方法不同于算法 3.2，无论在任何时候，$NDSet$ 中的个体一定是非支配的。

算法 3.3 用排除法构造非支配集 $NDSet$。

函数调用：NDSet＝find _ nondominated _ set2(Pop)

```
1:   NDSet=∅;NDSet1=Pop;
2:   while |NDSet1|>1 do
3:     {sign=.T.;
4:     X=first(NDSet1);   //X 为 NDSet1 中第一个个体
5:     NDSet1=NDSet1-{X};
6:     for each Y∈NDSet1∪NDSet
7:       {if(X dominated Y) then NDSet1=NDSet1-{Y}
8:         else if(Y dominated X) then sign=.F. }end for Y
9:     if(sign) then NDSet=NDSet+{X};}end for while
10:  NDSet=NDSet+NDSet1;
```

算法 3.3 只产生非支配集，实际比较次数为 $(N-1)+C_2+C_3+\cdots+C_{r-2}+1$，其中 $(N-1) \geqslant C_2 \geqslant C_3 \geqslant \cdots \geqslant C_{r-2} \geqslant 1$，$r \leqslant N$。最坏情况下，即当 $\lambda=|NDSet|=1$，且这个唯一的非支配个体是 Pop 中最后一个个体，而前面 $(N-1)$ 个个体又是相互不可比较的（即不存在支配关系），此时有 $C_i=N-i$，$1 \leqslant i \leqslant N$，比较次数为 $1+2+\cdots+(N-1)=N^2/2$。此外，当 $\lambda=|NDSet|=N$ 时，比较次数也为 $(N-1)+\cdots+2+1=N^2/2$。在最坏情况下的时间复杂度为 $O(rN^2)$。算法 3.3 的效率与非支配个体的分布也有很大的关系，若非支配个体分布在序列的前面，则算法的效率就高一些。一个极端情况是，$\lambda=|NDSet|=1$，且这个唯一的非支配个体是 Pop 中的第一个个体，则总的比较次数为 $(N-1)$。

3.2 用庄家法则构造 Pareto 最优解集

庄家法则是一种非回溯的方法，它每次构造新的非支配个体时不需要与已有的非支配个体进行比较，每一轮比较在构造集中选出一个个体出任庄家（一般为当前构造集的第一个个体），由庄家依次与构造集中其他个体进行比较，并将庄家所支配的个体淘汰出局；一轮比较后，如果庄家个体不被任何其他个体所支配，则庄家个体即为非支配个体，否则庄家个体在该轮比较结束时也被淘汰出局。按照这种方法进行下一轮比较，直至构造集为空。

3.2.1 用庄家法则构造非支配集的方法

为了描述方便起见,下面先给出有关定义。

定义 3.1 $\forall x, y \in P$,若 x 和 y 之间不存在支配关系,则称 x 和 y 不相关或无关。

定义 3.2 对于给定个体 $x \in P$,若 $\nexists y \in P$,使 $y \succ x$,则称 x 为集合 P 的非支配个体。由所有 P 的非支配个体组成的集合称为 P 的非支配集。

定义 3.3 设 $NDSet$ 是 P 的非支配集,$NDSet \subset P$,$\forall x \in P$,若 x 是 P 的非支配个体,必有 $x \in NDSet$,则称 $NDSet$ 是 P 的最大非支配集。

定义 3.4 若在 P 中不存在任何其他 x 比 x^* 更小,即 $\nexists x \in P$,使 $x \succ x^*$,则称 x^* 是偏序集 $(P, \succ)$ 中的最小元素。所有最小元素的集合表示为 $M(P, \succ)$。设 $x \in M(P, \succ)$,$Cluster(x) = \{y | x \succ y, y \in P\}$ 是以 x 为最小元的族。

设 P 为一进化群体,Q 为构造集,初始时 $Q=P$,$NDSet$ 为非支配集,初始时为空。从 Q 中任取一个个体,依次与所有其他个体比较,将被该个体所支配的个体从 Q 中删除,如果该个体没有被其他任何一个个体所支配,则它是非支配的,将它并入非支配集 $NDSet$ 中,否则也从 Q 中清除该个体;以此下去,直至 Q 为空。

构造集合 P 的非支配集的方法可描述如下:
① 设 Q 为构造集,初始时 $Q=P$;$NDSet$ 为 P 的非支配集,初始时 $NDSet=\varnothing$;
② 从 Q 中取一个体 x,令 $Q=Q-\{x\}$,$D=\varnothing$;
③ 令 $D=D \cup \{y | x \succ y, \forall y \in Q\}$;
④ 令 $Q=Q-D$;若 $\nexists z \in Q$,使 $z \succ x$,则令 $NDSet=NDSet \cup \{x\}$;
⑤ 重复步骤②~④,直至 Q 为空。

为便于理解,下面给出用庄家法则构造非支配集的具体过程,伪代码如算法 3.4 所示。

算法 3.4 用庄家法则构造进化群体 P 的非支配集。

函数调用:Function Nds (Pop: population)

```
1:  Q=Pop;
2:  while(Q≠∅)do
3:   {x∈Q,令 Q=Q−{x};
4:     x-is-undominated=.T.;
5:     for(y∈Q)
6:     {if(x≻y) then Q=Q−{y}
7:       else if(y≻x) then x-is-undominated=.F.} end for y
8:     if(x-is-undominated) then Nds=Nds∪{x};
9:  } end for while
```

3.2.2 正确性论证

Deb 等提出的分层次构造非支配集的方法(参考 6.1.2 小节),先求出进化个体间的相互支配关系,这样,没有被任何其他个体所支配的个体就是非支配个体。3.1 节讨论的三个构造非支配集的算法的共同特点是,从构造集中将不被当前非支配集所支配的个体(非支配的)一个一个地找出来,是基于非支配关系的定义来设计的。因此,这三个构造方法的正确性是显见的，这也是称其为简单方法的重要原因。本节讨论的用庄家法则构造非支配集的方法则有所不同，它产生一个新的非支配个体时，并没有与所有已找出的非支配个体进行比较，这样虽然在构造效率上有所提高，但构造过程的正确性必须得到证明。为此，下面我们证明用算法 3.4 所构造的 $NDSet$ 就是 P 的非支配集，且为最大非支配集。

设集合 P 为一个大小为 N 的进化群体，采用庄家法则（即算法 3.4）所构造的非支配集为 $NDSet$，证明 $NDSet$ 为 P 的非支配集，且为 P 的最大非支配集。

证明：

① 首先证明第一个进入 $NDSet$ 的个体是 P 的非支配个体。

设第一个进入 $NDSet$ 的个体为 x_1，令此时的构造集为 Q_1，由构造方法可知，$\nexists y \in Q_1$，使 $y \succ x_1$，即 x_1 不被 Q_1 中任一个体所支配；同时有 $\nexists y \in Q_1$，$x_1 \succ y$，即 x_1 也不支配 Q_1 中任一个体，由此可知 x_1 与 Q_1 中个体不相关。

若 x_1 是第一轮比较而进入 $NDSet$ 的个体，$\forall y \in P - Q_1$，$x_1 \succ y$，故 x_1 是 $P - Q_1$ 的非支配个体，又因为 x_1 不被 Q_1 中任一个体所支配，由此可知 x_1 是 P 的非支配个体。

若 x_1 是经过 $k+1$ 轮比较而进入 $NDSet$ 的第一个个体。约定一轮比较后所有被 x 从 P 中所清除的个体组成的集合构成族 $cluster(x)$。经 $k+1$ 轮比较后形成了 $k+1$ 个族 $cluster(y_1), cluster(y_2), \cdots, cluster(y_k)$ 及 $cluster(x_1)$，且 $\nexists y \in \{y_1, y_2, \cdots, y_k\}$（$N \geqslant k+1 \geqslant 1$），使 $y \succ x_1$；否则，在第 $k+1$ 轮比较之前，x_1 已被 y 从构造集中清除。由此可知，$\nexists y \in cluster(y_1) \cup cluster(y_2) \cup \cdots \cup cluster(y_k) \cup cluster(x_1)$，使 $y \succ x_1$；即 $\nexists y \in P - Q_1$，使 $y \succ x_1$。由此可得，$\nexists y \in P$，使 $y \succ x_1$，即 x_1 不被 P 中任一个体所支配，亦即第一个进入 $NDSet$ 的个体 x_1 是 P 的非支配个体。

② 证明第 $s(N \geqslant s \geqslant 2)$ 个进入 $NDSet$ 的个体 x_s 是 P 的非支配个体。

设当 x_s 进入 $NDSet$ 后，构造集变为 Q_s，此时 x_s 与 Q_s 中任一个体无关，即 $\nexists y \in Q_s$，使 $y \succ x_s$，同时 $\nexists y \in Q_s$，$x_s \succ y$。设此时已进行了 $m+1$ 轮比较，即形成了 $m+1$ 个族 $cluster(y_1), cluster(y_2), \cdots, cluster(y_m)$ 及 $cluster(x_s)$，且 $\nexists y \in \{y_1, y_2, \cdots, y_m\}$，（$N \geqslant m+1 \geqslant k+2$），使 $y \succ x_s$；否则，在第 $m+1$ 轮比较之前，x_s 已被 y 从构造集中清除。由此可知，$\nexists y \in cluster(y_1) \cup cluster(y_2) \cup \cdots \cup cluster(y_m) \cup cluster(x_s)$，使 $y \succ x_s$，即 $\nexists y \in P - Q_s$，使 $y \succ x_s$。由此可得，$\nexists y \in P$，使 $y \succ x_s$，即 x_s 不被 P 中任一个体所支配，也就是说，第 $s(N \geqslant s \geqslant 2)$ 个进入 $NDSet$ 的个体 x_s 是 P 的非支配个体。

③ 证明 $NDSet$ 是 P 的最大非支配集。

若 $\exists x_k \in NDSet$ 不是 P 的非支配个体，则必 $\exists y \in P$，使 $y \succ x_k$，即或者 $\exists y \in Q_k$，使 $y \succ x_k$，则 x_k 将被 y 从构造集 Q 中清除并进入下一轮比较，这种情况 x_k 不可能被并入 $NDSet$ 中；或者 $\exists y \in P - Q_k$，使 $y \succ x_k$，则 x_k 早在 y 被清除之前已从构造集 Q 中被清除，也就是说，这种情况是不存在的。

另一方面，若 $\forall x \in P - NDSet$，是 P 的非支配个体，则 $\nexists y \in P$，使 $y \succ x$，因此 P 中任一个体都不能将 x 从构造集 Q 中清除，即 $\nexists y \in Q \subseteq P$，使 $y \succ x$，故 x 必定被并入 $NDSet$ 中。由此可知，按上述方法所构造的非支配集 $NDSet$ 是 P 的最大非支配集。

3.2.3 时间复杂度分析

设集合 P 的大小为 N，并假设 P 中共有 m 个非支配个体。先考察几种特殊情况。

第一种特殊情况：前 $(m-1)$ 次比较产生了 $(m-1)$ 个非支配个体，且这 $(m-1)$ 个非支配个体没有从构造集 Q 中清除一个支配个体，当进行第 m 次比较时，产生了第 m 个非支配个体，且此时第 m 个非支配个体从构造集 Q 中清除了所有的支配个体，共 $(N-m)$ 个。这种情况的时间复杂度为 $(N-1)+(N-2)+\cdots+(N-m)=(2N-m-1)m/2<Nm$。

第二种特殊情况：前 $(N-m)$ 次参加比较的 $(N-m)$ 个个体均为支配个体，最坏情况是每个支配个体不从构造集 Q 中清除任何其他支配个体，后 m 次比较每次产生一个非支配个体，总共 m 个非支配个体。这种情况的时间复杂度为 $(N-1)+(N-2)+\cdots+1=N(N-1)/2$，这是最坏的一种情况。

第三种特殊情况：第一次比较时产生了一个非支配个体，同时该非支配个体从 Q 中清除了 $(N-m)$ 个支配个体，后 $(m-1)$ 次比较每次产生一个非支配个体，共 $(m-1)$ 个非支配个体。这种情况的时间复杂度为 $(N-1)+[(m-2)+(m-3)+\cdots+1]=(N-1)+(m-1)(m-2)/2$，这是最好的一种情况。

一般情况下，设总共进行了 k 次比较，$m \leqslant k \leqslant N$，每次比较自然淘汰一个个体，共计自然淘汰 k 个个体，其中有 m 个非支配个体，有 $(k-m)$ 个支配个体。k 次比较从构造集中清除了 $(N-k)$ 个支配个体，假设每次比较清除这 $(N-k)$ 个支配个体的概率相同，即为 $(N-k)/k$，则 k 次比较的时间复杂度为

$(N-1)+(N-2-(N-k)/k)+(N-3-2(N-k)/k)+\cdots+(N-k-(k-1)(N-k)/k)$
$=[(N-1)+(N-2)+\cdots+(N-k)]-[(N-k)/k+2(N-k)/k+\cdots+k(N-k)/k]+k(N-k)/k$
$=[(N-1)+(N-k)]k/2-[(N-k)/k+k(N-k)/k]k/2+(N-k)$
$=k(N-1)/2+(N-k)/2<N^2$

故平均时间复杂度 $T_{avg}(N)=(N+m)(N-1)/4+(N-(N+m)/2)/2$。

由于在一般情况下有 $m \leqslant N/2$，且 $(N+m)/2<N$，故本节讨论的构造非支配集的方法比文献（Ziztler et al.，2001）的 $O(rN^3)$ 要好得多，比文献（Deb et al.，2002，2003）的 $O(rN^2)$ 也好一些。

3.2.4 实例分析

下面给出一个实例，说明如何用庄家法则构造非支配集。

例 3.1 考虑一个具有两个目标、20 个个体的进化群体，这 20 个个体的定义如下：
$C_1=(9,1), C_2=(7,2), C_3=(5,4), C_4=(4,5), C_5=(3,6), C_6=(2,7), C_7=(1,9), C_8=(10,1), C_9=(8,5), C_{10}=(7,6), C_{11}=(5,7), C_{12}=(4,8), C_{13}=(3,9), C_{14}=(10,5), C_{15}=(9,6), C_{16}=(8,7), C_{17}=(7,9), C_{18}=(10,6), C_{19}=(9,7), C_{20}=(8,9)$。

这里，个体 $C_i=(f_1,f_2)$ 的两个目标值分别为 f_1 和 $f_2(i=1,2,\cdots,20)$。根据这 20 个个体的定义，它们之间的相互关系如下：

$\{C_1\} > C_8$

$\{C_2,C_3,C_4\} > C_9$

$\{C_2,C_3,C_4,C_5\} > C_{10}$

$\{C_3,C_4,C_5,C_6\} \succ C_{11}$

$\{C_4,C_5,C_6\} \succ C_{12}$

$\{C_5,C_6,C_7\} \succ C_{13}$

$\{C_1,C_2,C_3,C_4,C_8,C_9\} \succ C_{14}$

$\{C_1,C_2,C_3,C_4,C_5,C_9,C_{10}\} \succ C_{15}$

$\{C_2,C_3,C_4,C_5,C_6,C_9,C_{10},C_{11}\} \succ C_{16}$

$\{C_2,C_3,C_4,C_5,C_6,C_7,C_{10},C_{11},C_{12},C_{13}\} \succ C_{17}$

$\{C_1,C_2,C_3,C_4,C_5,C_8,C_9,C_{10},C_{14},C_{15}\} \succ C_{18}$

$\{C_1,C_2,C_3,C_4,C_5,C_6,C_9,C_{10},C_{11},C_{15},C_{16}\} \succ C_{19}$

$\{C_2,C_3,C_4,C_5,C_6,C_7,C_9,C_{10},C_{11},C_{12},C_{13},C_{16},C_{17}\} \succ C_{20}$

根据以上支配关系，这 20 个个体具有下列 4 个层次：

$P_1 = \{C_1,C_2,C_3,C_4,C_5,C_6,C_7\}$

$P_2 = \{C_8,C_9,C_{10},C_{11},C_{12},C_{13}\}$

$P_3 = \{C_{14},C_{15},C_{16},C_{17}\}$

$P_4 = \{C_{18},C_{19},C_{20}\}$

我们感兴趣的是第一层次的非支配集 $P_1 = \{C_1, C_2, C_3, C_4, C_5, C_6, C_7\}$，并把它简称为非支配集。主要是因为，MOEA 的收敛是通过非支配集不断逼近 Pareto 最优边界来实现的。给定初始集 $\{C_{15}, C_{16}, C_{11}, C_6, C_8, C_{13}, C_1, C_9, C_{17}, C_{10}, C_7, C_3, C_{12}, C_2, C_{14}, C_{18}, C_4, C_{20}, C_5, C_{19}\}$，采用庄家法则构造非支配集的具体过程如下。

Round 1♯：C_{15} 被选作庄家，与其他个体比较后，不被它所支配的个体为 $\{C_{16}, C_{11}, C_6, C_8, C_{13}, C_1, C_9, C_{17}, C_{10}, C_7, C_3, C_{12}, C_2, C_{14}, C_4, C_{20}, C_5\}$，同时发现它被 C_1 支配。

Round 2♯：C_{16} 被选作庄家，与其他个体比较后，不被它所支配的个体为 $\{C_{11}, C_6, C_8, C_{13}, C_1, C_9, C_{17}, C_{10}, C_7, C_3, C_{12}, C_2, C_{14}, C_4, C_5\}$，同时发现它被 C_{11} 支配。

Round 3♯：将 C_{11} 选作庄家，与其他个体比较后，不被它所支配的个体为 $\{C_6, C_8, C_{13}, C_1, C_9, C_{10}, C_7, C_3, C_{12}, C_2, C_{14}, C_4, C_5\}$，同时发现它被 C_6 支配。

Round 4♯：将 C_6 选作庄家，与其他个体比较后，不被它所支配的个体为 $\{C_8, C_1, C_9, C_{10}, C_7, C_3, C_2, C_{14}, C_4, C_5\}$，同时发现它是非支配个体。

Round 5♯：将 C_8 选作庄家，与其他个体比较后，不被它所支配的个体为 $\{C_1, C_9, C_{10}, C_7, C_3, C_2, C_4, C_5\}$，同时发现它被 C_1 支配。

Round 6♯：将 C_1 选作庄家，与其他个体比较后，不被它所支配的个体为 $\{C_9, C_{10}, C_7, C_3, C_2, C_4, C_5\}$，同时发现它是非支配个体。

Round 7♯：将 C_9 选作庄家，与其他个体比较后，不被它所支配的个体为 $\{C_{10}, C_7, C_3, C_2, C_4, C_5\}$，同时发现它被 C_3 支配。

Round 8♯：将 C_{10} 选作庄家，与其他个体比较后，不被它所支配的个体为 $\{C_7, C_3, C_2, C_4, C_5\}$，同时发现它被 C_3 支配。

Round 9♯：将 C_7 选作庄家，与其他个体比较后，不被它所支配的个体为 $\{C_3, C_2, C_4, C_5\}$，同时发现它是非支配个体。

Round 10♯：将 C_3 选作庄家，与其他个体比较后，不被它所支配的个体为 $\{C_2, C_4, C_5\}$，同时发现它是非支配个体。

Round 11♯：将 C_2 选作庄家，与其他个体比较后，不被它所支配的个体为 $\{C_4, C_5\}$，同时发现它是非支配个体。

Round 12♯：将 C_4 选作庄家，它与剩下的唯一个体 C_5 比较后，相互不被支配，故而得 C_4 和 C_5 均为非支配个体。

经以上 12 轮共 98 次比较，得非支配集为 $\{C_6, C_1, C_7, C_3, C_2, C_4, C_5\}$。

3.2.5 实验结果

从上一小节的时间复杂度分析可以看出，虽然庄家法则在构造非支配集时与在第一节讨论的简单方法并没有本质上的差异。但在求解具体问题时，所表现出来的效率仍然是明显的。本节首先设计一类比较简单的 MOEA，它采用聚类方法来保持进化群体的多样性。然后利用 Deb 等设计的测试函数 DTLZ2（Deb et al.，2001a）来测试和比较用庄家法则构造非支配集的效率。

1. 基于聚类的 MOEA

在 MOEA 研究中，解群体的多样性是最重要的指标之一，目前常用的保持进化群体多样性的主要方法有小生境技术（niche）（Horn et al.，1994）、适应度共享（fitness sharing）（Horn et al.，1997）、个体的聚集距离（Deb et al.，2002，2003）、聚类（Zitzler et al.，1999）、网格方法（Corne et al.，2000；Coello Coello et al.，2001）等。这里采用层次聚类方法来保持多目标进化群体的多样性，它是一种按照自底向上策略来聚类个体的方法，首先将每个个体看作一个独立的子类，然后逐步合并距离最近的子类，直至满足终结条件。有关的详细讨论可参见本书 4.5 节。

设群体的大小为 N，Pop_t 为第 t 代群体，Q_t 为对第 t 代群体 Pop_t 进行遗传操作（选择、交叉和变异）所产生的群体，Q_t 的大小也是 N。令 $R_t = Pop_t \cup Q_t$，R_t 的规模大小为 $2N$，算法通过不断地构造 R_t 的非支配集 $NDSet$，并使 $NDSet$ 中个体不断地逼近 Pareto 最优解集（optimal solutions）来实现对多目标的优化。

如果 $|NDSet| < N$，使用随机法产生 $(N - |NDSet|)$ 个个体，连同 $NDSet$ 中个体一起并入新的进化群体 Pop_{t+1} 中。

如果 $|NDSet| > N$，则使用层次聚类方法降低非支配集的大小，使 $NDSet$ 中只包含 N 个个体，同时使这 N 个解个体具有较好的分布性。

具体过程如算法 3.5 所示。

算法 3.5 基于聚类的多目标遗传算法。

函数调用：Multi-objective-GA（Pop_0）

```
1: t=0;Q_t=Ψ(Pop_t);                                  //Ψ为遗传选择、交叉和变异操作
2: R_t=Pop_t∪Q_t;                                     //将父代群体和新产生的群体并到一起
3: NDSet=establish-NDSet(R_t);                        //构造非支配集 NDSet
4: if(|NDSet|<N)
5:   then Pop_{t+1}=NDSet∪{Random-generate(N-|NDSet|)
     //随机产生(N-|NDSet|)个新个体,与 NDSet 一起组成新群体
6:   else if(|NDSet|>N) then Pop_{t+1}=Clustering(NDSet,N);  //用聚类方法进行降维处理
7: t=t+1;
8: 若满足结束条件,则终止;否则,转步骤 2
```

2. 实验结果

这里采用多目标函数 DTLZ2（Deb et al.，2001a）进行实验，该函数的具体描述可参见 11.5 节。

图 3.1（a）～（c）表明了各算法的分布特性，表 3.1 列出了各算法的时间对比。在实验中，群体规模为 100，计算代数为 250 代，交叉概率为 0.8，变异概率为 1/基因长度，使用二进制编码，且对应问题的基因长度相同。

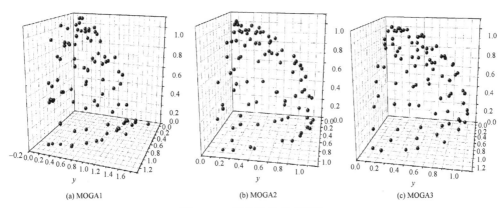

(a) MOGA1　　　　　(b) MOGA2　　　　　(c) MOGA3

图 3.1　3 种算法的分布特性

程序语言为 Visual C++ 5.0，统计和作图使用 Origin 6.0。运行环境：CPU 为 Pentium4（1.7GHz）、256MB DDR 内存，操作系统为 Windows 2000。

在图表中，各算法的具体意义为

MOGA1——算法 3.5＋算法 3.2＋算法 4.3

MOGA2——算法 3.5＋算法 3.3＋算法 4.3

MOGA3——算法 3.5＋算法 3.4＋算法 4.3

也就是说，在算法 3.5 中，构造非支配集的方法分别采用算法 3.2、算法 3.3 和算法 3.4，采用层次聚类方法来保持进化群体多样性（即算法 4.3）。

从图 3.1 可以看出，聚类方法能够比较好地维持解群体的多样性。表 3.1 为算法运行 10 次的平均值，由表 3.1 可见，在 MOEA 中采用庄家法则构造非支配集时，与用简单方法构造非支配集比较，具有比较好的运行效率。

表 3.1　不同算法的时间对比

算法	MOGA1	MOGA2	MOGA3
CPU 时间/s	3.126	3.098	2.424
时间变化率	0.0613	0.0608	0.0606

3.3　用擂台赛法则构造 Pareto 最优解集

利用庄家法则构造非支配集时，虽然没有回溯，这在一定程度上提高了构造非支配集的速度，但每一轮比较不一定能构造出一个新的非支配个体。下面讨论的擂台赛法则，每一轮比较均能构造出一个新的非支配个体，因此擂台赛法则比庄家法则具有更高的构造非支配集的效率（郑金华等，2007）。

当用擂台赛法则构造一个进化群体的 Pareto 最优解集时，每次搜索新的非支配个体时不需要与已有的非支配个体进行比较，每一轮比较时在构造集中选出一个个体出任擂台主（一般为当前构造集的第一个个体），由擂台主与构造集中其他个体进行比较，败者被淘汰出局，胜者成为新的擂台主，并继续该轮比较；一轮比较后，最后的擂台主个体即为非支配个体。按照这种方法进行下一轮比较，直至构造集为空。

3.3.1 用擂台赛法则构造非支配集的方法

设 P 为一进化群体，Q 为构造集，初始时 $Q=P$；$NDSet$ 为非支配集，初始时为空。从 Q 中任取一个个体 x，依次与 Q 中所有其他个体 y 比较，如果 x 支配 y，则将个体 y 从 Q 中清除；如果 y 支配 x，则用 y 代替 x（即产生了新的擂台主），并继续进行比较。一轮比较后，形成族 $cluster(x)=\{y \mid x \succ y,$ 且 $x, y \in P\}$，x 为最小元，将 x 并入非支配集 $NDSet$ 中。以此下去，直至 Q 为空。

如果在一轮比较中出现了替代操作（一次以上），即产生了新的擂台主，或者说擂台主被更换了一次以上，需要记录最后一次替换操作（或更新操作）的有关信息，如更新操作的位置、新的擂台主等。这是因为，在更新操作之前被保留下来的个体有可能是被最新的擂台主所支配的，如果其中一些个体只被当前这个最新擂台主所支配而不被任何其他个体所支配，那么这个最新的擂台主必须回过头去找出这样的被它所支配的个体并清除。否则，只被某一个新擂台主所支配的个体就会被保留下来，并被当成是非支配个体。如例 3.2 的 C_8，它只被 C_1 所支配，且 C_1 是第一轮比较的最新擂台主，如果 C_1 不回过头去找出 C_8 并清除，C_8 将被保留到非支配集中，这显然是不能允许的。进一步的分析请参考定理 3.1。

定理 3.1 设 $\forall Y \in \{B_1, B_2, \cdots, B_l\}$，$X_1$ 与 Y 不相关，同时有 $X_2 \succ X_1$，则 Y 可能被 X_2 所支配。

证明：令 α 和 β 为所讨论问题的子目标集合，且 $\alpha + \beta = \Omega$（所有子目标的集合），$\alpha \cap \beta = \varnothing$（空集），$\alpha \neq \varnothing$，$\beta \neq \varnothing$。

因为 X_1 与 Y 不相关，故有 $Y \cdot \alpha \succ X_1 \cdot \alpha$，$X_1 \cdot \beta \succ Y \cdot \beta$。

又因为有 $X_2 \succ X_1$，即有 $X_2 \cdot \Omega \succ X_1 \cdot \Omega$ 或 $X_2 \cdot \alpha \succ X_1 \cdot \alpha$，$X_2 \cdot \beta \succ X_1 \cdot \beta$，从而得 $X_2 \cdot \beta \succ Y \cdot \beta$。

令 $\alpha = \gamma + \lambda$ 且 $\gamma \cap \lambda = \varnothing$，使 $X_2 \cdot \gamma \succ Y \cdot \gamma$，$Y \cdot \lambda \succ X_2 \cdot \lambda$ 则 $X_2 \cdot (\beta + \gamma) \succ Y \cdot (\beta + \gamma)$，$Y \cdot \lambda \succ X_2 \cdot \lambda$。

由此可得：当 $\lambda = \varnothing$ 时，$X_2 \succ Y$；当 $\lambda \neq \varnothing$ 时，X_2 与 Y 不相关。

由定理 3.1 可知，新擂台主出现时，此前保留下来的与旧擂台主无关的个体有可能被它所支配。因此，新擂台主需要与此前被保留下来的个体进行比较，找出被它支配的个体并清除。在一轮比较中，如果多次出现新旧擂台主的更替，为了使处理方便有效，我们只将最后一个擂台主与其前被保留下来的个体进行比较，并清除被它支配的所有个体。当然，也可以在每次新旧擂台主更替时，分别将各擂台主与它前面的保留个体比较并清除其支配个体。这两种方法的效果是一样的，但第一种方法显然更简单有效。下面我们讨论这两种方法的等效性。值得注意的是，当出现上一轮最后一个擂台主参与下一轮比较的情况时，如何选取第一个擂台主？在此将不被上一轮最后一个擂台主所支配和清除的第一个个体选派为该轮比较的第一个擂台主。

设在构造非支配集的某一轮比较中，共出现了 k 个新的擂台主，表示为 $X_{k+1} \succ X_k \succ \cdots \succ X_2 \succ X_1$，其中 X_1 为第一个擂台主，X_{i+1} 表示第 i 次出现的新擂台主。R_j 表示第 j 次出现新擂台主 X_{j+1} 时，没有被此前的旧擂台主 X_j 在比较时所清除的所有个体的集合。这样，当第 i 个新的擂台主出现时，X_{i+1} 所需要回过头去进行比较的所有个体的集合为 $R_1 \cup R_2 \cup \cdots \cup R_i$。由此可知，任何被 X_{i+1} 所支配的个体 $Y \in R_1 \cup R_2 \cup \cdots \cup R_i$ $(1 \leqslant i < k)$，也必然被 X_{k+1} 所支配；同时，k 次新旧擂台主的更替，所有被 X_{i+1} $(1 \leqslant i \leqslant k)$ 所支配的个体的集合为 $R_1 \cup R_2 \cup \cdots \cup R_k$。从而可知，当多次出现新旧擂台主的更替时，只要将最后一个擂台主与其前被保留下来的所有个体进行比较，并清除被它支配的所有个体，而不必在每出现新旧擂台主更替时都回过头去做这样的工作。为了使构造非支配集的算法更有效，在一轮比较中若出现了新的擂台主（设共出现了 k 个，$k \geqslant 1$），将最后一个擂台主（设为 X_{k+1}）及此时的 $R_1 \cup R_2 \cup \cdots \cup R_k$ 等信息记录下来，等到下一轮比较时，顺便也进行 X_{k+1} 对 $R_1 \cup R_2 \cup \cdots \cup R_k$ 中个体的比较与清除操作。

用擂台赛法则构造非支配集的具体过程如算法3.6所示。

算法 3.6 用擂台赛法则构造非支配集。

函数调用：Function establish-Nds（Pop：population）

```
1:   Q=Pop;Sign-count 2=0;
2:   while(|Q|>1)do
3:     {X∈Q,Q=Q-X;Sign=.F.;Sign-count1=0;
4:     while((Sign-count2>0)and(V2>X))do   //找出第一个不被V2所支配的个体
5:       {X=succeed(X);Sign-count2=Sign-count2 -1};
6:      for(Y∈Q)
7:        {if(Sign-count2>0)
8:         then {Sign-count2=Sign-count2 -1;
9:              if((X>Y)OR(V2>Y))then Q=Q-Y;
10:             if(Y>X)then {X=Y;V1=Y;Sign=.T.;Sign-count1=the position of Y}}
11:        else if(X>Y)then Q=Q-Y
12:             else if(Y>X)then {X=Y;V1=Y;Sign=.T.;Sign-count1=the position of Y};
13:       Nds=Nds∪{X};
14:       If Sign then {Sign-count2=Sign-count1;V2=V1}
15:      }end of for-loop
16:   }end of while-loop
17:   if(|Q|=1)then Nds=Nds∪Q;
18:   Return establish_Nds
```

3.3.2 正确性论证及时间复杂度分析

设集合 P 为一个大小为 N 的进化群体，采用擂台赛法则（即算法3.6）所构造的非支配集为 $NDSet$，证明 $NDSet$ 为 P 的非支配集，且为 P 的最大非支配集。

证明：

① 首先证明第一个进入 $NDSet$ 的个体是 P 的非支配个体。

设第一个进入 $NDSet$ 的个体为 x_1，令此时的构造集为 Q_1，由构造方法可知，$\nexists y \in Q_1$，使 $y \succ x_1$，即 x_1 不被 Q_1 中任一个体所支配；同时有 $\nexists y \in Q_1$，$x_1 \succ y$，即 x_1 也不支配 Q_1 中任一个体，由此可知 x_1 与 Q_1 中个体不相关。

此外，当产生 x_1 后，形成了族 $cluster(x_1) = \{y \mid x_1 \succ y,$ 且 $x_1, y \in P\} = P - Q_1 - \{x_1\}$。

从而可得，$\nexists y \in P$，使 $y \succ x_1$，即 x_1 不被 P 中任一个体所支配，亦即第一个进入 $NDSet$ 的个体 x_1 是 P 的非支配个体。

② 证明第 $s(N \geqslant s \geqslant 2)$ 个进入 $NDSet$ 的个体 x_s 是 P 的非支配个体。

设当 x_s 进入 $NDSet$ 后，构造集变为 Q_s，由构造方法可知，此时 x_s 与 Q_s 中任一个体无关，即 $\nexists y \in Q_s$，使 $y \succ x_s$，同时 $\nexists y \in Q_s$，$x_s \succ y$。

设此时已形成的 s 个族分别为 $cluster(x_1), cluster(x_2), \cdots, cluster(x_{s-1})$ 及 $cluster(x_s)$，且 $\nexists y \in \{x_1, x_2, \cdots, x_{s-1}\}$，使 $y \succ x_s$；否则在第 s 轮比较之前，x_s 已被 y 从构造集中清除。显然，$\nexists y \in cluster(x_1) \cup cluster(x_2) \cup \cdots \cup cluster(x_{s-1}) \cup cluster(x_s)$，使 $y \succ x_s$；其中 $cluster(x_k) = Q_{k-1} - Q_k - \{x_k\}$，$k = 2, 3, \cdots, s$。故 $\nexists y \in P - Q_s$，使 $y \succ x_s$。由此可得，$\nexists y \in P$，使 $y \succ x_s$，即 x_s 不被 P 中任一个体所支配，也就是说第 $s(N \geqslant s \geqslant 2)$ 个进入 $NDSet$ 的个体 x_s 是 P 的非支配个体。

综合①和②，$NDSet$ 是 P 的非支配集。

③ 证明 $NDSet$ 是 P 的最大非支配集。

若 $\exists x_k \in NDSet$，不是 P 的非支配个体，则必有 $\exists y \in P$，使 $y \succ x_k$，即或者 $\exists y \in Q_k$，使 $y \succ x_k$，则 x_k 将被 y 从构造集 Q 中清除并进入下一轮比较，这种情况 x_k 不可能被并入 $NDSet$ 中；或者 $\exists y \in P - Q_k$，使 $y \succ x_k$，则 x_k 早在 y 被清除之前已从构造集 Q 中被清除。

反之，若 $\forall x \in P - NDSet$，是 P 的非支配个体，则 $\nexists y \in P$，使 $y \succ x$，因此 P 中任一个体都不能将 x 从构造集 Q 中清除，即 $\nexists y \in Q \subseteq P$，使 $y \succ x$，故 x 必定被并入 $NDSet$ 中。由此可知，按上述方法所构造的非支配集 $NDSet$ 是 P 的最大非支配集。

现对算法进行时间复杂度分析，设集合 P 的大小为 N，P 中共有 m 个非支配个体，算法总共执行了 m 次，每次产生一个非支配个体。产生第一个非支配个体时做了 $(N-1)$ 次比较操作，设清除了 k_1 个 P 的支配个体，其中 $k_1 \geqslant 0$；产生第二个非支配个体时做了 $(N-k_1-2)$ 次比较操作，设清除了 k_2 个 P 的支配个体，其中 $k_2 \geqslant 0$；以此类推，产生第 m 个非支配个体时做了 $(N-k_1-k_2-\cdots-k_{m-1}-m)$ 次比较操作，设清除了 k_m 个 P 的支配个体，其中 $k_m \geqslant 0$；由于 m 个非支配个体全部产生后，所有的支配个体被清除，故 $(k_1+k_2+\cdots+k_m) = N-m$。因此，算法的时间复杂度为

$$T(N) = (N-1) + (N-k_1-2) + \cdots + (N-k_1-k_2-\cdots-k_{m-1}-m)$$
$$= (N-1) + (N-2) + \cdots + (N-m) - k_1 - (k_1+k_2) - \cdots - (k_1+k_2+\cdots+k_{m-1})$$
$$< (N-1) + (N-2) + \cdots + (N-m) < (2N-m-1)m/2 < Nm$$

即算法在最坏情况下的时间复杂度为 $O(rmN)$，其中 r 为优化目标的数目。

由此可知，当非支配个体在进化群体中所占比例比较小时，擂台赛法具有比较高的构造效率。一般情况下，$m \leqslant N/2$，所以擂台赛法则具有较好的实用价值。

3.3.3 实例分析

下面给出一个具体实例，以说明用擂台赛法则是如何构造非支配集的。

例 3.2 考虑例 3.1，用擂台赛法则构造非支配集。初始群体为 $\{C_{15}, C_{16}, C_{11}, C_6, C_8, C_{13}, C_1, C_9, C_{17}, C_{10}, C_7, C_3, C_{12}, C_2, C_{14}, C_{18}, C_4, C_{20}, C_5, C_{19}\}$，用擂台赛法则构造其非支配集的过程描述如下。

Round 1#：将 C_{15} 选为擂台主，依次与其他个体比较。在此过程中发现 C_{15} 被 C_1 所支配，因此 C_1 代替 C_{15} 成为新的擂台主，同时发现 C_1 也是该轮比较的最后一个擂台主。保存擂台主 C_1 及其位置 5（在此位置 5 保存在变量 $Sign\text{-}count$ 中）。在下一轮比较时，C_1 将与前 5 个个体进行比较，并清除被它所支配的个体。第一轮比较后，得 C_1 是非支配个体，同时得到新的构造集为 $\{C_{16}, C_{11}, C_6, C_8, C_{13}, C_1, C_9, C_{17}, C_{10}, C_7, C_3, C_{12}, C_2, C_4, C_{20}, C_5\}$。

值得注意的是，这里 C_1 要回过头与当前进化群体的前 5 个个体比较，否则个体 C_8 就不可能被清除，这样一来，C_8 就被当作非支配个体加入非支配集中。造成这种情况的主要原因是 C_8 只被 C_1 一个个体所支配，同时因为在上一轮比较中发生了由 C_{15} 到 C_1 的替代操作。

Round 2#：将 C_{16} 选为擂台主，依次与其他个体比较。在该轮比较中，C_1 必须与当前进化群体的前 5 个个体进行比较：$\{C_{16}, C_{11}, C_6, C_8, C_{13}\}$，$C_8$ 被清除因它被 C_1 所支配。该轮比较出现了二次替代操作，第一次为 C_{11} 替代 C_{16}，第二次为 C_6 替代 C_{11}。因最后一轮替代操作的位置为 0，所以 C_6 在下一轮不必与其他个体比较。第二轮比较后的结果为 $\{C_6, C_9, C_{10}, C_7, C_3, C_2, C_4, C_5\}$，$C_6$ 为非支配个体，加入非支配集中。

Round 3#：将 C_9 选为擂台主，依次与其他个体比较。该轮比较中发现 C_9 被 C_3 所支配，所以 C_9 由 C_3 替代，这是唯一的一次替代操作，替代位置为 2。第三轮比较后的结果为 $\{C_{10}, C_7, C_3, C_2, C_4, C_5\}$，$C_3$ 为非支配个体，被加入非支配集中。

Round 4#：因为上一轮的最后一个擂台主 C_3 要参与该轮比较，选取该轮第一个擂台主的原则是第一个不被 C_3 所支配的个体，在此为 C_7。该轮比较没有发生替代操作，结果为 $\{C_2, C_4, C_5\}$，C_7 为该轮产生的非支配个体。

Round 5#：将 C_2 选为擂台主，依次与其他个体比较。该轮比较没有发生替代操作，结果为 $\{C_4, C_5\}$，C_2 为该轮产生的非支配个体。

Round 6#：将 C_4 选为擂台主，此时构造集中只剩下一个个体 C_5，比较时互不相关，从而得出结果：C_4 和 C_5 均为非支配个体。结束。

在以上 6 轮共 46 次比较后，得到非支配集为 $\{C_1, C_6, C_3, C_7, C_2, C_4, C_5\}$。

3.3.4 实验结果

这里设计了两组实验，一组实验针对 5 个 benchmark 问题，测试擂台赛法则（arena's principle，AP）构造非支配集的效率；第二组实验主要用于测试，当一个进化群体具有不同比例的非支配个体时，AP 构造非支配集的效率。

1. benchmark 问题的比较实验

为测试擂台赛法则构造非支配集的效率，本小节将 AP 和 Jensen 的算法集成到 NSGA-II 中，然后比较（AP+NSGA-II）与（Jensen's+NSGA-II）及 NSGA-II 在 5 个 benchmark 测试问题上的 CPU 时间，其中 Jensen 的算法见 3.4 节。这 5 个 benchmark 问题分别是 DTLZ1、DTLZ2、DTLZ3、DTLZ4 和 DTLZ5（Deb et al.，2001a），这 5 个测试问题的定义可参考 11.5 节。

在实验中，当目标数目增加时进化的复杂度也随之提高，因此在此针对不同的目标数设置不同的群体大小和进化代数，如表 3.2 所示。

表 3.2 进化参数设置

目标数	2	3	4	6	8
群体大小	100	200	300	400	500
进化代数	200	250	400	500	600

本节主要讨论算法构造非支配集的效率，因此有关收敛性和分布性的讨论从略。

如表 3.3～表 3.7 所示，当目标数为 2 和 3 时，AP 与 Deb 及 Jensen 的方法相比并没有什么优势；但当目标数为 4、6 和 8 时，AP 明显地优于其他两种方法。

表 3.3 CPU 时间：DTLZ1 单位：s

目标数	AP+NSGA-II	Jensen's+NSGA-II	NSGA-II
2	2.99495	3.34026	1.92567
3	4.26555	4.81096	4.8114
4	8.09886	9.03452	16.2023
6	19.40996	20.69787	43.72806
8	88.30786	103.25812	181.92971

表 3.4 CPU 时间：DTLZ2 单位：s

目标数	AP+NSGA-II	Jensen's+NSGA-II	NSGA-II
2	4.24518	4.89012	3.16057
3	5.94467	6.83176	6.36241
4	10.52748	11.99458	17.85688
6	22.26371	25.06559	46.49446
8	85.73981	93.48625	192.1943

表 3.5 CPU 时间：DTLZ3 单位：s

目标数	AP+NSGA-II	Jensen's+NSGA-II	NSGA-II
2	4.37782	4.93306	3.21643
3	5.83557	6.67577	6.34374
4	10.24638	11.89005	14.05474
6	21.8085	24.82574	34.11843
8	83.55611	93.22353	158.25227

表 3.6 CPU 时间：DTLZ4 单位：s

目标数	AP+NSGA-II	Jensen's+NSGA-II	NSGA-II
2	4.57055	5.22705	3.19854
3	6.11599	7.9763	6.37631
4	10.95442	12.65173	18.06527
6	25.31394	27.54878	77.05296
8	102.63744	124.14193	279.02757

表 3.7　CPU 时间：DTLZ5　　　　　　　　　　　　　　　　　单位：s

目标数	AP＋NSGA-Ⅱ	Jensen's＋NSGA-Ⅱ	NSGA-Ⅱ
2	4.31323	4.91071	3.17865
3	6.19065	7.06904	6.32186
4	11.30658	12.6731	16.52727
6	23.55699	26.62863	45.08813
8	93.05973	101.69028	150.21185

2. 构造非支配集的比较实验

本小节所讨论的构造非支配集的实验，主要为了测试 AP 在不同比例的非支配个体情况下构造非支配集的效率，并分别与 Deb 及 Jensen 的方法进行比较。其中，子目标数分别为 2、3、5 和 8，每个实验中实际的非支配个体在进化群体中所占比例分别为 20％、50％和 80％。12 组实验的结果如图 3.2～图 3.13 所示，每组结果为运行 5 次的平均值。

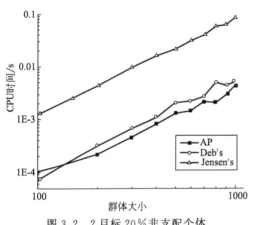

图 3.2　2 目标 20％非支配个体

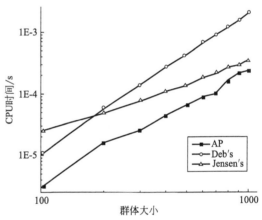

图 3.3　3 目标 20％非支配个体

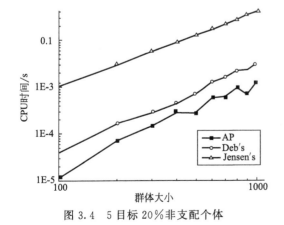

图 3.4　5 目标 20％非支配个体

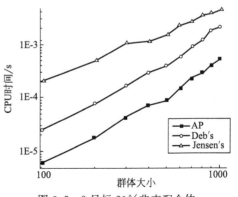

图 3.5　8 目标 20％非支配个体

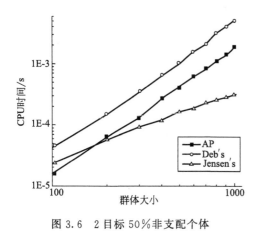

图 3.6　2 目标 50% 非支配个体

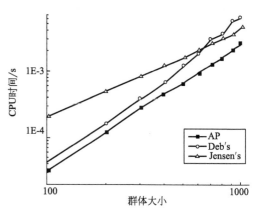

图 3.7　3 目标 50% 非支配个体

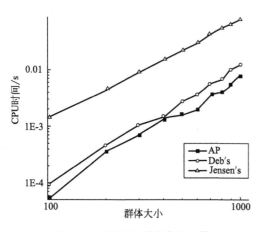

图 3.8　5 目标 50% 非支配个体

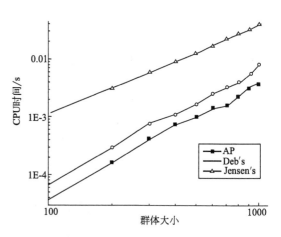

图 3.9　8 目标 50% 非支配个体

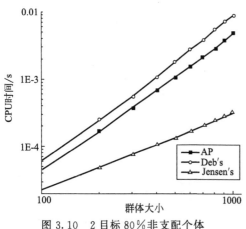

图 3.10　2 目标 80% 非支配个体

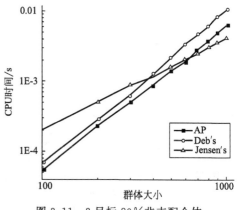

图 3.11　3 目标 80% 非支配个体

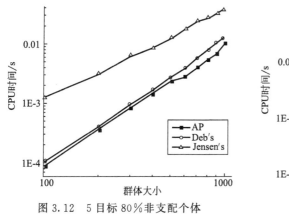

图 3.12 5 目标 80% 非支配个体

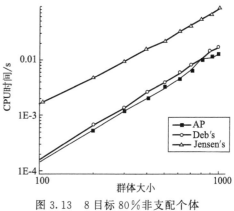

图 3.13 8 目标 80% 非支配个体

由图 3.2～图 3.5 可以看出，当非支配个体所占比例为 20% 时，AP 构造非支配集所需要的 CPU 时间比 Deb's 及 Jensen's 少得多；由图 3.6～图 3.9 可见，当非支配个体所占比例为 50% 时，AP 构造非支配集所耗费的 CPU 时间也比 Deb's 及 Jensen's 少；但当非支配个体所占比例为 80% 时，AP 构造非支配集的效率略比 Deb's 及 Jensen's 好一点，如图 3.10～图 3.13 所示。这主要是因为，AP 构造非支配集的效率与进化群体中非支配个体的比例有关，非支配个体比例越低，其构造的速度就越快；当进化群体中所有个体均为非支配个体时，AP 的构造速度变为与 Deb's 一样。当然在实际中，进化群体全为非支配个体的情况几乎是不可能出现的。值得一提的是，在这 12 组实验中 Jensen's 的表现比较差，主要是因为它是用递归方法实现的。

3.4 用递归方法构造 Pareto 最优解集

Jensen 基于分治技术（divide and conquer），采用递归的方法（recursive procedure），于 2003 年提出了一类构造非支配集的算法，如算法 3.7 所示（Jensen，2003），算法的时间复杂度为 $O(N\log^{(M-1)}N)$，其中 N 为进化群体的规模，M 为目标数。算法 3.7 中，假定在同一目标上没有相同的值，主过程 Non-dominated-sort(S, M) 带两个参数，其中 S 为进化群体，M 为目标数。在主过程中（算法 3.7（a）），对每个个体 $s \in S$ 设置一个函数值 $f[s]$，用于表示该个体所对应的边界层次。初始时将 $f[s]$ 的值均置为 1，即在初始时认为 S 中所有个体均在第一层边界上。通过调用 ND-helper_A(S, M)（算法 3.7（b）），使 $f[s]$ 返回个体 s 所对应的边界层次。显然，所有 $f[s]=1(s \in S)$ 的个体 s 均为非支配的。但当待优化问题只有两个目标时（即 $M=2$），则作为特殊情况处理，直接调用算法 3.8，而不需要递归调用。

在递归过程 ND-helper_A(S, M) 中（算法 3.7（b）），S 为进化群体，M 为目标数，M 个子目标分别表示为 $x_1 \cdots x_M$。当 S 中只有两个个体时（即 $|S|=2$），则将这两个个体进行比较。若 s_1 支配 s_2，则令 $f[s_2]=\max(f[s_1]+1, f[s_2])$；若 s_2 支配 s_1，则令 $f[s_1]=\max(f[s_1], f[s_2]+1)$。当 S 中个体大于 2 时，则将 S 分割为两个大小相等的子集 L 和 H，即 $set(L, H)=split(S, x_M^{split}, M)$。分割时，取第 M 个目标的中值 x_M^{split}，然

后将所有第 M 个目标值小于等于 x_M^{split} 的个体放入 L 中,高于 x_M^{split} 的则放入 H 中。由此可知,L 中的任何一个个体均不被 H 中个体所支配,因为有 $\forall s_1 \in L \wedge \forall s_2 \in H \Rightarrow x_M(s_1) < x_M(s_2)$。这样,通过进一步递归调用 ND-helper_A(L,M)来构造 L 的非支配集,且在构造 L 的非支配集时就不需要考虑 H。但 H 中的个体也有可能不被 L 中的个体所支配,因此在构造 H 的非支配集时必须考虑 L。要判断 $s_2 \in H$ 是否被 $s_1 \in L$ 支配,需要调用 ND-helper_B(L,H,$M-1$)(算法 3.7(c))来比较 L 和 H 在前($M-1$)个子目标上的支配关系。若 $s_1 \in L$ 支配 $s_2 \in H$,则令 $f[s_2]=\max(f[s_1]+1, f[s_2])$。此外,还需要判断 H 中个体是否被 H 中其他个体所支配,因此需要调用 ND-helper_A(H,M)。

在递归过程 ND-helper_B(L,H,M)中(算法 3.7(c)),通过对 H 中个体与 L 中个体进行比较,从而实现对 H 中个体进行分类(注意:这只是部分分类,要在此语句后调用 ND-helper_A(H,M),才能实现对 H 的完全分类)。若 L 或 H 中只有一个个体,则将 H(或 L)中所有个体与 L(或 H)中这(唯一的)一个个体比较,如果 $s_1 \in L$ 支配 $s_2 \in H$,则令 $f[s_2]=\max(f[s_1]+1, f[s_2])$。如果此时 $M=2$,则直接调用一个二维分类算法(类似算法 3.8),通过与 L 中个体比较其支配关系,给 H 中个体分配边界数(即调整 $f[s]$,$s \in H$),即如果 $s_1 \in L$ 支配 $s_2 \in H$,则令 $f[s_2]=\max(f[s_1]+1, f[s_2])$。

在其他情况下,处理要复杂一些:

① 如果 $\max(x_M(l_1), \cdots, x_M(l_{|L|})) \leqslant \min(x_M(h_1), \cdots, x_M(h_{|H|}))$,表明在第 M 个目标上,L 中个体比 H 中个体具有小的值。则直接调用 ND-helper_B(L,H,$M-1$)。

② 如果 $\min(x_M(l_1), \cdots, x_M(l_{|L|})) > \max(x_M(h_1), \cdots, x_M(h_{|H|}))$,表明在第 M 个目标上,H 中个体比 L 中个体具有小的值,这种情况下算法不需要做任何处理。

③ 如果 $\max(x_M(l_1), \cdots, x_M(l_{|L|})) > \min(x_M(h_1), \cdots, x_M(h_{|H|}))$,且 $\min(x_M(l_1), \cdots, x_M(l_{|L|})) \leqslant \max(x_M(h_1), \cdots, x_M(h_{|H|}))$,表明在第 M 个目标上,H 中部分个体的值比 L 中个体小,同时 H 中部分个体的值又比 L 中个体大,即 H 中个体与 L 中个体的大小关系存在着交迭,这种情况下,需要在 H 或 L 中针对第 M 个目标选取一个中值 x_M^{split},并将 H 分割为 H_1 和 H_2,将 L 分割为 L_1 和 L_2。然后分别递归调用 ND-helper_B(L_1,H_1,M)、ND-helper_B(L_1,H_2,$M-1$)和 ND-helper_B(L_2,H_2,M)。值得说明的是,这里不需要针对 L_2 来调整 H_1,即不需要调用 ND-helper_B(L_2,H_1,M),是因为 H_1 中的个体不可能被 L_2 中的个体所支配。

算法 3.7(a) Jensen 算法主过程。

函数调用:Non-dominated-sort(S, M)

```
1:   for each(s∈S) set f[s]=1
2:     {ND-helper_A(S,M);
3:     Set F₁=∅,F₂=∅,⋯;
4:     for each(s∈S) set F_{f[s]}=F_{f[s]}∪{s};
5:     return(F₁,F₂,⋯);} end of the main loop
```

算法 3.7(b) 第一层次递归过程。

函数调用:ND-helper_A(S, M)

```
1:  if(|S|=2)
2:     then sorting s₁ and s₂ by updating f[s₁] and f[s₂]
3:  else if(|S|>2) then
4:              { set x_M^split = median(x_M(s₁),···,x_M(s_|N|));
5:                set(L,H) = split(S,x_M^split,M);
6:                ND-helper_A(L,M);
7:                ND-helper_B(L,H,M-1);
8:                ND-helper_A(H,M) }
9:  end of ND-helper_A(S,M)
```

算法 3.7(c) 第二层次递归过程。

函数调用：ND-helper _ B (L，H，M)

```
1:  if(|L|=1) then all h∈H compare to l₁∈L: update f[h]
2:     else if(|H|=1) then all l∈L compare to h₁∈H: update f[l]
3:     else if(M=2) then do 2D sorting of H according to L: update f[h] for h∈H
4:     else {if(max(x_M(l₁),···,x_M(l_|L|))≤min(x_M(h₁),···,x_M(h_|H|)))
5:           then ND-helper_B(L,H,M-1)
6:           else if(min(x_M(l₁),···,x_M(l_|L|))≤max(x_M(h₁),···,x_M(h_|H|)))
7:                then {if(|L|>|H|) then set x_M^split = median(x_M(l₁),···,x_M(l_|L|))
8:                      esle set x_M^split = median(x_M(h₁),···,x_M(h_|H|));
9:                      set(L₁,L₂) = split(L,x_M^split,M);
10:                     set(H₁,H₂) = split(H,x_M^split,M);
11:                     ND-helper_B(L₁,H₁,M);
12:                     ND-helper_B(L₁,H₂,M-1);
13:                     ND-helper_B(L₂,H₂,M);}
14: end of ND-helper_B(L,H,M)
```

算法 3.8 针对两个目标优化问题构造非支配集。

函数调用：Non-dominated-sort-on-2D(S)

功能：将 S 中个体排序为 s_1, s_2, ···, s_N，满足条件 $i<j \Rightarrow ((x_1(s_i)<x_1(s_j)) \lor ((x_1(s_i)=x_1(s_j)) \land (x_2(s_i)<x_2(s_j)))$。

```
1:  F₁={s₁},A=1;
2:  for(i=2;i≤N;i=i+1)
3:  {/* F₁,···,F_A中保存非支配个体 s₁··· s_{i-1},且 F₁,···,F_A中个体均不被 s_i···s_N所支配*/
4:     if(s_i⊁F_A)  /* s_i不被 F_A中个体所支配*/
5:     then {找出最小的 b 使 s_i⊁F_b,令 F_b=F_b∪{s_i}}
6:     else {A=A+1;F_A={s_i}}}
7:  return(F₁,···,F_A)
```

算法 3.8 中，"$s_i \not\succ F_b$" 表示 s_i 不被 F_b 中任何一个个体所支配。首先将 S 中个体排序为 s_1, s_2, ···, s_N，要求满足条件 $i<j \Rightarrow ((x_1(s_i)<x_1(s_j)) \lor ((x_1(s_i)=x_1(s_j)) \land (x_2(s_i)<x_2(s_j)))$。用 F_1 保存第一层非支配个体，用 F_2 保存第二层非支配个体（即 S 中删除第一层非支配个体后的非支配个体），类似地，用 F_A 保存第 A 层非支配个体（即 S 中删除

前 $A-1$ 层非支配个体后的非支配个体)。初始时,令 $F_1=\{s_1\}$, $A=1$, 然后依次判断个体 s_2, $\cdots$, s_N 与 F_1, $\cdots$, F_A 中个体之间的关系,并按它们之间的支配关系,将其保存到相应的 F_i 中 ($i=1\cdots A$, $A\geq 1$)。

3.5 用快速排序方法构造 Pareto 最优解集

前面我们已讨论了进化群体中个体之间的支配关系"$>$",如果个体之间是相互不被支配的,则这两个个体是不相关的。在此基础上,本节将定义一类新的关系"$>_d$",如果 $x>y$,或 x 与 y 不相关,则 $x>_d y$。并将证明关系"$>_d$"的有关性质,论证用快速排序方法可以构造进化群体的非支配集 (Zheng J et al., 2004a)。

3.5.1 个体之间的关系

一个进化群体是由若干个个体组成的,个体之间存在着这样或那样的关系,如支配与被支配的关系,同一小生境内的聚集关系,除此之外,还有非支配个体之间的关系、被支配个体之间的关系等。群体内部的各种性质,就是由其个体相互之间的关系决定的。

性质 3.1 如果 x 和 y 不相关,且 $y>z$,则或者 $x>z$,或者 x 和 z 不相关。

证明:设有 r 个子目标,若 x 与 y 不相关,则 $x\cdot\alpha>y\cdot\alpha$,且 $y\cdot\beta>x\cdot\beta$,α 和 β 为两个不同的子目标集合,且 $\alpha\cap\beta=\varnothing$,$\alpha\cup\beta=\Omega$,$|\alpha|+|\beta|=r$。

当 $y>z$ 时,有 $y\cdot\Omega>z\cdot\Omega$,即有 $y\cdot\alpha>z\cdot\alpha$ 和 $y\cdot\beta>z\cdot\beta$。由此可得:$x\cdot\alpha>z\cdot\alpha$,$x\cdot\beta$ 和 $z\cdot\beta$ 的大小关系不确定。

令 $\beta=\gamma\cup\delta$,且 $\delta\cap\gamma=\varnothing$,使 $x\cdot\gamma>z\cdot\gamma$,且 $z\cdot\delta>x\cdot\delta$。由此可得:$x\cdot\alpha\cup\gamma>z\cdot\alpha\cup\gamma$,且 $z\cdot\delta>x\cdot\delta$,即 $x>_d z$。当 $\delta=\varnothing$ 时,有 $x>z$。

用同样的方法可以证明性质 3.2 的正确性。

性质 3.2 如果 $x>y$,且 y 和 z 不相关,则或者 $x>z$,或者 x 和 z 不相关。

为叙述问题方便,在以下讨论中均假设 Pop 中没有相同个体。

性质 3.3 非支配集中的不同个体之间是彼此不相关的。

证明:设 $\{y_1, y_2, \cdots, y_k\}$ 为非支配集,$\forall y_i, y_j\in\{y_1, y_2, \cdots, y_k\}$,$i\neq j$,$y_i$ 和 y_j 均是非支配的,假设 y_i 和 y_j 是相关的,由定义 3.7 有:

① $y_i=y_j$,表明 y_i 和 y_j 是同一个个体。

② $y_i>y_j$ 表明 y_i 支配 y_j,或 $y_j>y_i$ 表明 y_j 支配 y_i;由此得 y_i 和 y_j 必有一个是被支配个体,产生矛盾。

故 y_i 和 y_j 是不相关的。

由性质 3.3 可知,因为非支配集中个体互不相关,所以不能应用现有的排序方法按关系 "$>$" 对进化个体进行排序。为此,需要在进化个体之间定义一种新的关系。

定义 3.5 $\forall x, y\in Pop$ $x>_d y$ iff $x>y$ or x 和 y 不相关。

性质 3.4 关系 "$>_d$" 不具备传递性。

证明:$\forall x, y, z\in Pop$,设 $x>_d y$,$y>_d z$,由关系 "$>_d$" 的定义,有下列 4 种情况:

① $x>y$,y 与 z 不相关。由性质 3.2 可知 $x>_d z$。

② x 与 y 不相关,$y \succ z$。由性质 3.1 可知 $x \succ_d z$。

③ x 与 y 不相关,y 与 z 不相关。

设有 r 个子目标,则有 $x \cdot_\alpha \succ y \cdot_\alpha$,$y \cdot_\beta \succ x \cdot_\beta$,且 $\alpha \neq \varnothing$,$\beta \neq \varnothing$,$\alpha \cap \beta = \varnothing$,$\alpha \cup \beta = \Omega$,$|\alpha| + |\beta| = |\Omega| = r$;同时有 $y \cdot_\gamma \succ z \cdot_\gamma$,$z \cdot_\delta \succ y \cdot_\delta$,且 $\gamma \neq \varnothing$,$\delta \neq \varnothing$,$\gamma \cap \delta = \varnothing$,$\gamma \cup \delta = \Omega$,$|\gamma| + |\delta| = |\Omega| = r$。即有 $x \cdot_{\alpha \cap \gamma} \succ z \cdot_{\alpha \cap \gamma}$,$z \cdot_{\beta \cap \delta} \succ x \cdot_{\beta \cap \delta}$,$x \cdot_{\Omega - (\alpha \cap \gamma) - (\beta \cap \delta)}$ 和 $z \cdot_{\Omega - (\alpha \cap \gamma) - (\beta \cap \delta)}$ 的支配关系不确定。

令 $\Omega - (\alpha \cap \gamma) - (\beta \cap \delta) = \zeta \cup \eta$,且 $\zeta \cap \eta = \varnothing$,使 $x \cdot_\zeta \succ z \cdot_\zeta$,且 $z \cdot_\eta \succ x \cdot_\eta$。从而可得:$x \cdot_{(\alpha \cap \gamma) \cup \zeta} \succ z \cdot_{(\alpha \cap \gamma) \cup \zeta}$,且 $z \cdot_{(\beta \cap \delta) \cup \eta} \succ x \cdot_{(\beta \cap \delta) \cup \eta}$,当 $(\alpha \cap \gamma) \cup \zeta \neq \varnothing$ 时,有 $x \succ_d z$;但当 $(\alpha \cap \gamma) \cup \zeta = \varnothing$ 时,有 $z \succ x$。

因此在这种情况下,关系"$\succ_d$"不具备传递性。

④ $x \succ y$,$y \succ z$。由关系"$\succ$"的定义显然有 $x \succ z$。

综上可知,关系"$\succ_d$"不具备传递性。

由性质 3.4 可知,凡需要用到传递性的排序方法,都不适合按关系"$\succ_d$"对进化群体中的个体进行排序,如归并排序、堆排序、树选择排序等。不需要用到传递性的排序方法可以按关系"$\succ_d$"对进化群体中的个体进行排序,如起泡排序、快速排序等方法。

下面讨论用快速排序的思路实现将非支配集从群体中分类出来。每次找一个个体 x 作为比较对象(一般选第一个个体),按照关系"$\succ_d$"进行比较判断,经一趟排序后,以 x 为中界将 Pop 中的个体分成两部分,比 x "小"的一部分肯定是被支配个体,这部分个体在下一轮排序时就不必考虑了;第二部分是比 x 大的个体或与 x 不相关的个体,如果 x 不被所有这些个体所支配,则 x 是 Pop 的非支配个体,将 x 并入非支配集中,但只要其中之一"大于"x,则 x 仍为被支配个体。如此进行下一轮排序,直至第二部分只有一个个体。

在排序过程中,第二部分个体,设为 $\{x_1, x_2, \cdots, x_k\}$,均与比较对象 x 不相关,此时 x 肯定属于当前 Pop 的非支配个体,$\{x_1, x_2, \cdots, x_k\}$ 中的个体也是非支配个体吗?这就不一定了。尤其是在排序的初期,可能出现如图 3.14 所示的情况。此时若个体集 $\beta = \{A, B, C, D, E, F, G, H, I\} \subseteq \{x_1, x_2, \cdots, x_k\}$,且个体 x 与 β 中的个体均不相关。但在 β 中有下列支配关系:$A \succ \{E, F\}$,$B \succ \{G, H\}$,$C \succ I$,$G \succ H$;因此,β 中个体并非都是非支配个体。但到了排序的后期,β 中的个体有可能都是非支配个体。

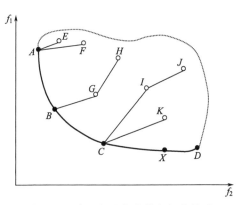

图 3.14 多目标进化个体之间的关系

性质 3.5 设 $Pop = \{y_1, y_2, \cdots, y_m\}$,$\forall x \in Pop$,$x$ 将 Pop 分成两部分,$\{x_1, x_2, \cdots, x_k\}$ 和 $\{x_{k+2}, x_{k+3}, \cdots, x_m\}$,使 $\forall y \in \{x_1, x_2, \cdots, x_k\}$,$\forall z \in \{x_{k+2}, x_{k+3}, \cdots, x_m\}$,有 $y \succ_d x$,且 $x \succ z$,则:

① $\{x_{k+2}, x_{k+3}, \cdots, x_m\}$ 中的个体均为支配的。

② 若 $\forall y \in \{x_1, x_2, \cdots, x_k\}$,$x$ 不被 y 支配,即 $\neg(y \succ x)$,则 x 是 Pop 的非支配个体。

③ $\forall y \in \{x_1, x_2, \cdots, x_k\}$,若 y 是 $\{x_1, x_2, \cdots, x_k\}$ 的非支配个体,则 y 也是 Pop 的非支配个体。

由支配关系">"的定义可知,性质 3.5①和 3.5②是成立的。下面来讨论性质 3.5③的正确性。

证明: $\forall y \in \{x_1, x_2, \cdots, x_k\}$,$y$ 是 $\{x_1, x_2, \cdots, x_k\}$ 的非支配个体。

因为 $y >_d x$,$\forall z \in \{x_{k+2}, x_{k+3}, \cdots, x_m\}$,有下列两种情况:

① $y > x$:因 $x > z$,故 $y > z$,即有 y 也不受 $\{x_{k+2}, x_{k+3}, \cdots, x_m\}$ 中任意一个个体所支配,从而得到 y 是 Pop 的非支配个体。

② y 与 x 无关:因 $x > z$,由性质 3.2 得,或者 $y > z$,或者 y 与 z 无关,即 y 不受 $\{x_{k+2}, x_{k+3}, \cdots, x_m\}$ 中任意一个个体所支配,故得 y 是 Pop 的非支配个体。

综上可得结论成立。

由性质 3.5 可知,快速排序方法可以用来构造进化群体 Pop 的非支配集。

性质 3.6 按照关系"$>_d$",用快速排序算法排序后的有序序列,第一个个体是非支配的。

证明: 设按关系"$>_d$"排序后的有序序列为 $\{y_1, y_2, \cdots, y_n\}$。假设 y_1 是被支配的,则必有 $\exists y \in \{y_2, y_3, \cdots, y_n\}$ 使 $y > y_1$。由关系"$>_d$"的快速排序过程可知,y 必定排列在 y_1 之前,于是产生矛盾,故 y_1 是非支配的。

定理 3.2 设 $Pop = \{x_1, x_2, \cdots, x_n\}$,对 r 个目标按照关系"$>_d$"用快速排序算法排序后的有序序列为 $\{y_1, y_2, \cdots, y_n\}$,则 $\exists k$,使有序序列 $\{y_1, y_2, \cdots, y_k\}$ 为 Pop 的非支配集。

证明: 设 $NDSet = \{y_1, y_2, \cdots, y_\lambda\}$ 中个体均互不相关($\lambda = 1, 2, \cdots, s$,且 $s \leq n$)。

考察 $y_{\lambda+1}$,若 $\forall y \in NDSet$,y 与 $y_{\lambda+1}$ 不相关,则将 $y_{\lambda+1}$ 并入 $NDSet$,继续考察下一个个体,直至 $\exists y \in NDSet$,$y > y_{\lambda+1}$。

此时分三种情况进一步考察 $\{y_{\lambda+2}, y_{\lambda+3}, \cdots, y_n\}$ 中的个体:

① $\forall y_u \in DM = \{y_t \mid y_{\lambda+1} > y_t, y_t \in \{y_{\lambda+2}, y_{\lambda+3}, \cdots, y_n\}\}$,即 $y_{\lambda+1} > y_u$。由 $y > y_{\lambda+1}$,则必有 $y > y_u$。

② $\forall y_u \in NM = \{y_t \mid y_{\lambda+1} 与 y_t 不相关, y_t \in \{y_{\lambda+2}, y_{\lambda+3}, \cdots, y_n\}\}$,即 $y_{\lambda+1}$ 与 y_u 无关。由 $y > y_{\lambda+1}$ 得:或者 $y > y_u$,或者 y 与 y_u 不相关。若 y 与 y_u 不相关,由关系"$>_d$"的快速排序过程可知,y_u 应排在 $y_{\lambda+1}$ 的前面,从而产生矛盾,故必有 $y > y_u$。

③ $\forall y_u \in NDM = \{y_t \mid y_t > y_{\lambda+1}, y_t \in \{y_{\lambda+2}, y_{\lambda+3}, \cdots, y_n\}\}$,这种情况是不存在的,否则 $\forall y_u \in NDM$,y_u 必定排在 $y_{\lambda+1}$ 的前面。

综合①、②和③,$\{y_{\lambda+1}, y_{\lambda+2}, \cdots, y_n\}$ 为支配集。取 $k = \lambda$,则 $\{y_1, y_2, \cdots, y_k\}$ 中个体均互不相关,即为非支配集。

定理 3.3 设 $Pop = \{y_1, y_2, \cdots, y_n\}$ 为按关系"$>_d$"用快速排序算法排序后的有序序列,$\{y_1, y_2, \cdots, y_k\}$ 为 Pop 的非支配集。则 $\forall y \in \{y_{k+1}, y_{k+2}, \cdots, y_n\}$,$\exists y' \in \{y_1, y_2, \cdots, y_k\}$,使 $y' > y$。

证明: $\forall y \in \{y_{k+1}, y_{k+2}, \cdots, y_n\}$,假设在非支配集 $\{y_1, y_2, \cdots, y_k\}$ 中不存在 y',使 $y' > y$。由此可得 y 与 y' 不相关,那么 $y \in \{y_1, y_2, \cdots, y_k\}$,从而产生了矛盾,

故结论成立。

定理 3.4 设 $Pop = \{y_1, y_2, \cdots, y_n\}$，为按关系"$\succ_d$"用快速排序算法排序后的有序序列，存在 $k_1 < k_2 < \cdots < k_m$，使 $P_1 = \{y_1, y_2, \cdots, y_{k_1}\}$，$P_2 = \{y_{k_1+1}, y_{k_1+2}, \cdots, y_{k_2}\}$，$\cdots$，$P_m = \{y_{k_{m-1}+1}, y_{k_{m-1}+2}, \cdots, y_{k_m}\}$；且满足下列性质：

① $\bigcup P_{i \in \{1,2,\cdots,m\}} = Pop$；

② $\forall i, j \in \{1, 2, \cdots, m\}$ 且 $i \neq j$，$P_i \cap P_j = \varnothing$；

③ $P_1 \succ P_2 \succ \cdots \succ P_m$，即 $\forall y \in P_{i+1}$，$\exists x \in P_i$，使 $x \succ y$ ($i = 1, 2, \cdots, m-1$)。

证明：对群体 Pop 按关系"$\succ_d$"执行快速排序算法，由定理 3.2 可得 $P_1 = \{y_1, y_2, \cdots, y_{k_1}\}$ 为 Pop 的非支配集；对 $Pop - P_1 = \{y_{k_1+1}, y_{k_1+2}, \cdots, y_n\}$ 仍为按关系"$\succ_d$"执行快速排序算法，从而可得 $P_2 = \{y_{k_1+1}, y_{k_1+2}, \cdots, y_{k_2}\}$ 为 $Pop - P_1$ 的非支配集，由定理 3.3 可得：$P_1 \succ P_2$；以此类推，最后可得 $P_m = \{y_{k_{m-1}+1}, y_{k_{m-1}+2}, \cdots, y_{k_m}\}$，其中 $k_m = n$。显然满足性质①、②和③。

下面用一个实例来说明，依照关系"$\succ_d$"可以对多目标进化群体进行排序。

例 3.3 考虑一个两个目标的优化问题，设群体大小为 20。20 个个体的设置如下：

$C_1 = (9, 1)$，$C_2 = (7, 2)$，$C_3 = (5, 4)$，$C_4 = (4, 5)$，$C_5 = (3, 6)$，$C_6 = (2, 7)$，$C_7 = (1, 9)$，$C_8 = (10, 3)$，$C_9 = (8, 5)$，$C_{10} = (7, 6)$，$C_{11} = (5, 7)$，$C_{12} = (4, 8)$，$C_{13} = (3, 9)$，$C_{14} = (10, 5)$，$C_{15} = (9, 6)$，$C_{16} = (8, 7)$，$C_{17} = (7, 9)$，$C_{18} = (10, 6)$，$C_{19} = (9, 7)$，$C_{20} = (8, 9)$。

这里，$C_i = (f_1, f_2)$ 表示个体 C_i 具有两个目标值 f_1 和 f_2 ($i = 1, 2, \cdots, 20$)。由支配关系的定义，可得如下关系式：

$C_1 \succ \{C_8, C_{14}, C_{15}, C_{18}, C_{19}\}$

$C_2 \succ \{C_8, C_9, C_{10}, C_{14}, C_{15}, C_{16}, C_{17}, C_{18}, C_{19}, C_{20}\}$

$C_3 \succ \{C_9, C_{10}, C_{11}, C_{14}, C_{15}, C_{16}, C_{17}, C_{18}, C_{19}, C_{20}\}$

$C_4 \succ \{C_9, C_{10}, C_{11}, C_{12}, C_{14}, C_{15}, C_{16}, C_{17}, C_{18}, C_{19}, C_{20}\}$

$C_5 \succ \{C_{10}, C_{11}, C_{12}, C_{13}, C_{15}, C_{16}, C_{17}, C_{18}, C_{19}, C_{20}\}$

$C_6 \succ \{C_{11}, C_{12}, C_{13}, C_{16}, C_{17}, C_{19}, C_{20}\}$

$C_7 \succ \{C_{13}, C_{17}, C_{20}\}$

$C_8 \succ \{C_{14}, C_{18}\}$

$C_9 \succ \{C_{14}, C_{15}, C_{16}, C_{18}, C_{19}, C_{20}\}$

$C_{10} \succ \{C_{15}, C_{16}, C_{17}, C_{18}, C_{19}, C_{20}\}$

$C_{11} \succ \{C_{16}, C_{17}, C_{19}, C_{20}\}$

$C_{12} \succ \{C_{17}, C_{20}\}$

$C_{13} \succ \{C_{17}, C_{20}\}$

$C_{14} \succ C_{18}$

$C_{15} \succ \{C_{18}, C_{19}\}$

$C_{16} \succ \{C_{19}, C_{20}\}$

$C_{17} \succ C_{20}$

由以上关系式，我们得到四个不同层次的非支配集：

$P_1 = \{C_1, C_2, C_3, C_4, C_5, C_6, C_7\}$

$P_2 = \{C_8, C_9, C_{10}, C_{11}, C_{12}, C_{13}\}$

$P_3 = \{C_{14}, C_{15}, C_{16}, C_{17}\}$

$P_4 = \{C_{18}, C_{19}, C_{20}\}$

P_1为第一层次非支配集,其中的所有个体均为非支配个体,故而称P_1为非支配集。P_2、P_3、P_4分别为第二、第三和第四层次的非支配集。当不考虑(或去掉)P_1中所有个体时,P_2成为了非支配集。当不考虑(或去掉)P_1和P_2中所有个体时,P_3成为了非支配集。当不考虑(或去掉)P_1、P_2和P_3中所有个体时,P_4成为了非支配集。实际上,P_2、P_3、P_4中个体均为支配个体。

显然,我们不能使用关系">"对进化群体进化排序,但我们可以使用关系"$>_d$"(这种关系称为 super-dominated relation)对进化群体进行排序。对于同层次非支配集中的个体,由于它们之间相互不支配,按照关系"$>_d$"的定义,它们可以以任意顺序排列。如C_2和C_3均为P_1中的个体,可以表示为$C_2 >_d C_3$,也可表示为$C_3 >_d C_2$。由此,我们得到这 20 个个体的有序序列为

$\{C_1 >_d C_2 >_d C_3 >_d C_4 >_d C_5 >_d C_6 >_d C_7\} > \{C_8 >_d C_9 >_d C_{10} >_d C_{11} >_d C_{12} >_d C_{13}\} >$
$\{C_{14} >_d C_{15} >_d C_{16} >_d C_{17}\} > \{C_{18} >_d C_{19} >_d C_{20}\}$

这里,在中括号{ }中的个体具有相同的层次,它们的排列顺序可以相互交换。也就是说,中括号{ }中的个体可以按任意顺序排列。

由此可以看出,利用关系"$>_d$"可以对多目标进化群体进行分类。

3.5.2 用快速排序方法构造非支配集

这里采用快速排序的方法将非支配个体从进化群体中分类出来。如算法 3.9 所示,Quick-pass( )对表 $Pop[s..t]$进行一趟快速排序,并将支配 $Pop[s]$的个体或与 $Pop[s]$不相关的个体存放到 $Pop[s..i-1]$中,将被 $Pop[s]$支配的个体存放到 $Pop[i+1..t]$中,$s \leq i \leq t$。

算法 3.9 用快速排序法构造非支配集。

函数调用:Quick-pass (Var Pop: Evolution-Population; s, t: integer; Var i: integer)

```
1:   i=s;j=t;x=Pop[s];non-dominated-sign=.T.;
2:   while(i<j) do
3:     {while(i<j) and ((x>Pop[j]) or (Pop[j]=x)) do
4:       {j=j-1;if(Pop[j]>x) then non-dominated-sign=.F.};
5:     Pop[i]=Pop[j];
6:     while(i<j) and ((Pop[i]>_d x) or (Pop[i]=x)) do
7:       {i=i+1;if(Pop[i]>x) then non-dominated-sign=.F.}
8:     Pop[j]=Pop[i];}
9:   Pop[i]=x;
10:  if(non-dominated-sign) then NDSet=NDSet∪{x}
11:  end for Quick-pass
```

用快速排序法构造非支配集的主过程如算法 3.10 所示。

算法 3.10 用快速排序法构造非支配集主过程。

函数调用:sort_only_for_nondominatedset (Var Pop: Evolution-Population; s, t: integer)

```
1:  NDSet=∅;
2:  if(s<t)
3:    then {quick-pass(Pop,s,t,k);
4:       sort-only-for-non-dominated-set-4(Pop,s,k-1)}
5:  return NDSet
```

执行算法 3.10 后，$NDSet$ 即为所求。算法 3.10 的平均时间复杂度为 $O(rN\log N)$。设不考虑 r 个目标时，比较所需的时间为 $T(N)$，则 $T(N)=T_{\text{quick-pass}}(N)+T(N-1)$。其中 $T_{\text{quick-pass}}(N)$ 为对 Pop 中 N 个个体进行一趟排序所需的时间，故 $T_{\text{quick-pass}}(N)=O(N)$。由于个体分布的随机性，若每一趟排序时 k 在 1 和 N 之间的取值概率相同，可得算法的平均时间复杂度为

$$T_{\text{avg}}(N)=O(N)+\frac{1}{N}\sum_{k=1}^{N}T_{\text{avg}}(k-1)<O(N\log N)$$

假定 $T_{\text{avg}}(0)\leqslant c$，$T_{\text{avg}}(1)\leqslant c$，$T_{\text{quick-pass}}(N)=bN$，（其中 b、c 为常数）。用归纳法证明如下：

① 当 $N=2$ 时，有
$$T_{\text{avg}}(2)=2b+(1/2)(T_{\text{avg}}(0)+T_{\text{avg}}(1))=2b+c<(2b+c)2\log 2$$

② 假设 $1\leqslant N<m$ 时结论成立，则可得

$$T_{\text{avg}}(m)=bm+(1/m)(T_{\text{avg}}(0)+T_{\text{avg}}(1))+\frac{1}{m}\sum_{k=2}^{m-1}T_{\text{avg}}(k)$$

$$\leqslant bm+2c/m+\frac{2b+c}{m}\sum_{k=2}^{m-1}k\log k$$

$$<bm+2c/m+\frac{2b+c}{m}\int_{2}^{m}x\log x\,\mathrm{d}x$$

$$=bm+2c/m+\frac{2b+c}{m}\left(\frac{1}{2}x^2\log x-\frac{1}{4}x^2\right)\Big|_{2}^{m}$$

$$=bm+2c/m+\frac{2b+c}{m}\left(\frac{1}{2}m^2\log m-\frac{1}{4}m^2-2\log 2+1\right)$$

$$<\frac{2b+c}{2}m\log m$$

即 $T_{\text{avg}}(m)<O(m\log m)$，证毕。

故而当考虑 r 个目标比较所需的时间时，可得算法的平均时间复杂度为 $O(rN\log N)$。

算法 3.9 和算法 3.10 可以改为非递归算法，如算法 3.11 所示。

算法 3.11 用快速排序的思路构造非支配集。

函数调用：Function NDSet（Var Pop：Evolution-Population；s，t：integer；Var i：integer）

```
1:  NDSet=∅;
2:  i=s;j=t;x=Pop[s];
3:  while|Pop|>2 do
4:    {non-dominated-sign=.T.;
5:     while(i<j) do
6:       {while(i<j) and (x>Pop[j]) do
7:          {j=j-1;if(Pop[j]>x) then non-dominated-sign=.F.}
```

```
 8:        Pop[i]=Pop[j];
 9:        while(i<j) and (Pop[i]>_d x) do
10:           {i=i+1;if(Pop[i]>x)then non-dominated-sign=.F.}
11:        Pop[j]=Pop[i];}
12:     Pop[i]=x;
13:     if(non-dominated-sign)then NDSet=NDSet∪{x};
14:     j=i-1;i=s;}
15: return NDSet
```

执行算法 3.11 后，函数 $NDSet()$ 的返回值为所求。由快速排序过程的时间复杂度分析可知，该算法的平均时间复杂度小于 $O(rN\log N)$。

由定理 3.2、定理 3.3 和定理 3.4 可知，对算法 3.10 和算法 3.11 稍做改进，便可以同时求得 P_1、P_2、P_3、…，其时间复杂度仍为 $O(rN\log N)$。

下面用一个实例来说明如何采用快速排序方法构造非支配集。

例 3.4 考虑例 3.3 中所确定的两目标进化群体，其初始序列为 $\{C_9, C_{17}, C_1, C_{10}, C_7, C_3, C_{15}, C_6, C_8, C_{12}, C_{11}, C_{13}, C_2, C_{16}, C_{14}, C_{18}, C_4, C_{20}, C_5, C_{19}\}$。利用快速排序方法，求得非支配集为 $\{C_5, C_2, C_4, C_7, C_6, C_1, C_3\}$。具体排序过程可描述如下：

① 选择 C_9 作为比较对象（亦称参考个体），将 C_9 与进化群体中其他个体进行比较，从而使该进化群体被分为两部分，设 Part 1 中保存了所有不被 C_9 所支配的个体，被 C_9 所支配的个体保存在 Part 2 中。由于被 C_9 所支配的个体在下一轮比较时不需要考虑，故而被清除，因此，在此主要关注的是 Part 1。C_9 也被清除，因为 $C_3 > C_9$。第一轮比较结束时，得 Part 1 为 $\{C_5, C_{17}, C_1, C_{10}, C_7, C_3, C_4, C_6, C_8, C_{12}, C_{11}, C_{13}, C_2\}$。

② 选择 C_5 作为比较对象，类似于①，得到 C_5 是非支配个体，因为它不被其他任何个体所支配。第二轮比较结束后得 Part 1 为 $\{C_2, C_8, C_1, C_6, C_7, C_3, C_4\}$。

③ 选择 C_2 作为比较对象，第三轮比较结束后，由于 C_2 不被 Part 1 中任意个体所支配，故而 C_2 是非支配个体。所得 Part 1 为 $\{C_4, C_3, C_1, C_6, C_7\}$。

④ 选择 C_4 作为比较对象，得到 C_4 为非支配个体。第四轮比较结束后得 Part 1 为 $\{C_7, C_3, C_1, C_6\}$。

⑤ 选择 C_7 作为比较对象，第五轮比较结束后，得 C_7 是非支配个体，Part 1 为 $\{C_6, C_3, C_1\}$。

⑥ 选择 C_6 作为比较对象，该轮比较结束后，得 C_6 为非支配个体，此时 Part 1 为 $\{C_1, C_3\}$。

⑦ 选择 C_1 作为比较对象，该轮比较结束后，进化群体中只有 C_3 一个个体，且与 C_1 无关，故而这两个个体均为非支配个体。

在以上 7 轮比较后，得到非支配集为 $\{C_5, C_2, C_4, C_7, C_6, C_1, C_3\}$。总的比较次数为 47 次，小于 $(2 \times 20\log 20)$。

如果初始进化群体设为 $\{C_2, C_9, C_5, C_{17}, C_1, C_{10}, C_7, C_3, C_{15}, C_6, C_8, C_4, C_{12}, C_{11}, C_{13}, C_{16}, C_{14}, C_{18}, C_{20}, C_{19}\}$，则利用快速排序所得非支配集为 $\{C_2, C_6, C_3, C_1, C_4, C_5, C_7\}$。进行了 7 轮共 44 次比较，小于 $(2 \times 20\log 20)$。

3.6 用改进的快速排序方法构造 Pareto 最优解集

在 3.5 节，假设快速排序的时间为 $T(N)$，根据快速排序的定义得到平均时间复杂度为

$$T_{\text{avg}}(N) = O(N) + \frac{1}{N}\sum_{k=1}^{N} T_{\text{avg}}(k-1) < O(N\log N)$$

在单目标情况下，由于个体分布的随机性，则在每一趟排序时，k 在 1 和 N 之间的取值概率相同。然而，在多目标情况下，$T(k-1)$ ($k=2,3,\cdots,N$) 的概率有可能不相等，特别是当进化群体中非支配个体的比例比较大时。这种情况下，用快速排序方法构造非支配集的时间复杂度不是 $O(rN\log N)$，一般比 $O(rN\log N)$ 要高。本节将进一步分析产生这种不相等概率的原因，同时提出改进的方法（郑金华，2005）。

3.6.1 改进的快速排序算法

当利用快速排序方法构造非支配集时，当非支配个体在群体中所占比例比较高时（或当这个比例大于 $\log N$ 时），到了排序的后期可能出现这样的情况：所有的或绝大多数的个体为非支配个体。如例 3.4 中，在第③步中，5 个成员全为非支配个体，用了 4 轮比较（共 10 次比较）才完成了最后的排序过程，这种情况称为慢速链（slow-chain）。在这种情况下，每次很难从排序群体中清除其他个体，因为只有很少的支配个体；排序规模缩小的最有效途径是产生非支配个体，但每次最多也只能产生一个非支配个体。这样一来，排序的速度就变得比较慢，而且一旦进入慢速排序状态，就很难跳出这种慢速状态，直到排序过程结束。

为了克服或减少慢速链所带来的问题，我们对快速排序方法进行了改进，将原来的一个比较个体改为两个比较个体。第一个比较个体的含义与功能与原算法的完全相同，第二个比较个体是每一轮比较中第一个与之无关或支配它的个体，也就是说第一个比较个体与第二个比较个体之间或者是不相关的，或者第二个比较个体支配第一个比较个体。如果在整个排序过程中并未找到第二个比较个体，则改进后的方法退化为原方法。如果在排序过程找到了第二个比较个体时，则这两个比较个体均参入与其他个体的比较，任何被这两个比较个体之一所支配的个体均被清除，只有同时不被这两个比较个体所支配的个体才能保留下来并进入下一轮比较。具体过程如算法 3.12 所示。

算法 3.12 改进的构造非支配集的快速排序算法（improved quick sort algorithm，IQS）。

函数调用：Function IQS _ NDSet（Var Pop；Evolutionary Population；s，t：integer）

```
1:   IQS_NDSet=∅;
2:   i=s;j=t;x=pop[s];
3:   while|pop|>1 do
4:     {x_is_nd=T;y_is_nd=T;y_is_empty=T;
5:     while(i<j)do
6:       {while(i<j) and (x>pop[j] or (not y_is_empty) and y>pop[j])) do j=j-1;
7:       if(pop[j]>x) then x_is_nd=F;
8:       if(not y_is_empty) and pop[j]>y) then y_is_nd=F;
9:       if(y_is_empty and i<j) then {y=pop[j];y_is_empty=F;j=j-1;}
10:      pop[i]=pop[j];
```

```
11:    while(i<j) and (pop[i]>_d x) do
12:      {if(not(y_is_empty) and y>pop[i]) then break;
13:       if(pop[i]>x) then x_is_nd=F;
14:       if(not(y_is_empty) and pop[i]>y) then y_is_nd=F;
15:       i=i+1;}
16:     pop[j]=pop[i];
17:     j=j-1;}
18:   if(not(y_is_empty) and y_is_nd) then IQS_NDSet=IQS_NDSet∪{y};
19:   if(x_is_nd) then IQS_NDSet=IQS_NDSet∪{x};
20:   j=i-1;i=s;x=pop[s];}
21:  IQS_NDSet=IQS_NDSet∪pop;
22:  Return IQS_NDSet
```

下面通过一个实例来说明如何用改进后的快速排序算法构造非支配集。

例 3.5 考虑例 3.3，并将初始群体设置为 $\{C_9, C_{17}, C_1, C_{10}, C_7, C_3, C_{15}, C_6, C_8, C_{12}, C_{11}, C_{13}, C_2, C_{16}, C_{14}, C_{18}, C_4, C_{20}, C_5, C_{19}\}$。使用改进的快速排序方法来构造其非支配集，具体过程如下：

① 选取 C_9 作为比较个体，C_5 是第一个与 C_9 无关的个体，故而 C_5 成为第二个比较个体。同时发现在该轮比较中，C_9 被 C_3 所支配，C_5 不被任何个体所支配。第一轮比较后，得到需要进行下一轮比较判断的集合（Part 1）：$\{C_4, C_1, C_2, C_7, C_3, C_8, C_6\}$。

② 选取 C_4 作为第一个比较个体，并得到 C_6 为第二个比较个体。该轮比较发现，C_4 和 C_6 不被其他任何个体支配，且它们相互无关，即它们均为非支配个体。第二轮比较后，得 Part 1：$\{C_1, C_2, C_7, C_3\}$。

③ 选取 C_1 作为第一个比较个体，并得到 C_3 是第二个比较个体。该轮比较发现 C_1 和 C_3 均为非支配个体，得 Part 1：$\{C_2, C_7\}$。

④ 选取 C_2 作为第一个比较个体，并得 C_7 为第二个比较个体。该轮比较发现 C_2 和 C_7 均为非支配个体。此时，构造集为空，结束。

当使用改进的快速排序方法构造非支配集时，经过以上 4 轮（共 29 次比较）比较后，得到非支配集为 $\{C_5, C_4, C_6, C_1, C_3, C_2, C_7\}$；而原算法（算法 3.9 或算法 3.10）共进行了 7 轮（共计 47 次）比较。

如果初始群体为 $\{C_2, C_9, C_5, C_{17}, C_1, C_{10}, C_7, C_3, C_{15}, C_6, C_8, C_4, C_{12}, C_{11}, C_{13}, C_{16}, C_{14}, C_{18}, C_{20}, C_{19}\}$，当使用改进的快速排序方法构造非支配集时，经过 4 轮（共 32 次比较）比较后，得到非支配集为 $\{C_2, C_6, C_5, C_7, C_3, C_4, C_1\}$；而原算法（算法 3.9 或算法 3.10）共进行了 7 轮（共计 44 次）比较。

从以上实例可以看出，改进的快速排序算法在构造多目标进化群体的非支配集时，比原来的算法具有更高的工作效率。值得说明的一点是，尽管改进的快速排序算法比原来的算法具有更高的效率，主要是因为一轮比较有可能同时产生两个非支配个体，这样在很大程度上缩短了慢速链，但仍然不能完全地消除慢速链现象。

在此，值得注意的是，因为第二个比较个体是第一个不被第一个比较个体所支配的个体，所以当第二个比较个体产生时，该轮比较还没有产生其他不被第一个比较个体所支配的个体，故而不需要考虑第二个比较个体与已有个体比较的问题。

3.6.2 实验结果

为了测试改进的快速排序算法在构造非支配集时的效率，这里设计两类实验，主要用于测试并比较用 IQS、Deb 的方法及 Jensen 的方法构造非支配集时的效率。我们所使用的计算环境为 Pentium4 CPU，1.7GHz，256MB DDR RAM，Windows 2000；编程语言为 Visual C++ 5.0。在此实验中，交叉概率为 0.8，变异概率为 $1/len$（这里 len 为变量的长度）。采用二进制编码，并使用等长度基因。

1. 构造非支配集的比较实验

在该实验中，主要测试构造非支配集的 CPU 时间随进化群体大小的变化规律，其中进化群体是用随机的方法产生的。分别对子目标数目为 2、3、5 和 8 四种情况进行实验。与此同时，对每一种情况，我们又考虑了实际的非支配个体在进化群体中所占比例分别为 20%、50% 和 80% 三种不同的情况。针对这 12 组实验，我们比较了 IQS、Deb 及 Jensen 的方法，在构造非支配集时的 CPU 时间，比较结果如图 3.15~图 3.26 所示。值得说明的是，这里的实验结果为算法运行 5 次的平均值。

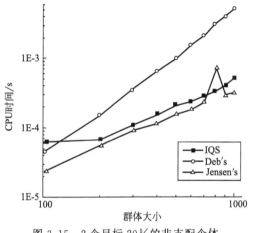

图 3.15 2 个目标 20% 的非支配个体

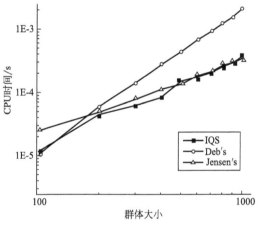

图 3.16 2 个目标 50% 的非支配个体

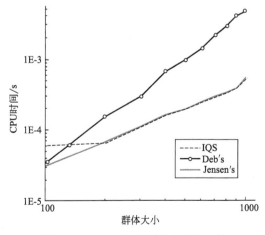

图 3.17 2 个目标 80% 的非支配个体

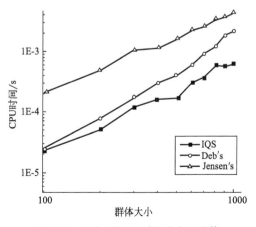

图 3.18 3 个目标 20% 的非支配个体

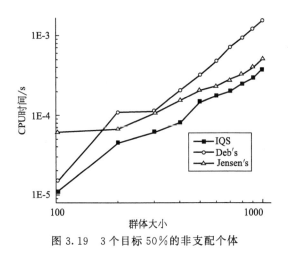
图 3.19　3 个目标 50% 的非支配个体

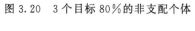
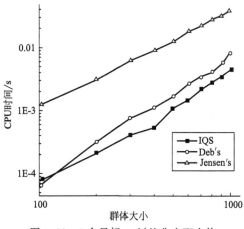
图 3.20　3 个目标 80% 的非支配个体

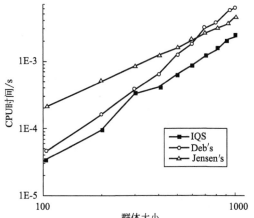
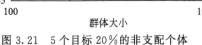
图 3.21　5 个目标 20% 的非支配个体

图 3.22　5 个目标 50% 的非支配个体

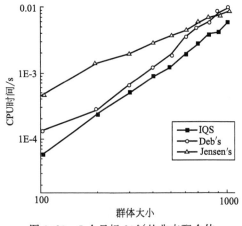
图 3.23　5 个目标 80% 的非支配个体

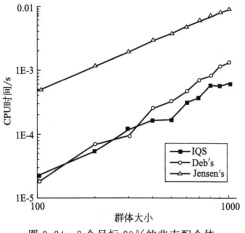
图 3.24　8 个目标 20% 的非支配个体

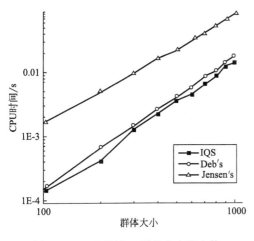

图 3.25　8 个目标 50% 的非支配个体

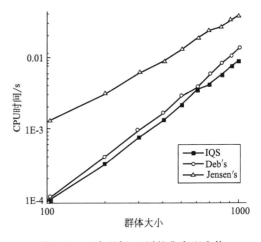

图 3.26　8 个目标 80% 的非支配个体

设进化群体的规模为 N，子目标数为 M，其中实际的非支配个体数为 $\overline{N}(\overline{N}\leqslant N)$，$\overline{N}/N$ 为非支配个体在进化群体中所占比例。图 3.15～图 3.17 为 $M=2$，$\overline{N}/N$ 分别取值 20%、50% 和 80% 时的结果。图 3.18～图 3.20 为 $M=3$，$\overline{N}/N$ 分别取值 20%、50% 和 80% 时的结果。图 3.21～图 3.23 为 $M=5$，$\overline{N}/N$ 分别取值 20%、50% 和 80% 时的结果。图 3.24～图 3.26 为 $M=8$，$\overline{N}/N$ 分别取值 20%、50% 和 80% 时的结果。

由图 3.15～图 3.17 可以看出，当子目标数目为 2 时，这三类构造非支配集的方法几乎没有什么差异。但当子目标数目大于 2 时，如图 3.18～图 3.26 所示，IQS 在构造非支配集时的效率明显比 Deb 和 Jensen 的方法高。其中，Jensen 的方法表现得最差，这可能与其采用递归的实现方法有关。

此外，Deb 与 Jensen 的两种方法在构造非支配集时与非支配个体在进化群体中所占比例无关，但 IQS 与非支配个体的比例有关。当非支配个体在进化群体中所占比例为 20% 和 50% 时，IQS 在构造非支配集时表现得非常好；但当非支配个体比例变为 80% 时，IQS 在构造非支配集时的效率有所下降。

再者，Jensen 的方法在子目标数目增加时，其构造非支配集的效率明显不如 IQS 及 Deb 的方法。

2. 针对 benchmark 问题的比较实验

该实验挑选了 5 个 benchmark 问题来测试 IQS，这 5 个 benchmark 问题分别是 DTLZ1、DTLZ2、DTLZ3、DTLZ4 和 DTLZ5(Deb et al., 2001a)，可参见本书 11.5 节。为了能够比较公正地进行比较，分别用 IQS 和 Jensen 的方法替代 NSGA-II 中构造非支配集的方法，并分别表示为 IQS+NSGA-II 和 Jensen's+NSGA-II。这样，在实验时通过比较 IQS+NSGA-II、Jensen's+NSGA-II 和 NSGA-II 这三个算法运行的 CPU 时间，来比较三个不同的构造非支配集的方法。对每个 benchmark 问题，分别取子目标数为 2、3、4、6 和 8 进行实验。考虑到不同的子目标数目在进化时存在着较大的差异，子目标数目越大，其进化的复杂度就越高。为此，实验中针对不同的子目标数目设置了不同的进化群体大小和进化代数，如表 3.8 所示。

表 3.8 群体大小与进化代数设置

目标数	2	3	5	8
群体大小	100	200	300	500
进化代数	200	250	400	600

5 个测试问题共 25 组实验的结果如表 3.9～表 3.13 所示，表中所示结果为 5 次运行的平均值。从表 3.9～表 3.13 可以看出，当目标数为 2 时，3 个算法的运行时间没有多少差异，但当目标数大于 2 时（此处为 3、4、6 和 8），算法 IQS+NSGA-Ⅱ具有最少的 CPU 时间。而算法 Jensen's+NSGA-Ⅱ所需 CPU 时间最多，这可能主要是因为 Jensen 的算法是用递归的方法实现的。

此外，这 3 种方法在实验时均具有较好的收敛性能，同时所求得的解集均具有较好的分布性。

表 3.9 CPU 时间：DTLZ1   单位：s

目标数	NSGA2	Jensen's+NSGA2	IQS+NSGA2
2	2.918508	1.884168	2.350610
3	4.200126	3.933810	3.791862
4	8.674922	11.234577	7.472829
6	17.971488	37.401456	15.745321
8	87.225644	176.891965	69.822047

表 3.10 CPU 时间：DTLZ2   单位：s

目标数	NSGA2	Jensen's+NSGA2	IQS+NSGA2
2	4.107454	3.126219	3.479966
3	5.815818	5.512560	5.368733
4	10.361902	13.553535	9.542580
6	21.525282	38.481256	19.052573
8	82.742628	162.264091	67.431810

表 3.11 CPU 时间：DTLZ3   单位：s

目标数	NSGA2	Jensen's+NSGA2	IQS+NSGA2
2	4.145842	3.186408	3.261375
3	5.782820	5.548869	4.908097
4	10.317180	13.310267	8.965320
6	21.579238	39.202801	18.438183
8	82.547698	142.254323	64.566880

表 3.12 CPU 时间：DTLZ4   单位：s

目标数	NSGA2	Jensen's+NSGA2	IQS+NSGA2
2	4.097169	3.360720	3.192684
3	5.816041	5.564395	4.761393
4	11.899260	13.960021	9.678837

续表

目标数	NSGA2	Jensen's+NSGA2	IQS+NSGA2
6	24.295005	36.266112	19.213692
8	93.177240	169.646645	71.476072

表 3.13　CPU 时间：DTLZ5　　　　　　　　单位：s

目标数	NSGA2	Jensen's+NSGA2	IQS+NSGA2
2	4.076073	3.141176	3.471417
3	6.132175	5.478439	5.236981
4	11.197440	12.911230	11.050631
6	23.249089	34.637528	20.958136
8	88.827052	121.406191	76.870737

第 4 章 多目标进化群体的分布性

自然界中，调节生态平衡的因素很多，有些非常有趣。在北美阿拉斯加州的茫茫荒野上，生长着一种老鼠，以植被为生，繁殖力极强，但当种群繁殖过盛以致会对植被造成严重危害时，其中一部分老鼠的皮毛就会自动地变为鲜亮耀眼的黄色，以吸引天敌捕食的目光。若天敌的捕食仍不能尽快地使鼠群减少到适当的数量，老鼠们便会成群结队地奔向山崖，相拥相携，投海自尽。在我国黄山，生活着一种猕猴，每一族群一般维持在 28 只左右，这可能是族群最佳生态的临界点，每当族群数量超出临界点时，年纪大的猴子就会毅然决然地选择坠崖而亡。

进化算法是模拟生物自然进化的人工方法，与大自然生态环境一样，进化的物种也需要平衡发展。因此，设计者必须制定合适的生存规则来维持种群的多样性和分布性。在多目标进化算法中，对于某些问题，Pareto 最优解集可能很大，也可能包含无穷多个解，把所有这些解都列入到非支配集中有时是比较困难的，同时也没有多少实际意义。因此，有必要使非支配集的大小保持在一个合理的界限内。

本章将讨论几类比较常用的保持进化群体分布性的方法和技术，如小生境技术、信息熵（information entropy）、聚集密度（crowding density）、网格（hyper-grid）、聚类分析（clustering analysis）和最小生成树（minimum spaning tree），同时简单讨论非均匀问题的分布性及其保持策略。

4.1 用小生境技术保持进化群体的分布性

在生物学上，小生境是在特定环境中的一种组织功能，而将有共同特性的组织称作物种。换言之，生物总是喜欢与自己特征、性状相类似的生物生活在一起，即所谓的"物以类聚"。在进化算法中，为了保持进化群体的多样性，模拟自然界生物的这种"物以类聚"现象，提出了小生境技术。

目前有代表性的小生境技术主要有以下几种：

① 基于预选择（preselection）机制的小生境技术（Cavicchio, 1972）。在这种技术中，只有当子个体的适应度优于其父代个体时，子个体才能替代其父个体，进入下一代进化。这种相似个体的替代（父个体与子个体之间的性状遗传），能够较好地保持进化群体的多样性。

② 基于排挤（crowding）机制的小生境技术（Goldberg et al., 1987）。这种技术采用群体代间的覆盖方式，依据相似性替代群体中的个体。设置一个排挤因子（CF），在进化群体中选取规模为 $1/CF$ 的个体组成一个排挤子集，计算新产生的个体与排挤子集中成员之间

的相似性，并用新产生的个体替代排挤子集中与其相似的个体。

③ 基于共享（sharing）机制的小生境技术（Goldberg et al.，1987）。在这种机制中定义了一个共享函数（sharing function），它表示两个个体之间的相似程度，两个个体越相似，其共享函数值就越大，反之则越小。一个个体的共享度是该个体与群体中其他个体之间共享函数值的总和。设 $d(i,j)$ 为个体 i 和 j 之间的距离或相似程度（基因型或表现型），S_i 表示个体 i 在群体中的共享度，则

$$S_i = \sum_{j \in Pop} sh[d(i,j)] \tag{4.1}$$

个体 i 的共享适应度为 $fitness(i)/S_i$。其中，Pop 为进化群体，$sh[i,j]$ 为共享函数，$fitness(i)$ 为个体 i 的适应度。

这种计算个体共享适应度的方法考虑了一个个体与群体中所有其他个体之间的相似程度，时间开销比较大。目前，用得比较多的是设置一个共享半径（亦称小生境半径），只计算共享半径以内个体的相似程度（Horn et al.，1994）。设个体 i 的适应度为 $fitness(i)$，个体 i 的小生境计数（niche count）为 m_i，其中

$$m_i = \sum_{j \in Pop} sh[d(i,j)]$$

Pop 为当前进化群体，$d(i,j)$ 为个体 i 和 j 之间的距离或称相似程度，$sh[d]$ 为共享函数，$sh[d]$ 的定义如下：

$$sh[d] = \begin{cases} 0, & d > \sigma_{share} \\ 1 - d/\sigma_{share}, & d < \sigma_{share} \end{cases} \tag{4.2}$$

式中，σ_{share} 为小生境半径，通常由用户根据 Pareto 最优解集中个体之间的最小期望间距来确定。

定义 $fitness(i)/m_i$ 为共享适应度，此处 m_i 实质上就是个体 i 在小生境中的聚集度。同一小生境内的个体互相降低对方的共享适应度。个体的聚集程度越高，其共享适应度就被降低得越多。

那么，在多目标进化算法中，如何计算一个个体的适应度呢？考虑到多目标优化中通常有多个目标函数，因此个体适应度的计算方法与单目标情况有所差异，这里介绍几种比较常用的方法。

（1）目标函数组合法

设优化的目标函数有 r 个子目标，子目标的适应度为 $fit_j(i)$（$j=1,2,\cdots,r$），个体 i 的适应度 $fitness(i)$ 定义为

$$fitness(i) = \prod_{j=1}^{r} (fit_j(i))^2 \tag{4.3}$$

这种方法的特点是简单，计算复杂度低，不容易丢失边界点，但不一定能将所有的非支配个体选入配对库中。也可采用各子目标适应度的线性组合，如

$$fitness(i) = \sum_{j=1}^{r} (fit_j(i))^k \quad (\text{其中 } k \geq 1) \tag{4.4}$$

但这种方法容易丢失边界点，尤其是当 $k=1$ 时。一种更实际的做法是将非支配集中个体与支配个体区别开来，用不同的方法计算其适应度。对非支配集中个体统一规定其适应度为最小值 0，而对支配个体则按上述方法计算其适应度。如

$$fitness(i) = \begin{cases} 0, & i \text{ 为非支配个体} \\ \prod_{j=1}^{r}(fit_j(i))^2, & i \text{ 为支配个体} \end{cases} \quad (4.5)$$

(2) 简单支配关系法

该方法根据个体之间的支配关系确定每个个体的适应度（Fonseca et al.，1993），设 n_i 为支配个体 i 的个体数，则对任意一个个体 i 定义其适应度（分类序号）为

$$fitness(i) = 1 + n_i \quad (4.6)$$

这样有可能存在多个个体具有相同的适应度的情况，选择操作按适应度从小到大依次进行，对具有相同适应度的个体用目标函数共享机制进行选择。

(3) 复合支配关系法

利用支配和被支配两个因素来确定个体的适应度（Zitzler et al.，1999，2001），非支配集 $NDSet$ 中个体的适应度定义如下：

$$fitness(i) = n_i/(N+1) \quad (4.7)$$

在式（4.7）中，$i \in NDSet$，N 为群体 Pop 的大小，n_i 为个体 i 在群体 Pop 中所支配的个体数。

支配个体的适应度定义如下：

$$fitness(j) = 1 + \sum_{i \in NDSet, i \succ j} fitness(i) \quad (4.8)$$

由上述定义可得

$$fitness(k) \in \begin{cases} [0,1), & k \text{ 为非支配个体} \\ [1,N), & k \text{ 为支配个体} \end{cases} \quad (4.9)$$

约定适应度低的个体对应着高的复制概率。此外，将 $NDSet$ 中个体所支配的区域（area）定义为它的小生境。具有较多邻居的个体将拥有较高的适应度，一个非支配个体越具生命力，则它所支配的个体就越少。

4.2 用信息熵保持进化群体的分布性

在比较早期的多目标进化算法中，一般采用小生境技术来保持进化群体的分布性。本节讨论用熵（朱学军等，2001；崔逊学等，2001）来刻画进化群体的多样性与分布性，这种方法能从宏观上或从整体上反映出进化群体是否具有良好的多样性。

定义 4.1 群体 $Pop = \{X_1, X_2, \cdots, X_N\}$ 的规模为 N，个体 X_i 由 L 个基因构成，$X_i = [x_i^{(1)}, x_i^{(2)}, \cdots, x_i^{(L)}]$，$i \in \{1, 2, \cdots, N\}$，群体 Pop 中个体均值定义为 $\overline{X} = \{\overline{x}^{(1)}, \overline{x}^{(2)}, \cdots, \overline{x}^{(L)}\}$，其中 $\overline{x}^{(j)} = \sum_{i=1}^{N}(x_i^{(j)}/N)$，则解群体的方差定义为 $D = [D^{(1)}, D^{(2)}, \cdots, D^{(L)}]$，其中 $D^{(j)} = \sum_{i=1}^{N}(x_i^{(j)} - \overline{x}^{(j)})^2/N$，$j \in \{1, 2, \cdots, L\}$。

定义 4.2 若进化群体 Pop 的规模为 N，将它划分为 m 个子集 P_1、P_2、$\cdots$、P_m，且满足：$\bigcup_{p \in \{P_1, P_2, \cdots, P_m\}} P = Pop$；$\forall i, j \in \{1, 2, \cdots, m\}$ 且 $i \neq j$，$P_i \cap P_j = \varnothing$，则定义解群体的熵为

$$E = -\sum_{i=1}^{m} q_i \log(q_i)$$

式中，$q_i = |P_i|/N$，$|P_i|$ 为 P_i 的规模大小。

值得说明的是，解群体的方差在一定程度上反映了解群体的空间分布情况。当解群体中所有个体相同时，即 $m=1$，这时熵取最小值 $E=0$；当 $m=N$ 时，熵取最大值 $E=\log(N)$。个体在解群体中分布得越均匀，个体多样性越好，则其熵就越大。对于十进制编码，熵的最大值为 $E^D = \log N$；对于二进制编码，熵的最大值 $E^B = \log(\min(N, 2^L))$。

对于单目标优化问题，当解群体的方差很小时收敛；对多目标优化问题，当非支配集收敛到 Parato 最优解时，方差和熵都达到较大值。最理想的情况是非支配集中的 N 个个体，并且都均匀分布在 Pareto 最优边界上，此时其熵达到最大值，同时也会有较大的方差。

定义 4.3 $\forall X \in Pop$，Pop 为进化群体，$|Pop|=N, X=[x_1, x_2, \cdots, x_L]$，设 D 为一个符号集，$|D|=s, x_j \in D$，在 D 中的取值概率分别为 $P=\{P_{j1}, P_{j2}, \cdots, P_{js}\}$，其中 $j \in \{1, 2, \cdots, L\}$，则对应于基因座 j 的信息熵定义为 $H_j(N) = -\sum_{k=1}^{s} P_{jk} \log(P_{jk})$，其中 P_{jk} 为 D 中第 k 个符号出现在基因座 j 上的概率，即有 $P_{jk}=($ 基因座 j 上出现第 k 个符号的总数$)/N$。定义群体的平均信息熵为 $H = \frac{1}{L}\sum_{j=1}^{L} H_j(N)$。

在刻画群体多样性方面，群体的平均信息熵具有与群体熵相同的能力或效果。但在群体进化过程中，群体的熵不容易求取，而群体的平均信息熵则比较容易求取。

4.3 用聚集密度方法保持进化群体的分布性

宏观上，进化群体的熵或群体的平均信息熵能够比较好地刻画群体中个体的多样性与分布性，但这种方法缺乏对群体内部个体之间关系的刻画，因此不便于调控群体进化过程中的多样性与分布性。刻画群体多样性的另一种方法是群体中个体的聚集密度或聚集距离，如果个体之间的聚集距离比较大，则表明个体的聚集密度比较小。这种方法的计算复杂性高于前一种方法，但它既能从宏观上刻画群体的多样性与分布性，同时也比较好地刻画了个体之间的内在关系，可以用于进化过程中对群体的调控。

这里介绍三类方法，一类是通过直接计算个体之间的相似度来计算一个个体的聚集密度；第二类是通过计算个体之间的影响因子来计算个体的聚集密度；第三类是通过计算个体之间的聚集距离来计算个体之间的聚集密度。

1. 用相似度来计算个体的聚集密度

定义 4.4 群体 $Pop = \{X_1, X_2, \cdots, X_N\}$ 中的个体 $X_i = [x_i^{(1)}, x_i^{(2)}, \cdots, x_i^{(L)}]$，$X_j = [x_j^{(1)}, x_j^{(2)}, \cdots, x_j^L]$，定义个体 X_i 和个体 X_j 之间的相异程度为 $A_{i,j} = \frac{1}{L}\sum_{k=1}^{L} C_k(x_i^{(k)} - x_j^{(k)})$，其中 $i, j \in \{1, 2, \cdots, N\}$，$C_k$ 为对应于基因座 k 的常数因子，且通常有 $C_k = BC_{k+1}$，B 为一常量。定义个体 X_i 和个体 X_j 之间的相似度为 $1 - A_{i,j}$。

定义 4.5 定义个体 p 的聚集度为与个体 p 相似的个体在群体中所占比重，即
$$crowds(p) = 与个体 p 相似度大于 \gamma 的个体的总数/N$$

其中 γ 为一常数,一般取值为 $\gamma \in [0.9, 1]$。

2. 用影响因子来计算个体的聚集密度

将目标空间中第 i 个解个体对另一个解个体 y 的影响函数定义为

$$\psi(l_{i \to y}) : R \to R \tag{4.10}$$

其中,$l_{i \to y}$ 表示个体 i 对个体 y 的 Euclidean 距离,$\psi(l_{i \to y})$ 为两个个体之间距离的减函数。如高斯影响函数 $\psi(r) = (1/(\sigma\sqrt{2\pi}))e^{-r^2/2\sigma^2}$。

当有 m 个目标时,其可行解区域可以表示为一个有 $a_1 \times a_2 \times \cdots \times a_m$ 个网格的超网格面 F^m。设任意一个解个体 $y \in F^m$,其密度定义为

$$D(y) = \sum_{i=1}^{N} \psi(l(i, y)) = \sum_{i_1=1}^{a_1} \sum_{i_2=1}^{a_2} \cdots \sum_{i_1=1}^{a_m} \psi(l(<i_1, i_2, \cdots, i_m>, y)) \tag{4.11}$$

3. 用聚集距离来计算个体的聚集密度

如图 4.1 所示,设有两个子目标 f_1 和 f_2,个体 i 的聚集距离是图中实线矩形的长与宽之和。设 $P[i]_{\text{distance}}$ 为个体 i 的聚集距离,$P[i].m$ 为个体 i 在子目标 m 上的函数值,则图 4.1 中个体 i 的聚集距离为

$$P[i]_{\text{distance}} = (P[i+1].f_1 - P[i-1].f_1) + (P[i+1].f_2 - P[i-1].f_2) \tag{4.12}$$

一般情况下,当有 r 个子目标时个体 i 的聚集距离为

$$P[i]_{\text{distance}} = \sum_{k=1}^{r} (P[i+1].f_k - P[i-1].f_k) \tag{4.13}$$

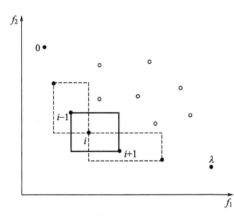

图 4.1 邻近个体之间的距离

这种方法比较简单,在有些情况下不能较好地反映实际情况,特别是当一个个体与其邻近个体之间的距离相等时。这种情况下,需要提供这个个体与其更多邻近个体的聚集信息。例如,可考虑邻近多个点的均值,或考虑在整个子集中的均值。这里,我们讨论与一个个体邻近的 $2k$ 个点的情况。具体方法如算法 4.1 所示。

算法 4.1 计算个体与 $2k$ 个邻近点聚集距离的均值。

```
1:    { N=|P|;     //N 为群体大小
2:      for each i, P[i]distance=0;      //初始化每个个体的聚集距离
3:      for each objective m          //针对每个子目标进行如下操作
4:    {P=sort(P,m);                    //对子目标 m 的函数值进行排序
5:      for i=2 to (N-1)                //针对边界点之外的解
6:        for j=1 to k
7:          P[i]distance=P[i]distance+(P[i+j].m-P[i-j].m);
8:        P[i]distance=P[i]distance/k;
9:    }end for objective m
10:     P[0]distance=P[N]distance=∞;    //给边界点一个最大值以确保它们每次均能入选下一代
11:   }
```

算法 4.1 在最坏情况下对 r 个子目标分别进行排序的时间为 $O(rN\log N)$，计算每个个体的聚集距离的时间为 $O(rkN)$，由于 k 通常比 N 小得多，一般地取 $k \leqslant \log N$，因此算法的时间复杂度仍为 $O(rN\log N)$。

一个个体与其邻近个体的距离越大，表明它的聚集密度越小，反之亦然。简单地，可将一个个体聚集距离的倒数定义为它的聚集密度。

4.4 用网格保持进化群体的分布性

网格方法以不同的方式被多个 MOEA 设计者用于保持进化群体的分布性，如 PESA (Corne et al., 2000)、PAES (Knowles et al., 2000)、MGAMOO (Coello Coello et al., 2001)，以及 EMOEA（郑金华，2005）。下面具体讨论网格方法，如网格的边界、个体在网格中的定位，以及自适应网格等。

4.4.1 网格边界

一个有 r 个目标的优化问题，需要设置一个具有 $2r$ 个边界的网格：下界（lb_k）和上界（ub_k）（$k=1,2,\cdots,r$），有关下界和上界的具体含义请见本书 4.4.3 小节。如图 4.2 所示是一个二目标网格，共有 4 个边界：（lb_1）、（lb_2）、（ub_1）、（ub_2）。通常，用超立方体的两个对角标识一个网格，在二维情况下表示为（lb_1, lb_2）和（ub_1, ub_2），一般情况下（如 r 个目标）表示为（$lb_1, lb_2, \cdots, lb_r$）和（$ub_1, ub_2, \cdots, ub_r$）。

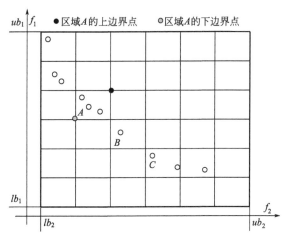

图 4.2 网格及其边界

一个网格可以分割为若干个小区域（hyper-cube，HC），具体的分割次数取决于进化群体的大小和待优化问题的目标数。将每个 HC 表示为 r^i，这里 $i=(i_1, i_2, \cdots, i_r)$，且有 $i_k \in \{1,2,\cdots,d\}$，d 是一个常数，表示在每一维上的分割次数，一般为大于 2 的自然数，如图 4.2 中，$d=6$。这样，对应于每个 r^i 的边界可以表示为

$$\forall k \in \{1,2,\cdots,r\}, rub_{k,i} = lb_k + i_k \cdot w_k$$
$$rlb_{k,i} = lb_k + (i_k - 1) \cdot w_k$$

其中，w_k 为每一个小区域在第 k 维上的宽度，$w_k = range_k / d$，$range_k$ 为第 k 维上的域宽。

在图 4.2 中，区域 A 的坐标 $i=(4,2)$，它的边界分别为

上边界点：$rub_{1,i} = lb_1 + i_1 \cdot w_1 = 0 + 4 \cdot w_1 = 4w_1$

$rub_{2,i} = lb_2 + i_2 \cdot w_2 = 0 + 2 \cdot w_1 = 2w_1$

下边界点：$rlb_{1,i} = lb_1 + (i_1-1) \cdot w_1 = 0 + (4-1) \cdot w_1 = 3w_1$

$rlb_{2,i} = lb_2 + (i_2-1) \cdot w_2 = 0 + (2-1) \cdot w_1 = w_2$

若将域宽设为 $range_1 = range_2 = 12$，则有 $w_1 = w_2 = 2$，从而得上边界点为（8，4），下边界点为（6，2）。

4.4.2 个体在网格中的定位

有了网格和网格中每个小区域的标识，就可以以此来判断一个个体是否落在某个区域中。设有个体 $z=(z_1, z_2, \cdots, z_r)$，对区域 r^i，若 $\forall k \in \{1,2,\cdots,r\}$，$z_k \geq rlb_{k,i}$ 且 $z_k < rub_{k,i}$，则认为个体 z 在区域 r^i 中。

在图 4.2 中，区域 A 中有 3 个个体，区域 B 中有 1 个个体，区域 C 中有 2 个个体。

为了使进化群体具有良好的分布性，通常要区分极点，因为极点总是分布在端点位置上，它有利于保持进化群体的分布性和广泛性，故而在执行选择操作时，一般不能丢失极点。这里将极点 z^{ext} 定义为

$$z^{ext} = \{y \in ARC \mid (\exists k \in \{1,2,\cdots,r\}, \nexists z \in ARC, z \neq y, z_k \leq y_k) \vee (\exists k \in \{1,2,\cdots,r\},$$
$$\nexists z \in ARC, z \neq y, z_k \geq y_k)\} \tag{4.14}$$

也就是说，在某个目标上其值最大或最小的个体均被认为是极点。式（4.14）中，ARC 为进化群体的归档集。

为保持进化群体的分布性，通常在网格中选取聚集密度大的个体并删除，如选取区域 A 中的 1 个或 2 个个体删除。有的时候，即使非支配集中个体（一般存放在归档集 ARC 中）比较均匀地分布在网格中，因为归档集的大小有限制，必须选取一定数量的个体删除掉，但不能删除极点个体。

4.4.3 自适应网格

自适应网格技术（Knowles et al., 2003）与一般的网格方法相比主要有下列特点。

① 网格的边界不是固定的，可能在每一代都不同，如图 4.3 所示。

② 在每一代进化时，根据当前代的个体分布情况自适应地调整边界。

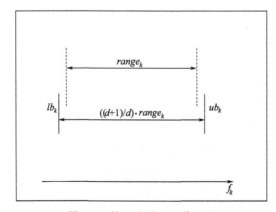

图 4.3 第 k 维域宽及其边界

③ 如果新产生的个体落在上一代确定的边界以外，只要它是非支配的，则一定将该个体加入归档集中。这种情况下，若归档集已满，则考虑将其他个体从归档集中删除。

设第 t 代进化时所得到的非支配集为 ARC_t，每一维上的域宽 $range_k$ 设置为

$$\forall k \in \{1,2,\cdots,r\}, range_{k,t} = \max\{z_k | z \in ARC_t\} - \min\{z_k | z \in ARC_t\} \quad (4.15)$$

第 t 代的边界设为：下界（$lb_{k,t}$）和上界（$ub_{k,t}$）（$k=1, 2, \cdots, r$；$t>0$）。同时，要求边界值满足 $\forall t$，$\forall k$ $lb_{k,t} < \min\{z_k | z \in ARC_t\}$ 且 $ub_{k,t} > \max\{z_k | z \in ARC_t\}$。

在此，将边界值设为

$$lb_{k,t} = \min\{z_k | z \in ARC_t\} - (1/2d)range_{k,t} \quad (4.16)$$

$$ub_{k,t} = \max\{z_k | z \in ARC_t\} + (1/2d)range_{k,t} \quad (4.17)$$

4.5 用聚类方法保持进化群体的分布性

聚类分析（cluster analysis）也是保持多目标进化群体分布性的有效方法，目前一些多目标进化算法用它来降低非支配集的大小，如文献（Morse, 1980；Rosenman et al., 1985；Cunha et al., 1997；Zitzler et al., 1999；Han J et al., 2000）。

所谓聚类分析，是将群体中的个体集合划分为由类似的个体组成的多个类的过程，简称为聚类。由聚类所生成的类是一组个体的集合，同一类中的个体彼此相似，而与其他类中的个体相异。多目标进化算法的聚类分析是通过计算个体或类之间的相似度（或相异度）$d(i,j)$ 实现的，这涉及个体的表示及其数据类型。为此，首先讨论有关个体的表示方法及其数据类型，在此基础上讨论再编码及其相似度的计算，最后讨论有关的聚类算法。

4.5.1 聚类分析中的编码及其相似度计算

在遗传算法中，个体通常采用二进制串或实数进行编码，并采用相异度矩阵来表示两个个体之间的相似性。当群体规模为 N 时，个体之间的相似度可以用一个 $N \times N$ 的矩阵表示：

$$\begin{bmatrix} 0 & & & & \\ d(2,1) & 0 & & & \\ d(3,1) & d(3,2) & 0 & & \\ \vdots & \vdots & \vdots & & \\ d(N,1) & d(N,2) & \cdots & 0 \end{bmatrix}$$

此处 $d(i, j)$ 为个体 i 和 j 之间的相异度，通常有 $d(i, j) \geqslant 0$，并有 $d(i, j) = d(j, i)$，$d(i, i) = 0$。当两个个体越相似，则其相异度就越接近 0，反之则其相异度就越大。

对于不同的个体表示方法，计算个体的相异度方法也有所不同。下面讨论几种主要的编码及其相异度的计算方法。

1. 实数编码及其相异度计算

设个体 i 和 j 均为 p 维向量，令 $\boldsymbol{i} = (x_{i1}, x_{i2}, \cdots, x_{ip})$，$\boldsymbol{j} = (x_{j1}, x_{j2}, \cdots, x_{jp})$，则它们之间的距离通常有下列计算方法。

(1) 欧几里得距离

$$d(i,j)=\sqrt{|x_{i1}-x_{j1}|^2+|x_{i2}-x_{j2}|^2+\cdots+|x_{ip}-x_{jp}|^2} \quad (4.18)$$

如果给每个变量赋一个权值，则加权后的欧几里得距离为

$$d(i,j)=\sqrt{w_1|x_{i1}-x_{j1}|^2+w_2|x_{i2}-x_{j2}|^2+\cdots+w_p|x_{ip}-x_{jp}|^2} \quad (4.19)$$

加权也可以用于曼哈坦距离和明考斯基距离计算。

(2) 曼哈坦距离

$$d(i,j)=|x_{i1}-x_{j1}|+|x_{i2}-x_{j2}|+\cdots+|x_{ip}-x_{jp}| \quad (4.20)$$

(3) 明考斯基距离

$$d(i,j)=(|x_{i1}-x_{j1}|^q+|x_{i2}-x_{j2}|^q+\cdots+|x_{ip}-x_{jp}|^q)^{1/q} \quad (4.21)$$

式中，q 是一个正整数，当 $q=1$ 时表示曼哈坦距离，当 $q=2$ 时表示欧几里得距离。

欧几里得距离和曼哈坦距离满足下列性质（距离公理）：

① $d(i,j) \geqslant 0$：距离是一个非负的数值。

② $d(i,j)=0$：一个个体与自身的距离是 0。

③ $d(i,j)=d(j,i)$：距离函数具有对称性。

④ $d(i,j) \leqslant d(i,k)+d(k,j)$：个体 i 和 j 之间的直接距离不会大于途经其他个体 k 的距离。

2. 二进制串编码及其相似度计算

当个体采用二进制串编码时，一个个体由若干个基因位组成，每个基因位只有两个状态 0 和 1。比较常用的是海明距离。设个体 i 和 j 均为 p 维向量，令 $i=(x_{i1}, x_{i2}, \cdots, x_{ip})$，$j=(x_{j1}, x_{j2}, \cdots, x_{jp})$，则它们之间的海明距离为

$$d(i,j)=\sqrt{(x_{i1}-x_{j1})^2+(x_{i2}-x_{j2})^2+\cdots+(x_{ip}-x_{jp})^2} \quad (4.22)$$

当需要考虑基因位权重时，情况就比较复杂一些。设个体 i 和 j 均为 p 维向量，令 $i=(x_1, x_2, \cdots, x_p)$，$j=(y_1, y_2, \cdots, y_p)$，其中 $x_k=(x_{k1}x_{k2}\cdots x_{kl_k})$，$y_k=(y_{k1}y_{k2}\cdots y_{kl_k})$，此处 l_k 为第 k ($k=1, 2, \cdots, p$) 个变量（基因组）基因的长度。

设 w_{k1}、w_{k2}、$\cdots$、w_{kl_k} 分别为变量 x_k 和 y_k 各基因所对应的权重，则它们之间的距离为

$$d(i,j)=\sum_{k=1}^{p}\sum_{j=1}^{l_k} w_{kj}|x_{kj}-y_{kj}| \quad (4.23)$$

这里还讨论一种基于统计的相似度计算方法。设 s 表示两个个体中基因位相同的数目，d 表示两个个体中基因位不同的数目，当不考虑不同基因的权重时，个体 i 和 j 的距离为

$$ds(i,j)=d/(s+d)$$

当需要考虑基因位权重时，设个体 i 和 j 均为 p 维向量，令 $i=(x_1, x_2, \cdots, x_p)$，$j=(y_1, y_2, \cdots, y_p)$，其中 $x_k=(x_{k1}x_{k2}\cdots x_{kl_k})$，$y_k=(y_{k1}y_{k2}\cdots y_{kl_k})$，此处 l_k 为第 k ($k=1, 2, \cdots, p$) 个变量（基因组）基因的长度。

设 w_k 为基因组变量 x_k 和 y_k 所对应的权重，则个体 i 和 j 之间的距离为

$$d(i,j)=\sum_{k=1}^{p} w_k \times ds(x_k,y_k) \quad (4.24)$$

与二进制编码类似的还有格雷码，相对于二进制编码来说，格雷码有利于改善遗传算法的局部搜索能力。设二进制编码为 $B=b_m b_{m-1}\cdots b_2 b_1$，其对应的格雷码为 $G=g_m g_{m-1}\cdots$

$g_2 g_1$,则二进制编码与格雷码之间的转换可描述如下:

$$\begin{cases} g_m = b_m \\ g_i = b_{i+1} \oplus b_i, \quad i = m-1, m-2, \cdots, 1 \end{cases} \quad (4.25)$$

$$\begin{cases} b_m = g_m \\ b_i = b_{i+1} \oplus g_i, \quad i = m-1, m-2, \cdots, 1 \end{cases} \quad (4.26)$$

以上针对二进制编码的两种计算个体相似度的方法均适用于格雷码。

3. 树结构编码及其相似度计算

树结构编码(Louis et al.,1991;陈国良等,1999)可以直接把问题表示为染色体,而不需要进行编码和译码操作。通常采用广义表作为树的存储结构。例如,$S=(A(B(D,E),C(F,G)))$表示一棵高度为3的满二叉树。

在遗传算法中,设对树的基本操作为

α:父子分割

β:父子合并

γ:兄弟分割

δ:兄弟合并

树 T_1 和 T_2 的距离定义如下:

$$d(T_1, T_2) = \min\{\text{length}(M) | M \in \{\alpha, \beta, \gamma, \delta\}^* \wedge M(T_1) = T_2\} \quad (4.27)$$

此处 M 为对树操作的算子序列,length(M) 为 M 的长度,$M(T)$ 为由 M 的算子对 T 进行变换所得到的树。该距离定义满足距离公理。

在实际应用中,对树的操作算子可能视具体情况而有所不同,如针对遗传操作的交换算子 inversion(T, x, y) 将树 T 中 x 和 y 两棵子树位置进行交换,交叉算子 crossover(T_1, T_2, x, y) 对树 T_1 和 T_2 分别在位置 x 和 y 执行交叉操作。

例如,设 $T_1 = (\text{progn1}(\text{incf}(x), \text{setq}(x, 2), \text{print}(x)))$

$T_2 = (\text{progn2}(\text{decf}(x), \text{setq}(x, *(\text{sqrt}(x), x)), \text{print}(x)))$

则有:inversion(T_1, incf, setq) = (progn1(setq(x, 2), incf(x), print(x)))

crossover(T_1, T_2, setq, sqrt) 得 CT_1 和 CT_2 如下:

$CT_1 = (\text{progn1}(\text{incf}(x), \text{sqrt}(x), \text{print}(x)))$

$CT_2 = (\text{progn2}(\text{decf}(x), \text{setq}(x, *(\text{setq}(x, 2), x)), \text{print}(x)))$

值得说明的是,在设计对树操作的遗传算子时,要充分考虑可操作性和二义性。如上例,当树 T_2 中存在两个不同节点 sqrt 时,crossover(T_1, T_2, setq, sqrt) 有二义性。因此,有些算子需要更明确的约定,如约定为先序搜索的第一个节点,这样就不存在二义性了。但这里先序搜索是针对二叉树的,涉及树和二叉树的相互转换。

下面我们讨论一种操作性比较强的计算树之间距离的方法,先考虑树节点不带权重的情况。

定义 4.6 树节点的计分定义如下:

① 叶子节点的计分为1。

② 非叶子节点的计分是其子树计分之和加1。

定义 4.7 树是有序的,即树中每棵子树的位置是不能交换的。

定义 4.8 两棵树之间的距离定义为这两棵树中不同节点的计分之和。

例如，设 $T_3=(\text{progn2}(\text{decf}(x),\text{setq}(x,*(\text{sqr}(x),x)),\text{print}(x)))$
$T_4=(\text{progn2}(\text{decf}(x),\text{setq}(x),\text{print}(x)))$

则有：$d(T_2,T_3)=2+2=4$
$d(T_2,T_4)=4+0=4$

当树中各节点的重要程度不同时，需要考虑权重。对于带权树，其距离不但要考虑不同节点的计分，同时也要考虑其对应的权重。

4. 符号编码及其相似度计算

符号编码是指个体染色体编码串中的基因值取自一个无数值含义而只有代码含义的符号集，如字母表 {A, B, C, …}、序数集 {1, 2, 3, 4, …}、代码表 {aA, bB, cC, dD, …} 等。

设 S 是一个符号集，个体 i 和 j 均为 p 维向量，即 $i,j\in S^p$。令 $i=(x_{i1},x_{i2},\cdots,x_{ip})$，$j=(x_{j1},x_{j2},\cdots,x_{jp})$，定义个体 i 和 j 之间的距离为

$$d(i,j)=\sqrt{\sum_{k=1}^{p}(asc(x_{ik})-asc(x_{jk}))^2} \tag{4.28}$$

式 (4.28) 中，$asc(x)$ 表示 x 的 ASCII 码。

此外，还可以用其他方法定义基于符号编码个体之间的距离，如根据应用的具体情况，先确定个体码串之间的变换关系，不失一般性，设个体码串变换关系集合为 ConvertSet，定义个体 i 和 j 之间的距离为

$$d(i,j)=\min\{\text{length}(M)|M\in\text{ConvertSet}^*\wedge M(i)=j\} \tag{4.29}$$

5. 混合编码及其相似度计算

在实际应用中，描述一个多目标问题的决策变量可能不是同一种类型，在这种情况下如何计算个体之间的相似度呢？

一种方法是将变量按类型分组，然后对每种类型的变量进行独立的聚类分析，但应用这种方法的前提条件是各聚类分析的结果能兼容，而这种前提条件在实际应用中往往很难满足。为此，我们采用对所有变量一起处理，只进行一次聚类分析的方法。具体方法概述如下：

① 首先对变量按类型分组，不访设有 q 组不同类型的变量。
② 分别对每组不同类型的变量计算个体 i 和 j 的相似度，设为 $d_{ij}^{(s)}$ ($s=1,2,\cdots,q$)。
③ 将 $d_{ij}^{(s)}$ 转换到共同的度量区间，如 [0.0, 1.0]，得对应值 $\overline{d}_{ij}^{(s)}$。
④ 综合考虑 q 组不同类型的变量，得到个体 i 和 j 之间的相似度为

$$d(i,j)=\Big(\sum_{s=1}^{q}\overline{d}_{ij}^{(s)}\Big)/q \tag{4.30}$$

当需要考虑不同类型变量的权重时，设对应于第 s 组类型变量的权重为 w_s，则个体 i 和 j 之间的相似度为

$$d(i,j)=\Big(\sum_{s=1}^{q}w_s\times\overline{d}_{ij}^{(s)}\Big)/q \tag{4.31}$$

4.5.2 聚类分析

在多目标进化算法中，聚类分析的目的是为了维持和增强进化群体的多样性与分布性，

聚类分析的方法主要有划分法、层次法、基于密度的方法、基于网格的方法和基于模型的方法等。在实际应用中，这些方法通常不是单独出现的，而是多种方法的相互结合。本小节只讨论基于中心点的聚类算法和基于层次凝聚距离的聚类算法，其他聚类算法请读者参考有关文献。

1. 基于中心点的聚类算法

基于划分的聚类分析将 N 个个体划分为 m 个子类（此处 $N>m$），每个子类中的个体具有最大相似性。在基于中心点的聚类算法中，首先分别为 m 个类随机选择一个个体作为其代表（即中心点），然后将其余的个体根据其与每个类的距离，并入到最相似的类中，接下来对每个类重新选择其中心点，并按照最小距离的原则形成新的聚类，重复此过程，直至聚类过程稳定。具体过程如算法 4.2 所示。

算法 4.2 基于中心点的聚类算法。

1： 随机选择 m 个个体作为初始中心点，设为 o_i，对应的类设为 c_i，$i \in \{1, 2, \cdots, m\}$。
2： 计算每个个体与各中心点的相似度 $d(o_i, p)$；$o_i, p \in Pop$，$o_i \neq p$。
3： 将与各中心点最相似的个体指派到相应的类中，并计算评价函数的值 $E = \sum_{i=1}^{m} \sum_{p \in c_i} |o_i - p|^2$。
4： 分别在各类 c_i 中随机地选择一个非中心点个体 q_i，计算 $d(q_i, p)$，$q_i \in c_i$，$p \in Pop$，$q_i \neq p$。
5： 计算评价函数 E'，若 $E' < E$ 则用 q_i 代替 o_i，并将最相似的个体调整到相应的类中。
6： 如果评价函数 E 达到了最小值或满意值，则结束；否则转 4。

算法 4.2 的时间开销主要集中在第 4～6 步的循环迭代，迭代的时间复杂度为 $O(m(N-m))$。算法的迭代次数取决于每个子类中心点个体更新的有效性。

2. 基于类距离的层次聚类算法

基于类距离的层次聚类算法是一种按照自底向上策略来聚类个体的方法，初始时把 N 个个体分别当作一个子类，然后通过计算个体之间的相似度，逐步将具有最大相似度的个体聚集到同一类中，直至满足终止条件。具体过程如算法 4.3 所示。

算法 4.3 基于类距离的层次聚类算法。

1： 初始化聚类 C，使 C 中每个子集包含非支配集 $NDSet$ 的一个个体：
$$C = \bigcup_i \{\{i\}\}, i \in NDSet$$
2： 如果 $|C| \leqslant bound$，则转 7；否则转 3。其中 $bound$ 为非支配集的最大界限值。
3： 计算任意两个聚类之间的距离为
$$d(c_1, c_2) = \frac{1}{|c_1| \times |c_2|} \times \sum_{i_1 \in c_1, i_2 \in c_2} \|i_1 - i_2\|, \quad c_1, c_2 \in C$$
其中 $\|i_1 - i_2\|$ 表示个体 i_1 和个体 i_2 之间的距离。
4： 在当前 C 中选取新的具有最小距离的两个聚类 c_1' 和 c_2'：
$$c_1', c_2' : \min\{d(c_1, c_2) | c_1, c_2 \in C\}$$
并将 c_1' 和 c_2' 合并为一个聚类 c'：$C = C \setminus \{c_1', c_2'\} \cup \{c_1' \cup c_2'\}$

5: 如果 $|C| \leqslant bound$，则转 7；否则转 6。
6: 计算 $c' = c_1' \cup c_2'$ 与 C 中其他类之间的距离为
$$d(c', c_k) = (d(c_1', c_k) + d(c_2', c_k))/2$$
其中 $c', c_k \in C$ 且 $c' \neq c_k$，转 4。
7: 针对每个聚类，选取有代表性的个体组成新的非支配集 $NDSet$。这里所谓有代表性的个体是指每个聚类的核（centroid），它在该聚类中与其他个体具有最小距离。
for each $c \in C$
{if $|c| > 1$ then $d(i) = \min\{d(i, j) | i, j \in c, i \neq j\}$
取 $\min\{d(i) | i \in c\}$ 为类 c 的核
}
8: $NDSet = \bigcup_i \{i\}, i \in C$，结束。

值得说明的是，个体 i_1 和个体 i_2 之间距离的计算方法要根据个体的编码和具体应用来确定。算法的主要时间开销有：

第 3 步计算任意两个聚类之间的距离，时间开销为 $C_N^2 = N(N-1)/2$。

第 5 和第 6 步的循环聚类合并，时间开销为 t。

第 7 步计算聚类的核，时间开销为 $m \times N$。

其中，t 为迭代的次数，m 为子类数目，N 为群体大小。若 $t < N$，$m < N$，则算法的总时间复杂度为 $O(N^2)$。

由以上分析可见，当 N 不大时（如 $N < 2m$），算法 4.3 的运行效率比较高；但当 N 比较大或很大时，算法 4.3 的运行效率比较低。

在算法 4.3 中，两个类之间的距离是该两个类之间个体的平均距离，在聚类之后再在每个类中找出其核，也就是说目标是找出 m 个具有代表意义的个体。为此，下面讨论基于类核的聚类算法，该算法主要考虑两个类的核之间的距离，并将类核距离最小的子类合并，具体过程如算法 4.4 所示。

算法 4.4 基于类核距离的层次聚类算法。

1: 初始化聚类 C，使 C 中每个子集包含非支配集 $NDSet$ 的一个个体：
$$C = \bigcup_p \{\{p\}\}, p \in NDSet$$
令每个子类的核 o_i 为该子类中唯一的个体。
2: 如果 $|C| \leqslant bound$，则转 8。其中 $bound$ 为非支配集的最大界限值。
3: 计算任意两个聚类的核之间的距离：
$$d(o_i, o_j) = \|o_i - o_j\|, \quad o_i, o_j \in C$$
其中 $\|o_i - o_j\|$ 表示个体 o_i 和个体 o_j 之间的距离。
4: 在当前 C 中选取新的具有最小核距离的两个聚类 c_i 和 c_j：
$$c_i, c_j : \min\{d(o_i, o_j) | o_i, o_j \in C\}$$
并将 c_i 和 c_j 合并为一个聚类 c_k：
$$C = C \setminus \{c_i, c_j\} \cup \{c_i \cup c_j\}$$
5: 寻找子类 c_k 的核（centroid），它在该聚类中与其他个体具有最小距离。
$$d(p) = \min\{d(p, q) | p, q \in c_k, p \neq q\}$$
$$o_k = \min\{d(p) | p \in c_k\}$$

6： 如果$|C|\leqslant bound$，则转8。
7： 计算$c_k=c_i\bigcup c_j$与C中其他子类核之间的距离：
$$d(o_k,o_l)=\|o_k-o_l\|$$
其中o_k、o_l分别为c_k和c_l的核，c_k，$c_l\in C$且$c_k\neq c_l$。转4。
8： $NDSet=\bigcup\{o_i\}$，o_i为子类c_i的核，$c_i\in C$。结束。

算法4.4的主要时间开销如下：
第3步计算任意两个聚类核之间的距离，时间开销为$C_N^2=N(N-1)/2$。
第4步选择具有最小核距离的两个子类合并，最大时间开销为$N\times t$。
第5步寻找当前新子类的核，最大时间开销为$(N/m)\times N$。
第7步计算当前新产生的子类与其他子类核之间的距离，最大时间开销为：$N\times t$。
其中，t为迭代的次数，m为子类数目，N为群体大小。若$t<N$，$m<N$，则算法的总时间复杂度为$O(N^2)$。

4.5.3 极点分析与处理

在多目标进化算法中，单个目标最优的点称为极端点，简称极点。极点在多目标优化和决策中具有非常重要的意义，它通常是极端情况下的取值。例如，商务谈判中A、B双方的获利，A方获利最多时B方获利最少，反之亦然。

给定决策向量$\boldsymbol{X}=(x_1,x_2,\cdots,x_n)$，它满足下列约束：
$$g_i(\boldsymbol{X})\geqslant 0 \quad (i=1,2,\cdots,p) \tag{4.32}$$
$$h_i(\boldsymbol{X})=0 \quad (i=1,2,\cdots,q) \tag{4.33}$$
设有m个优化目标，且这m个优化目标是相互冲突的，若$\boldsymbol{X}^*$使
$$f_i(\boldsymbol{X})(i=1,2,\cdots,m) \tag{4.34}$$
达到最优，且满足约束式（4.32）和式（4.33），则$\boldsymbol{X}^*=(x_1^*,x_2^*,\cdots,x_n^*)$为极点。

当对非支配集进行聚类分析时，很难保留极点。因为极点通常没有明显的孤立点特性，它一般隐藏在比较小的子类中，就算把隐藏极点的子类找出来，也难以准确地找到极点。

寻找极点的方法主要有两种。对于比较简单的优化问题，可以采用分析法，即用人工方法进行比较直观的分析。大多数情况下，优化问题比较复杂，用简单的直观分析法很难找出极点，通常采用单目标优化方法来寻找极点。将m个优化目标进行分组，把不相冲突的目标或一致的目标放在同一组，假设有k组相互冲突的目标（$k<m$），然后分别针对每组目标进行优化，从而得到针对不同优化目标的极点。

4.6 非均匀问题的分布性

在讨论多目标进化算法的分布性时，通常只考虑了均匀分布的情况。而在实际应用中，可能存在非均匀分布的情况。如何维护非均匀分布优化问题的分布性是一个极具挑战的研究课题。

Fonseca等于1995年首次提到了非均匀分布的概念（Fonseca et al.，1995）。Deb提出了构造非均匀测试函数的方法，并构造了两个非均匀测试函数（Deb，1999）。Pedersen

等根据决策者的需要把解集的分布分为均匀和非均匀两种情况,但只讨论了前者(Pedersen et al.,2004)。Fieldsend 等较详细地分析了非均匀分布情况,强调了决策者偏好的重要性。

本节讨论李密青和郑金华等提出的一种非均匀分布问题分布性维护方法(李密青等,2011),该方法定义一个反映个体分布"规则"程度的指标——杂乱度,并设计一种降低种群杂乱度的方法,在未知 Pareto 最优面分布规律的情况下有效剔除造成种群混乱的个体。

4.6.1 非均匀分布问题

实际应用中,非均匀分布类型多式多样,十分复杂。这里,我们用 Deb 的方法构造一个简单的非均匀分布最小化问题:

$$\min \begin{cases} f_1(x) = x_1^{1.8} \\ f_2(x) = g(x_2)(1 - f_1(x)/g(x_2)) \\ g(x_2) = 1 + x_2 \end{cases} \tag{4.35}$$

种群大小为 8 时,最优解边界(POF)的分布情况如图 4.4 所示。从图中可以看出,对于式(4.35)测试函数,个体真实 Pareto 最优边界分布是不均匀的,个体在 f_1 上的值越接近 1 越稀疏。

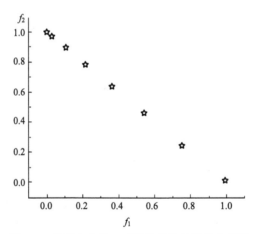

图 4.4 种群大小为 8 时最优的边界的分布情况

4.6.2 杂乱度分析

定义 4.9 对种群 P 生成一棵欧氏最小生成树(euclidean minimum spanning tree,EMST),对于 P 的任一个体 i,定义 i 杂乱度 $messy_i$ 为

$$messy_i = l_{i\_max}/l_{i\_min} - 1/d_i \tag{4.36}$$

式中,d_i 为个体 i 在 EMST 中的度数;l_{i_max}、l_{i_min} 分别为 EMST 中连接 i 的最长边和最短边。个体杂乱度由边长之比和个体度数两部分组成,边长之比越大,度数越高,杂乱度越大。

由 EMST 的贪婪性和连通性可知,EMST 中的边实质是连接不同聚类之间的最短距离(单个个体也可以看作一个聚类),即种群由 EMST 中任意一边划分的两个个体集(聚类）之间，不存在比该边更短的距离。这样，EMST 中具有两个以上边的个体（即度数大于等于 2 的个体）可以看作连接不同聚类的中间个体，边的长度可以看作个体与聚类之间的距离。自然地，个体最大边与最小边的比反映了个体与不同聚类之间距离的最大差异，比值大表明了个体与周围不同聚类的"联系"参差不齐，相对混乱。另外，对于 EMST 中度数为 1 的个体，它们的最大边与最小边相同。这些个体只与一个聚类连接，没有反映个体与不同聚类之间联系的差异，我们赋予它较小的杂乱度。此外，个体在 EMST 中的度数也在一定程度上反映了个体的位置关系，通常边界个体具有较低的度数，这样在边长之比相近但分布位置不同的个体之间，边界个体具有更低的杂乱度。下面讨论用个体杂乱度对种群进行维护。

4.6.3 种群维护

杂乱度是一个反映个体规则程度的相对概念。容易发现，对杂乱度大的个体的淘汰，不一定会使种群分布更有规律，相反，很大程度上会使周边个体杂乱度有所增加。这里采用淘汰与最大杂乱度个体距离最近个体的方法降低种群杂乱度。具体过程如算法 4.5 所示。

算法 4.5 种群维护算法。

参数设置 Q：待维护非支配集；N：种群规模；$a[i]$：标示 i 是否已进入 EMST，$a[i]=1$ 标示已进入，$a[i]=-1$ 标示未进入；edge_max$[i]$：连接个体 i 最大边的边长；edge_min$[i]$：连接个体 i 最小边的边长；minind_edge$[i]$：与 i 组成连接个体 i 最小边的个体；messy$[i]$：个体 i 杂乱度；sel_ind：种群中拥有最大杂乱度的个体。

```
1:  while |Q|>N do
        //计算个体之间欧氏距离
2:      for each j from 1 to N
3:          for each k from 1to N
4:              if j!=k
5:                  C[j][k]=Euclidean(j,k)
6:              end if
7:          end for
8:      end for
        //初始化赋值
8:      for each i from 1 to N
9:          a[i]=-1
10:         edge_max[i]=0
11:         edge_min[i]=INF
12:         minind_edge[i]=NULL
13:         degree[i]=0
14:         minind_edge[i]=NULL
15:     end for
        //记录最大边、最小边以及个体度数
16:     a[1]=1
17:     findmin()
18:     a[h]=1
19:     renew(1)
20:     renew(h)
21:     for each i from 3 to N
22:         findmin()
23:         a[k]=1
24:         renew(j)
25:         renew(k)
26:     end for
        //计算并找出杂乱度最大个体
27:     max_messy=0
28:     for each i from 1 to N
29:         if edge_min[i]!=0
30:             messy[i]=edge_max[i]/edge_min[i]
                        1/degree[i]
31:         else
32:             messy[i]=INF
33:         end if
34:         if max_messy<messy[i]
35:             max_messy=messy[i]
36:             sel_ind=i
```

```
37:        end if                              39:   delete(minind_edge[sel_ind])
38:     end for                                40:   |Q|=|Q|−1
        //删除与最大杂乱度距离最近个体          41: end while
```

算法 4.5 中算子 renew() 是根据新进入 EMST 的边调整个体在 EMST 中属性的函数。另外，由 EMST 的贪心性可知，最近个体组成的边都在 EMST 中，因此在找出与 i 最近个体（即调整 minind_edge[i]）时，只须比较 edge_min[i] 与新加入边的边长。在计算个体杂乱度时，edge_min[i]=0 表明个体 i 为重复个体，赋予最大杂乱度，算法 4.5 将首先淘汰与其重复的个体。

算法 4.5 是一种分布性维护方法，它可以嵌入任何多目标进化算法中，如将算法 4.5 代替基于聚集距离的维护方法可嵌入 NSGA-Ⅱ中。

下面讨论算法 4.5 维护种群的实例。对于式（4.35）种群大小为 8 的非均匀分布最小化问题，假定种群进化到一定时期的非支配个体的分布情况如图 4.5（a）所示，图 4.5（b）和图 4.5（c）为种群维护实例。

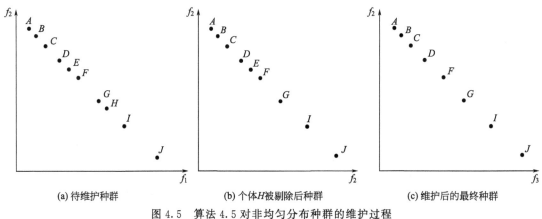

图 4.5　算法 4.5 对非均匀分布种群的维护过程

图 4.5（a）中，对种群生成 EMST 并找出最大杂乱度个体 G（messy[G]=|FG|/|GH|−1/2）。因此，与个体 G 最近的个体 H 被淘汰。重复以上过程，继续找出最大杂乱度个体 F，则个体 E 被淘汰。图 4.5（c）为最终维护结果，可以发现由左上至右下密度逐渐变小，个体分布具有很好的规则性。

此外，还发现在三维或更高维数问题中，位于非支配集内部度数较高的个体常拥有较大的杂乱度，这可能是由于这些个体和周围联系比较紧密，对周围不同密度个体集的连接起着中间桥梁的作用，这样的个体是非常重要的。而距离它们最近的个体通常度数较低，与周围其他个体联系并不紧密，在一定程度上造成了种群分布的不规则，算法 4.5 将首先剔除这类个体。

第 5 章 多目标进化算法的收敛性

对 MOEA 收敛性的研究是 MOEA 研究的重要内容，但目前这方面的研究结果比较少。一个 MOEA 的收敛性可以从两个方面考虑：一是有限时间内的收敛；二是当时间趋向于无穷大时的收敛。第一类收敛是最理想的，也是 MOEA 设计所追求的，但这方面的研究结果很少。第二类收敛是理论上的收敛，它对 MOEA 设计也具有指导意义。目前的多数工作主要集中于对第二类收敛的研究。本章通过建立 MOEA 的简单进化模型来讨论有限时间内的收敛（5.1 节和 5.2 节）（Knowles et al., 2003）；同时讨论一般情况下 MOEA 在理论上的收敛性（5.3 节）。

5.1 多目标进化模型及其收敛性分析

本节我们先讨论 MOEA 的简单进化模型，并定义一些 reduce 函数，然后论证其收敛性。

5.1.1 多目标进化简单模型

定义 5.1（目标空间） 设有限集 Z 是目标空间中所有可行解的集合，即 $Z \in P^r$，$r \geqslant 2$ 为目标数。

定义 5.2（Pareto 最优边界） 设有限集 Z^* 表示 Z 的 Pareto 最优边界集合，$Z^* = \{z^* \in Z | \nexists z \in Z, z \succ z^*\}$。

定义 5.3（归档集） 设有限集 $M_t \subseteq Z$ 为时间 t（或第 t 代）的归档集。

定义 5.4（个体产生过程） 过程 $\text{Gen}(t)$ 在时间 t 产生的个体为 $z_t \in Z$。对 Z 中每个个体 z，在时间 t 通过 $\text{Gen}(t)$ 产生 z 的概率为 $p_r(t,z)$，$p_r(t,z) > 0$。

定义 5.5（非支配集过滤器） 任给一个目标向量集 Z^1，它的非支配集为 $ND(Z^1)$：
$$ND(Z^1) = \{z^i \in Z^1 | \nexists z^j \in Z^1, z^j \succ z^i, i,j \in 1 \cdots |Z^1|\}$$

定义 5.6 设向量 z^a，非支配集 $Z_{\text{nd}} = NDSet(Z_{\text{nd}})$，$z^a$ 和 Z_{nd} 之间的关系定义如下：

① $z^a \succ Z_{\text{nd}} \Leftrightarrow \exists z \in Z_{\text{nd}}$，有 $z^a \succ z$。

② $Z_{\text{nd}} \succ z^a \Leftrightarrow \exists z \in Z_{\text{nd}}$，有 $z \succ z^a$，或者 $Z_{\text{nd}} \succ z^a \Leftrightarrow Z_{\text{nd}} = NDSet(\{z^a\} \cup Z_{\text{nd}})$，且 $z \notin Z_{\text{nd}}$。

③ $z^a \sim Z_{\text{nd}} \Leftrightarrow z^a \nsucc Z_{\text{nd}} \wedge Z_{\text{nd}} \nsucc z^a$，且 $z \notin Z_{\text{nd}}$。

在讨论 MOEA 的收敛性之前，为简便起见，先建立一个简化了的 MOEA 模型，如算法 5.1（simple MOEA，SMOEA）所示。虽然 SMOEA 在每一代进化时只产生一个新个体，但很容易将 SMOEA 扩展为一般的 MOEA，即在每一代进化时产生多个新个体。

算法 5.1 SMOEA。

　　/* M_t 为由非支配向量构成的归档集*/
1：　$t \leftarrow 0$；$M_t \leftarrow \varnothing$；
2：　while(1)
3：　　{ $t \leftarrow t+1$；
4：　　　$z_t \leftarrow$ Gen(t)；
5：　　　$M_t \leftarrow$ reduce($\{z_t\} \cup M_{t-1}$) }
6：　end of SMOEA

定义 5.7（收敛） 当 M_t 中所有个体在进一步运行 SMOEA 时不再发生变化，即 $\forall t > t_c$，有 $M_t = M_{t_c}$，则称 M_t 收敛。

5.1.2 reduce 函数

1. unbounded reduce 函数

unbounded reduce 函数非常简单，每次产生一个新个体时，只有当它对归档集是非支配的，才将该个体加入到归档集，并将归档集中被它所支配的所有个体删除，如算法 5.2 所示。容易证明，unbounded reduce 函数可以使 SMOEA 收敛到最优解集。由此，归档集的大小取决于可行解集 Z 的大小，而 Z 可能很大，因此这类算法的实用价值不大。

算法 5.2 unbounded reduce 函数。

　　/* M_t 为由非支配向量构成的归档集*/
1：　$M_t \leftarrow$ ND($\{z_t\} \cup M_{t-1}$)
2：　Return(M_t)

---

2. simple bounded reduce 函数

simple bounded reduce 函数与 unbounded reduce 函数的不同之处在于，归档集的大小为一约定值 arcsize。这样，当新个体支配归档集时，将它加入到归档集中，同时删除归档集中被该个体所支配的个体；否则，只有当归档集不满时，即当（$|M_{t-1}| <$ arcsize）时，才将它加入到归档集中，同时删除归档集中被该个体所支配的个体。如算法 5.3 所示。容易证明，simple bounded reduce 函数可以使 SMOEA 收敛到最优解集的一个子集，但解集具有比较差的分布性。

算法 5.3 simple bounded reduce 函数。

　　/* M_t 为由非支配向量构成的归档集*/
1：　if($z_t \succ M_{t-1}$) then $M_t \leftarrow$ ND($\{z_t\} \cup M_{t-1}$)
2：　else if($|M_{t-1}| <$ arcsize) then $M_t \leftarrow$ ND($\{z_t\} \cup M_{t-1}$)　　/* arcsize 为归档集 M_{t-1} 的大小*/
3：　　else $M_t \leftarrow M_{t-1}$
4：　return(M_t)

---

3. S-metric reduce 函数

在 S-metric reduce 函数中，当有新的非支配个体产生时，利用 S-metric 来保持归档集中个体的分布性。S-metric 最早由 Zitzler 等提出（Zitzler et al., 1999a），Fleischer 也对它

(Fleischer, 2003) 进行了比较详细的讨论。S-metric 类似于 hypervolume-measure 方法，是目标空间中被非支配集所支配的一块区域，如图 5.1 所示。在图 5.1 的左上部，三个向量 $\{z^1, z^2, z^3\}$ 共同支配的区域为 $S(A)$，在图 5.1 的右上部，三个向量 $\{z^1, z^2, z^3\}$ 共同支配的区域为 $S(B)$，有 $S(A) > S(B)$。在图 5.1 的下半部分，由于参考向量 z^{ref} 在第二个目标上的值变大，而在第一个目标上的值又变小了，这样，三个向量 $\{z^1, z^2, z^3\}$ 共同支配的区域发生了变化，此时有 $S(A) < S(B)$。由此可见，S-metric 与参考向量的选取有关。

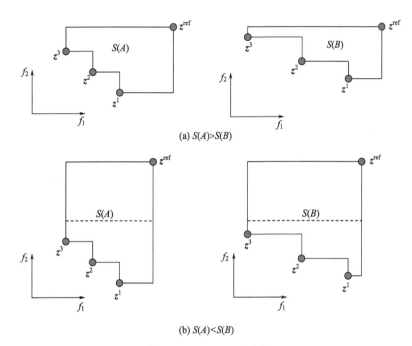

图 5.1　S-metric 示意图

给定向量集 $A = \{z^1, z^2, \cdots\}$，其中 $z^i = \{z_1^i, z_2^i, \cdots, z_r^i\}$ 和一个参考向量 $z^{\text{ref}} = \{z_1^{\text{ref}}, z_2^{\text{ref}}, \cdots, z_r^{\text{ref}}\}$，定义 $R(A, z^{\text{ref}})$ 为

$$R(A, z^{\text{ref}}) = \bigcup_{i \in 1..|A|} R(z^i, z^{\text{ref}}) \tag{5.1}$$

式（5.1）中，$R(z^i, z^{\text{ref}}) = \{y \mid y \succ z^{\text{ref}} \wedge z^i \succ y, y \in \mathbb{R}^r\}$

A 的 S-metric 是 A 与参考向量 z^{ref} 之间的一块区域，或者说是 $R(z^i, z^{\text{ref}})$ 的 Lebesgue integral 积分。

在 2 目标情况下，$S(A)$ 的计算可表示为

$$S(A) = \sum_{i \in 1..|A|} |z_1^i - z_1^{\text{ref}}| \cdot |z_2^i - z_2^{i-1}| \tag{5.2}$$

式（5.2）中，z_2^0 为 z_2^{ref}。

当目标数大于 2 时，计算 $S(A)$ 比较复杂一些，这里介绍一个用递归方法计算 $S(A)$ 的方法 size-of-set(A, z^{ref}, r)，如算法 5.4 所示。值得说明的是，在计算 $S(A)$ 时，要在第一个目标上对 A 中个体按降序排序。

算法 5.4　递归方法计算 $S(A)$。

函数调用：size-of-set（A，z^{ref}，k）

/* z^{high} 是 A 中第 k 个目标值最大的向量；函数 NDk(A,k) 针对前 k 个目标，返回 A 的非支配向量集*/
1:　S←0；
2:　z_k^{prev}←z_k^{ref}；
3:　while(A≠∅)
4:　　{A←NDk(A,k−1)；
5:　　　if(k>3) S_{k-1}←z_1^{high}
6:　　　else S_{k-1}←size-of-set(A,z^{ref},k−1)；
7:　　　S←S+S_{k-1}·|z_1^{high}−z_1^{prev}|；
8:　　　z_k^{prev}←z_k^{ref}；
9:　　　A←A\{z^q|z_1^q≥z_1^{high},z^q∈A}；
10:　return S}

当 A 的大小为 n 时，size-of-set(A，z^{ref}，r) 的时间复杂度为 $O(n^{k+1})$。

有了以上讨论的计算 S-metric 的方法，下面就可以讨论 S-metric reduce 函数了，如算法 5.5 所示。如果新产生个体 z_t 是被归档集 M_{t-1} 支配的，则下一代归档集 M_t 不变；如果新产生个体 z_t 支配归档集 M_{t-1}，则下一代归档集 M_t 为 NDSet({z_t}∪M_{t-1})；如果新产生个体 z_t 与归档集 M_{t-1} 中个体无关，即相互都不被支配，则分两种情况处理。一种情况是，当归档集被填满了，即（|M_{t-1}|=arcsize），此时若在归档集中加入新个体 z_t，同时从归档集中选取一个个体 $z^{\min}$∈$Z^{\min}$ 删除之后，归档集的 S-metric 比原来增大了，则下一代归档集 M_t 为 M_{t-1}∪{z_t}\{$z^{\min}$}。第二种情况是，当归档集没被填满，即(|M_{t-1}|<arcsize)，则直接在归档集中加入新个体 z_t。

算法 5.5　S-metric reduce 函数。

/* M_t 为由非支配向量构成的归档集，S(A) 为 A 的 S-metric，$z^{\min}$ 为 $z^{\min}$⊆M_{t-1} 中随机选取的向量，$z^{\min}$={y∈M_{t-1}|∀z∈M_{t-1},S(M_{t-1}∪{z_t}\{y})≥S(M_{t-1}∪{z_t}\{z})} */
1:　if(M_{t-1}≻z_t) M_t←M_{t-1}　　　　　　　　　　　　　　　　　　(rule: dominated)
2:　else if(z_t≻M_{t-1}) M_t←ND({z_t}∪M_{t-1})　　　　　　　　　(rule: dominates)
3:　else if(|M_{t-1}|=arcsize)　　　/* arcsize 为归档集 M_{t-1} 的大小*/
4:　　　if(S(M_{t-1}∪{z_t}\{$z^{\min}$})≥S(M_{t-1}))M_t←M_{t-1}∪{z_t}\{$z^{\min}$}　(rule: size)
5:　　　else M_t←M_{t-1}　　　　　　　　　　　　　　　　　　　　　　(rule: steady-state)
6:　else M_t←ND({z_t}∪M_{t-1})　　/* |M_{t-1}|小于 arcsize*/　　　　(rule: fill)
7:　return(M_t)

5.1.3　收敛性分析

下面来讨论 S-metric reduce 函数的收敛性，即讨论 S-metric reduce 函数是否可以使 SMOEA 收敛到最优解集。为了讨论方便，这里将 SMOEA+S-metric reduce 函数表示为 SMOEA-S。

引理 5.1　若 M_{t-1} 是一个非支配集，在时刻 t 应用了（rule: size），则 M_t 仍为非支配集。也就是说，（rule: size）能维持归档集为一个非支配集。

证明：假设 M_{t-1} 是一个非支配集，在时刻 t 应用了（rule: size），M_t 不是一个非支配集。因为执行了（rule: size），显然有 z_t⊁M_{t-1}，因此得到 M_{t-1}≻z_t，或 z_t∈M_{t-1}，或

$z_t \sim M_{t-1}$。若是 $M_{t-1} \succ z_t$ 或 $z_t \in M_{t-1}$ 这两种情况，当将 z_t 加入到 M_{t-1} 中后不会使归档集的 S-metric 增加，这与执行（rule：size）的前提相矛盾。若是 $z_t \sim M_{t-1}$，则有 $\{z_t\} \bigcup M_{t-1}$ 为非支配集。此时在 $\{z_t\} \bigcup M_{t-1}$ 中，删除任何一个个体后仍为非支配集，这与 M_t 是支配集相矛盾！

引理 5.2 若存在 t，SMOEA-S 使 M_t 收敛，则有 $M_t \subseteq Z^*$。

证明：假设在时间 $t = t_i$，M_{t_i} 收敛，但 $M_{t_i} \not\subseteq Z^*$。那么在 Z^* 中至少存在一个 $z^* \in Z^*$，使 $z^* \succ M_{t_i}$。设在时间 $t = t_j > t_i$ 时，$\mathrm{Gen}(t_j)$ 产生 z^*，使 $z^* \succ M_{t_{j-1}}$。此时若 $M_{t_{j-1}} \neq M_{t_i}$，则表明 M_t 不收敛，与假设矛盾。此外，通过应用（rule：dominates），z^* 将替代 $M_{t_{j-1}}$ 中被它所支配的个体，这也与 M_{t_i} 收敛的假设产生矛盾。由此得出结论，若 $M_{t_i} \not\subseteq Z^*$，则 M_{t_i} 不收敛。

引理 5.3 若 $t_n > t_m$，$M_{t_n} \neq M_{t_m}$，则 $\forall t > t_m$，$M_t \neq M_{t_m}$。

证明：假设 $M_{t_n} \neq M_{t_m}$，但存在 t_p 使 $M_{t_p} = M_{t_m}$（$t_p > t_n > t_m$）。由于应用（rule：size）（rule：fill）（rule：dominates）都将使 $S(M)$ 增加，应用（rule：steady-state）时使 $S(M)$ 保持不变，从而有 $S(M_{t_n}) > S(M_{t_m})$。同理可得 $S(M_{t_p}) \geqslant S(M_{t_n})$，则有 $S(M_{t_p}) > S(M_{t_m})$，故有 $M_{t_p} \neq M_{t_m}$，产生矛盾。

引理 5.4 存在 t，SMOEA-S 使 M_t 收敛。

证明：假设 M_t 不收敛，即 $\forall t_i$，$\exists t_j (t_j > t_i)$，$M_{t_j} \neq M_{t_i}$。由引理 5.3 可知，因不存在相同的 M_t，即 $\forall t \neq t_m$ 时 $M_t \neq M_{t_m}$，故而存在无穷多个不同的 M_t。但因为 Z 是有限集，2^Z 是有限集，所以 $M_t \in 2^Z$ 也是有限集，产生矛盾。

定理 5.1 SMOEA-S 使 M_t 收敛到 Z^* 的子集。

证明：由引理 5.4 知 SMOEA-S 使 M_t 收敛，由引理 5.2 知 SMOEA-S 使 M_t 收敛到 Z^* 的子集。

5.2 自适应网格算法及其收敛性

在本书 4.4 节已讨论了自适应网格技术，这里将具体讨论自适应网格算法（adaptive grid algorithm，AGA），并对其收敛性进行分析。

采用 AGA 保持进化群体分布性时，不能有效地阻止某些非支配个体多次循环地进入和移出归档集，因此 SMOEA+AGA（简称 SMOEA-A）不能满足定义 5.7 的收敛性，但 SMOEA-A 能使进化群体具有良好的分布性。

5.2.1 有关定义

为了讨论方便，先给出有关定义。

定义 5.8 设第 $t-1$ 代归档集为 M_{t-1}，$\mathrm{Gen}(t)$ 产生的新个体为 z_t，则 $N_t = NDSet(\{z_t\} \bigcup M_{t-1})$。注意，此时可能有 $|N_t| >$ arcsize。

定义 5.9 可行解集 Z 中，设第 k 个目标的最大和最小值分别表示为 $\mathrm{max} z_{k,z}$ 和 $\mathrm{min} z_{k,z}$，其中 $\mathrm{max} z_{k,z} = \mathrm{max}_{z \in Z}(z_k)$，$\mathrm{min} z_{k,z} = \mathrm{min}_{z \in Z}(z_k)$。则 N_t 中，第 k 个目标的域宽 $range_{k,t}$ 表示为 $range_{k,t} = \mathrm{max}\{z_k \mid z \in N_t\} - \mathrm{min}\{z_k \mid z \in N_t\}$。

定义 5.10 一个自适应网格，需要设置 $2r$ 个边界：下界（lb_k）和上界（ub_k）（$k=$

$1,2,\cdots,r$),r 为目标数。$\forall t$,$\forall k$,$lb_{k,t}<\min\{z_k\mid z\in N_t\}$ 且 $ub_{k,t}>\max\{z_k\mid z\in N_t\}$。

定义 5.11 用超立方体的两个对角标识一个自适应网格:$(lb_{1,t},lb_{2,t},\cdots,lb_{r,t})$ 和 $(ub_{1,t},ub_{2,t},\cdots,ub_{r,t})$,它可以被分割为若干个小网格(或区域)$r_t^i\in R_t$,这里 $i=(i_1,i_2,\cdots,i_r)$,且有 $i_k\in\{1,2,\cdots,d\}$,$d\in Z$ 是一个常数,表示在每一维上的分割次数,一般为大于 2 的自然数。具体的分割次数取决于进化群体的大小和待优化问题的目标数。将所有小网格 $r_t^i\in R_t$ 的坐标 i 表示为 I 的集合,有 $|I|=d^r$。

定义 5.12 每个小网格 $r_t^i\in R_t$ 的边界定义如下:
$$\forall k\in\{1,2,\cdots,r\},rub_{k,i,t}=lb_{k,t}+i_k\times w_{k,t}$$
$$rlb_{k,i,t}=lb_{k,t}+(i_k-1)\times w_{k,t}$$

其中 $w_{k,t}$ 为每一个小网格在第 k 维上的宽度,$w_k=range_{k,t}/d$,$range_{k,t}$ 为第 k 维上的域宽。

定义 5.13 设 $z\in M_{t-1}$,对区域 r_t^i,若 $\forall k\in\{1,2,\cdots,r\}$,$z_k\geqslant rlb_{k,i,t}$ 且 $z_k<rub_{k,i,t}$,则称个体 z 在区域 r_t^i 中,并将 r_t^i 称为占用区(occupied region,OR)。

定义 5.14 设 $z\in Z^*$,(z 可以不在 M_{t-1} 中),对区域 r_t^i,若 $\forall k\in\{1,2,\cdots,r\}$,$z_k\geqslant rlb_{k,i,t}$ 且 $z_k<rub_{k,i,t}$,则将 r_t^i 称为 Pareto 占用区(Pareto occupied region,POR)。

定义 5.15 $p(r_t^i)$ 为区域 r_t^i 中所有个体的计数,即 $p(r_t^i)=|\{z\in M_{t-1}\mid\forall k\in\{1,2,\cdots,r\},z_k\geqslant rlb_{k,i,t}\land z_k<rub_{k,i,t}\}|$。

定义 5.16 $occ(r_t^i,Z)$ 为区域 r_t^i 中所有个体的集合,即 $occ(r_t^i,Z)=\{z\in Z\mid\forall k\in\{1,2,\cdots,r\},z_k\geqslant rlb_{k,i,t}\land z_k<rub_{k,i,t}\}$,$occ(r_t^i,Z)\subseteq Z$。

定义 5.17 在时间 t,被向量 z 所占用的区域 r_t^i,表示为 $r_t^{i(z)}$。

定义 5.18 在 N_t 中的极点向量(uniquely extremal vectors)定义为
$$z^{ext}=\{y\in N_t\mid(\exists k\in\{1,2,\cdots,r\},\nexists z\in N_t,z\neq y,z_k\leqslant y_k)\lor(\exists k\in\{1,2,\cdots,r\},\nexists z\in N_t,z\neq y,z_k\geqslant y_k)\} \quad (5.3)$$

也就是说,在某个目标上其值最大或最小的个体均被认为是极点。极点总是分布在端点位置上,它有利于使进化群体具有更好的分布性,故而在执行选择操作时,一般不能让极点丢失。

定义 5.19 在区域 r_t^i 中,将除去极点后所有个体的集合(non-uniquely extremal vectors)定义为 $nue(r_t^i)$,即 $nue(r_t^i)=occ(r_t^i,Z)\setminus z^{ext}$。

定义 5.20 定义 $p_{une}(r_t^i)=|nue(r_t^i)|$,则当 $p_{une}(r_t^i)$ 具有最大值时,表明在区域 r_t^i 聚集的个体最多(crowded region,CR),将所有 CR 的集合定义为 $CR_t=\{i\in I\mid\max(p_{une}(r_t^i))\}$。

定义 5.21 定义时间 t,所有 CR 中的个体组成的集合为 $Z_{c,t}=\{z\mid z\in\bigcup nue(r_t^i),r_t^i\in CR_t\}$。

在 $Z_{c,t}$ 中,其个体的聚集程度最大,因此,为保持进化群体的分布性,通常从 $Z_{c,t}$ 中随机选取个体 $z^{c,t}\in Z_{c,t}$ 删除。

值得说明的是,在以上定义中,假定 $\forall t$,$k\in\{1,2,\cdots,r\}$,$\max\{z_k\mid z\in N_t\}\neq\min\{z_k\mid z\in N_t\}$,同时假设归档集大小 arcsize$>2r$,这里 r 为目标数。

5.2.2 自适应网格算法

在自适应网格算法中，如算法 5.6 所示，首先修改边界，因为每一代进化时边界都可能不同。此后，对新产生的个体 z_t 分情况进行处理。若 z_t 是被当前归档集所支配的，即 $(M_{t-1} \succ z_t)$，则应用（rule：dominated），z_t 不进入下一代归档集 M_t。若 z_t 支配当前归档集，即 $(z_t \succ M_{t-1})$，则应用（rule：dominates），将 z_t 加入到下一代归档集 M_t 中，同时删除归档集中被它所支配的所有个体。若 z_t 与当前归档集无关，即 $(M_{t-1} \sim z_t)$，分两种情况分别处理。第一种情况是，当归档集已填满，即（$|M_{t-1}|=$ arcsize），此时若 z_t 在 M_{t-1} 的边界之外，则应用（rule：extends），将 z_t 加入下一代归档集 M_t，同时从归档集中随机选取一个具有最大密度的个体 $z^{c,t}$ 删除；若 z_t 不在聚集密度最大的区域内，同时又存在聚集个体数大于 1 的区域，应用（rule：reduce-crowding），也将 z_t 加入到下一代归档集 M_t，同时从归档集中随机选取一个具有最大密度的个体 $z^{c,t}$ 删除之；否则，即 z_t 在 M_{t-1} 的边界之内，同时又在聚集密度最大的区域内，则应用（rule：steady-state），归档集维持不变。第二种情况是，归档集没有填满，即（$|M_{t-1}|<$ arcsize），则直接将 z_t 加入到下一代归档集 M_t。

算法 5.6 AGA reduce 函数。

M_t 为由非支配向量构成的归档集，Gen(t) 在时间 t 以大于 0 的概率产生向量 z_t，$z^{c,t}$ 为从 M_{t-1} 中随机选取的具有最大聚集度的向量。

```
1:  for each(k∈{1,2,…,r})                                    (rule: update-boundaries)
2:  { range_{k,t}=max{z_k|z∈N_t}−min{z_k|z∈N_t}
3:    lb_{k,t}=min{z_k|z∈ARC_t}−(1/2d) range_{k,t}
4:    ub_{k,t}=max{z_k|z∈ARC_t}+(1/2d) range_{k,t} }          //计算每个小网格区域的边界
5:    if(M_{t-1}≻z_t) M_t←M_{t-1}                              (rule: dominated)
6:    else if(z_t≻M_{t-1}) M_t←ND({z_t}∪M_{t-1})              (rule: dominates)
7:       else if(|M_{t-1}|=arcsize)         //arcsize 为归档集 M_{t-1} 的大小
8:           if(z_t 在 M_{t-1} 的边界之外) M_t←M_{t-1}∪{z_t}\{z^{c,t}}   (rule: extends)
9:           else if(z_t 不在聚集密度最大的区域内 ∧ ∃i,p_une(r_t^i)>1)
                   M_t←M_{t-1}∪{z_t}\{z^{c,t}}                 (rule: reduce-crowding)
10:          else M_t←M_{t-1}                                  (rule: steady-state)
11:       else M_t←{z_t}∪M_{t-1}         //|M_{t-1}|小于 arcsize        (rule: fill)
12:  return(M_t)
```

5.2.3 AGA 收敛性分析

要分析 AGA 的收敛性，就必须考虑网格的边界，网格中的每一个区域的边界，以及进化个体在这些区域中的分布等，本节讨论 AGA 在一定条件下是收敛的。

引理 5.5 设在时间 t 产生的向量为 $z_t \in Z$，如果对一些 $j \in \{1,2,\cdots,r\}$，有 $z_j=$ $\min z_{j,Z}$，则 $\min z_{j,M_t} = \min z_{j,Z}$。

证明：如果 z_t 进入了归档集，则显然有 $\min z_{j,M_t} = \min z_{j,Z}$。如果 z_t 没有进入归档集，则或者它被归档集所支配，或者它在上一代归档集的边界之内；第一种情况表明，在归档集中已存在一个个体 y，且 $y_j=\min z_{j,Z}$，使 $y \succ z_t$。在第二种情况下，在归档集中必然

已存在一个个体 y，使 $y_j = \min z_{j,Z}$，否则 z_t 一定在上一代归档集的边界之外（这种情况下，z_t 必定进入归档集）。

引理 5.6 如果对一些 $j \in \{1, 2, \cdots, r\}$，$\exists z \in M_{t_m}$ 使 $z_j = \min z_{j,Z}$，则 $\forall t > t_m$，$\exists z \in M_t$ 使 $z_j = \min z_{j,Z}$。

证明：假设对一些 $j \in \{1, 2, \cdots, r\}$，$\exists z \in M_{t_m}$ 使 $z_j = \min z_{j,Z}$，下面证明 AGA 不能从归档集中移出任何这样的向量 z：$z_j = \min z_{j,Z}$。

在 AGA 中，从归档集中移出向量的操作有（rule：extends）、（rule：reduce-crowding）和（rule：dominates）。

（rule：dominates）可以从归档集中移出被 $z(t)$ 所支配的个体（$z(t)$ 为 Gen(t) 产生），但若要让 $z(z_j = \min z_{j,Z}, j \in \{1, 2, \cdots, r\})$ 移出，必有 $z(t)_j = \min z_{j,Z}$，并用 $z(t)$ 代替 z。

（rule：extends）每次只能从归档集中移出一个向量 $z^{c,t}$。归档集中满足条件（$z_j = \min z_{j,Z}, j \in \{1, 2, \cdots, r\}$）的向量 z 是极点，如果只有一个这样的向量，（rule：extends）是不可能将它移出的；若有两个以上这样的向量，（rule：extends）也只能移出一个，而其他的仍将保留在归档集中。

（rule：reduce-crowding）每次只能从归档集移出一个向量 $z^{c,t}$，但不能移出归档集中的极点。

定理 5.2 网格的下边界（$lb_{k,t}$）收敛，$k \in \{1, 2, \cdots, r\}$。

证明：要证明网格的下边界收敛，只要证明：$\exists tm$，使 $\forall t > tm$ 时，有：$\forall k \in \{1, 2, \cdots, r\}$，$\min z_{k,M_t} = \min z_{k,Z}$。引理 5.5 表明了存在 s 个时间 t_1、t_2、$\cdots$、t_s（$s \leq r$），Gen(t_i) 将产生 r 个满足条件（$z_k = \min z_{k,Z}, k \in \{1, 2, \cdots, r\}$）的向量（$i \in \{1, 2, \cdots, s\}$）；引理 5.6 保证了 $\forall t > t_i$ 时（$i \in \{1, 2, \cdots, s\}$），有 $\forall k \in \{1, 2, \cdots, r\}$，$\min z_{k,M_t} = \min z_{k,Z}$。

定理 5.2 表明了上边界是收敛的。但对于上边界，它在一般条件下是不收敛的，只有在某种特定的条件下才收敛。为了后续讨论，先假定上边界也是收敛的。

假设 5.1 网格的上边界（$ub_{k,t}$）收敛，$k \in \{1, 2, \cdots, r\}$。

推论 5.1 网格中所有小网格（区域）的边界是收敛。

推论 5.1 是由定理 5.2 和假设 5.1 得出的。接下来的讨论将依赖于推论 5.1。为便于进一步的讨论，下面先定义有关术语。

定义 5.22 将边界收敛的区域的集合定义为区域收敛集，每个这样的区域定义为收敛区域（converged region，CR）。

定义 5.23 若一个区域收敛集的子集总是被占用，则说存在占用区域的收敛集（a converged set of occupied regions），表示为 R_{COR}，并将这样的区域称为常占区（constantly occupied region，COR）。

定义 5.24 我们说一个区域 $r^{(1)}$ 优于另一个区域 $r^{(2)}$，或者说 $r^{(2)}$ 比 $r^{(1)}$ 劣，当且仅当 $r^{(1)}$ 的坐标均小于 $r^{(2)}$ 的。

这样，在 $r^{(2)}$ 中的个体均被 $r^{(1)}$ 中的个体所支配，任何一个比 POR 差的区域不可能是 POR，如图 5.2 所示。

定义 5.25 当 $r^{(1)}$ 的坐标小于等于 $r^{(2)}$ 的坐标时，我们说区域 $r^{(1)}$ 稍优于区域 $r^{(2)}$，或者说 $r^{(2)}$ 比 $r^{(1)}$ 稍劣。

如果 $r^{(2)}$ 比 $r^{(1)}$ 稍劣，则在 $r^{(2)}$ 中可能存在非支配个体，这样，$r^{(2)}$ 可能是 POR。

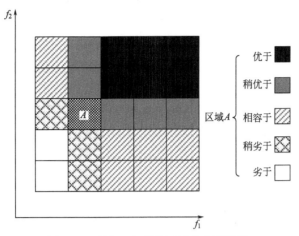

图 5.2 区域 A 与其他区域的支配关系

定义 5.26 如果两个区域之间相互没有谁优或稍优,则称这两个区域是相互不可比较的(incomparable),或称相容。

定义 5.27 在收敛区域集中,不比其他任何 POR 稍劣的 POR 称为关键 POR 或 CPOR(critical POR)。所有 CPOR 的集合表示为 R_{CPOR},如图 5.3 所示。

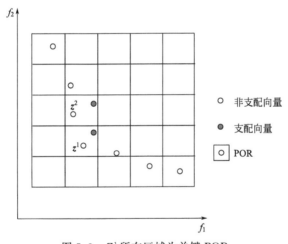

图 5.3 Z^1 所在区域为关键 POR

在图 5.3 中,z^1 所在区域 $r^{2,2}$ 稍优于 z^2 所在区域 $r^{2,3}$,或者 $r^{2,3}$ 稍劣于 $r^{2,2}$。$r^{2,3}$ 中个体可能被 $r^{2,2}$ 中个体所支配,但 $r^{2,2}$ 中个体绝不可能被 $r^{2,3}$ 中个体所支配。事实上,$r^{2,2}$ 不比其他任何区域稍劣,因此它是 CPOR。可见,在 CPOR 中的个体不被可行解集 Z 中任何其他个体所支配。

定义 5.28 我们将 POR 和比 POR 稍劣的区域统称为 Pareto 非劣区域,或 PNIR(Pareto non-inferior region),如图 5.4 所示。在图 5.4 中,$r^{1,5}$ 是 POR,$r^{2,5}$ 比 $r^{1,5}$ 稍劣,它们都是 PINR。

引理 5.7 如果一个 CPOR 在时间 t_i 是被占用的,则对 $\forall t > t_i$,该 CPOR 也是被占用的。

证明: 假设在时间 t_i,一个 CPOR 中有 $n \geqslant 1$ 个向量 $\{z^1, z^2, \cdots, z^n\}$,但在时间 $t_j > t_i$ 时,该 CPOR 中所有向量皆被移出。在 AGA 中,只有(rule: reduce-crowding)和

(rule：dominates) 可以从归档集中移出向量（说明：因假定边界已收敛，故 (rule：extends) 不会执行）。

因 (rule：reduce-crowding) 每次只从归档集中移出一个向量，当 $n>1$ 时，仍有向量在该 CPOR 中。但当 $n=1$ 时，(rule：reduce-crowding) 不能够从归档集移去该向量，因为此时 $p_{une}(r_t^{CPOR}) \not\geqslant 1$。

(rule：dominates) 有可能移去 CPOR 中这 n 个向量。但根据 CPOR 的定义，CPOR 中的个体只可能被它内部的其他个体所支配，而不可能被任何非 CPOR 中个体所支配。这种情况下，移去一个向量时，代替该移出向量的向量仍在同一个 CPOR 中。

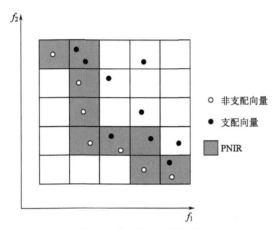

图 5.4 非劣区域（PNIR）

定理 5.3 在一个有 r 个目标的向量空间中，非劣区域的最大数目为 $d^r-(d-1)^r$，其中 d 为每一维空间的均分次数。

该定理的证明参见文献（Knowles et al., 2003）。

引理 5.8 $\forall t$，$\mathrm{Gen}(t)$ 产生的向量为 $z_t \in Z^*$，若 $\mathrm{arcsize}>d^r-(d-1)^r+2r$，则有 $p(r_t^{i(z_t)})\geqslant 1$。

证明：设 $\forall t$，$\mathrm{Gen}(t)$ 产生了向量 $z_t \in Z^*$。在 AGA 中，(rule：fill)、(rule：reduce-crowding)、(rule：steady-state) 和 (rule：dominates) 这四个操作之一将被执行。而 (rule：dominated) 不会执行，因为 $z_t \in Z^*$；同时因假定边界已收敛，故 (rule：extends) 也不会执行。

当 (rule：fill)、(rule：reduce-crowding) 和 (rule：dominates) 三种操作之一被执行，同时 z_t 被接收到归档集，则显然有 $p(r_t^{i(z_t)})\geqslant 1$。

当 $z_t \succ M_{t-1}$ 时，(rule：dominates) 将被执行；当 $|M_{t-1}|<\mathrm{arcsize}$ 时，(rule：fill) 将被执行。

当 $|M_{t-1}|=\mathrm{arcsize}$，且 $z_t \not\succ M_{t-1}$ 时，则 (rule：steady-state) 或 (rule：reduce-crowding) 被执行。当 $p(r_{t-1}^{i(z_t)})=0$ 时，不会执行 (rule：steady-state)；只有当 z_t 所在区域被占用时，才会执行操作 (rule：steady-state)，此时显然有 $p(r_t^{i(z_t)})\geqslant 1$。

对于 $z_t \sim M_{t-1}$，且 $|M_{t-1}|=\mathrm{arcsize}$ 的情况，因非支配向量必然在非劣区域，由定理 5.3 知，M_t 最多占用了 $(d^r-(d-1)^r)$ 个区域；又因为最多只有 $2r$ 个极点，但已知 $\mathrm{arcsize}>d^r-(d-1)^r+2r$，故 $\exists i$，$p_{nue}(r_{t-1}^i)>1$。此时若 $p(r_{t-1}^{i(z_t)})=0$，则 $\exists i$，$p(r_{t-1}^i)$

$>p(r_{t-1}^{i(z_t)})$。故而 $\exists i$，$(p_{nue}(r_{t-1}^i)>1) \wedge (p(r_{t-1}^i)>p(r_{t-1}^{i(z_t)}))$，这样就必然会执行 (rule：reduce-crowding)。

引理 5.7 表明，如果 arcsize$>d^r-(d-1)^r+2r$，在时间 t 产生了向量 $z_t \in Z^*$，则向量 $z_t \in Z^*$ 对应的区域也将在时间 t 成为占用区。

定理 5.4 若 arcsize$>d^r-(d-1)^r+2r$，则 $\exists t_m$，使得 $\forall t>t_m$，$\forall r_t^i \in R_{CPOR}$，有 $p(r_{t-1}^i)>0$。

证明：当归档集的大小合适时，即当 arcsize$>d^r-(d-1)^r+2r$ 时，由引理 5.7 可知，在时间 t 产生了向量 $z_t \in Z^*$，则向量 $z_t \in Z^*$ 对应的区域也将在时间 t 成为 CPOR。因为 R_{CPOR} 是有限集，设其大小为 w，故而存在 w 个时间 t_1、t_2、$\cdots$、t_w，使这 w 个区域成为 CPOR。由引理 5.6 可知，$\forall t>t_m=\max\{t_1, t_2, \cdots, t_w\}$，使这 w 个区域成为 CPOR，即 $\forall r_t^i \in R_{CPOR}$，有 $p(r_{t-1}^i)>0$。

定理 5.5 若在时间 t_m，所有的 CPOR 收敛到 R_{CPOR}，则 $\forall t>t_m$，M_t 中所有的个体将会占用 PNIR。

证明：已知在时间 t_m，所有的 CPOR 收敛到 R_{CPOR}。假设 $\forall t>t_m$，$\exists z \in M_t$ 没有占用任何一个 PNIR，则 z 优于或稍优于 R_{CPOR} 中向量，或者劣于 R_{CPOR} 中向量。若 z 优于或稍优于 R_{CPOR} 中向量，表明 $\exists y \in R_{CPOR}$，$y \notin Z^*$，产生矛盾。若 z 劣于 R_{CPOR} 中向量，即 $\exists y \in R_{CPOR}$，$y \succ z$，那么 z 不可能被接收到 M_t 中。

定理 5.4 和定理 5.5 表明，如果归档集的大小 arcsize$>d^r-(d-1)^r+2r$，那么归档集中的所有向量，在进化了一定代数后，一部分"驻留"在 CPOR 中，其他的"驻留"在 PNIR 中（除 CPOR 之外），并具有良好的分布性。实际上，如果没有引理 5.7，只将归档集的大小设置为大于 $|R_{CPOR}|$ 的最大值，所有的 CPOR 也可能会收敛。因为，每个进入归档集的向量总有一个合适的位置，只要 CPOR 没有被全部占用，AGA 总会让非支配向量进入非占用 CPOR，这样，被非支配向量"驻留"的 CPOR 的数目将会单调增加。由此可见，将归档集的大小设置为 $|R_{CPOR}|+2r$，也是可行的，只是收敛效果可能会差一些。

在文献（Knowles et al.，2003）中，给出 $|R_{CPOR}|$ 的最大值，但没有证明。一个有 r 个目标的优化问题，如果在每一维上做 d 次均分，则最大的 $|R_{CPOR}|$ 为

$$|R_{CPOR}|_s = \sum_{j=0}^{(s-r)/d} \left[(-1)^j \binom{r}{j} \binom{s-d \cdot j-1}{r-1}\right] \tag{5.4}$$

式（5.4）中，$s=\lfloor r/2(d+1) \rfloor$。

表 5.1 给出了归档集大小的设置，其中 r 为目标数，d 为每一维的均分数。从表中可以看出，当目标数增加时，要求归档集的大小相应地增大。

表 5.1 归档集大小设置

r	d	$d^r-(d-1)^r+2r$	$\|R_{CPOR}\|_s$
2	2	7	2
2	4	11	4
2	8	29	8
2	16	35	16
2	32	67	32
2	64	131	64

续表

r	d	$d^r-(d-1)^r+2r$	$\|R_{\text{CPOR}}\|_s$
3	2	13	3
3	4	43	12
3	8	175	48
3	16	727	192
4	2	23	6
4	4	183	44
4	8	1703	344
4	16	14919	2736
8	2	272	70
8	4	58991	8092
8	8	11012431	1012664

5.2.4 AGA 的收敛条件

上一小节讨论了在网格的上边界是收敛的情况下，AGA 是收敛的。本节将讨论网格的上边界在什么条件下收敛。

一种特殊情况是，当目标数为 2，同时在每个目标上最优边界的宽度与整个搜索空间的宽度相同，这种情况下网格的上边界是收敛的。然而，对于一般情况，结果未必正确，如个体循环地进入归档集和从归档集中移出，这种情况的上边界是不收敛的。例如，在一个 3 目标归档集中，设当前第一个目标值最大的向量为 $z^1=(5,2,7)$，若在下一个时间产生了一个向量 $z^2=(6,4,5)$，则向量 z^2 将被接收进入归档集，并将第一个目标的上边界从 5 修改为 6；若接下来产生了一个向量 $z^3=(5,3,4)$，因 z^3 支配 z^2，故接收 z^3，并将 z^2 从归档集中移出，同时将第一个目标的上边界从 6 改为 5。如果这种进入和移出操作循环发生，第一个目标的上边界就不会收敛。

为使网格的上边界收敛，有必要做一些限制。

条件 5.1 $\forall k, \nexists z \in C(Z^*), z_k \geqslant \max z_{k,Z^*}, \exists z^* \in Z^*, z_k^* = \max z_{k,Z^*}, z \sim z^*$。这里 $C(Z^*)=Z \setminus Z^*$，r 为目标数。

条件 5.1 做出的限制是，不存在这样的支配向量，它在某个目标上的值大于等于非支配向量在这个目标上的最大值，同时它又与这个具有最大目标值的向量不可比较。

引理 5.9 如果条件 5.1 成立，同时在时间 t 产生了一个向量 $z^* \in Z^*$，$k \in \{1,2,\cdots,r\}$，$z_k^* = \max z_{k,Z^*}$，则有 $\max z_{k,M_t} = \max z_{k,Z^*}$。这里 r 为目标数。

证明： 如果向量 z^* 进入了归档集，必定有（rule：dominates），或者（rule：extends），或者（rule：reduce-crowding），或者（rule：fill）执行，这样显然有 $\max z_{k,M_t} \geqslant \max z_{k,Z^*}$（$k \in \{1,2,\cdots,r\}$）。如果条件 5.1 成立，表明 M_t 中均为非支配向量，不包含满足（$\exists k \in \{1,2,\cdots,r\}, z_k \geqslant \max z_{k,Z^*}$）的支配向量，因此有 $\max z_{k,M_t} = \max z_{k,Z^*}$。

如果向量 z^* 没有进入归档集，则必定执行了（rule：steady-state），那么此时在归档集中一定存在一个向量 y，在同一个目标 k 上满足 $z_k^* = y_k = \max z_{k,M_{t-1}}$，即 $\max z_{k,Z^*} = y_k = \max z_{k,M_t}$；否则向量 z^* 必定进入归档集。

引理 5.10 如果条件 5.1 成立，$k \in \{1,2,\cdots,r\}$，$\exists z \in M_{t_m}, z_k = \max z_{k,Z^*}$，则 $\forall t >$

t_m, $\exists y \in M_t$, $y_k = \max z_{k,Z^*}$。这里 r 为目标数。

证明：假设在时间 t_m，$k \in \{1,2,\cdots,r\}$，$\exists z \in M_{t_m}$，$z_k = \max z_{k,Z^*}$，下面证明：没有任何操作可以将满足 $z_k = \max z_{k,Z^*}$ 的向量 z 从归档集中移出。

只有执行了（rule：extends），或者（rule：reduce-crowding），或者（rule：dominates），才有可能将一个向量从归档集中移出。

（rule：extends）或（rule：reduce-crowding）每次均只能从归档集中移出一个向量。若归档集中存在两个以上满足 $z_k = \max z_{k,Z^*}$ 的向量，移去一个后至少还有一个。若归档集中只有一个满足 $z_k = \max z_{k,Z^*}$ 的向量，当条件 5.1 成立时，不存在任何向量 y，使 $y_k > \max z_{k,Z^*}$ 成立；这样向量 z 就是归档集中的极点，（rule：extends）不能从归档集中移去极点。

（rule：dominates）可以从归档集中移去多个支配向量，但当条件 5.1 成立时，所有满足 $z_k = \max z_{k,Z^*}$ 的向量均为非支配的，因此（rule：dominates）不能从归档集中移去任何向量。

定理 5.6 如果条件 5.1 成立，网格的上边界 $ub_{k,t}$ 收敛（$k \in \{1,2,\cdots,r\}$），r 为目标数。

证明：要证明网格的上边界收敛，只需要证明：$\exists t_m$，$\forall t > t_m$，$\forall k \in \{1,2,\cdots,r\}$，$\max z_{k,M_t} == \max z_{k,Z^*}$。

由引理 5.8 可知，在时间 t 产生的向量 $z^* \in Z^*$，$k \in \{1,2,\cdots,r\}$，$z_k^* = \max z_{k,Z^*}$，有 $\max z_{k,M_t} = \max z_{k,Z^*}$。由引理 5.9 可知，$k \in \{1,2,\cdots,r\}$，$\exists z \in M_{t_m}$，$z_k = \max z_{k,Z^*}$，则 $\forall t > t_m$，$\exists y \in M_t$，$y_k = \max z_{k,Z^*}$。

当件 5.1 成立时，在归档集中任何满足（$z_k \geqslant \max z_{k,Z^*}$）的向量都是支配的，从而得 $\forall t > t_m$，$\forall k \in \{1,2,\cdots,r\}$，$\max z_{k,M_t} == \max z_{k,Z^*}$ 成立。

下面讨论在 2 目标的特殊情况下，条件 5.1 总是成立的。

定理 5.7 当目标数 $r=2$ 时，条件 5.1 成立。

证明：假设 $r=2$ 时，条件 5.1 不成立。即 $\exists z \in C(Z^*)$，$k \in \{1,2,\cdots,r\}$，使 $z_k \geqslant \max z_{k,Z^*}$，且 $z \sim y$，$y \in Z^*$，$y_k = \max z_{k,Z^*}$。

不失一般性，取 $k=1$，得 $z_1 \geqslant \max z_{1,Z^*}$，且 $z \sim y$，则必有 $z_2 < y_2$，故得 z 是非支配的，矛盾。否则，必存在另一个 $v \in Z^*$，$v \succ z$。故有 $v_1 \leqslant \max z_{1,Z^*} = y_1$，$v_2 \leqslant z_2 < y_2$，从而得 $v \succ y$，这与 y 是非支配向量产生矛盾。

值得说明的是，由 $\forall k$，$\nexists z \in C(Z^*)$，$z_k \geqslant \max z_{k,Z^*}$ 可以推出 $\forall k$，$\nexists z \in C(Z^*)$，$z_k \geqslant \max z_{k,Z^*}$，$\exists z^* \in Z^*$，$z_k^* = \max z_{k,Z^*}$，$z \sim z^*$。

5.3 MOEA 的收敛性分析

前面已讨论了，通过建立多目标进化的简单模型，针对具体的 reduce 函数，论证了其收敛性。最大的特点是，算法在有限步内收敛，因此具有很好的实用价值。但不足之处是不具有一般性，为此，本节从一般意义上讨论 MOEA 的收敛性。

5.3.1 Pareto 最优解集的特征

在单目标优化 EA 中，任意两个目标函数值均可以比较其大小，因此可行解集合是全序的。而在多目标优化 MOEA 中,存在一些个体,它们之间是不可比较的,如所有的非支配个体(或向量)之间是相互不可比较的。多目标优化的可行解集是一个偏序集。

定义 5.29(关系) 令 x,$y \in X$,R 为定义在 x 和 y 上的二元关系,即存在序偶 $\langle x, y \rangle \in R$,表示为 xRy。若 $\forall x \in X$,xRx,则称 R 为自反的。若 $\forall x \in X$,$\langle x, x \rangle \notin R$,则称 R 为反自反的。若 $\forall x, y \in X$,xRy,则必有 yRx,称 R 为对称的。若 $\forall x, y \in X$,xRy,yRx,则必有 $x=y$,称 R 为反对称的。若 $\forall x, y \in X$,xRy,yRz,则必有 xRz,称 R 为传递的。

定义 5.30(偏序关系和偏序集) 若 R 是自反的、反对称的和传递的,则称 R 为偏序关系,同时称 (X, R) 为偏序集。

定义 5.31(严格偏序关系) 若 R 是反自反的、传递的,则称 R 为严格偏序关系。

在定义 5.31 中没有列出反对称关系,是因为由反自反的和传递的这两个关系,可以推导出反对称关系。在多目标优化中定义的支配关系 ">" 是严格偏序关系,称 $(X, >)$ 为偏序集。

定义 5.32(最小元素) 称 x^* 是偏序集 $(X, >)$ 中的最小元素,若在 X 中不存在任何其他 x 比 x^* 更小,即 $\nexists x \in X$,使 $x > x^*$。所有最小元素的集合表示为 $M(X, >)$。

这里定义的最小元集合 $M(X, >)$,就是 X 的非支配集。

一般情况下,有 $X = R^n$,但在 MOEA 实现和应用中,所有的操作或运算都是基于有限集合的,通常将这个有限集合称为可行解集。在任何有限解集上,至少存在一个最优解。

定理 5.8 给定一个多目标优化问题 MOP(multi-objective problem)和非空有限可行解集 $\omega \subseteq \Omega$,至少存在一个最优解(Veldhuizen et al.,1998;Veldhuizen,1999)。

证明:设有 k 个目标,对每个决策向量 $x_i \in \omega$,将其对应的目标向量按非降序排列后表示为 $v_1, v_2, \cdots, v_n$;其中 $v_i = (v_{i,1}, v_{i,2}, \cdots, v_{i,k})$。如果所有的 v_i 都相同,则 v_1 就是非支配的。否则,存在一个最小的 $j \in \{1, 2, \cdots, k\}$,对某个 $i \in \{1, 2, \cdots, n-1\}$,有 $v_{1,j} = v_{2,j} = \cdots = v_{i,j} < v_{i+1,j} \leqslant v_{i+2,j} \cdots \leqslant v_{n,j}$。这表明 $v_{i+1}, v_{i+2}, \cdots, v_n$ 不支配 v_1。

如果 $i = 1$,则 v_1 是非支配的。另一方面,如果 $i \neq 1$ 但 $j = k$,且有 $v_{1,j} = v_{2,j} = \cdots = v_{i,j}$,显然可知 v_1 是非支配的。否则,存在一个最小的 $j' \in \{j+1, 2, \cdots, k\}$,对某个 $i' \in \{1, 2, \cdots, i-1\}$,有 $v_{1,j'} = v_{2,j'} = \cdots = v_{i,j'} < v_{i'+1,j'} \leqslant v_{i'+2,j'} \cdots \leqslant v_{i,j'}$。如果 $i = 1$,或者 $i' \neq 1$ 但 $j' = k$,则 v_1 是非支配的。否则,继续此过程,因为 k 是个常数,最终必有 v_1 是非支配的。

定义 5.33(variation kernel,VK) 在 EA 中,VK 是一个函数,它将搜索空间中父个体的转移概率映射到其子个体。当 VK > 0,表明 VK 是正的,即 PVK(positive variation kernel)。

Rudolph 定义的 VK,即转移概率函数,就是可达条件。也就是说,通过合适的交叉和变异操作,使搜索空间中每个点(个体)均成为可访问的。这样,在有限时间内,至少有一个个体进入到偏序集中。

定理 5.9 在有限搜索空间中,一个具有 PVK 和最优个体选择策略的 MOEA,在进化过程中产生了一个群体序列 $P_{\text{known}}(t)$,至少有一个个体在有限时间内以概率 1 进入偏序集中(Rudolph,1998a,2001)。

定理 5.10(充分条件) 如果一个 MOEA 的 VK 是正的,则在有限时间内以概率 1 使

组成群体 P_{known} 的个体均为最小元素（Rudolph，1998a，2001）。

定理 5.11 任何 MOP 的 Pareto 最优边界 PF_{true} 最多由无穷个不可数的向量组成（Veldhuizen et al.，1998；Veldhuizen，1999）。

在讨论 MOP 时，PF_{true} 的界是一个有很意义的概念，定理 5.8 给出了其下界为 1，定理 5.12 将给出其上界。我们可以用 Box 计数来定义最优边界的维数。

定义 5.34（Box 计数维数） 在空间 R^k 中，一个有界集 S 的 Box 计数维数定义为

$$\text{Boxdim}(S) = \lim_{\varepsilon \to 0} \frac{\ln N(\varepsilon)}{\ln(1/\varepsilon)} \tag{5.5}$$

式（5.5）中，$N(\varepsilon)$ 为与 S 相交（intersect）的 Box 的数目，且极限存在。

定理 5.12 给定一个 MOP 及其 Pareto 最优边界 PF_{true}，如果 PF_{true} 是有界的，则它是一个 Box 计数维数不大于 $q-1$ 集合（Veldhuizen et al.，1998；Veldhuizen，1999）。

证明：不失一般性，假设 PF_{true} 是一个定义在 $[0,1]^q$ 上的有界集，S 为 PF_{true} 的闭包。因为 $[0,1]^q$ 是闭的，故 S 是 $[0,1]^q$ 上的一个有界集。将 $[0,1]^q$ 划分成网格，它由若干个具有 q 维的 Box 组成，每个 Box 的边为 ε 且与各目标轴平行。$\forall r \in R \triangleq \{0, \varepsilon, 2\varepsilon, \cdots, \lfloor 1/\varepsilon \rfloor \varepsilon\}^{q-1}$，定义 $R_r = [r_1, r_1+\varepsilon] \times [r_2, r_2+\varepsilon] \times \cdots \times [r_{q-1}, r_{q-1}+\varepsilon] \times [0, 1]$。如果 $S \cap R_r \neq \varnothing$，定义 p_r 为 R_r 中 f_q 上最小的点，B_r 为包含 p_r 的 Box。同时定义 $S_\varepsilon = \{p_r\}$，$B_\varepsilon = \bigcup_r B_r$，则有 B_ε 覆盖 S_ε。因为 S 是闭的，$\lim_{\varepsilon \to 0} S_\varepsilon = S$ 及 $B \triangleq \lim_{\varepsilon \to 0} B_\varepsilon$，$B$ 覆盖 S。因为 $PF_{true} \subseteq S$，B 也覆盖 PF_{true}。因此，$N(\varepsilon) = |R| = \lceil 1/\varepsilon \rceil^{q-1}$，$PF_{true}$ 的 Box 计数维数为

$$\begin{aligned}
\lim_{\varepsilon \to 0} \frac{\ln(\lceil 1/\varepsilon \rceil^{q-1})}{\ln(1/\varepsilon)} &\leq \lim_{\varepsilon \to 0} \frac{\ln(2/\varepsilon)^{q-1}}{\ln(1/\varepsilon)} \\
&= \lim_{\varepsilon \to 0} \frac{(q-1)[\ln 2 + \ln(1/\varepsilon)]}{\ln(1/\varepsilon)} \\
&= \lim_{\varepsilon \to 0} \left[\frac{(q-1)\ln 2}{\ln(1/\varepsilon)} + (q-1) \right] \\
&= q-1
\end{aligned} \tag{5.6}$$

事实上，PF_{true} 是 $q-1$ 或更低维 Pareto 面的聚集。在 $q=2$ 的特殊情况，PF_{true} 是 Pareto 曲线。Horn 和 Nafpliotis（Horn et al.，1993），以及 Thomas（Thomas，1998）得出的结果是：一个 q 目标 MOP，它的 Pareto 最优边界是 $q-1$ 维的。由定理 5.12 可知，一个 q 目标 MOP，它的 Pareto 最优边界最多是 $q-1$ 维的。

5.3.2 MOEA 的收敛性

为了讨论 MOEA 的收敛性，先回顾一下单目标情况下 EA 的收敛性。设 x 为决策变量，I 为决策变量空间，F 为适应度函数，t 为进化代数。当满足条件：

① $\forall x, y \in I$，y 为 x 通过进化操作所得（即可达性）。

② 群体进化序列 $P(0), P(1), \cdots$，是单调的，即

$$\forall t: \min\{F(x(t+1)) | x(t+1) \in P(t+1)\} \leq \min\{F(x(t)) | x(t) \in P(t)\}$$

Bäck 证明了 EA 将以概率 1 收敛（Bäck，1996）。

在多目标情况下，以上两个条件都不合适。一方面，单目标优化时，可行解集是全序的，而多目标优化时可行解集是偏序的；另一方面，基于 Pareto 的适应度的计算不同于单

目标函数的适应度，它在不同进化代可能具有不同的值；第三个方面，多目标优化的解个体是一个向量，而且最后的结果是一个解集。

MOEA 的收敛过程是通过 PF_{known} 不断逼近 PF_{true} 实现的，为了描述不同进化代之间的关系，下面给出有关定义。

定义 5.35 给定一个 MOP 以及其进化群体 PA 和 PB，定义 PA 和 PB 的关系为 $PA \geqslant PB$，若满足条件 $\forall x \in PA, \not\exists y \in PB$，使 $y \succ x$。

定义 5.35 表明，若 $PA \geqslant PB$，则在 PA 中不存在任何受 PB 所支配的向量，但在 PB 中可能存在受 PA 所支配的向量。由此可知 $P_{known}(t+1) \geqslant P_{known}(t)$，因为 $P_{known}(t+1) = ND(P_{known}(t) \bigcup P_{current}(t+1)) = \{x \in P_{known}(t) \bigcup P_{known}(t+1) \mid \not\exists y \in P_{known}(t) \bigcup P_{current}(t+1)$，使 $y \succ x\}$。

定理 5.13 给定 MOP 和 MOEA，若满足条件：
① Pareto 最优边界的 Box 计数维数不大于 $r-1$，r 为目标数。
② $P_{known}(0), P_{known}(1), \cdots,$ 是单调的，即
$$\forall t : P_{known}(t+1) \geqslant P_{known}(t)$$
则 MOEA 以概率 1 收敛，即
$$P_{rob}(\lim_{t \to \infty}\{P_{true} = P(t)\}) = 1 \tag{5.7}$$
式 (5.7) 中，$P_{rob}()$ 为概率，$P(t) = P_{known}(t)$，P_{true} 为全局 Pareto 最优解集。

证明： 可以将 MOEA 的执行过程看作一个 Markov 链，包含着两个状态：第一个状态是 $P_{known}(t) = P_{true}$ 成立；第二个状态是 $P_{known}(t) = P_{true}$ 不成立。从条件②可知，从第一个状态到第二个状态的转移概率为 0，这表明第一个状态是吸引的（absorbing）。由条件①可知，从第二个状态到第一个状态的转移概率大于 0，这表明第二个状态是瞬时的（transient）。这样，MOEA 的执行状态完全满足 Markov 定理，即 MOEA 以概率 1 收敛。

基于 Markov 链的 EA 收敛理论是比较成熟的，此外，Rudolph 提出了多种方法来论证 MOEA 的收敛性。

定理 5.14 如果定理 5.9 成立，且在 $P_{known}(t)$ 中的最小元是其父代个体的组合并产生子代个体，则进化群体将收敛到 Pareto 最优解集 P_{true}（Rudolph，1998a，2001）。

Rudolph 的收敛理论中，除基于 VK 外（如定理 5.14），他还提出了基于相似随机矩阵的方法。

定义 5.36 G 是一个随机矩阵（stochastic matrix），它记录了从当前进化群体到下一代的转移概率，即从 $P_{current}(t)$ 到 $P_{current}(t+1)$ 的转移概率。

定义 5.37（收敛） 如果当 $t \to \infty$ 时，PF_{true} 与 $PF_{known}(t)$ 之间的距离以概率 1 趋向于 0，即

当 $t \to \infty$ 时，$|PF_{true} \bigcup PF_{known}(t)| - |PF_{true} \bigcap PF_{known}(t)| \to 0$

或

当 $t \to \infty$ 时，$|PF_{known}(t)| - |PF_{true} \bigcup PF_{known}(t)| \to 0$

则称 MOEA 收敛（Rudolph，2001）。

定理 5.15 设 G 是一个相似随机矩阵，它记录了从 $P_{current}(t)$ 到 $P_{current}(t+1)$ 的转移概率。对于给定的 MOEA，如果 G 是正定的，则 MOEA 收敛。

如果将当前代的所有最小元都选入到下一代，则会使进化群体变得越来越大。在实际应

用中，往往只选取一部分有代表性的最小元进入下一代进化群体。

定理 5.16 设 G 是一个相似随机矩阵，它记录了从 $P_{\text{current}}(t)$ 到 $P_{\text{current}}(t+1)$ 的转移概率。对于给定的 MOEA，每一代进化时从 $P_{\text{known}}(t)$ 中选取一部分具有代表性的最小元进入 $P_{\text{current}}(t+1)$，如果 G 是正定的，则 MOEA 收敛（Rudolph，2001a）。

推论 5.2 F 是给定 MOP 的目标向量函数，针对定理 5.15 的情况（即上一代最小元无限制地进入下一代），则进化群体以概率 1 收敛到 Pareto 最优解集，同时进化群体的规模以概率 1 收敛到预定的最小值或 P_{true} 的势（即 $|PF_{\text{true}}|$）。

推论 5.3 F 是给定 MOP 的目标向量函数，针对定理 5.16 的情况（即限定进化群体规模，每次只从上一代选取一定数量的，且有代表性的最小元进入下一代），则进化群体以概率 1 收敛到 Pareto 最优解集的子集。

值得说明的是，根据定义 5.37、定理 5.15 和定理 5.16 所指的收敛是从目标向量方面考虑的，而推论 5.2 和推论 5.3 则是从决策向量方面考虑的。

本节讨论的收敛理论主要基于两个假设：一是搜索空间是可数的；二是 Pareto 最优解集的势是有限的。Hanne 基于锥（cone）理论，针对连续函数提出了 MOEA 收敛理论。有兴趣的读者可参考相关文献（Hanne，1995，1999）。

第 6 章 多目标进化算法

Schaffer 于 1984 年提出向量评价遗传算法（Schaffer，1984）。1989 年以后，MOEA 研究得到快速发展，研究者们针对不同的实际问题，提出了各式各样的多目标进化算法。本章将讨论最具代表性的 MOEA。

本章 6.1 节讨论基于分解的 MOEA，然后在 6.2 节介绍基于支配关系的 MOEA，最后在 6.3 节讨论基于指标的 MOEA。

6.1 基于分解的 MOEA

分解策略是传统数学规划中解决多目标优化问题的基本思路。在给定权重偏好或者参考点信息的情况下，分解方法通过线性或者非线性方式将原多目标问题各个目标进行聚合，得到单目标优化问题，并利用单目标优化方法求得单个 Pareto 最优解。为得到整个 Pareto 前沿的逼近，张青富和李辉于 2007 年提出了基于分解的多目标进化算法（MOEA based on decomposition，MOEA/D）（Zhang Q et al.，2007）。近年来，MOEA/D 得到广泛应用，成为了最具影响力的 MOEA 之一，并被多目标进化优化研究同行认同为一类独立的算法。

下面先介绍分解策略中三类常用的聚合函数，然后再讨论 MOEA/D。

6.1.1 三类聚合函数

1. 权重聚合方法

权重聚合方法（weighted sum approach）是一种常用的线性多目标聚合方法（Hillermeier，2001），其目标函数聚合形式定义为

$$\min g^{ws}(\boldsymbol{x} \mid \boldsymbol{\lambda}) = \sum_{i=1}^{m} \lambda_i f_i(x) \tag{6.1}$$

其中，$x \in \Omega$ 为决策向量，$\boldsymbol{\lambda} = (\lambda_1, \lambda_2, \cdots, \lambda_m)^T$ 为权重向量，满足 $\lambda_i \geq 0$，$i=1,\cdots,m$ 且 $\sum_{i=1}^{m} \lambda_i = 1$。

如图 6.1 所示，权重聚合方法的等值线为一族与方向向量垂直的平行直线。由图可知，当最小化问题的真实 Pareto 前沿面为凸状时，单个最优等值线与 Pareto 前沿面相交于一个切点，即如式（6.1）描述问题的最优解。MOEA/D 算法中同时考虑优化多权重聚合函数，所获得的最优解集能很好地逼近真实 Pareto 前沿面。在处理高维目标空间问题时，权重聚合方法被广泛运用。

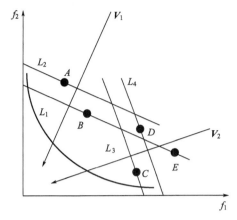

图 6.1 权重聚合方法等值线分布示意图（两目标凸 Pareto 面情形）

注：V_1 和 V_2 为两个子问题对应的方向向量，L_1、L_2 为子问题 V_1 所对应的等高线，L_3、L_4 为子问题 V_2 所对应的等值线

但当最小化问题的真实 Pareto 面为凹状时，所有的权重聚合函数的最优解位于 Pareto 面的边缘区域。这是因为位于 Pareto 面中间部分的解具有较差的适应度值，也就是说，相比 Pareto 面边缘的解具有更大的 $g^{ws}(\boldsymbol{x}\mid\boldsymbol{\lambda})$ 函数值。如图 6.2 所示，个体 E、F 与 B 互不支配，但对应的方向向量在 V_1 子问题上个体 B 具有最好的适应值；同样，个体 C、D 与 A 互不支配，针对 V_2 子问题，个体 A 具有最好的适应值。因此，权重聚合方法不能很好地处理真实 Pareto 面为凹状的问题。

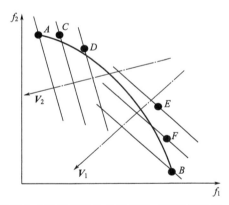

图 6.2 权重聚合方法等值线分布示意图（两目标凹 Pareto 面情形）

2. 切比雪夫方法

切比雪夫方法（Tchebycheff approach）是一种非线性多目标聚合方法（Jaszkiewicz，2002），其聚合函数定义如下：

$$\min g^{tche}(\boldsymbol{x}\mid\boldsymbol{\lambda},\boldsymbol{z}^*) = \max_{1\leqslant i\leqslant m}\{\lambda_i\mid f_i(\boldsymbol{x})-z_i^*\mid\} \tag{6.2}$$

其中，$z^* = \min\{f_i(\boldsymbol{x})\mid \boldsymbol{x}\in\Omega\}, i\in\{1,2,\cdots,m\}$，权重向量 $\boldsymbol{\lambda}$ 定义同式 (6.1)。

图 6.3 展示了两个切比雪夫聚合子问题 V_1 与 V_2 的等值线分布情况，其中 V_1 对应的权重向量为 $\boldsymbol{\lambda}_1 = (0.3, 0.7)^T$，方向向量为 $\boldsymbol{v} = (0.7, 0.3)^T$；$V_2$ 对应的权重向量为 $\boldsymbol{\lambda}_2 = (0.7, 0.3)^T$，方向向量为 $\boldsymbol{v} = (0.3, 0.7)^T$。显而易见，切比雪夫聚合子问题权重向量

与方向向量不一致。直观上看,在连续 Pareto 面情形下,切比雪夫子问题的最优解为方向向量与 Pareto 面的交点。在非连续 Pareto 面情形下,对应不同权重向量的子问题可能具有相同最优解,这是因为方向向量与 Pareto 面可能没有交点。不同于权重聚合子问题,切比雪夫子问题的等值线沿方向向量呈直角锯齿状,因此具有"更窄"的收敛接收区域。在处理高维问题时,切比雪夫方法限制收敛接收区域,因而能更好地保证种群的收敛性。

另外,容易证明切比雪夫方法既可以处理 Pareto 面为凸状的问题,也可以处理 Pareto 面为非凸形状的问题。

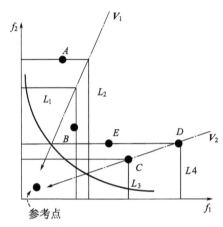

图 6.3 切比雪夫方法等值线分布示意图(两目标凸 Pareto 面情形)
注:V_1 和 V_2 为两个子问题对应的方向向量,L_1、L_2 为子问题 V_1 所对应的等高线,L_3、L_4 为子问题 V_2 所对应的等值线

3. 基于惩罚的边界交叉方法

基于惩罚的边界交叉方法(penalty-based boundary intersection approach)是由 Zhang 与 Li 于 2007 年提出的一种基于方向的分解方法,其具体定义如下:

$$\left. \begin{aligned} \min g^{pbi}(\boldsymbol{x}|\boldsymbol{\lambda},\boldsymbol{z}^*) &= d_1+\theta d_2 \\ d_1 &= \frac{\|(\boldsymbol{z}^*-F(\boldsymbol{x}))^T\boldsymbol{\lambda}\|}{\|\boldsymbol{\lambda}\|} \\ d_2 &= \|F(\boldsymbol{x})-(\boldsymbol{z}^*-d_1\boldsymbol{\lambda})\| \end{aligned} \right\} \quad (6.3)$$

其中,$\theta>0$ 为预设参数。

观察图 6.4 中等值线分布情况,针对 V_1 子问题,个体 B 优于个体 A;同样地,针对 V_2 子问题,个体 E 优于个体 C 和 D。基于惩罚的边界交叉方法需要计算两个距离,即 d_1 和 d_2,它们分别用于控制种群的分布性和收敛性。需要注意的是,两者之间的平衡关系是通过调节参数 θ 来实现的。正是由于这个特点,PBI 方法在处理高维目标问题时具有很大的优势。另一方面,参数 θ 的设置对于 MOEA/D 的性能表现有着重要的影响,这也是 PBI 方法的缺点之一。

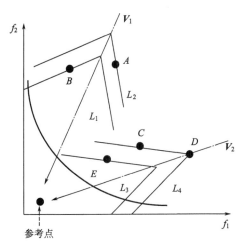

图 6.4 基于惩罚的边界交叉方法等值线分布示意图（两目标凸 Pareto 面情形）

注：V_1 和 V_2 为两个子问题对应的方向向量，L_1、L_2 为子问题 V_1
所对应的等高线，L_3、L_4 为子问题 V_2 所对应的等值线

6.1.2 基于分解的 MOEA 算法框架

MOEA/D 算法的核心思想是将多目标优化问题分解为一组单目标子问题或多个多目标子问题，利用子问题之间的邻域关系，通过协作的方式同时优化所有子问题，从而找到整个 Pareto 面的逼近。通常子问题的定义由权重向量确定，子问题之间的邻域关系是通过计算权重向量之间的欧式距离来确定的。与其他 MOEA 算法不同，MOEA/D 算法强调从邻域中选择父个体，通过交叉操作产生新个体，并在邻域中按照一定的规则进行种群更新。因此，基于邻域的优化策略是保证 MOEA/D 的搜索效率的重要特征。在进化过程中，针对某个子问题的高质量解一旦被搜索到，其好的基因信息就会迅速扩散至邻域内其他个体，从而加快种群的收敛速度。

MOEA/D 算法提供了一个基于分解策略的基本框架，其最大特点是分解与合作。当前，MOEA/D 算法已经发展了很多不同的版本以解决具有不同难度特征的多目标优化问题。本小节只介绍一种基于切比雪夫方法最基本的 MOEA/D 算法，其基本数据结构如下：

① 用于定义切比雪夫子问题的权重向量集合为 $\{\lambda^1, \cdots, \lambda^N\}$ 与参考点 z。

② 每个子问题分配一个个体，所有个体 $\{x^1, \cdots, x^N\}$ 组成一个当前进化种群 P。

③ 用于保存 Pareto 解的精英种群为 EP。

④ 子问题邻域为 $NS_1, \cdots, NS_N$。

MOEA/D 的伪代码如算法 6.1 所示。

算法 6.1 MOEA/D 算法框架。

输入：多目标优化问题，权重向量集合，种群大小 N，邻域 T，参考点 z。

1： 初始化。

1.1： 设 $EP = \varnothing$；

1.2： 对每个权重 λ^i，确定其 T 个相邻权重向量 $\lambda^{i_1}, \cdots, \lambda^{i_T}$，标记其邻域 $NS_i = \{i_1,$

……，i_T}。

1.3： 初始化种群 x^1，…，x^N，计算它们的目标向量值。

1.4： 初始化当前参考点 $z_j = \min_{i \in \{1,\cdots,N\}} f_j(x^i)$。

2： 更新操作。对每个 $i \in \{1, \cdots, N\}$，执行如下步骤。

2.1： 基因重组：从邻域 $NS_i = \{i_1, \cdots, i_T\}$ 中随机选取两个个体，通过重组算子产生新的个体 x。

2.2： 根据约束修正解 x 产生 x'。

2.3： 更新参考点 z。

2.4： 对于每个 $j \in NS_i$，若 $g^{te}(x' \mid \lambda^j) \leqslant g^{te}(y^j \mid \lambda^j)$，则执行替换 $y^j = x'$，更新邻域中的个体，其中 y^j 为第 j 个权重下子问题中的个体。

2.5： 更新外部集 EP。

3： 终止判断。若终止条件满足，输出外部集 EP，否则转步骤2。

算法6.1中，初始化中步骤2通过计算权重向量之间的欧几里得距离来计算子问题的邻域关系。事实上，输入的权重向量均匀性对于输出种群 EP 的均匀性有着重要影响。更新操作中步骤1基因重组为交叉算子和变异算子，可以根据问题选择恰当的算子，如 SBC（simulated binary crossover）或者 DE（differential evolution）。更新操作中步骤4在邻域中比较修正解与种群当前个体，值得说明的是，该步骤中的邻域大小以及替换个体的次数将会影响种群的收敛性与多样性。更新操作中步骤5在 EP 中保存搜索过程中所有可能的非占优解。为保存有限个解，一些已有的密度估计方法可用于控制外部 EP 的大小。

与其他 MOEA 算法不同，MOEA/D 代表了一类基于分解的开放式的算法。在 MOEA/D 的基础上，可以方便地结合已有的优化技术来设计处理各种问题的高效算法。针对子问题可能出现的不同难易程度，张青富等提出了自适应调整计算资源的 MOEA/D-DRA（Zhang Q et al.，2009）；MOEA/D 考虑同时优化多个单目标子问题，不同子问题负责逼近 Pareto 面的不同部分，因此 MOEA/D 很容易被并行化。Nebro 和 Durllo 发展了基于线型的并行 MOEA/D，可在多核计算机上并行执行（Nebro et al.，2010）；综合不同聚合函数的优点，Ishibuchi 等提出了在不同的搜索阶段使用不同聚合函数的方法（Ishibuchi et al.，2011）；处理组合优化问题时，针对子问题的优化可结合经典的启发式方法，如柯良军等将 MOEA/D 与蚁群优化技术相结合，提出了 MOEA/D-ACO（Ke L et al.，2013）。

6.2 基于支配的 MOEA

基于分配的 MOEA 是 MOEA 中十分重要的一类算法，本节讨论10个具有代表性的 MOEA。

6.2.1 Schaffer 和 Fonseca 等的工作

Schaffer 对简单遗传算法（simple genetic algorithm，SGA）进行了扩充，于1985年提出了向量评价遗传算法（vector evaluated genetic algorithm，VEGA）（Schaffer，1985），

可以对目标向量进行处理。设有 r 个目标，针对每个目标利用比例选择法，分别产生 r 个子群体，每个子群体的大小为 N/r，其中 N 为群体大小；这 r 个子群体分别进化后，再将它们合并为一个群体大小为 N 的群体，并执行进化操作（如选择、交叉和变异操作）；重复上述过程，直至满足终止条件。当用 VEGA 求解多目标优化问题时（Schaffer，1985），似乎只能发现最优边界上的极端点，因为它不能根据各子目标的属性进行折衷和权衡。Schaffer 认识到，采用 VEGA 所产生的非支配解不是全局的，因为其非支配解集总是限制在当前群体，局部的被支配个体（locally dominated individual）肯定是全局被支配个体（globally dominated individual），但局部的非支配个体未必就是全局非支配个体。一个个体在当前是非支配的，可能在下一代或后续代变成被支配个体。另一个更为严重的问题就是"物种形成"，如在群体中可能存在着在某些方面表现突出的物种。其原因是在选择操作时只考虑了一个目标而忽视了其他的目标。"物种形成"与寻求折衷解（compromise solution）的目标是不一致的。Schaffer 建议使用启发式方法弥补上述缺陷。

Fonseca 和 Fleming 利用 Pareto 排序的思想，于 1993 年提出了一类多目标遗传算法（Fonseca et al., 1993），对每个个体分别计算其分类序号，所有非支配个体的分类序号定义为 1，其他个体的分类序号为支配它的个体数目加 1。

设 n_i 为支配个体 i 的个体数，则对任意一个个体 i 有分类序号：

$$\text{rank}(i) = 1 + n_i \tag{6.4}$$

这样有可能存在多个个体具有相同的分类序号的情况，如图 6.5 所示。选择操作按分类序号从小到大依次进行，具有相同分类序号者用目标函数共享机制进行选择。关于目标函数共享的内容，读者可参考本书 4.1 节。

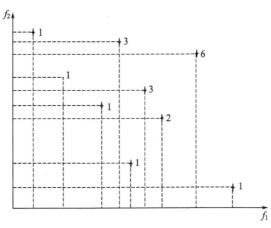

图 6.5 2 目标 Pareto 排序

在 Fonseca 等提出的 MOGA 中，依据个体之间的支配关系来确定个体的分类序号，这是一个非常重要的工作。MOGA 的主要优点是运行效率高，同时比较易于实现（Veldhuizen et al., 1999）。但这种方法可能产生较大的选择压力从而导致非成熟收敛（Goldberg et al., 1991）。此外，当决策空间中多个不同的 Pareto 最优解对应于相同的目标函数值时，MOGA 难以找出多个解（Deb, 1999）。

6.2.2 NSGA-II

Srinivas 和 Deb 于 1993 年提出了 NSGA (non-dominated sorting in genetic algorithm) (Srinivas et al., 1994)。NSGA 主要有三个方面的不足：一是没有最优个体 (elitist) 保留机制，有关研究表明 (如文献 Zitzler et al., 2000；Rudolph, 2001)，最优个体保留机制一方面可以提高 MOEA 的性能，同时也能防止优秀解的丢失；二是共享参数问题，在进化过程中，主要是采用共享参数 σ_{share} 来维持解群体的分布性，但共享参数的大小不容易确定，参数的动态修改和调整更是一件困难的工作；三是构造 Pareto 最优解集（通常是构造进化群体的非支配集）的时间复杂度高，为 $O(rN^3)$（这里 r 为目标数，N 为进化群体的规模），因为每一代进化都需要构造非支配集，这样一来，当进化群体规模较大时，算法执行的时间开销就很大。为此，Deb 等于 2000 年在 NSGA 的基础上，提出了 NSGA-II (Deb et al., 2000)。

在 NSGA-II 中，将进化群体按支配关系分为若干层，第一层为进化群体的非支配个体集合，第二层为在进化群体中去掉第一层个体后所求得的非支配个体集合，第三层为在进化群体中去掉第一层和第二层个体后所求得的非支配个体集合，依此类推。选择操作首先考虑第一层非支配集，按照某种策略从第一层中选取个体；然后再考虑在第二层非支配个体集合中选择个体，依此类推，直至满足新进化群体的大小要求。

下面从非支配集的构造方法、维持解集分布性的策略等方面进行比较详细的讨论。

1. 非支配集的构造方法

设群体 Pop 的规模大小为 N，将群体 Pop 按某种策略进行分类排序为 m 个子集 P_1、P_2、$\cdots$、P_m，且满足下列性质：

① $\bigcup_{P \in \{P_1, P_2, \cdots, P_m\}} P = Pop$。

② $\forall i, j \in \{1, 2, \cdots, m\}$ 且 $i \neq j$，$P_i \cap P_j = \varnothing$。

③ $P_1 \succ P_2 \succ \cdots \succ P_m$，即 P_{k+1} 中的个体直接受 P_k 中个体的支配 ($k=1, 2, \cdots, m-1$)。

对群体 Pop 进行分类排序的目的是为了将其划分成若干个满足上述三个性质的互不相交的子群体。对个体分类排序的依据为 Pareto 支配关系。

设两个向量 $\{n_p\}$ 和 $\{s_p\}$，其中 $p \in Pop$，n_p 记录支配个体 p 的个体数，s_p 记录被个体 p 支配的个体的集合，即有

$$n_p = |\{q \mid q \succ p \quad p, q \in Pop\}| \tag{6.5}$$

$$s_p = \{q \mid p \succ q \quad p, q \in Pop\} \tag{6.6}$$

首先通过一个二重循环计算每个个体的 n_p 和 s_p，则 $P_1 = \{q \mid n_q = 0, q \in Pop\}$。然后依次按方法 $P_k = \{$所有个体 $q \mid n_q - k + 1 = 0\}$ 求 P_2、$P_3 \cdots$。

构造分类子集的具体过程如算法 6.2 所示，其中，P_1 为非支配集。

算法 6.2 构造非支配集。

```
1:  ∀p∈Pop, n_p=0, s_p=∅;            //初始化
2:  {for ∀p∈Pop          //第一部分:计算 n_p 和 s_p, 求 P_1
3:      {for ∀q∈Pop
4:          {if(p≻q) then s_p=s_p∪{q}
5:           else if(q≻p) then n_p=n_p+1;
6:      }end for q
```

```
7:         if(n_p=0) then P_1=P_1∪{p}
8:      }end for p
9:      i=1;
10:     while(P_i≠∅)              //第二部分：求 P_2、P_3、…、P_m
11:     {H=∅;
12:         for ∀p∈P_i
13:             {for ∀q∈s_p,令 n_q=n_q-1;
14:                 if(n_q=0) then H=H∪{q}
15:             }end for p
16:         i=i+1;
17:         P_i=H;
18:     }end for while
19: end
```

算法 6.2 由两部分组成，第一部分用于计算 n_i 和 s_i，并求得 P_1，所需要的时间为 (rN^2)，这里 r 为目标数，N 为进化群体规模；第二部分用于求 P_2、P_3、…、P_m，最坏情况下一个规模为 N 的进化群体有 N 层边界集（Pareto front），即 $m=N$，此时其时间复杂度为 $O(N^2)$。由此可得，算法 6.2 的总时间复杂度为 $O(rN^2)+O(N^2)$，即为 $O(rN^2)$。

Deb 等于 2002 年又提出了一种新的构造非支配集的方法（Deb et al., 2002），其时间复杂度仍为 $O(rN^2)$，有关具体内容可参考本书 3.1.1 小节。

2. 保持解群体分布性和多样性的方法

为了保持解群体的分布性和多样性，Deb 等在文献（Deb et al., 2000）中，首先通过计算进化群体中每个个体的聚集距离，然后依据个体所处的层次及其聚集距离，定义一个偏序集（partial order set），构造新群体时依次在偏序集中选择个体。

在产生新群体时，通常将优秀且聚集密度比较小的个体保留并参与下一代进化。聚集密度小的个体其聚集距离反而大，一个个体的聚集距离可以通过计算与其相邻的两个个体在每个子目标上的距离差之和来求取。如图 6.6 所示，设有两个子目标 f_1 和 f_2，个体 i 的聚集距离是图中虚线四边形的长与宽之和。设 $P[i]_{distance}$ 为个体 i 的聚集距离，$P[i].m$ 为个体 i 在子目标 m 上的函数值，则图 6.6 中个体 i 的聚集距离为

$$P[i]_{distance}=(P[i+1].f_1-P[i-1].f_1)+(P[i+1].f_2-P[i-1].f_2) \quad (6.7)$$

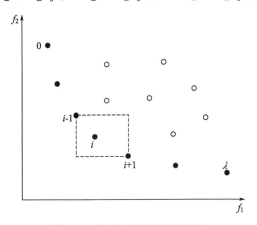

图 6.6 个体之间的聚集距离

一般情况下，当有 r 个子目标时个体 i 的聚集距离为

$$P[i]_{\text{distance}} = \sum_{k=1}^{r}(P[i+1].f_k - P[i-1].f_k) \tag{6.8}$$

为了计算每个个体的聚集距离，需要对群体 P 按每个子目标函数值进行排序，当采用最好的排序方法时（如快速排序、堆排序等），若群体规模为 N，最坏情况下对 r 个子目标分别进行排序的时间复杂度为 $O(rN\log N)$。

计算个休聚集距离的方法如算法 6.3 所示（Tamaki et al., 1995）。

算法 6.3 计算个体之间的聚集距离。

```
1:   crowding-distance-assignment(P)
2:   {N=|P|;                          //N 为群体大小
3:    for each i,P[i]distance=0;      //初始化每个个体的聚集距离
4:    for each objective m            //针对每个子目标进行如下操作
5:     {P=sort(P,m);                  //对子目标 m 的函数值进行排序
6:      for i=2 to(N-1)               //针对边界点之外的解
7:       P[i]distance=P[i]distance+(P[i+1].m-P[i-1].m)
8:     }end for objective m
9:    P[0]distance=P[N]distance=∞;    //给边界点一个最大值以确保每次它们均能入选下一代
10:  }
```

算法 6.3 在最坏情况下对 r 个子目标分别进行排序的时间为 $O(rN\log N)$，计算每个个体的聚集距离的时间为 $O(rN)$，因此算法的时间复杂度为 $O(rN\log N)$。

3. Deb 的 NSGA-II

在具体讨论 NSGA-II 之前，先讨论建立在进化群体上的一类偏序关系，因为 NSGA-II 在构造新群体时，将依据这种偏序关系进行选择操作。定义进化群体的偏序关系时，主要考虑下列两个因素：

① 个体 i 的分类序号 i_{rank}，$i_{\text{rank}}=k$ 当且仅当 $i \in P_k$。

② 个体 i 的聚集距离 $P[i]_{\text{distance}}$。

得到偏序关系的定义如下。

定义 6.1 设个体 i 和 j 为进化群体中的任意个体，个体之间的偏序（partial order）关系 $\succ_n$ 为

$$i \succ_n j \quad \text{if}(i_{\text{rank}} < j_{\text{rank}}) \text{ or}((i_{\text{rank}} = j_{\text{rank}}) \text{ and}(P[i]_{\text{distance}} > P[j]_{\text{distance}})) \tag{6.9}$$

定义 6.1 表明，当两个个体属于不同的分类排序子集时，优先考虑序号 i_{rank} 小的个体；当序号 i_{rank} 相同时，则优先考虑聚集距离大或者说聚集密度小的个体。

在 NSGA-II 中，开始时随机产生一个初始群体 P_0，在此基础上采用二元锦标赛选择（binary tournament selection）、交叉（crossover）和变异操作（mutation）产生一个新群体 Q_0，P_0 和 Q_0 的群体规模均为 N。将 P_t 和 Q_t 并入到 R_t 中（初始时 $t=0$），对 R_t 进行分类排序，然后根据需要计算某个分类排序子集中所有个体的聚集距离，并按照定义 6.1 建立偏序集。接下来从偏序集依次选取个体进入 P_{t+1}，直至 P_{t+1} 的规模为 N。具体过程如算法 6.4 所示。

算法 6.4 Deb 的 NSGA-II。

```
1:    // 初始化时随机产生一个初始群体 P_0,Q_0=make-new-pop(P_0),t=0
2:    {R_t=P_t∪Q_t                          //将 P_t 和 Q_t 并入到 R_t 中
3:    F=nondominated-sort(R_t)              //产生所有分类排序子集 F=(F_1,F_2,…)
4:    P_{t+1}=∅ and i=1                     // P_{t+1} 赋空集
5:    Until(|P_{t+1}|+|F_i|≤N)              //选择个体到 P_{t+1} 中,直至填满
6:        P_{t+1}=P_{t+1}∪F_i               //将第 i 个分类子集并入到新群体 P_{t+1} 中
7:        i=i+1       (end of until)
8:    Crowding-distance-assignment(F_i)     //计算第 i 个分类子集中个体的聚集距离
9:    Sort(F_i,≻_n)                         //对第 i 个分类子集建立偏序关系
10:   P_{t+1}=P_{t+1}∪F_i[1:(N-|P_{t+1}|)]  //从第 i 个分类子集选取个体填满 P_{t+1}
11:   Q_{t+1}=make-new-pop(P_{t+1})         //在 P_{t+1} 上执行选择、交叉和变异操作
12:   t=t+1 }
```

算法 6.4 中,通过 $F=\text{nondominated-sort}(R_t)$ 产生了若干个分类子集 $F=(F_1,F_2,\cdots)$,但被选入新群体的只有一部分。如图 6.7 所示,分类子集 F_1 和 F_2 中的所有个体均被选入了新群体 P_{t+1},但分类子集 F_3 中只有一部分个体被选入新群体 P_{t+1}。一般地,若 $|F_1|+|F_2|+\cdots+|F_{i-1}|\leq N$ 且 $|F_1|+|F_2|+\cdots+|F_i|>N$,则称 F_i 为临界层分类子集,图 6.7 中的 F_3 为临界层分类子集。

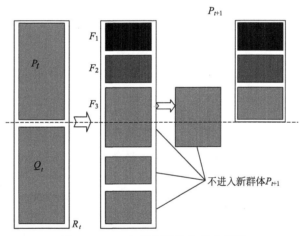

图 6.7　NSGA-Ⅱ新群体构成示意图

算法 6-4 的时间开销主要由三部分组成(其中 r 为目标数):
① 构造分类子集(non-dominated sort):$O(r(2N)^2)$。
② 计算聚集距离(crowding distance assignment):$O(r(2N)\log(2N))$。
③ 构造偏序集(sorting on $\succ_n$):$O(2N\log(2N))$。

由此可得算法 6.4 的总时间复杂度为 $O(rN^2)$,其中主要的时间开销花费在构造边界集上,因此一个快速的构造分类子集(或构造非支配集)的方法有利于提高 MOEA 的效率。

6.2.3　NPGA

Horn 和 Nafpliotis 等基于 Pareto 支配关系,提出了 NPGA(Horn et al., 1994)。随机地从进化群体中选择两个个体,再随机地从进化群体中选取一个比较集 CS,如果其中一个

个体不受 CS 的支配，则这个个体将被选中参入下一代进化，否则采用小生境技术实现共享来选取其中之一参入下一代进化（Horn et al.，1994）。NPGA 的主要优点是运行效率比较高，且能获得较好的 Pareto 最优边界。不足之处是小生境半径的选取与调整比较困难。

1. 基于 Pareto 支配的选择

随机地从进化群体中选择两个个体 i 和 j，再随机地从进化群体中选取一个比较集 CS（其规模大于 2，一般约为 10），然后用个体 i 和个体 j 分别与 CS 中的个体进行比较，如果其中之一受 CS 的支配（称为 dominated individual），而另一个个体不受 CS 支配（称为 non-dominated individual），那么这个不被 CS 支配的个体将被选中参与下一代进化。如果个体 i 和个体 j 都不受或都受 CS 支配，则采用共享机制选择共享适应度大的（或小生境计数小的）个体参与下一代进化操作。

2. 解群体多样性

适应度共享（fitness sharing）是实现群体多样性的有效方法（Horn et al.，1994；Goldberg et al.，1987）。设个体 i 的适应度为 $fitness(i)$，个体 i 的小生境计数（niche count）为 m_i，m_i 的计算方法如下：

$$m_i = \sum_{j \in Pop} sh[d(i,j)] \tag{6.10}$$

其中，Pop 为当前进化群体，$d(i,j)$ 为个体 i 和 j 之间的距离或称相似程度，$sh[d]$ 为共享函数，$sh[d]$ 的定义如下：

$$sh[d] = \begin{cases} 0, & d > \sigma_{share} \\ 1 - d/\sigma_{share}, & d < \sigma_{share} \end{cases} \tag{6.11}$$

其中，σ_{share} 为小生境半径（niche radius），通常由用户根据最优解集中个体之间的最小期望间距来确定。

定义 $fitness(i)/m_i$ 为共享适应度，此处 m_i 实质上就是个体 i 的小生境聚集度。同一小生境内的个体互相降低对方的共享适应度。个体的聚集程度越高，其相对于适应度的共享适应度就被降低得越多。如图 6.8 所示，候选解 A 和 B 都是非支配的，但 A 的聚集密度比 B 大，因此 A 的共享适应度比 B 小，故而在 A 和 B 两个候选解中选择 B。使用共享适应度的目的在于将进化群体分散到整个搜索空间（search space）的不同区域上。

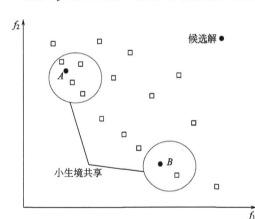

图 6.8 小生境共享

值得说明的是，在 MOEA 中，当共享适应度与锦标赛选择（tournament selection）相结合时，进化过程中可能会出现混沌行为，遇此情况时建议不断修改共享参数。

NPGA 的主要优点是运行效率比较高，且能获得较好的 Pareto 最优边界。它的不足是共享参数的选择以及比较集大小的选择没有一个通用的法则。

6.2.4 SPEA2

Zitzler 和 Thiele 于 1999 年提出了 SPEA（strength Pareto evolutionary algorithm）(Zitzler et al., 1999)，SPEA 中个体的适应度又称为 strength，非支配集中个体的适应度定义为其所支配的个体总数在群体中所占的比重，其他个体的适应度定义为支配它的个体总数加 1，约定适应度低的个体对应着高的复制概率。Zitzler 等于 2001 年针对 SPEA 存在的不足，对 SPEA 做了改进，提出了 SPEA2。下面对 SPEA 和 SPEA2 分别予以讨论。

1. SPEA

这里从三个方面讨论 SPEA，即 SPEA 的流程、适应度的分配策略，以及保持解群体分布性的方法。

首先介绍 SPEA 的工作流程，如算法 6.5 所示，它有助于我们全面了解 SPEA。

算法 6.5 SPEA。

1: 产生一个初始群体 Pop，同时设置一个空的非支配集 $NDSet$，或称归档集（archive set）。
2: 将 Pop 中的非支配个体复制到 $NDSet$ 中。
3: 删除 $NDSet$ 中的支配个体。
4: 如果 $NDSet$ 中的个体数目超过约定值，则用聚类方法（clustering procedure）降低 $NDSet$ 的大小。
5: 计算 Pop 和 $NDSet$ 中个体的适应度。
6: 采用锦标赛选择法从群体 Pop 和非支配集 $NDSet$ 中选择个体进入配对库，直至配对库满。
7: 对群体 Pop 执行进化交叉和变异操作。
8: 若不满足结束条件则转步骤 2，否则结束。

在算法 6.5 中，非支配集 $NDSet$ 中个体的适应度定义如下：

$$fitness(i)=n_i/(N+1), i\in NDSet \quad (6.12)$$

式 (6.12) 中，N 为群体 Pop 的大小，n_i 为个体 i 在群体 Pop 中所支配的个体数：

$$n_i=|\{j\in Pop|i\succ j, i\in NDSet\}| \quad (6.13)$$

进化群体 Pop 中个体适应度定义如下：

$$fitness(j)=1+\sum_{i\in NDSet, i\succ j} fitness(i) \quad (6.14)$$

由上述定义可得

$$fitness(k)\in \begin{cases}[0,1), & k\in NDSet \\ [1,N), & k\in Pop\end{cases} \quad (6.15)$$

在 SPEA 中约定适应度低的个体对应着高的复制概率。此外，将 $NDSet$ 中个体所支配的区域（area）定义为它的小生境（又称 strength niche）。具有较多邻居的个体将拥有较高的适应度，一个非支配个体越具生命力（stronger），则它所支配的个体就越少。

SPEA 计算支配关系，实现个体适应度分配的时间复杂度为 $O(rN^3)$，最好情况下其时间复杂度可降低为 $O(rN^2)$，这里 r 为目标数，N 为进化群体规模。

算法 6.5 中，当非支配集的大小超过了约定值，采用聚类方法来降低非支配集的大小，具体过程如算法 6.6 所示。

算法 6.6 用聚类方法降低非支配集的大小。

1： 初始化聚类集 C，使 $C = \bigcup_i \{\{i\}\}$，其中 $i \in NDSet$。
2： 若 $|C| \leq M$ 则转步骤⑤，否则转步骤③。
3： $\forall c_1, c_2 \in C$，计算 c_1 和 c_2 之间的距离 d：

$$d = \frac{1}{|c_1| \cdot |c_2|} \cdot \sum_{i_1 \in c_1, i_2 \in c_2} \|i_1 - i_2\|$$

式中，$\|\cdot\|$ 为两个个体之间的距离，这里为欧几里得距离。

4： 将 C 中距离最小的两个子类 c_1 和 c_2 合并，即 $C = C \setminus \{c_1, c_2\} \bigcup \{c_1 \bigcup c_2\}$，转步骤 2。
5： 在 C 中，从每个子类中选出一个具有代表性的个体（这里选取子类的核，它与子类中其他个体具有最小距离），组成新的非支配集。

算法 6.6 中，M 为非支配集的大小，通常为一给定常量，一般为 N。

归纳起来，SPEA 主要有以下特点。

① 除进化群体 Pop 外，SPEA 另外设置了一个非支配集 $NDSet$，且 $NDSet$ 随群体 Pop 的进化而不断更新。

② 用 $NDSet$ 对一个个体的支配程度来评价该个体的适应度。

③ 采用 Pareto 支配关系来维持群体的多样性。

④ 采用聚类过程来降低 $NDSet$ 的大小，同时能保持 $NDSet$ 原有的特性（Morse，1980；Rosenman et al.，1985；Gaspar-Cunha et al.，1997）。

2. SPEA2

Zitzler 等于 2001 年对 SPEA 进行了改进，在适应度分配策略、个体分布性的评估方法，以及非支配集的调整等三个方面做了改进，改进后的算法称为 SPEA2（Ziztler et al.，2001）。下面从 SPEA2 的工作流程、适应度的分配策略，以及环境选择等三个方面予以讨论。

SPEA2 在工作流程上与 SPEA 也有较大的差异，具体过程如算法 6.7 所示。

算法 6.7 SPEA2。

N 为进化群体 P 的规模，M 为归档集 Q 的大小，T 为预定的进化代数。

1： 初始化：产生一个初始群体 P_0，同时使归档集 Q_0 为空，$t = 0$。
2： 适应度分配：计算 P_t 和 Q_t 中所有个体的适应度。
3： 环境选择：将 P_t 和 Q_t 中所有非支配个体保存到 Q_{t+1} 中。若 Q_{t+1} 的大小超过 M，则利用修剪过程（archive truncation procedure）降低其大小；若 Q_{t+1} 的大小比 M 小，则从 P_t 和 Q_t 选取支配个体填满 Q_{t+1}。
4： 结束条件：若 $t \geq T$，或其他终止条件满足，则将 Q_{t+1} 中的所有非支配个体作为返回结果，保存到 $NDSet$ 中。
5： 配对选择：对 Q_{t+1} 执行锦标赛选择。
6： 进化操作：对 Q_{t+1} 执行交叉、变异操作，并将结果保存到 Q_{t+1} 中，$t = t+1$，转步骤 2。

在 SPEA2 中，计算个体适应度的方法在 SPEA 的基础上做了很大的改进，SPEA2 计算个体适应度的方法为

$$F(i)=R(i)+D(i) \tag{6.16}$$

式（6.16）中，$R(i) = \sum_{j \in Pop+NDSet,\, j \succ i} S(j)$

$$S(i)=|\{j\,|\,j\in P+Q \wedge i\succ j\}|$$

$$D(i)=\frac{1}{\sigma_i^k+2}$$

$$k=\sqrt{|P|+|Q|}$$

式中，σ_i^k 为个体 i 到其第 k 个邻近个体之间的距离。为此，需要计算个体 i 到进化群体 P 和归档集 Q 中其他所有个体之间的距离，并按增序排列。

值得说明的是，SPEA 中计算个体 i 的适应度时只考虑了非支配集中支配 i 的个体的有关信息。而在 SPEA2 中，计算 $R(i)$ 时不仅考虑了非支配集中支配个体 i 的个体信息，同时也考虑了进化群体中支配 i 的个体信息；此外，考虑到进化群体中，特别是非支配集中，有些个体是相互都不被支配的，故而增加 $D(i)$，$D(i)$ 是个体 i 到它的第 k 个邻近个体的距离的反函数。

计算个体适应度的时间复杂度为 $O(rN^2 \log N)$，$N=|P|+|Q|$。

图 6.9 所示为两个目标求最大值的个体分布及其适应度计算示例。图 6.9(a) 为 SPEA 计算个体适应度的示例，图 6.9(b) 为 SPEA2 计算 $R(i)$ 的示例。SPEA 中 e、f 和 g 三个个体的适应度完全一样，而 SPEA2 中 e、f 和 g 三个个体的 $R(i)$ 值则不同，体现了"e 支配 f、f 支配 g"这样的支配关系。对 SPEA2，个体之间的 Pareto 支配关系为 $a \succ d \succ h$、$b \succ e \succ f \succ g \succ h$、$b \succ e \succ f \succ i$、$c \succ i \succ h$。

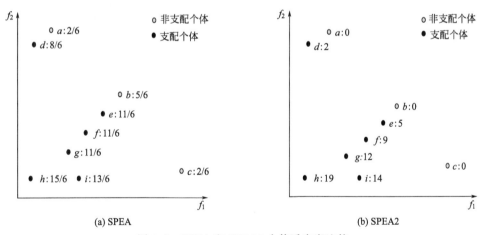

图 6.9　SPEA 和 SPEA2 个体适应度比较

在构造新群体时，首先进行环境选择（environmental selection），然后进行繁殖选择（mating selection）。

环境选择时，首先选择适应度值小于 1 的个体进入归档集 Q 中，即

$$Q_{t+1}=\{i\,|\,i\in P_t+Q_t \wedge F(i)<1\} \tag{6.17}$$

此时，若 Q_{t+1} 中个体数少于约定值 M，即 $|Q_{t+1}|<M$，则在上一代 P_t 和 Q_t 中选择

$M-|Q|$ 个适应度值小的优秀个体进入 Q_{t+1} 中。

若 $|Q_{t+1}|>M$,则按式(6.18)(修剪过程)依次选择个体 i 从 Q_{t+1} 中删除,直至 $|Q_{t+1}|=M$。

$$i\leqslant_{d}j \Leftrightarrow \forall 0<k<|Q_{t+1}|:\sigma_i^k=\sigma_j^k \vee \\ \exists 0<k<|Q_{t+1}|:[(\forall 0<l<k:\sigma_i^l=\sigma_j^l)\wedge \sigma_i^k<\sigma_j^k] \quad (6.18)$$

在此,σ_i^k 表示个体 i 与归档集 Q_{t+1} 中第 k 个个体之间的距离。也就是说,依次选择距离最近的个体删除。当有多个个体在与其前 $l(0<l<k,0<k<|Q_{t+1}|)$ 个邻近个体具有相同的最小距离时,而与其第 k 个邻近个体具有不同的距离时,则选取一个具有最小距离的个体删除。图 6.10 所示为两个目标求最大值的归档集修剪示例,设归档集的规模 M 为 5,图中删除了 3 个个体,并标明了删除次序分别为 1、2 和 3。

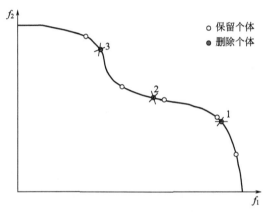

图 6.10 SPEA2 归档集修剪

环境选择的时间复杂度为 $O(rN^3)$,平均时间复杂度为 $O(rN^2\log N)$。

环境选择之后,再按锦标赛选择法从 Q_{t+1} 中选择个体进入配对库。

6.2.5 PESA

Corne 等于 2000 年提出了 PESA(Corne et al.,2000),它采用 hyper-grid 或 hyper-box 来保持解群体的分布性。下面从算法的工作流程及保持解群体分布性策略两方面予以讨论。PESA 的工作流程如算法 6.8 所示。

算法 6.8 PESA。

1: 产生一个初始内部群体 IP(internal population),并对它进行评价;同时初始化外部群体 EP(external population)使之为空。
2: 将 IP 中的非支配个体并入到 EP 中。
3: 如果终止条件满足,则结束,并将 EP 作为返回结果,否则转步骤④。
4: 清除 IP 中的所有个体,并按下列方法产生新个体,直至 IP 满:从 EP 中选取两个个体,以概率 p_c,用交叉操作产生一个新个体,同时对该个体进行变异操作;以概率 $1-p_c$ 从 EP 中选取一个个体,并对它执行变异操作产生一个新个体。
5: 转步骤 2。

在 PESA 中,为维持解集的分布性或多样性,采用 hyper-grid 方法将个体(目标)空间

划分为若干个 hyper-box，使每个个体与某个 hyper-box 相关联。如图 6.11 所示，为两个目标的求最小值的优化问题，个体 A 所在的 hyper-box 中有两个个体，所以它的挤压系数（squeeze factor）为 2；个体 B 所在的 hyper-box 中只有一个个体，故它的挤压系数为 1。其中，圆圈表示非支配个体，方块表示支配个体。

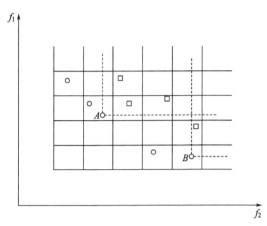

图 6.11　基于挤压因子的聚集策略

在步骤 2 中，当一个新个体进入 EP 时，同时要在 EP 中淘汰一个个体。具体方法是在 EP 中寻找挤压系数（squeeze factor）最大的个体并将它清除掉，如果同时存在多个个体具有相同的挤压系数则随机地清除一个。

在步骤 4 中，挤压系数看成选择操作的适应度。当采用锦标赛选择方法，从 EP 中随机地选取两个个体时，具有较低的挤压系数的个体将被选中。

Corne 等于 2001 年对 PESA 做了一些改进（Corne et al.，2001），提出了基于区域选择（region-based selection）的概念，与基于个体选择（individual-based selection）的 MOEA 之不同之处在于，PESA 用选择 hyper-box 代替个体选择，可以让种群保持良好的分布性。

6.2.6　PAES

类似于 PESA，PAES（Pareto archived evolution strategy）也采用网格来保持解群体的分布性（Knowles et al.，1999，2000）。但在算法工作流程方面，PAES 与其他 MOEA 比较，有它的特色。IS-PAES（inverted-shrinkable PAES）是对 PAES 的改进（Aguirre et al.，2004），采用缩减搜索空间的策略，在一定程度上提高了算法的效率。在此主要讨论 PAES，或者说（1+1）PAES。

PAES 由三部分组成：候选解的产生（the candidate generator）、候选解的认可（the candidate acceptance function）和用于保存非支配个体的归档集（the non-dominated solutions archive）。PAES 的具体工作流程如算法 6.9 和算法 6.10 所示。

算法 6.9　（1+1）-PAES。

1：　随机产生一个初始解 c，并将它加入归档集 ARCH 中。
2：　对当前解 c 执行变异操作产生 d，并对 d 进行评价：
  2.1：　if（c 支配 d）then 舍弃 d

2.2：   else if（d 支配 c）then 用 d 代替 c 并将 d 加入到归档集 ARCH 中
2.3：   else if（d 被归档集 ARCH 中任一个体所支配）then 舍弃 d
2.4：   else 执行 test（c，d，ARCH），以决定 c 和 d 中之一为当前解，以及是否将 d 加入到 ARCH 中
3：   若终止条件满足，则结束；否则转步骤 2。

在算法 6.9 中，若当前解 c 和其变异解 d 相互不被支配，且 d 也不被归档集 ARCH 中任意一个个体所支配时，则选择聚集密度小的个体，具体过程如算法 6.10 所示。

算法 6.10   test（c，d，ARCH）。

1： if 归档集 ARCH 没满
2： then｛将 d 加入 ARCH；
3：   if（d 在 ARCH 中的聚集密度比 c 小）
4：   then 将 d 作为新的当前解 else 仍将 c 作为当前解；｝
5： else if（d 在 ARCH 中的聚集密度比 ARCH 中某个个体 x 小）
6：   then｛将 d 加入 ARCH，同时将 x 从 ARCH 中删除；
7：   if（d 在 ARCH 中的聚集密度比 c 小）
8：   then 将 d 作为新的当前解 else 仍将 c 作为当前解；｝
9： else if（d 在 ARCH 中的聚集密度比 c 小）
10：   then 将 d 作为新的当前解 else 仍将 c 作为当前解。

在算法 6.10 中，个体聚集密度的计算采用自适应网格方法实现，类似于 PESA 的网格，自适应网格在一定程度上可以自适应地调节网格的设置（如网格数），有兴趣的读者可参考相关文献（Knowles et al.，2000）。PAES 一次迭代（即一代进化）的时间复杂度为 $O(MN)$，这里 M 为归档集的规模，N 为进化群体的规模。

在文献（Knowles et al.，2000）中，对 $(1+\lambda)$-PAES 及 $(\mu+\lambda)$-PAES 也进行了简单的讨论。在 $(1+\lambda)$-PAES 中，由一个当前解产生 λ 个变异解；在 $(\mu+\lambda)$-PAES 中，由 μ 个当前解产生 λ 个变异解。这样，算法在候选解的认可和处理上就会有一些差异，具体来讲，就是对应算法 6.10 的测试过程需要做一些修改，有兴趣的读者可参考相关文献（Knowles et al.，2000）。

6.2.7   MGAMOO

Coello Coello 等于 2001 年提出了采用基于微种群的遗传算法来实现多目标的优化（amicro-genetic algorithm for multi-objective optimization，MGAMOO）（Coello Coello et al.，2001），本小节从微种群遗传算法、MGAMOO 的工作流程和解群体分布性的保持等三个方面予以介绍。

一般地，遗传算法的种群规模通常保持在 30～200 个个体之间，而微种群遗传算法（micro-genetic algorithm，micro-GA）的种群规模往往只有几个个体。自然地，小种群有计算简单、进化速度快等特点。1989 年，Goldberg 通过理论分析（Goldberg，1989），认为当种群大小为 3 时，不管染色体长度（chromosomic length）为多少，都足以使算法收敛。算法开始时，随机产生一个小种群，然后执行遗传操作，直至达到一种称为"名义上收敛（nominal convergence）"的状态：微种群中所有个体的基因相同或者非常相似。下一代开

始时，上一代最优秀的个体直接参与进化，其他个体则随机产生。Krishnakumar 也于 1990 年实现了一个 micro-GA（Krishnakumar，1990），种群大小为 5，与标准 GA 相比较，具有较好的实验结果。

在 Colleo Colleo 等设计的 MGAMOO 中，群体分为两部分：一个称为进化群体（population memory，PM）；另一个称为归档集（external memory，EM）。PM 用于进化和保持群体的分布性，它又有可替代（replaceable PM，RPM）和不可替代（non-replaceable PM，NRPM）两个子集。EM 用于保存 Pareto 最优个体。

在 MGAMOO 中，每一代 micro-GA 进化，任选一个个体直接参与下一代进化。当 micro-GA 达到名义上的收敛时（在此也是用进化代数控制的，取值在 2～5 之间），从中选取两个非支配个体与 EM 中个体进行比较后（EM 初始时为空），若其中之一（或两个个体）仍为非支配个体，则将它（们）加入 EM 中，同时将 EM 中所有支配个体删除。与此同时，从 RPM 中任取两个个体，并将上述选出的两个个体与它们进行比较，若 RPM 中的个体是被支配的，则被取而代之。MGAMOO 的具体流程如算法 6.11 和图 6.12 所示。

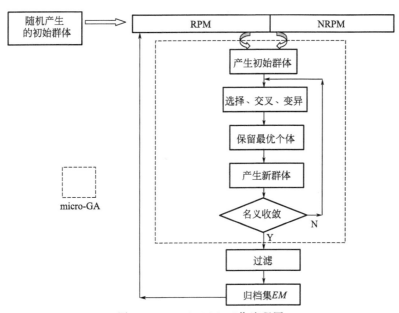

图 6.12 MGAMOO 工作流程图

在 MGAMOO 中用到三种最优个体保留机制。一是，当 micro-GA 每进化一代时选取一个优秀个体；二是，在 micro-GA 每次名义收敛时，选取两个优秀个体与 RPM 中个体比较并执行替代；三是，在某个时间间隔内（或称替代周期），从 EM 的不同区域中选取一定数量的个体填充到 RPM 中，这样做的好处一方面使 RPM 具有良好的分布性，同时有利于加快 micro-GA 的收敛速度。

算法 6.11 MGAMOO。

1: 随机产生一个规模大小为 N 的初始群体 P，并将其保存到 PM 中
　　//PM 的两个子集中均保存着随机产生的个体
2: $i=0$；

3：　　while $i <$ Max do
4：　　 {从 PM 中产生初始群体 P_i；
5：　　 repeat
6：　　 {执行选择操作（binary tournament selection）（基于非支配关系）；
7：　　 执行遗传交叉和变异操作；
8：　　 从 P_i 中选取一个个体直接进入下一代；
9：　　 产生新一代群体；
10：　　 } until 达到名义上收敛；
11：　　 从 P_i 中复制两个非支配个体到 EM 中；
12：　　 若 EM 已满则启用自适应机制调整 hyper-grid；
13：　　 从 P_i 中复制两个非支配个体到 RPM 中；
14：　　 定期从 EM 中取一定数额个体更新 RPM[①]；
15：　　 $i = i + 1$；
16：　　} end for while
17：　end for M

在保持解群体分布性方面，所采用的方法类似于 PESA 和 PAES 所采用的方法。即将搜索空间划分为若干不同的网格，当归档集 EM 中个体填满时，只有当新产生的非支配个体在 EM 中具有比其他个体更小的聚集密度时，才将它接收到 EM 中，同时从 EM 中选取聚集密度大的个体删除。在 MGAMOO 中，网格的自适应调整表现在两个方面，一项指标是期望的边界大小（size of the Pareto front），对它的调整取决于 EM 的规模大小；另一项指标是网格的数量，调整时需要考虑被同时优化的目标数。这两项调整指标一般均由用户确定。在 MGAMOO 中也考虑了新产生的非支配个体落在当前定义的边界之外的情况（很少），一种处理办法是重新调整边界大小，另一种处理办法是在极点位置上增加空间以减少这种情况的发生。

6.2.8　MOMGA

Van Veldhuizen 于 1999 年提出了 MOMGA（multi-objective messy genetic algorithm）（Veldhuizen，1999），MOMGA 是对 messy GA 的扩充，因此本小节首先讨论 messy GA。

1. messy GA

根据 GA（genetic algorithm）的模式定理，Goldberg 提出了"积木块假说"（building block hypothesis），他将短的、低阶的、具有较高适应值的模式称为"积木块"，GA 在搜索过程中将各种不同的"积木块"通过遗传算子（如交叉）的作用结合在一起，形成新的模式，这样将大大缩小 GA 的搜索范围。积木块通过遗传算子的作用集合在一起的过程被称为"混合"，当那些构成最优点（或近似最优点）的"块"结合在一起时，就得到了最优点（王小平等，2004）。

[①] 算法 6.11 中，原文（Coello Coello et al.，2001）表述有误，原文是：apply second form elitism，作者认为应该是利用第三种最优个体保留机制，即 apply third form elitism。

根据积木块假设，SGA（simple GA）中，定义距长的模式容易遭到破坏，只有从小的积木块的模式中才能最终构成最优解，这对进化模拟而言是十分不利的。为克服这一缺点，Golderg 等在 1989 年提出了一种变长染色体遗传算法（messy GA，mGA）（Goldberg et al.，1989），如算法 6.12 所示，该算法在不影响模式定义距的情况下，使优良的模式得以增殖。实验结果表明，mGA 能够较好地解决欺骗问题。

算法 6.12 messy GA。

1： for $n=1$ to k
2： ｛部分列举初始化种群；
3： 对种群中的每一个个体计算其适应度值（使用竞争模板）；
　　//原始阶段
4： for $i=1$ to 原始阶段的最大代数
5： ｛执行锦标赛选择；
6： if（种群大小达到某一设定值）then 减少种群大小；｝｝
　　//并列阶段
7： for $i=1$ to 并列阶段的最大代数
8： ｛执行切断与拼接算子；
9： 对种群中的每一个个体计算其适应度值（使用竞争模板）；
10： 执行锦标赛选择；｝
11： 更新竞争模板；｝

---

mGA 通过 "部分列举初始化"（partially enumerative initialization，PEI）来初始化积木块种群，产生长度一定的所有可能的积木块。设 k 为积木块长度，l 为染色体总长度，C 为等位基因字母集的势（若为二进制编码，则 C 为 2），则种群中的个体数目由式 $N = C^k \binom{l}{k}$ 即可得出。因此，若采用二进制编码，染色体长为 240 位，积木块长 k 为 3，则初始化种群的大小为 18202240。显然，种群的大小是随着 k 的增加呈指数级增长的。mGA 将常规遗传算法的染色体编码串中各基因座位置及相应的基因值组成一个二元组，把这个二元组按一定顺序排列起来，组成一个变长染色体的一种编码方式。一般地，它可表示为

$$x^k : (i_1, v_1)(i_2, v_2) \cdots (i_s, v_s) \cdots (i_k, v_k)$$

上述变长度染色体描述形式中，i_s（$1 \leqslant s \leqslant k$）是所描述的基因在原常规染色体中的基因座编号，$v_n$ 为对应的基因值。例如，常规遗传算法的一个个体的基因型为 101101，其染色体长度为 6，对于 mGA，该个体可以表示为

$$X^k : (1,1)(2,0)(3,1)(4,1)(5,0)(6,1)$$

也可表示为

$$X^k : (3,1)(4,1)(1,1)(5,0)(2,0)(6,1)$$

即基因座出现的先后与其原位置的顺序无关。在这种算法中，允许染色体的长度可长可短，如：

$$X^k : (1,1)(2,0)(3,0)(4,1)(5,0)(6,1)(3,1)(1,0)$$
$$X^k : (1,1)(3,0)(5,0)(6,1)$$

前者染色体编码串中出现二元组重复描述，而后者染色体编码串中出现二元组缺失描述，因此解码时有如下规定：如果二元组重复，则规定取左边的二元组进行解码，即重复出

现的基因座不起作用；如果二元组缺失，则根据算法中的"竞争模板"（competitive template）来补充缺失的基因座。例如，若竞争模板为 101101，则上面两个个体的解码分别为 100101 和 100101。对于算法中的 n 次循环，当 $n=1$ 时，竞争模板随机产生。并根据上述规则进行适应度的计算。

算法的"原始阶段"（primordial phase）用一个循环来增长和减少种群，其中用到了调整阈值的锦标赛选择。在算法的"并列阶段"（juxtapositional phase），针对编码长度可变，不再使用交叉算子，而代之以切断算子（cut operator）和拼接算子（splice operator），切断算子是以某一预先指定的概率，在变长染色体中随机选择一个基因座，使之成为两个个体的基因型；拼接算子是以某一预先指定的概率，将两个个体的基因型连接在一起，使它们合并成为一个个体的基因型（王小平等 2004），如：

```
个体 1：(3, 1) (1, 0) (5, 0) (2, 1) ‖ (6, 1) (4, 0)
个体 2：(5, 1) (2, 0) ‖ (4, 1) (6, 1) (2, 1)
```

⇩

```
新个体 1：(3, 1) (1, 0) (5, 0) (2, 1) (4, 1) (6, 1) (2, 1)
新个体 2：(5, 1) (2, 0) (6, 1) (4, 0)
```

在执行切断算子和拼接算子后，对每个个体计算其基于竞争模板的适应度值，并进行锦标赛选择；并列阶段之后，选出当前种群中的最优个体来更新竞争模板。

部分列举初始化（PEI）和原始阶段（primordial phase）及并列阶段（juxtapositional phase）共同构成一次循环，称为 era，era 执行的次数为 k 即为指定的积木块的大小 k。算法最终将得到一个最优解。

PEI 将初始化 $C_k^l \binom{l}{k}$ 个积木块，因此 mGA 的时间耗费相当大。fmGA（fast messy GA）（Goldberg et al., 1993）在时间耗费上做了一定的改进，在初始化部分，它采用基于概率的初始化方法来完整地产生在数量上可以控制的、大小确定的种群。将种群中的染色体过滤，确保在一定的概率上所有需要的积木块都存在于初始种群中。Coldberg 等认为这样的改进能使 fmGA 与 mGA 一样有效，并不会产生由于 PEI 而带来的初始化瓶颈问题。

2. MOMGA

Van Veldhuizen 于 1999 年在他的博士论文中提出了将积木块假说和 mGA 的思想扩充到多目标进化领域，提出了 MOMGA（multi-objective mGA）（Veldhuizen，1999），其工作流程如算法 6.13 所示。

算法 6.13 MOMGA。

```
1:    for n=1 to k
2:    ｛部分列举初始化种群；
3:      对种群中的每一个个体计算其适应度值（使用 k 个竞争模板）；
        //原始阶段
4:      for i=1 to 原始阶段的最大代数
5:      ｛执行锦标赛选择；
```

6:　　　　if（种群大小达到某一设定值）then 减少种群大小；} }
　　　　//并列阶段
7:　　 for $i=1$ to 并列阶段的最大代数
8:　　　 { 执行切断与拼接算子；
9:　　　　 对种群中的每一个体计算其适应度值（使用 k 个竞争模板）；
10:　　　 执行锦标赛选择和适应度共享机制；
11:　　　 $P_{known}(t) = P_{current}(t) \bigcup P_{known}(t-1)$；}
12:　 更新 k 个竞争模板（使用每一目标的最优值）；}

将 mGA 扩展到多目标领域形成 MOMGA 时，某些过程和操作是类似的，如 PEI、原始阶段以及并列阶段中的切断算子与拼接算子。但多目标领域要涉及 Pareto 支配关系，因此其他几个操作中，MOMGA 与 mGA 有所不同：

① 基于 Pareto 支配的锦标赛选择。先随机从种群中选出 m 个个体构造成比较集（比较集的大小可由经验来确定），再进行锦标赛选择：

• 若个体 1 被比较集支配，个体 2 不被支配，则选择个体 2。
• 若个体 1 和个体 2 均被比较集支配或均不被支配，则采用"小生境共享机制"，即小生境数小的个体将被选择。

② k 个竞争模板。在 mGA 中，适应度值的计算只用到了一个"竞争模板"，但在 MOMGA 中，对每一个目标函数值都有一个"竞争模板"，即 k 个目标有 k 个竞争模板。当 $n=0$，即算法执行处于 era1 时，k 个竞争模板是随机始初化的，在 era1 结束时，分别根据每一目标上的最优值来更新这 k 个竞争模板，这些被更新的 k 个模板将在 era2 中起到作用。

③ 在每一个 era 中，并列阶段中计算每一个个体的适应度之后，则根据 Pareto 支配关系保存当前的 Pareto 最优解集 $P_{current}(t)$，并根据 $P_{known}(t) = P_{current}(t) \bigcup P_{known}(t-1)$，将当前 Pareto 最优解集加入已知 Pareto 最优解集之中。遵循的规则是，若待加入的个体被当前已知 Pareto 最优解集支配，则该个体不加入；若不被支配，则加入。若将某个个体加入当前已知 Pareto 最优解集后，集合中有一个个体 B 被 A 支配，则将 B 删除，即保证 $P_{current}(t)$ 始终为非支配集。

MOMGA 在 PEI 阶段耗时量大，影响了算法的效率，为此，Zydallis 于 2003 年对 MOMGA 进行改进，提出了 MOMGA-2。有兴趣的读者可参考相关文献（Zydallis, 2003）。

6.2.9　基于信息熵的 MOEA

基于信息熵的 MOEA（entropy-based MDEA，EMOEA）（郑金华，2005），通过量化进化群体中任意两个个体之间的相互影响程度，来定义个体的聚集程度，以此来保持解群体的多样性，使算法在收敛时具有良好的分布性。下面从 EMOEA 的一般框架、个体适应度的计算方法等方面予以讨论。

1. EMOEA 的一般框架

在 EMOEA 中，构造非支配集的过程称为环境选择（environmental selection），它所对应的群体称为环境进化群体（environmental evolutionary population），用 R_t 表示；在环境选择之后，则进行繁殖进化（mating evolution），用 P_t 表示繁殖进化群体。EMOEA 的伪代码如算法 6.14 所示。

算法 6.14 EMOEA。

P_t 为繁殖群体,其大小为 $|P_t|=N$;R_t 为环境群体,其大小为 $2N$ ($t=0,1,2,3,\cdots$)。

1： 随机产生一个初始环境进化群体 R_0,同时初始化繁殖进化群体 P_0,并使之为空,令进化代数 $t=0$。
2： 执行环境选择操作,即构造环境进化群体 R_t 的非支配集,并将所有的非支配个体复制到 P_{t+1} 和 R_{t+1} 中。
3： 若 $|P_{t+1}|>N$,则评价 P_{t+1} 中个体的适应度,然后采用某种策略修剪 P_{t+1},使其进化规模变为 N;若 $|P_{t+1}|<N$,则从 (R_t-P_{t+1}) 中选取或用随机的方法产生 $(N-|P_{t+1}|)$ 个个体,补充到 P_{t+1} 中,使繁殖进化群体的规模为 N,然后对繁殖进化群体 P_{t+1} 中个体进行评价。
4： 若终止条件满足,则结束并将 P_{t+1} 作为返回结果。
5： 对繁殖进化群体 P_{t+1} 执行繁殖选择操作(如 binary tournament selection)。
6： 进化繁殖进化群体 P_{t+1},即执行交叉操作和变异操作,然后将进化后的结果复制到环境进化群体 R_{t+1} 中。
7： 令 $t=t+1$,并转步骤 2。

下面对算法 6.14 中的修剪过程、个体评价(即给个体分配适应度),以及繁殖选择等做进一步说明。

(1) 修剪过程(pruning procedure)

当繁殖进化群体的规模超过约定值时,必须采取某种策略降低其大小,同时使繁殖进化群体具有良好的分布性,这一过程称为修剪。在修剪时,首先将密度最大的个体找出来,并将它从繁殖进化群体中修剪掉,如果所有的个体均具有相同的密度则随机选取个体并将其修剪掉,继续此过程直到繁殖进化群体的规模满足约定值。值得一提的是,每次修剪掉一个个体时,其余个体的适应度需要重新计算。

(2) 适应度分配(fitness assignment)

将个体的聚集密度作为其适应度,每个个体的适应度都是动态变化的。群体中的任意一个个体发生了变化,都可能影响到其他个体的适应度,因此需要动态地计算个体的适应度。

(3) 繁殖选择(mating selection)

在进行繁殖选择时,具有较小密度的个体将具有更强的繁殖能力。

2. 个体适应度计算

将目标空间中第 i 个解个体对另一个解个体 y 的影响函数定义为

$$\psi(l_{i\to y}):R\to R \tag{6.19}$$

其中,$l_{i\to y}$ 表示个体 i 对个体 y 的欧几里得距离,$\psi(l_{i\to y})$ 为两个个体之间距离的减函数。

如图 6.13 所示,$l(i,y)$ 和 $l(j,y)$ 分别为个体 i 和 j 到个体 y 的欧几里得距离。影响函数可以为多种不同的形式,如 parabolic、square wave 或 Gaussian 等,在此采用 Gaussian 影响函数,其定义如下:

$$\psi(r)=(1/(\sigma\sqrt{2\pi}))e^{-r^2/2\sigma^2} \tag{6.20}$$

其中,σ 为分布程度的标准偏差。σ 值过大或过小,都将影响评价结果,因此选取一个合适的 σ 值非常重要。

图 6.13 为两个目标的目标空间,采用网格法将目标空间划分为若干个小区域(每个小

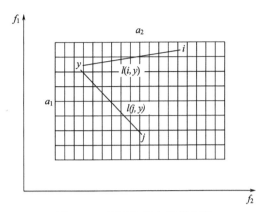

图 6.13　用网格划分目标空间

区域称为一个网格)。若一个网格中包含了多个解个体,则这些解个体被视为同一个解个体。网格大小的确定非常重要,当网格太大时,可能出现同一网格中包含多个解个体,使个体之间距离的计算不精确;当网格太小时,可能出现许多网格中不包含解个体的情形,当计算距离时虽然精度高,但计算时所需要的时间代价可能很大。这里将目标空间划分为 $a_1 \times a_2$ 个网格,其中 a_1 和 a_2 分别为目标函数 f_1 和目标函数 f_2 的取值范围。

设任意一个解个体 $y \in F^2$(2 维目标空间),定义其密度为其周围个体对它的影响因子的聚集:

$$D(y) = \sum_{i=1}^{N} \psi(l(i,y)) = \sum_{i_1=1}^{a_1} \sum_{i_2=1}^{a_2} \psi(l(<i_1,i_2>,y)) \tag{6.21}$$

这种计算个体密度的方法充分考虑了不同距离的个体对该个体的影响,距离越近影响越大,距离越远影响越小直至没有影响。

一般地,当有 m 个目标时,其可行解区域可以表示为一个有 $a_1 \times a_2 \times \cdots \times a_m$ 个网格的超网格面 (hyper-grid)。建议网格的总数不超过繁殖进化群体的规模 N,即 $a_1 \times a_2 \times \cdots \times a_m \leqslant N$。设任意一个解个体 $y \in F^m$(m 维目标空间),定义其密度为

$$D(y) = \sum_{i=1}^{N} \psi(l(i,y)) = \sum_{i_1=1}^{a_1} \sum_{i_2=1}^{a_2} \cdots \sum_{i_m=1}^{a_m} \psi(l(<i_1,i_2,\cdots,i_m>,y)) \tag{6.22}$$

这样,计算每个解个体的时间复杂度为 $O(N)$,计算 N 个解个体密度的时间复杂度为 $O(N^2)$。

将 $fitness(\mathrm{x})/D(x)$ 定义为该个体 x 的适应度,由于在每一代进化时都要评价每个个体的适应度,这样一来,评价个体所花费的时间就比较多。为此,我们对个体密度的计算方法做了一些改进。

由影响函数的定义可知,当两个解个体的距离不断增大时,相互之间的影响将不断减小;当两个个体之间的距离大到一定程度时,它们互相之间将几乎没有影响。因此,在计算中可舍弃那些影响比较小的因数,一种比较直观的方法就是只计算与其距离比较近的那些个体对它的影响。

一般地,可以取 $b_k = \lfloor (a_k)^{\frac{1}{q}} \rfloor$,其中 q 为大于等于 2 的整数,$k=1, 2, \cdots, m$,在此取 $b_k = \lfloor \sqrt{a_k} \rfloor$。设某解个体 $y \in F^m$ 对应着超网格点为 $<u_1, u_2, \cdots, u_m>$,令 $c_k = \min\{u_k + b_k, a_k\}$,$d_k = \max\{u_k - b_k, 1\}$,则简化后解个体 y 的密度为

$$D(y) = \sum_{i=1}^{N} \psi(l(i,y)) = \sum_{i_1=d_1}^{c_1} \sum_{i_2=d_2}^{c_2} \cdots \sum_{i_m=d_m}^{c_m} \psi(l(<i_1,i_2,\cdots,i_m>,y)) \qquad (6.23)$$

以上讨论的计算解个体的密度的方法,没有考虑边界效应(boundary effect)。如图 6.14 所示,计算解个体 B 的密度时存在边界效应。对个体 A,它的四周都有邻近个体影响着其密度;而对个体 B,由于 B 靠近左边界,对 B 的影响主要来自于其右面的邻近个体,而其左面边界以内只有较少的个体对它构成影响。为了弥补计算 B 的密度时因为边界效应而产生的损失,可以在 B 的左面以其左边界为轴,扩展可行解区域,如图 6.14 的虚线矩形框所示,并将 B 周围的可行解个体映射到虚线框中,这样,解个体 B 的密度是其周围的实个体和虚个体对其影响的聚集。采用虚拟映射的方法来弥补边界效应时,实现起来非常困难,同时所消费的时间代价很高。

一般地,边界效应问题是比较小的,为了保证计算的效率,通常忽略它(Farhang-Mehr et al., 2002)。

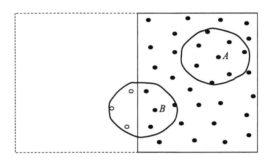

图 6.14 边界效应的补偿处理

6.2.10 mBOA

Khan 等基于贝叶斯优化算法(Bayesian optimization algorithm, BOA),提出了多目标贝叶斯优化算法(multi-objective Bayesian optimization algorithm, mBOA)(Khan et al., 2002, 2003)。本小节将从贝叶斯网络、BOA 和 mBOA 等方面予以讨论。

1. 贝叶斯优化算法

概率建模遗传算法利用有希望解的概率模型来指导搜索空间的开发,取代了遗传算法的重组和变异操作。Pelikan 等将概率建模和贝叶斯网络相结合,提出了 BOA(Pelikan et al., 1999, 2002)。

(1) 贝叶斯优化算法

对由有限个字母组成的固定长度串所表示的问题,BOA 利用构造和取样贝叶斯网络来进化给定问题的候选解种群,实现优化求解。为了简单起见,这里只考虑二进制串。

BOA 在所有可能串的均衡分布下随机产生串的初始种群,种群进化若干代后进行更新,每一代由四个步骤组成:

① 利用遗传算法的选择操作从当代种群中选出有希望的解,选择操作可以是锦标赛选择,也可以是其他选择方法,如截断选择。

② 构造适用于问题求解的贝叶斯网络。

③ 从构造好的贝叶斯网络取样产生新的候选解。

④ 用新的候选解取代一些差的个体或所有的个体，从而构成新一代种群。

重复以上的四个步骤直到满足终止条件。BOA 的工作流程如算法 6.15 所示。

算法 6.15　BOA。

1：　　$t \leftarrow 0$，随机产生初始种群 $P(0)$。
2：　　从 $P(t)$ 中选出有希望串集 $S(t)$。
3：　　利用选好的评价标准和约束来构造适合于 $S(t)$ 的网络 B。
4：　　根据由 B 编码的联合分布产生一个新的串集 $O(t)$。
5：　　由 $O(t)$ 来取代 $P(t)$ 中的部分串，产生一个新的种群 $P(t+1)$，$t \leftarrow t+1$。
6：　　如果没有满足终止条件，转到步骤 2。

(2) 贝叶斯网络

为了更好地理解 BOA，下面讨论贝叶斯网络。

贝叶斯网络以概率论和图论为基础。在有向无环图中，结点对应于随机变量，每条弧代表一个条件依赖关系，如果有一条由变量 Y 到 X 的弧，则 Y 是 X 的双亲或称直接祖先，而 X 则是 Y 的后继。一旦给定双亲，图中的每个变量就与其非后继结点相独立。变量间的影响程度用图中依附在父、子结点上的条件概率来表示。

贝叶斯网络由两部分组成：

① 结构，结构是由有向无环图进行编码的，其中图中结点对应于变量，边对应于条件依赖关系。

② 参数，是指各结点的局部条件概率密度函数的参数集合。

贝叶斯网络：给定一个有向无环图 S 和一个离散变量集合 $V = \{v_1, v_2, \cdots v_n\}$ 上的联合概率分布 P，如果在 V 中的变量和 S 的结点之间存在一一对应关系，使得 P 可以进行如下的递归乘积分解

$$P(V) = \prod_{i=1}^{n} p(v_i \mid \Pi_i)$$

这里，Π_i 是 S 中 v_i 的直接祖先（父结点），则将图 S 和概率 P 的联合称为贝叶斯网络。

图 6.15 给出了一个简单的贝叶斯网络结构示例。如条件依赖关系，汽车的速度依赖于是否下雨和雷达的强度，湿路面与下雨有关。又如条件独立假设，雷达的强度与是否下雨是独立的；一个更复杂的条件独立假设是，在给定一个确定的速度和路面是否湿的前提下，发生事故的可能性与雷达的强度是条件独立的。为了能较好地说明图 6.15 给出的网络结构，有必要给每个变量设置一个条件概率，如表 6.1 所示。

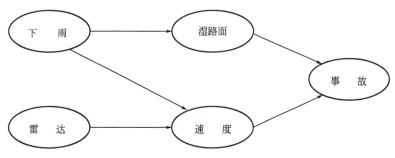

图 6.15　贝叶斯网络模型示例

表 6.1 变量事故的条件概率表

事故	湿路面	速度	P(事故|湿路面,速度)
是	是	高	0.18
是	是	低	0.04
是	否	高	0.06
是	否	低	0.01
否	是	高	0.82
否	是	低	0.96
否	否	高	0.94
否	否	低	0.99

(3) 学习贝叶斯网络

为使用 BOA 求解问题，BOA 必须学习对应所求解问题的贝叶斯网络。学习贝叶斯网络有两个任务：

① 学习结构。网络的结构必须确定，结构定义了条件独立和依赖关系。

② 学习条件概率。结构必须确定一个完整模型的条件概率。当结构学习完成后，关于结构的条件概率值必须确定。

在 BOA 中，对于给定结构的参数学习是简单的，因为在有希望解的种群中每个变量的值是给出的，换句话说，数据是完整的。所以可以根据建模数据（被选出的有希望解集）中的每个变量的每个取值出现的相对频率来设置概率。

学习结构是一个比较困难的问题。学习贝叶斯网络结构的算法包括两个部分：

① 得分评价标准。得分评价标准测试的是贝叶斯网络结构的质量。本节采用贝叶斯狄利克雷评价标准（Bayesian Dirichlet metric，BD）（Heckerman et al.，1995）。

BD 评价标准假设条件概率服从狄利克雷（Dirichlet）分布，并且做了附加假设：

$$BD(B) = P(B) \prod_{i=1}^{n} \prod_{\pi_i} \frac{\Gamma(m'(\pi_i))}{\Gamma(m'(\pi_i) + m(\pi_i))} \prod_{x_i} \frac{\Gamma(m'(x_i,\pi_i) + m(x_i,\pi_i))}{\Gamma(m'(x_i,\pi_i))} \quad (6.24)$$

其中，$P(B)$ 表示网络结构 B 的先验概率，x_i 上的乘积作用于 x_i 上的所有取值（在二进制情况下它们是 0 和 1），π_i 上的乘积作用于 X_i 的双亲 Π_i 的所有取值（Π_i 值的所有可能的结合）；$m(\pi_i)$ 表示双亲 Π_i 取特定值 π_i 时的样本个数；$m(x_i,\pi_i)$ 表示 $X_i=x_i$ 和 $\Pi_i=\pi_i$ 时的样本个数。$m'(\pi_i)$ 和 $m'(x_i,\pi_i)$ 分别表示统计量 $m(\pi_i)$ 和 $m(x_i,\pi_i)$ 的先验概率。

② 搜索程序。搜索程序搜索所有可能的网络结构，以便找到关于给定得分评价标准的最好的网络。网络复杂性的范围能限制网络结构的空间。

贪心算法（greedy algorithm）（Heckerman et al.，1995）执行了一个基本的图操作来最大限度地提高现有网络的质量，直到没有更进一步的增加。网络结构可以初始化为一个没有边的图。这里有三个基本操作。

- 增加一条边：增加一条边到网络中，等于增加了一个新的依赖关系。
- 移去一条边：从当前网络中移去一条边，等于移去了一个已存在的依赖关系，引进一个新的独立假设。

- 反向一条边：一条边反向，改变了相应依赖关系的性质。每一条边的反向都可以看成是先移去一条边然后在原来的地方再加入一条反向的边。

当没有操作能提高现有得分时搜索终止。在每一个操作执行后必须保证得到的图表示一个合法的贝叶斯网络结构。算法 6.16 给出了贪心算法的伪代码。

算法 6.16 构造贝叶斯网络的贪心算法。

1： 初始化网络 B（比如一个空的网络）。
2： 选择所有能作用于网络，且不违背网络限制的简单图操作。
3： 挑选出能让网络得分增加最高的操作。
4： 执行上一步选出的操作。
5： 如果在复杂性约束下网络不能得到进一步的提高，或者相互作用的最大代数达到，结束；否则，转步骤 2。

(4) 贝叶斯网络的采样

完成了学习贝叶斯网络的结构和参数后，就可以根据已学网络编码的联合分布来产生新的候选解。

采样可以由贝叶斯网络的前向仿真（Henrion, 1988）来完成，主要有两步。

第一步，计算节点的祖先序列。基本思路是按照一定的顺序产生每个变量的值，每个变量双亲的值要先于变量本身的值产生。计算的伪代码如算法 6.17 所示。

算法 6.17 计算贝叶斯网络中变量祖先序列算法。

1： 标记所有变量为未加工的。
2： 清空有序变量的列表。
3： 考察变量，若变量的双亲位于序列末端，且已被标记过了，则将变量加入到有序变量列表，并标记这些变量。
4： 如果存在任何未标记的变量，转到步骤 3。

第二步，根据计算好的序列产生一个候选解的所有变量的值。当算法试图产生每一个变量的值时，变量的双亲的值必须已经产生。给定了一个变量的双亲的值以后，变量值的分布就由它所对应的条件概率确定。具体过程如算法 6.18 所示。

算法 6.18 基于前向仿真的贝叶斯网络采样算法。

1： 执行算法 6.17，构造所有变量的祖先序列。
2： 根据祖先序列，由网络编码的条件概率产生所有变量的值。
3： 如果需要更多的样本，转到步骤 2。

2. 多目标贝叶斯优化算法

mBOA 把 NSGA-Ⅱ 中的选择方法加入了 BOA 中，mBOA 的工作流程如算法 6.19 所示。

算法 6.19 多目标贝叶斯优化算法（mBOA）。

1： 产生一个初始随机种群。
2： 执行选择操作。
- 构造种群中解个体之间的 Pareto 支配关系，并计算每个解的拥挤距离（同 NSGA-Ⅱ）。

- 基于解的 Pareto 支配关系和拥挤距离，从当前种群中选出较好的解。
3： 用已选好的评价标准，用选出个体构造贝叶斯网络。
4： 用网络编码的联合分布产生新的个体集（与 BOA 中方法类似）。
5： 结合父种群和子种群形成一个复合种群。
6： 计算复合种群中每一个个体的分类序号（对应于非支配排序的层次）和拥挤距离。
7： 基于分类序号和拥挤距离，从复合种群中选取一半较好的解个体放入下一代种群中；重复步骤 3~7，直到满足终止条件。

6.3 基于指标的 MOEA

评价指标是用于评价不同 MOEA 性能的量化工具，可以分为收敛性、分布性和综合性三大类。一个直接的想法便是将评价指标整合到 MOEA 中，用于指导 MOEA 的进化搜索过程。理论上，任何评价指标都可以不同的方式整合到 MOEA 中，但有些评价指标，如 SP、GD、IGD，整合到 MOEA 中后，将会使算法变得更加复杂，并可能降低 MOEA 的运行效率，但又不能改善 MOEA 的分布性能和收敛性能。Beume 等将 Hypervolume 嵌入 MOEA 中，提出的一种基于 S-metric 的 SMS-EMOA（S-metric selection based evolutionary multi-objective optimization algorithm）（Beume et al.，2007）可有效求解 MOP。Zitzler 等成功地将 Hypervolume 和二元 ε-indicator 评价指标作为适应度评价方法嵌入 MOEA 中，提出了 IBEA（indicator-based evolutionary algorithm）（Zitzler et al.，2004），提高了求解 MOP 的性能。

6.3.1 Hypervolume 指标和二元 ε-indicator 指标

（1）Hypervolume 指标

Zitzler 等于 1999 年提出了超体积评价指标（Hypervolume，HV）（Zitzler et al.，1999），定义如下。

定义 6.2 （解集 A 的 Hypervolume 指标）令 A 为非支配解集，且 $A \subseteq \Omega$，参考点记为 $Ref = (r_1, r_2, \cdots, r_k)$，$A$ 的 Hypervolume 指标是由解集 A 中所有点与参考点在目标空间中所围成的超立方体的体积：

$$HV(A) = Leb(\bigcup_{x \in A} [f_1(x), r_1] \times [f_2(x), r_2] \times \cdots \times [f_k(x), r_k]) \quad (6.25)$$

其中，$Leb(A)$ 表示解集 A 的勒贝格测度（Lebesgue Measure），$[f_1(x), r_1] \times [f_2(x), r_2] \times \cdots \times [f_k(x), r_k]$ 表示被 x 支配而不被 Ref 支配的所有点围成的超立方体。

如图 6.16 所示，在 2 维情况下集合 $\{P_1, P_2, P_3\}$ 的 Hypervolume 指标为 ACBEFGHI 所围成区域的面积，H 点表示参考点，P_2 的独立支配区域为 BCDE 所围成矩形区域。同理，在 3 维或者 3 维以上的情况下，集合 $\{P_1, P_2, P_3\}$ 的 Hypervolume 指标是集合与参考点所围成的立方体（3 维）体积或超立方体（3 维以上）的体积，具体计算方法可参见文献（郑金华等，2012）。

从 Hypervolume 指标的定义可以看出，Hypervolume 值越大表明 MOEA 所求解集越逼近 Pareto 前沿面。

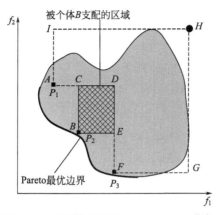

图 6.16 2 维情况下的 Hypervolume 指标

(2) 二元 ε-indicator

Zitzler 等于 2004 年提出了二元 ε-indicator (Zitzler et al., 2004),定义如下。

定义 6.3(二元 ε-indicator) 对 n 个目标的最小化问题,二元 ε-indicator 可表示为

$$I_\varepsilon(A,B) = \min_\varepsilon \{\forall x^2 \in B \, \exists x^1 \in A : f_i(x^1) - \varepsilon \leqslant f_i(x^2) \, i \in \{1,2,\cdots,n\}\} \quad (6.26)$$

其中,A、B 为种群中的两个解集,f_i 为目标函数($i=1, 2, \cdots, n$)。

如图 6.17 所示,A、B 分别为只包含一个个体的两个解集,在图 6.17 (a) 中,A 集合中的个体和 B 集合中的个体是互不支配的,$I_\varepsilon(B, A)$ 和 $I_\varepsilon(A, B)$ 都大于 0;在图 6.17 (b) 中,集合 B 中的个体支配集合 A 中的个体,此时有 $I_\varepsilon(B, A) < 0$ 而 $I_\varepsilon(A, B) > 0$。

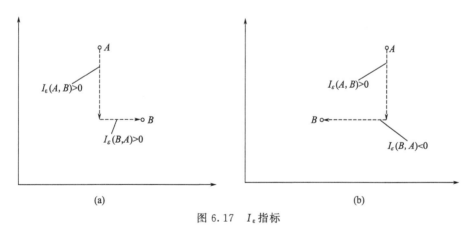

图 6.17 I_ε 指标

6.3.2 SMS-EMOA

SMS-EMOA 是一种基于 S-metric (即 Hypervolume) 的 MOEA。

SMS-EMOA 采用 $\mu+1$ 的稳态进化策略,即每次仅产生一个子代个体,这样每一代只需要从种群中淘汰一个个体,节省了计算资源。在环境选择时,SMS-EMOA 先使用非支配排序对种群个体进行分层,如果种群个体全部是非支配的或互不支配的,即所有个体均在第一层,则计算 Hypervolume 指标并淘汰 Hypervolume 值最小的解个体;否则,即非支配排序含有多层(大于一层),计算种群 $P(t)$ 任意一个个体 $s \in P(t)$ 的 $d(s, P(t))$ 值,并剔

除最后一层中 $d(s,Q)$ 值最大的个体。其中，个体 s 的 $d(s,P(t))$ 值越大，表示种群中支配 s 的个体越多。$d(s,P(t))$ 的计算公式为

$$d(s,P(t)) = |\{y \in P(t) | y \succ s\}| \tag{6.27}$$

SMS-EMOA 的伪代码如算法 6.20 所示。

算法 6.20 SMS-EMOA 算法。

1： 初始化种群 P（规模为 μ），进化代数 $t=0$。
2： 用变异操作在种群 P_t 中产生一个新个体 q_{t+1}，$Q = P_t \bigcup \{q_{t+1}\}$。
3： 对 Q 进行非支配排序：$\{R_1, R_2, \cdots, R_v\} \leftarrow$ nondominated-sort(Q)，v 为层数。
4： if $v > 1$ then $r \leftarrow \text{argmax} \{d(s,Q) | s \in R_v\}$
5： else $r \leftarrow \text{argmin} \{HV(\{s\}), s \in Q\}$;
6： 将个体 r 从种群中删除：$P_{t+1} = Q \setminus \{r\}$;
7： $t = t+1$;
8： 如果满足终止条件，则结束；否则，转步骤 2。

6.3.3 IBEA

Zitzler 和 Künzli 于 2004 年提出的一种通用进化模型，该模型首次将评价指标函数作为适应度评价方法嵌入 MOEA 中，提出了 IBEA。

评价指标函数的形式定义是从向量集合到实数集的映射：$I: \Pi \rightarrow R$，利用实数集合上的全序关系，可以比较在 Π 空间中的不同向量集合之间的质量（Zitzler et al., 2003）。

在 IBEA 中，定义了一种简单的分配适应度的方法：

$$F(x^1) = \sum_{x^2 \in P \setminus \{x^1\}} -e^{-I(\{x^2\},\{x^1\})/k} \tag{6.28}$$

其中，$x^1 \in P$，k 是一个大于 0 的比例缩放因子，I 是一个实数函数，可以将目标空间中的 Pareto 近似解集映射到一个实数集。在此，I 的定义为

$$I_{HD}(A,B) = \begin{cases} HV(B) - HV(A), & if \ \forall x^2 \in B \ \exists x^1 \in A : x^1 \succ x^2 \\ HV(A+B) - HV(A), & 其他 \end{cases} \tag{6.29}$$

如图 6.18 所示，A、B 分别为只包含一个个体的两个解集，在图 6.18（a）中，当 A 集合中的个体和 B 集合中的个体是互不支配时，图 6.18（a）中左上阴影部分表示集合 A 的独立支配区域面积，则有 $I_{HD}(B,A) = HV(A+B) - HV(B) > 0$；右下阴影部分表示集

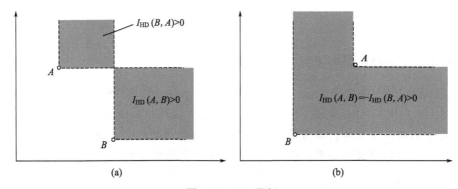

图 6.18 I_{HD} 指标

合 B 的独立支配区域面积，则有 $I_{HD}(A,B)=HV(A+B)-HV(A)>0$。在图 6.18(b) 中，图中的阴影部分表示集合 B 的独立支配区域面积，则有 $I_{HD}(A,B)=HV(A+B)-HV(A)>0$，$I_{HD}(B,A)=HV(A)-HV(B)<0$，且有 $I_{HD}(A,B)=-I_{HD}(B,A)$。

IBEA 的伪代码如算法 6.21 所示。

算法 6.21 IBEA。

1： 初始化种群 P（规模为 N），进化代数 $t=0$，终止条件为 T，初始化参数 k。

2： 计算种群 P 中个体的适应度值，即 $x^1 \in P$，$F(x^1) = \sum_{x^2 \in P \setminus \{x^1\}} -e^{-I(\{x^2\},\{x^1\})/k}$。

3： while $|P|>N$ do   //环境选择

4： 　{从种群 P 中选择适应值最小的 $x^* \in P$，即 $F(x^*) \leqslant F(x)$，将 x^* 移除出种群 P；

5： 　重新计算种群 P 中个体的适应度值：$F(x)=F(x)+e^{-I(\{x^*\},\{x\})/k}$，$x \in P$；}

6： 如果 $t>T$ 或满足其他终止条件，则结束；

7： 利用二元锦标选择从 P 选择个体到交配池 Q 中，对 Q 交叉、变异操作，产生新种群 Q'；

8： 将 Q' 并入 P 中：$P=P \bigcup Q$；

9： $t=t+1$，转步骤 2。

6.4 NSGA-Ⅱ、SPEA2、MOEA/D 实验比较结果

本节给出了 NSGA-Ⅱ、SPEA2、MOEA/D 三个 MOEA 在收敛性和分布性两个方面的比较实验结果。比较实验采用了四个 Benchmark 问题，分别是 DTLZ1、DTLZ2、DTLZ5 和 DTLZ7 (Deb et al., 2001a)。

算法在所有测试问题上采用相同的测试环境和条件，其中，个体数目为 100（MOEA/D：105），遗传算子为模拟二进制交叉算子（交叉概率 0.9，分布系数 20）(Deb, 1994)；多项式变异算子（变异概率 $1/n$，n 为决策变量个数；分布系数 20）(Deb, 1996)。MOEA/D 采用 Chebycheff 聚合函数，$T=10$，权重采用边界交叉方法 (Das, 1998)。在 DTLZ1 测试问题，终止条件为 100000 评价次数；DTLZ2、DTLZ5 和 DTLZ7 测试问题上，终止条件为 30000 评价次数。对比实验结果如图 6.19～图 6.22 所示。

由图 6.19～图 6.22 所示，可知算法 NSGA-Ⅱ、SPEA2 以及 MOEA/D 在不同测试问题上的收敛及分布情况。其中，在 PF 为超平面的 DTLZ1 和 DTLZ2 测试问题上，最终解分布性最好的是 SPEA2，其次为 MOEA/D 和 NSGA-Ⅱ；在 PF 为一维线性流形的 DTLZ5 的退化问题上，SPEA2 的收敛性和分布性最好，MOEA/D 的收敛性能优于 NSGA-Ⅱ，但是分布性要比 NSGA-Ⅱ要差，因为 MOEA/D 的权重均匀分布在整个空间，因此算法在退化问题上，很难保证解的分布性。在 PF 为多模的 DTLZ7 测试问题上，SPEA2 的综合性能相对于 NSGA-Ⅱ和 MOEA/D 要好，MOEA/D 的收敛性好于 NSGA-Ⅱ，但是要比其他两个算法的分布性要差。

综合可知，在处理低维问题时，SPEA2 具有较好的综合性能，能得到分布性和收敛性较好的个体。MOEA/D 也具有良好的综合性，但是在某些目标空间非均匀分布的问题上，

由于权重向量在整个目标空间的均匀分布,将会影响到算法的整体性能(如退化问题 DTLZ5)。NSGA-Ⅱ也是一类综合性能较好的算法,但是在某些问题上(如 DTLZ5、DTLZ7),收敛性能表现相对要弱于前两类算法。

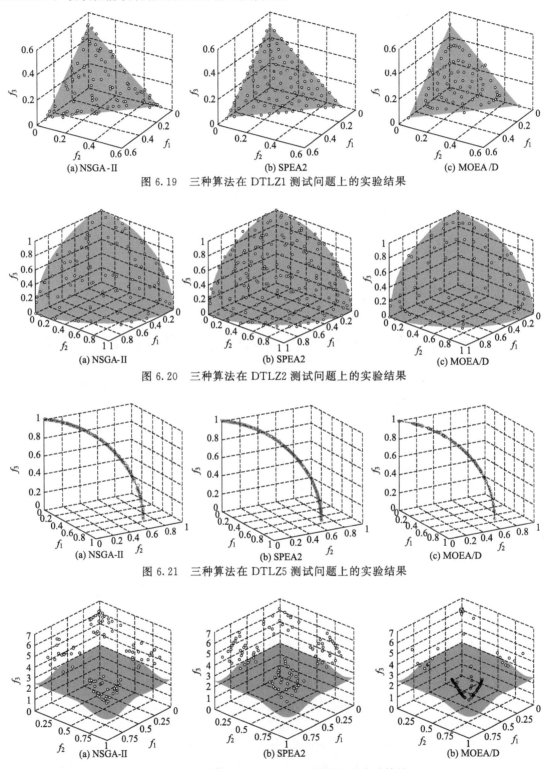

图 6.19　三种算法在 DTLZ1 测试问题上的实验结果

图 6.20　三种算法在 DTLZ2 测试问题上的实验结果

图 6.21　三种算法在 DTLZ5 测试问题上的实验结果

图 6.22　三种算法在 DTLZ7 测试问题上的实验结果

第 7 章 高维 MOEA

7.1 概述

在多目标优化研究中，随着目标维数的增高，优化的难度呈指数级增长。通常将 4 个及以上目标的优化问题称为高维多目标优化问题。近年来，高维多目标进化算法（高维 MOEA）已成为进化多目标优化领域的热点研究课题。

经典 MOEA，如 NSGA-Ⅱ 和 SPEA2，在求解 2 维或 3 维优化问题时具有很好的效果。然而，随着目标维数的增加，这些经典的基于 Pareto 支配关系的 MOEA 面临许多困难。

① 搜索能力的退化。随着目标维数增加，种群中非支配的个体数目呈指数级增加，从而降低了进化过程的选择压力。

② 用来覆盖整个 Pareto 前沿的非支配解的数目呈指数级增加。

③ 最优解集的可视化困难。

④ 对解集分布性评价的计算开销增大。

⑤ 重组操作效率降低。在较大的高维空间中，两个相距较远的父个体重组产生的子个体离父个体可能较远，使得种群局部搜索的能力减弱。因此，设计并实现能够有效求解高维多目标优化问题的算法，是当前和今后进化多目标优化领域所面临的难题之一。

近年来，学者们提出了一些有效方法用于求解高维多目标优化问题。一类是基于 Pareto 支配关系的算法，通过扩展 Pareto 支配区域来减少非支配个体的数目，如 ε-MOEA（Deb et al.，2005）、CDAS（Sato et al.，2007）。第二类是基于聚合的算法，使用聚合函数将多个目标聚合成一个目标进行优化，如 MOEA/D（Zhang Q et al.，2007）、NSGA-Ⅲ（Deb et al.，2014）和 MSOPS（Hughes et al.，2003）。第三类是基于指标的算法，将性能评价指标用于比较两个种群或者两个个体之间的优劣，如 IBEA（Zitzler et al.，2004）、SMS-EMOA（Beume et al.，2009）和 Hype（Bader et al.，2011）。Li Miqing（Li M et al.，2014）从基于多样性保持机制的角度，提出了基于移动的多样性评估方法（SDE），并将其整合到 SPEA2 中，取得了很好的效果。此外，一些学者通过尝试减少目标个数的方法来处理高维多目标优化问题，处理方法主要有主成分分析方法（Deb et al.，2005b），基于最小目标子集的冗余目标消除算法等（Brockhoff et al.，2006，2007，2009）。减少冗余目标或不重要目标，也是高维 MOEA 研究的一个重要方向。

关于 MOEA/D 和基于指标的算法，读者可参考本书第 6 章。本章主要介绍 NSGA-Ⅲ、ε-MOEA 和 SDE。

7.2 NSGA-Ⅲ

Deb 等在 2000 年提出 NSGA-Ⅱ，NSGA-Ⅱ能够很好地处理多目标优化问题。然而 NSGA-Ⅱ只能处理低维优化问题（目标维数小于等于 3），因为随着优化问题目标维数的增加，种群中的非支配个体呈指数增加，使得 Pareto 支配关系很难区分个体之间的好坏。为此，Deb 等于 2013 年提出了 NSGA-Ⅲ（the reference-point based many-objective NSGA-Ⅱ）(Deb et al.，2013)。

NSGA-Ⅲ总体框架与 NSGA-Ⅱ相似，如算法 7.1 所示，随机产生大小为 N 的父代种群 P_t，父代种群通过交叉变异产生大小相同的子代种群 Q_t，采用某种选择机制从 $R_t = P_t \cup Q_t$（种群大小为 $2N$）中选择出 N 个优秀个体构成新一代进化群体。在选择过程中，首先采用非支配排序方法将 R_t 分成不同的非支配层（$F_1, F_2, \cdots$），然后将优先级高的非支配集保留到下一代中。当 $|F_1 \cup F_2 \cup \cdots F_{l-1}| < N$ 但 $|F_1 \cup F_2 \cup \cdots F_l| > N$ 时，定义 F_l 为临界层，采用临界层选择方法选择个体进入下一代，直到子代种群大小等于 N。与 NSGA-Ⅱ不同，NSGA-Ⅲ的临界层选择方法采用参考点方法选择个体，以使种群具有良好的分布性。下面详细介绍 NSGA-Ⅲ的临界层选择方法。

7.2.1 参考点的设置

参考点设置方法有很多种，在没有任何偏好信息的情况下，任何一种构造参考点的方法都可以运用。NSGA-Ⅲ算法采用的是 Das 和 Dennis 在 1998 年提出的边界交叉构造权重的方法（Das et al.，1998）。在标准化超平面上，按式（7.1）均匀产生参考点，如果每一维目标被均匀分割成 p 份，那么所产生的参考点个数为 H。

$$H = \binom{M+p-1}{p} \tag{7.1}$$

例如，在 3 维优化问题中（$M=3$），需要在由 (0, 0, 1)、(0, 1, 0)、(1, 0, 0) 三个顶点构成的三角形内构造参考点。如图 7.1 所示，将每一个坐标轴均匀分割成 $p=4$ 时，通过式（7.1）可知参考点的数目为 15。在环境选择过程中，NSGA-Ⅲ除了强调支配关系外，还强调了各个参考点所关联的个体数目。当参考点均匀广泛地分布在整个标准化的超平面时，所选择的种群将会广泛地均匀分布在真实 Pareto 面上，如图 7.2 所示。

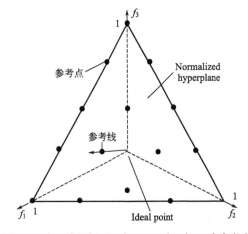

图 7.1 在 3 维目标下，当 $p=4$ 时，有 15 个参考点

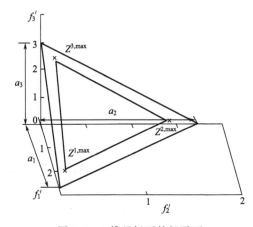

图 7.2 3 维目标下的超平面

算法 7.1　NSGA-Ⅲ 总体框架。
输入：H 参考点 Z^s 或者用户提供的参考点 Z^a，父代种群 P_t，种群大小为 N。
输出：P_{t+1}。

1：　设置归档集 $S_t = \varnothing$，$i=1$；
2：　通过交叉变异获得子代种群 Q_t；
3：　合并父代 P_t 和子代 Q_t 构成种群 R_t；
4：　对 R_t 进行非支配排序划分成若干非支配层 F_1，F_2，F_3，…；
5：　if $|S_t| < N$ then
6：　　将优先级高的非支配层存入 S_t 中，$i=i+1$；
7：　　将临界层设置为 $F_l = F_i$；
8：　if $|S_t| = N$ then
9：　　$P_{t+1} = S_t$
10：　else
11：　　$P_{t+1} = S_t$
12：　　从 F_l 中选择 k 个个体，其中 $k = N - |P_{t+1}|$；
13：　　标准化目标空间并设置参考向量 Z^t；
14：　　种群与参考点的关联操作；
15：　　计算参考向量所关联个体的数目；
16：　　从 F_l 中选择 k 个个体进入 P_{t+1}；
17：　终止条件。

7.2.2　种群的自适应标准化

首先，选取当前种群 S_t 中个体的每一维目标的最小值 $z_i^{\min}$（$i=1,2,\cdots,M$）构成当前种群的理想点 $\overline{z} = (z_1^{\min}, z_2^{\min}, \cdots, z_M^{\min})$。将种群 S_t 做平移操作 $f_i'(x) = f_i(x) - z_i^{\min}$，使得理想点变为原点。然后，每一维坐标的极大值 $z^{i,\max}$ 取式（7.2）标量函数的最小值。

$$ASF(x, \boldsymbol{w}) = \max_{i=1}^{M} f_i'(x) / w_i, \quad x \in S_t \tag{7.2}$$

其中，$\boldsymbol{w}$ 为坐标轴的单位方向向量，这里当 $w_i = 0$ 时，NSGA-Ⅲ中用 10^{-6} 替换。

使用 M 个极值点通过式（7.3）构造 M 维的线性超平面，每一维的截距为 a_i，如图 7.2 所示。

$$f_i^n(x) = \frac{f_i'(x)}{a_i - z_i^{\min}} = \frac{f_i(x) - z_i^{\min}}{a_i - z_i^{\min}} \quad (i=1,2,\cdots,M) \tag{7.3}$$

其中，$\sum_{i=1}^{M} f_i^n = 1$。

最后，NSGA-Ⅲ使用 Das 和 Dennis 提出的方法在式（7.3）所构造的超平面上设置参考点，其标准化过程如算法 7.2 所示。

算法 7.2　标准化操作。
输入：S_t，Z^s（构造的参考点）或者 Z^a（用户提供的参考点）。
输出：f^n，Z^r（标准化后的参考点）。

1: for $j=0$ to M do
2: 计算理想点 $Z^{\min}$：$Z_j^{\min} = \min_{s \in S_t} f_j(s)$
3: 平移目标：$f_j'(s) = f_j(s) - z_j^{\min}\ \forall s \in S_t$
4: 计算极值点：$z^{j,\max} = s: \arg\min_{s \in S_t} ASF(s, w^j)$ 其中 $w^j = (\varepsilon, \cdots, \varepsilon)^T$ 其中 $\varepsilon = 10^{-6}$，$\omega_j^j = 1$
5: 终止条件
6: 计算结点 a_j 其中 $j = 1, \cdots, M$
7: 采用式（7.3）标准化目标
8: if Z^a 被提供
9: 通过式（7.3）将参考点 Z^a 标准化成 Z^r
10: else
11: $Z^r = Z^s$
12: 终止条件

7.2.3 关联操作

参考点设置完成后，将进行关联操作，让种群中的个体分别关联到相应的参考点。如算法 7.3 所示，为了实现这个目标，首先需要将原点与参考点的连线作为该参考点在目标空间中的参考线（如图 7.3 中虚线所示）。然后计算 S_t 中的个体到各个参考线的距离，当个体与参考线距离最近则将个体与对应的参考点相关联。图 7.3 给出了 3 维目标的图例，其中灰色点代表参考点，黑色点代表目标空间中的个体，个体分别找到离它最近距离的参考线，然后将它与对应的参考点关联起来。

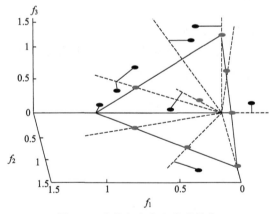

图 7.3　个体与参考点关联操作

算法 7.3　关联操作。
输入：Z^r（标准化后的参考点），S_t。
输出：$\pi(s \in S_t)$，$d(s \in S_t)$。

1: for 每个参考点 $z \in Z^r$ do
2: 计算权重 $\omega = z$
3: endfor

4:    for $s \in S_t$ do
5:      for $\omega \in Z^r$ do
6:        计算 $d^\perp(s, \omega) = s - \omega^T s / \|\omega\|$
7:      endfor
8:      分配 $\pi(s) = \omega:\arg\min_{\omega \in Z^r} d^\perp(s, \omega)$
9:      分配 $d(s) = d^\perp(s, \pi(s))$
10:   endfor

7.2.4 个体保留操作

通过关联操作后，可能出现如下情况：一是参考点关联一个或多个个体；二是没有一个个体与之关联。NSGA-Ⅲ记录了参考点j在集合$P_{t+1} = S_t / F_l$中所关联的个体数目ρ_j。

在保留操作中，首先，NSGA-Ⅲ选择关联数目最少的参考点$J_{\min} = \{j: \arg\min_j \rho_j\}$，如果有多个这样的参考点，则从中随机选择一个$\bar{j}$。

如果$\rho_{\bar{j}} = 0$，表示在$P_{t+1} = S_t / F_l$中没有个体与之关联。这时同样可能出现两种情况：一是在F_l中存在一个或多个个体与之关联，则将离参考点$\bar{j}$对应的参考线最近的个体关联起来（$\rho_{\bar{j}} = \rho_{\bar{j}} + 1$），并将该个体加入$P_{t+1}$中；二是在$F_l$中不存在个体与参考点$\bar{j}$关联，那么在余下操作中不再考虑该参考点。

当$\rho_{\bar{j}} \geq 1$，表示在$P_{t+1} = S_t / F_l$中有一个或多个个体与之关联。则随机选择一个参考点$\bar{j}$，如果F_l中有个体与参考点$\bar{j}$关联（$\rho_{\bar{j}} = \rho_{\bar{j}} + 1$），则将该个体加入$P_{t+1}$中。

重复以上操作，直到P_{t+1}的大小等于N，此操作如算法7.4所示。

算法7.4 个体保留操作。

输入：K，ρ_j，$\pi(s \in S_t)$，$d(s \in S_t)$，Z^r，F_l。

输出：P_{t+1}。

1: k=1
2: while k≤K do
3:    $J_{\min} = \{j:\arg\min_{j \in Z}\rho_j\}$
4:    $\bar{j}$=random($J_{\min}$)
5:    $I_{\bar{j}} = \{s:\pi(s) = \bar{j}, s \in F_l\}$
6:    if $I_{\bar{j}} \neq \emptyset$ then
7:      if $\rho_{\bar{j}} = 0$ then
8:        $P_{t+1} = P_{t+1} \cup (s:\arg\min_{s \in I_{\bar{j}}} d(s))$
9:      else
10:       $P_{t+1} = P_{t+1} \cup \text{random}(I_{\bar{j}})$
11:     endif
12:    $\rho_{\bar{j}} = \rho_{\bar{j}} + 1, F_l = F_l \backslash s$
13:    k=k+1
14:   else
15:      $Z^r = Z^r / \{\bar{j}\}$
16:   endif
17: end for while

7.2.5 NSGA-Ⅲ 时间复杂度分析

假设种群大小为 $2N$，目标维数为 M，则 NSGA-Ⅲ 中非支配排序（算法 7.1 的步骤④）的时间复杂度为 $O(N \log^{M-2} N)$。计算理想点（算法 7.2 的第 2 行）时间复杂度为 $O(MN)$。计算极值点（算法 7.2 中的计算极值点语句）的时间复杂度为 $O(M^2 N)$。计算截距的时间复杂度为 $O(M^3)$。然后计算标准化整个种群（$2N$）所需时间复杂度为 $O(N)$。在算法 7.3 的整个关联操作中，当参考点的个数为 H 时，其时间复杂度为 $O(MNH)$。最后算法 7.4 中第 3 行操作时间复杂度为 $O(H)$，当假设 $L=|F_l|$ 时，第 5 行操作的时间复杂度为 $O(L)$，第 8 行的复杂度为 $O(L_2)$ 或 $O(LH)$。最坏时间复杂度为 $O(L)$。在整个保留操作过程中需要重复运行 L 次，因此所需的时间在整个算法过程中，当 $S_t = F_1$ 时，也就是说第一层非支配个体的数目大于 N 时，规定 $N \approx H$ 和 $N > M$，根据以上的时间复杂度分析，整个算法的最坏时间复杂度为 $O(N^2 \log^{M-2} N)$ 或 $O(N^2 M)$。

7.3 ε-MOEA

为提高 MOEA 处理高维多目标优化问题的选择压力，Laumanns 等于 2002 年中提出 ε 支配的概念（Laumanns et al., 2002）。

对归档集中的每个个体计算一个确定序列 $B=(B_1, B_2, \cdots, B_M)^T$，序列 B 表示个体所在网格的网格原点坐标，两个个体进行 ε 支配比较时，只需要比较它们分别对应的序列 B 的值。序列 B 的计算方法为

$$B_j(f) = \begin{cases} \lfloor (f_j - f_j^{\min})/\varepsilon_j \rfloor, & \text{对于最小化 } f_j \\ \lceil (f_j - f_j^{\min})/\varepsilon_j \rceil, & \text{对于最大化 } f_j \end{cases} \tag{7.4}$$

其中，$f_j^{\min}$ 是归档集中的个体在第 j 维目标上的最小值，ε_j 是在第 j 维目标上允许容忍的偏差，M 为目标维数。

定义 7.1(ε 支配) 对最小化问题，给定 $f, g \in R^{+m}$，$\forall i \in \{1, \cdots, m\}$，当且仅当 $(1-\varepsilon_i) \cdot f_i \leqslant g_i$ 对于任意 $\varepsilon_i > 0$ 成立，则称 f ε 支配 g，记为 $f \succ_\varepsilon g$。其中 m 为目标维数，R^{+m} 为标准化后的 m 维目标空间。

如图 7.4 所示，序列 B 将目标空间划分为若干个网格，其大小由每一维的 ε 确定。按 Pareto 支配关系，个体 P 所支配区域为由 $PECF$ 四个点围成的矩形区域。按照 ε 支配的定义，个体 P 支配的区域为由 $ABCD$ 四个点围成的矩形。这里，点 A 是个体 P 的确定序列。

Deb 等人于 2005 年提出了一种稳态算法 ε-MOEA（Deb et al., 2005a），该算法采用有效的父代种群及归档集更新来快速地维持解集的分布性和收敛性。

ε-MOEA 中，进化群体和归档集同时独立优化。首先从进化群体和归档集中分别挑选一个个体并产生一个子代个体，然后用子代个体更新进化群体和归档集。在归档集中采用的是基于 ε 支配方法，而在进化群体中采用的是传统的 Pareto 支配方法，如图 7.5 所示。

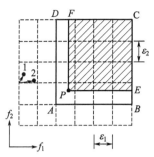 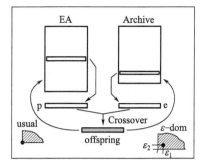

图 7.4　ε 支配概念（最小化 f_1 和 f_2）　　图 7.5　ε-MOEA 产生子个体过程

ε-MOEA 的总框架流程如算法 7.5 所示。

算法 7.5　ε-MOEA 总体框架。

N 为进化群体的大小，M 为归档集 Q 大小，T 为预定的进化代数。

1：　随机初始化进化群体 $P(0)$，同时使归档集为空，将 $P(0)$ 中的非 ε 支配解集复制到归档集 $Q(0)$ 中，$t=0$；
2：　从进化群体 $P(t)$ 中选择一个个体 p；
3：　从归档集中选择一个个体 e；
4：　由父代个体 p 和 e 产生一个子代个体 c；
5：　判断群体 $P(t)$ 是否接收个体 c；
6：　判断归档集 $Q(t)$ 是否接收个体 c；
7：　如果终止条件不满足，则返回步骤 2，否则算法终止。

算法 7.5 中，选择个体和接受个体的策略如下：

① 从进化群体中选择个体策略：为了从种群 $P(t)$ 中选择一个个体，首先随机从 $P(t)$ 中选择两个个体并判断它们的 Pareto 支配关系（如图 7.5 左边部分所示）。如果一个个体支配另一个个体，则前者被选中；如果两个个体互不支配，则随机选取其中的一个个体。

② 从归档集中选择个体策略：从 $Q(t)$ 中随机选择一个个体。

③ 进化群体接收个体策略：可以采取不同的方法决定子代个体 c 是否替换 $P(t)$ 中的个体。在这里，将个体 c 与种群 $P(t)$ 中的每个个体进行比较，如果个体 c 支配 $P(t)$ 中一个或者多个个体，个体 c 随机替换一个被它支配的个体；如果 $P(t)$ 中所有个体都支配个体 c，则个体 c 不被 $P(t)$ 接受；如果个体 c 与 $P(t)$ 中所有个体互不支配，则将个体 c 随机替换 $P(t)$ 中一个个体。

④ 归档集接收个体策略：个体 c 与归档集中的每个个体按 ε 支配关系进行比较，四种情况如图 7.6 所示（实心点代表子代个体 c，空心点代表归档集中的个体 a）。

第一种情况：如图 7.6（a）所示，$\forall a \in Q(t)$，若 a ε 支配 c，则个体 c 将不被 $Q(t)$ 接收。

第二种情况：如图 7.6（b）所示，$\exists a \in Q(t)$，若 c ε 支配 a，则将个体 c 将加入到 $Q(t)$ 中，同时删除被 c 支配的所有个体。

第三种情况：如图 7.6（c）所示，$\forall a \in Q(t)$，若 c 与 a 互不 ε 支配，且个体 c 与 a 在同一个网格中即它们的确定序列 B 相同，则首先检测 Pareto 支配关系，如果个体 c 支配 a，则将个体 c 加入到 $Q(t)$ 中，同时删除个体 a；如果个体 c 和 a 互不支配，但是 c 更靠近网

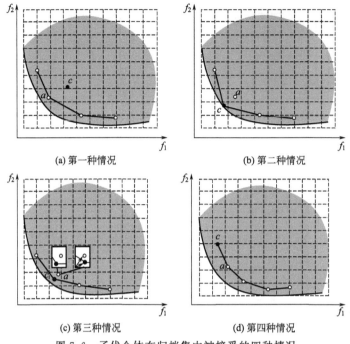

图 7.6 子代个体在归档集中被接受的四种情况

格原点（根据欧几里得距离），则将个体 c 加入到 $Q(t)$ 中，同时删除个体 a。

第四种情况：如图 7.6（d）所示，$\forall a \in Q(t)$，若 c 与 a 互不 ε 支配，且个体 c 与 a 不在同一个网格中，将个体 c 将加入到 $Q(t)$ 中。

通过以上操作，在 Pareto 最优面上，ε-MOEA 通过控制每个网格中个体的数目（最多只允许含有一个个体）来维持种群的分布性。在此，归档集的最终大小由 ε 向量确定。

7.4 SDE

为了使传统基于 Pareto 支配的 MOEA 适用于求解高维优化问题，Li Miqing 等提出了一种基于移动的密度估计策略（shift-based density estimation，SDE）（Li M et al.，2014）。与其他密度估计策略不同的是，SDE 同时包含了个体的分布信息和收敛信息。

在种群中，当对个体 p 进行密度估计时，比较其他个体与 p 在每一维目标上的收敛性，判断是否该在这一维上移动其他个体到 p 所在位置。如果在这一维目标上某个或某些个体的性能好于个体 p，则在这一维目标上将它们移动到个体 p 所在的位置；否则，其他个体的位置保持不变。

对于最小化优化问题来说，个体 p 在种群中的密度 $D'(p, P)$ 可表示为

$$D'(p,P)=D(dist(p,q_1'),dist(p,q_2'),\cdots,dist(p,q_{N-1}')) \tag{7.5}$$

这里，N 代表 P 的大小，$dist(p, q_i')$ 表示个体 p 与个体 q_i' 的相似度。而 q_i' 是个体 q_i 移动后的个体（$p, q_i \in P$ 且 $q_i \neq p$），其定义如下：

$$q_{i(j)}' = \begin{cases} p_{(j)}, & \text{if } q_{i(j)} < p_{i(j)}, \\ q_{i(j)}, & \text{其他情况}, \end{cases} \quad j \in (1, 2, \cdots, m) \tag{7.6}$$

其中，$p_{(j)}$、$q_{i(j)}$以及$q'_{i(j)}$分别代表p、q_i和q'_i在第j维的目标值，m为目标维数。

如图7.7所示，对一个2维问题，为了计算个体A在种群中的密度，通过对其他个体（B、C和D）与A在f_1和f_2两维目标上的比较，将B移动到B'（$B_1=1<A_1=10$），C和D则分别被移动到C'和D'（$C_2=6<A_2=17$且$D_2=2<A_2=17$）。

在原种群中，个体A相对于其他个体具有较低的相似度。但在移动操作后，因为B'和C'两个个体位于A的邻域内，所以它将被赋予一个较高的密度值。出现这种现象的原因是个体B和个体C在收敛性上明显好于个体A。

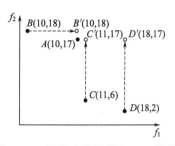

图 7.7 2维最小化问题的 SDE 操作

为了更好地理解 SDE，下面以最小化 MOP 问题中 4 种典型个体的分布情况进行讨论。第一种情况，如图 7.8（a）所示，个体A代表了同时具有良好的收敛性和分布性的一类个体，通过 SDE 操作，A个体的分布性不受影响或受影响程度很小。第二种情况和第三种情况，对仅拥有好的分布性（见图 7.8（b））或仅拥有好的收敛性（见图 7.8（c））的个体来说，经过其他个体的移动后，A个体的分布性将受到一定的影响，其邻域内将有少量个体聚集。第四种情况，如图 7.8（d）所示，对收敛性和分布性都差的个体来说，通过 SDE 操作，其邻域内拥挤程度最高，因此，被淘汰的机率最大。值得一提的是，当个体A的分布性较差时，不管它收敛性如何，如图 7.8（c）和（d）所示，通过 SDE 操作后，个体A邻域内的拥挤程度都会相对变高。因此，SDE 在反映个体收敛程度的同时，还能维持个体在种群中的分布特性。

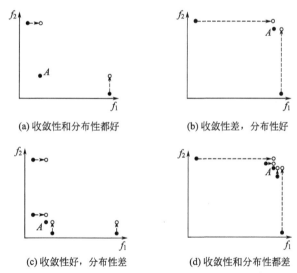

图 7.8 最小化问题中个体A计算其 SDE 值的四种情况

7.5 实验结果及对高维 MOEA 研究的思考

为了比较算法的性能，图 7.9～图 7.32 给出了 NSGA-Ⅲ、ε-MOEA 和 SPEA2+SDE 等 3 个高维 MOEA 在测试问题 DTLZ1、DTLZ4、DTLZ5、DTLZ7 的 3 维和 10 维上的实验结果。

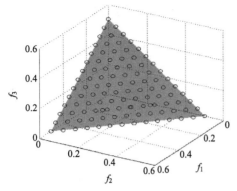

图 7.9　NSGA-Ⅲ DTLZ1-3 维

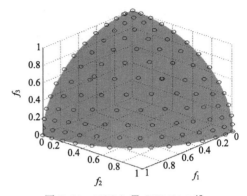

图 7.10　NSGA-Ⅲ DTLZ4-3 维

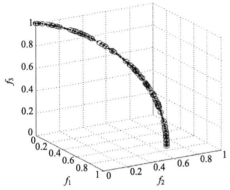

图 7.11　NSGA-Ⅲ DTLZ5-3 维

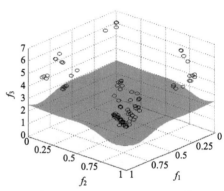

图 7.12　NSGA-Ⅲ DTLZ7-3 维

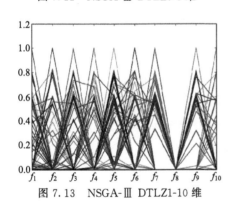

图 7.13　NSGA-Ⅲ DTLZ1-10 维

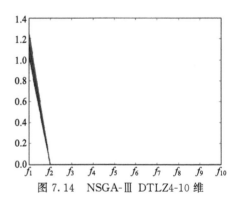

图 7.14　NSGA-Ⅲ DTLZ4-10 维

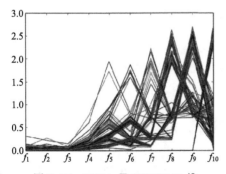

图 7.15　NSGA-Ⅲ DTLZ5-10 维

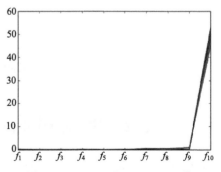

图 7.16　NSGA-Ⅲ DTLZ7-10 维

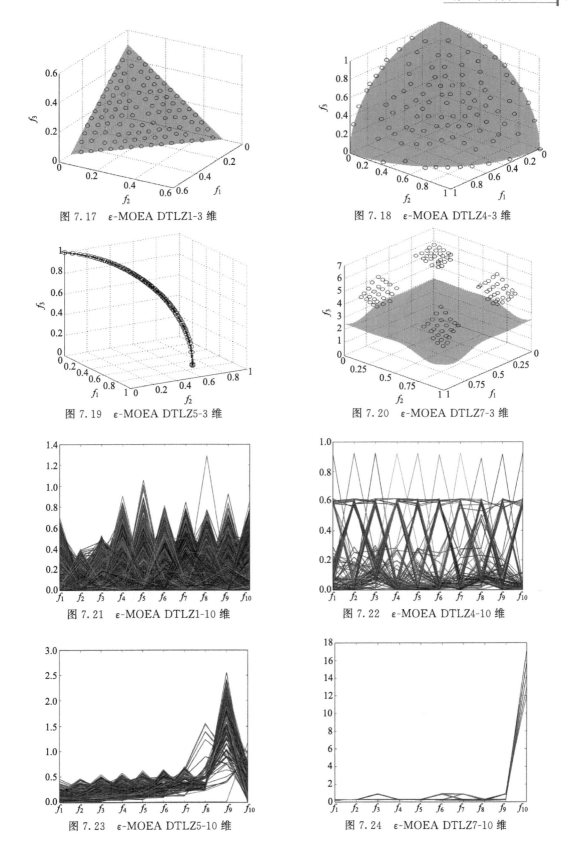

图 7.17　ε-MOEA DTLZ1-3 维

图 7.18　ε-MOEA DTLZ4-3 维

图 7.19　ε-MOEA DTLZ5-3 维

图 7.20　ε-MOEA DTLZ7-3 维

图 7.21　ε-MOEA DTLZ1-10 维

图 7.22　ε-MOEA DTLZ4-10 维

图 7.23　ε-MOEA DTLZ5-10 维

图 7.24　ε-MOEA DTLZ7-10 维

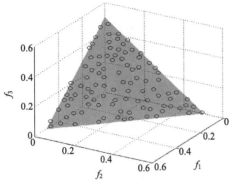

图 7.25 SPEA2+SDE DTLZ1-3 维

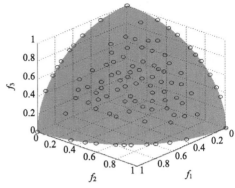

图 7.26 SPEA2+SDE DTLZ4-3 维

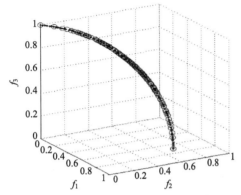

图 7.27 SPEA2+SDE DTLZ5-3 维

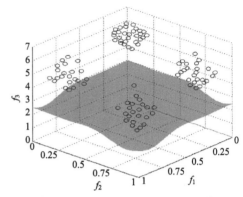

图 7.28 SPEA2+SDE DTLZ7-3 维

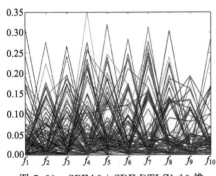

图 7.29 SPEA2+SDE DTLZ1-10 维

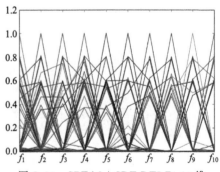

图 7.30 SPEA2+SDE DTLZ4-10 维

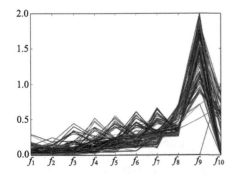

图 7.31 SPEA2+SDE DTLZ5-10 维

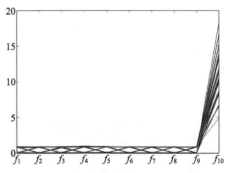

图 7.32 SPEA2+SDE DTLZ7-10 维

实验参数设置：种群大小为 100，模拟二进制交叉算子（交叉概率 0.9，分布系数 20），多项式变异算子（变异概率 $1/n$，n 为决策变量个数；分布系数 20）。对 DTLZ1，终止条件为 1000 代；对 DTLZ4、DTLZ5 和 DTLZ7，终止条件为 300 代。

在不同的测试问题、不同维数上的 ε 值如表 7.1 所示。

表 7.1　不同测试问题、不同维数上的 ε 值

ε　测试问题 维数	DTLZ1	DTLZ4	DTLZ5	DTLZ7
3 维	0.033	0.06	0.0052	0.048
10 维	0.0565	0.308	0.1288	0.46

由实验结果可以看出，在 3 维上，NSGA-Ⅲ的分布性和收敛性都较好，在超平面上的分布性很好，在超曲面上的分布不均匀；NSGA-Ⅲ在 10 维 DTLZ1 上收敛，在 10 维 DTLZ4、DTLZ5 和 DTLZ7 上不收敛；此外，NSGA-Ⅲ中，参考点集的分布很大程度上影响解集的分布，因此，如何产生分布性较好的参考点集十分关键。ε-MOEA 在 3 维上的收敛性和分布性较好，在超曲面上的分布不均匀；在 10 维 DTLZ4 上完全收敛，但分布性不好，在 10 维 DTLZ1 上还有少数个体没有收敛但分布性较好，在 10 维 DTLZ5 和 DTLZ7 上收敛困难。SPEA2＋SDE 在 4 个测试函数的 3 维上均收敛，且分布性较好；在 10 维 DTLZ1、DTLZ4 和 DTLZ7 上都收敛但是分布广泛性不好，在 10 维 DTLZ5 上没有收敛。

由实验结果可以看出，已有算法在求解高维 MOP 时，还存在这样或那样的不足，因此，对高维 MOEA 的研究还需要更多创新。

1. 创新针对高维 MOP 的进化机制

理论上，解决一个问题可以有多种有效方法，对高维 MOEA 也不例外。有三类方法值得深入研究。第一类是在进化算法上创新，即从源头上寻找新方法。如唐珂等最近提出了一种负相关搜索（negative correlated search，NCS）方法（Tang K et al.，2016），显式地将 EA 建模为多个互相关联的单点搜索，并将每个单点搜索生成新解的行为建模为一个概率分布，变"种群的多样性"为"单点算法行为的多样性"，不监测种群的统计量，而是计算成对概率分布之间的"距离"，使多个单点搜索能明确地搜索解空间的不同区域，从而更精细地控制个体的生成机制。将 NCS 扩展到 MOEA 中，值得深入研究。第二类是在现有多目标进化优化框架下引入其他理论或技术，如将机器学习有关理论或技术整合到 MOEA 中，使 MOEA 具有学习能力。第三类是针对高维多目标特点，探索不同于 EA 的新的进化机制。

2. 创新针对高维 MOEA 的评价方法

随着目标维数的增加，现有性能评价方法遇到各种各样的问题，如时间或空间呈指数增长、参数的敏感性增加等。因此，评价高维 MOEA 性能的方法值得深入研究。针对高维 MOP 的可视化技术是未来研究的方向之一，如利用偏好信息对决策者感兴趣的区域实行降维可视化值得深入研究。

第 8 章 偏好 MOEA

8.1 概述

在进化多目标优化中，一般情况下，期望的最优解集应当具有良好的分布性。现实中，某些决策者（DM）可能只对最优解边界上的一个小区域感兴趣，而对其他内容没有兴趣，也就是说不同的决策者可能有不同的偏好。为此，基于决策者偏好信息的 MOEA 研究成了热点课题。

如何引入决策者的偏好信息？研究者们提出了不少有效方法和技术。Fonceca 和 Fleming（Fonseca et al., 1995）于 1995 年提出了利用 DM 的偏好信息来辅助算法对目标空间进行偏好搜索，将目标信息作为附加的指标，赋予满足目标信息的解更高的优先级来对种群进行排序，从而选出符合要求的解。此后，研究者们相继提出不少新方法，如基于参考点的方法（Molina et al., 2009，Said et al., 2010；郑金华等，2014）、基于权重的方法（Deb et al., 1999a）、基于解排序的方法（Greenwood et al., 1996）、基于目标排序的方法（Jin et al., 2002）、基于级别优于关系的方法（Fernandez et al., 2010）、基于权衡的方法（Branke et al., 2001），以及基于渴望函数的方法（Wagner et al., 2010）。

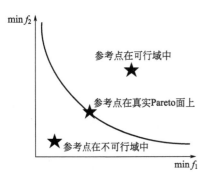

图 8.1 参考点在目标空间的不同位置关系

通过参考点引入决策者的信息的方法是基于偏好 MOEA 最常用的方法之一。如图 8.1 所示，参考点在目标空间上的不同位置，如参考点在可行域中、参考点在真实 Pareto 面上、参考点在不可行域中，分别代表决策者不同的喜好。这样将一些抽象的偏好信息通过建模转化成可以比较优劣的空间位置关系，从而提高算法的搜索效率。

本章选取 g-dominance 算法（Molina et al., 2009）、r-dominance 算法（Said et al., 2010）和角度信息偏好算法（郑金华等，2014）三个具有代表性的基于偏好的 MOEA 进行介绍。

8.2 g-dominance 算法

Molina 等提出的 g-dominance 算法是以参考点作为偏好信息的方法。通过拓展 Pareto 支配关系，提出了一个更加简便、灵活的支配关系，有利于偏好信息的提取以及获取偏好区域。

定义 8.1（g-dominance 算法） 已知两个点 $A, B \in R^p$，如果满足下列条件之一，即

称 A g-dominance B，记为 $A \succ_g B$：

① $Flag_g(A) > Flag_g(B)$。

② $Flag_g(A) = Flag_g(B)$，对于 $\forall i=1,2,\cdots,p$，$A_i \leqslant B_i$，那么至少存在一个 j 使得 $A_j < B_j$。

$$其中，Flag_v(w) = \begin{cases} 1, & w_i \leqslant v_i, \quad \forall i=1,2,\cdots,p \\ 1, & v_i \leqslant w_i, \quad \forall i=1,2,\cdots,p \\ 0, & 其他 \end{cases} \quad (8.1)$$

$v \in R^p$ 为参考点，$w \in R^p$ 是目标空间中的任意点，P 为目标个数。定义 8.1 将目标空间划分为 $Flag=1$ 和 $Flag=0$ 两个部分，落在 $Flag=1$ 区域中的个体支配 $Flag=0$ 区域中的个体，落在 $Flag=1$ 区域的个体再利用 Pareto 支配比较个体之间的支配关系，从而选择出满足要求的个体。计算 $Flag=1$ 和 $Flag=0$ 值的伪代码如算法 8.1 所示。

算法 8.1 计算 $Flag_g(f)$。

```
1:   Flag_g(f) = 1
2:   for i = 1, 2, ···, p do
3:       if f_i(x) > g_i then
4:           Flag_g(f) = 0
5:       end if
6:   end for
7:   if Flag_g(f) = 0
8:       Flag_g(f) = 1
9:       for i = 1, ···, p do
10:          if f_i(x) < g_i then
11:              Flag_g(f) = 0
12:          end if
13:      end for
14:  end if
```

将 g-dominance 支配关系应用到 NSGA-Ⅱ中，代替原来的 Pareto 支配关系，伪代码如算法 8.2 所示。

算法 8.2 g-NSGA-Ⅱ。

1： 初始化一个种群 Pop、参考点（决策者偏好信息），同时设置一个空的非支配解集 $NDSet$；

2： 利用 g-dominance 对整个种群 Pop 进行非支配排序；

3： 对每一层的个体计算聚集距离；

4： 从第 1 层开始选择个体放进 $NDSet$ 中，如果第 i 层个体总数与 $|NDSet|$ 之和大于种群大小（$Popsize$），则按聚集距离从大到小在第 i 层选择个体放入 $NDSet$ 中直到 $|NDSet| = Popsize$，否则，将第 i 层全部个体选入 $NDSet$；

5： 将符合条件的 $NDSet$ 解集复制给种群 Pop；

6： 对种群 Pop 执行进化交叉变异操作；

7： 若不满足结束条件则转步骤 2，否则结束。

8.3 r-dominance 算法

Ben Said 等提出的 r-dominance 算法,该算法综合考虑了参考点方法和 Pareto 支配关系的一些优点,将 Pareto 非支配集转化为一组严格的偏序集,这种支配关系能引导算法快速地搜索到决策者想要的偏好区域,从而帮助决策者做出更好的决策。

定义 8.2(r-dominance 算法) 已知种群 P,参考点 g,权重向量 w,$\forall x, y \in R^p$ 满足以下条件之一,称个体 x r-dominance y,记为 $x \succ_r y$:

① x Pareto 支配 y,$x \succ y$。
② x 和 y Pareto 互不支配时,$D(x, y, g) < -\delta$,$\delta \in [0, 1]$,其中:

$$D(x,y,g) = \frac{Dist(x,g) - Dist(y,g)}{Dist_{\max} - Dist_{\min}} \tag{8.2}$$

$$Dist_{\max} = \max_{z \in P} Dist(z, P) \tag{8.3}$$

$$Dist_{\min} = \min_{z \in P} Dist(z, P) \tag{8.4}$$

距离公式为加权欧式距离:

$$Dist(x,g) = \sqrt{\sum_{i=1}^{M} w_i \left(\frac{f_i(x) - f_i(g)}{f_i^{\max} - f_i^{\min}} \right)^2}, w_i \in [0,1], \sum_{i=1}^{M} w_i = 1 \tag{8.5}$$

其中,g 为参考点,$\delta \in [0, 1]$ 为临界值。

如图 8.2 所示,在 r-dominance 算法中,对任意两个基于 Pareto 不能决定它们之间支配关系的个体,则比较它们之间的加权欧式距离与阈值 δ 的关系,以确定它们之间的 r-dominance 支配关系。这样,基于 Pareto 互不支配的两个个体在 r-dominance 算法下,可能变成支配和被支配的关系,从而提高非支配解集的质量。因此,r-dominance 算法能帮助算法快速收敛到决策者感兴趣的区域,同时也提高了算法的收敛性能。如个体 A、B、C、D 分别对应两个数字(1,2)、(1,1)、(1,1)和(1,2),第一个数字代表其在 Pareto 支配关系下,当前个体处于的支配层次数;第二个数字代表当前个体在 r-dominance 支配关系下,其处于的支配层次数。如个体 A,在 Pareto 支配关系下的支配层次数为 1,而在 r-dominance 支配关系下的支配层次数为 2。在 Pareto 支配关系下,个体 A、B、C、D 是互不支配的;而在 r-dominance 支配关系下,个体 B 和 C 支配个体 A 和 D。

如图 8.3 所示,偏好解集区域的大小随着阈值 δ 的增大而变大。当 $\delta=0$ 时,偏好解集区域为真实 Pareto 面上的一点;当 $\delta=1$ 时,偏好解集区域为整个真实 Pareto 面。因此,阈值 δ 在 r-dominance 算法中可以帮助决策者改变偏好解集区域的大小,但是,在 g-dominance 算法中,决策者不能很好地控制偏好解集区域的大小。

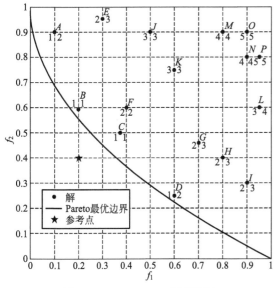

图 8.2 r-dominance 支配排序

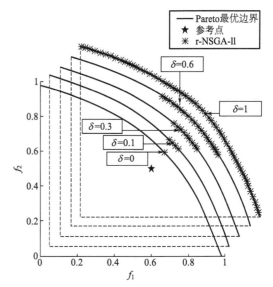

图 8.3 不同阈值 δ 对偏好区域的影响

将 r-dominance 支配关系应用到 NSGA-Ⅱ中，代替原来的 Pareto 支配关系，伪代码如算法 8.3 所示。

算法 8.3 r-NSGA-Ⅱ。

1： 初始化一个种群 Pop、参考点（决策者偏好信息），权重向量 ω，阈值 δ，同时设置一个空的非支配解集 $NDSet$；
2： 利用 r-dominance 对整个种群 Pop 进行非支配排序；
3： 对每一层的个体计算聚集距离；
4： 从第 1 层开始选择个体放进 $NDSet$ 中，如果第 i 层个体总数与 $|NDSet|$ 之和大于种群大小（$Popsize$），则按聚集距离从大到小在第 i 层中选择个体放入 $NDSet$ 中直到 $|NDSet|=Popsize$，否则，将第 i 层全部个体选入 $NDSet$；
5： 将符合条件的 $NDSet$ 解集复制给种群 Pop；
6： 对种群 Pop 执行进化交叉变异操作；
7： 若不满足结束条件则转步骤 2，否则结束。

8.4 角度信息偏好算法

郑金华等提出的角度信息偏好算法，是一种利用个体间的角度关系的偏好 MOEA，该算法通过重新定义个体间的支配关系和聚集距离使离决策者偏好区域越近的个体优先保留下来，从而引导种群趋近于决策者的偏好区域。

定义 8.3 （偏好最近点）种群（Pop）中离偏好点 p（一般由决策者在算法开始前给出）最近的个体 $N = \min\{Dist(X, p), X \in Pop\}$。其中，$Dist(X, p)$ 的定义同式（8.5）。

定义 8.4（个体角度） 种群 Pop 中任意两个个体 X 和 Y 间的夹角定义为

$$angle(X,Y)=\arccos\left(\frac{a \cdot b}{|a|*|b|}\right) \qquad (8.6)$$

其中
$$a=((x_1-p_1)/(f_1^{\max}-f_1^{\min}),\cdots,(x_M-p_M)/(f_M^{\max}-f_M^{\min}))$$
$$b=((y_1-p_1)/(f_1^{\max}-f_1^{\min}),\cdots,(y_M-p_M)/(f_M^{\max}-f_M^{\min})) \qquad (8.7)$$

定义 8.5（偏好角度支配）对于种群 Pop 中的任意两个个体 X 和 Y，X 支配 Y 当且仅当满足如下两个条件之一：

① X Pareto 支配 Y。

② X 与 Y 是 Pareto 互不支配的且 $angle(Y, N)-angle(X, N) \geqslant \alpha$，其中 α 为决策者指定的角度范围。

定义 8.6（偏好聚集距离） 在非支配排序之后，对于处于同一层的个体聚集距离大的优先被选入下一代。为了优先选择离偏好点近的最优 Pareto 前沿上的个体，定义个体聚集距离如下：

$$crowd(X)=\begin{cases} B-angle(X,p), & \text{if } \min(angle(X,Y))>\varepsilon, \forall Y\in Pop \\ \min(angle(X,Y)), & \text{其他}, \forall Y\in Pop \end{cases} \qquad (8.8)$$

其中，B 是一个很大的正数，ε 是决策者定义的一个下界值用于避免个体过度集中（通常设置为偏好角度除以种群大小的值）。将该聚集距离用于 NSGA-Ⅱ 的聚集距离计算中可得到偏好点附近的 Pareto 最优解，并且支持多偏好点，决策者可以同时设置多个偏好点对多个偏好区域进行搜索，如图 8.4 所示。

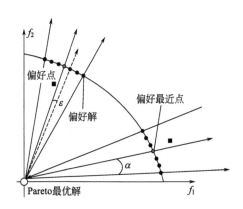

图 8.4 角度偏好解

图 8.4 中，Pareto 最优解一般选择原点（这里指最小化问题），偏好点、α 和 ε 一般都由决策者给出，Pareto 面上的实心圆点为利用角度信息所获得的偏好解。

角度信息偏好算法的伪代码如算法 8.4 所示。

算法 8.4 角度信息偏好算法。

1：	决策者输入偏好信息：偏好点、α 和其他运行参数；
2：	初始化种群；
3：	对种群进行选择、交叉、变异等遗传操作；
4：	对整个种群用偏好角度支配关系进行非支配排序；
5：	对每一层的个体计算偏好聚集距离；

6: 从第 1 层开始选个体进入子代,如果第 i 层个体数和之前已经选入的个体数之和大于种群大小($Popsize$),则按偏好聚集距离从大到小选择个体直至进入子代的个体个数达到 $Popsize$,反之将第 i 层全部选入子代;

7: 将得到的子代个体提供给决策者,如果决策者满意则结束算法,否则修改偏好信息转步骤 3。

8.5 实验结果

下面给出 g-NSGA-Ⅱ(g-dominance+NSGA-Ⅱ)、r-NSGA-Ⅱ(r-dominance+NSGA-Ⅱ)和角度信息偏好算法在 DTLZ 问题上的部分实验结果。

三个算法在所有测试问题上采用相同的测试环境和条件,其中,种群个体数目为 100,遗传算子为模拟二进制交叉算子(交叉概率 0.9,分布系数 20),多项式变异算子(变异概率 $1/n$,n 为决策变量个数;分布系数 20);r-NSGA-Ⅱ 算法中阈值 δ 为 0.3。在 DTLZ1 测试问题上,终止条件为 100000 评价次数。在 DTLZ4 和 DTLZ5 测试问题上,终止条件为 30000 评价次数。对比实验结果如图 8.5~图 8.13 所示。

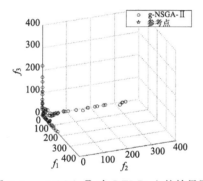

图 8.5 g-NSGA-Ⅱ 在 DTLZ1 上的效果图

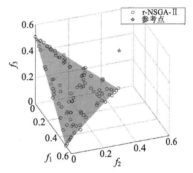

图 8.6 r-NSGA-Ⅱ 在 DTLZ1 上的效果图

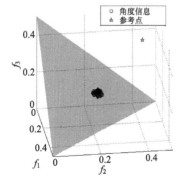

图 8.7 角度信息算法在 DTLZ1 上的效果图

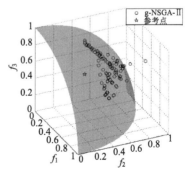

图 8.8 g-NSGA-Ⅱ 在 DTLZ4 上的效果图

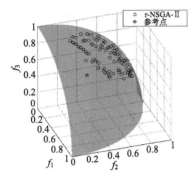

图 8.9　r-NSGA-Ⅱ 在 DTLZ4 上的效果图

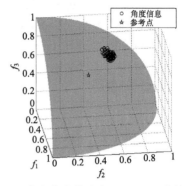

图 8.10　角度信息算法在 DTLZ4 上的效果图

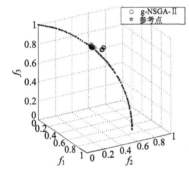

图 8.11　g-NSGA-Ⅱ 在 DTLZ5 上的效果图

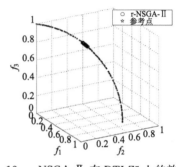

图 8.12　r-NSGA-Ⅱ 在 DTLZ5 上的效果图

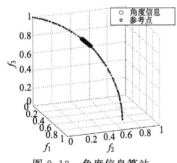

图 8.13　角度信息算法在 DTLZ5 上的效果图

从图 8.5～图 8.7 可以看出，当参考点在可行域时，g-NSGA-Ⅱ 在 DTLZ1 问题上所获得的最终解集不能收敛；r-NSGA-Ⅱ 能够收敛到真实 Pareto 面，但是获得的最终解集分布在整个真实 Pareto 面上，不能为决策者提供较好的决策；角度信息偏好算法获得的最终解集能够收敛到决策者想要的区域，能够帮助决策者做出更好的决策。

从图 8.8～图 8.10 可以看出，当参考点在不可行域时，g-NSGA-Ⅱ 在 DTLZ4 问题上绝大部分最终解集能够收敛到真实 Pareto 面上，r-NSGA-Ⅱ 和角度信息偏好算法所获的最终解集能够收敛到真实 Pareto 面，而角度信息偏好算法获得的解集更符合决策者的要求。

从图 8.11～图 8.13 可以看出，当参考点在 Pareto 面上时，g-NSGA-Ⅱ 在 DTLZ5 问题上所获的最终解集，一部分解集不能收敛到 Pareto 面，另一部分解集收敛到一点，不能为决策者提供较好的决策；r-NSGA-Ⅱ 和角度信息偏好算法所获的解集能够收敛到 Pareto 面上，所获解集更符合决策者的要求。

综合图 8.5～图 8.13 可知，针对 DTLZ1、DTLZ4 和 DTLZ5 三个测试问题，角度信息偏好算法的收敛性能比 g-NSGA-Ⅱ 和 r-NSGA-Ⅱ 算法的收敛性能要好些，而 r-NSGA-Ⅱ 算法的收敛性相对 g-NSGA-Ⅱ 的算法的收敛性能要好些。

第 9 章 基于动态环境的 MOEA

9.1 动态多目标优化问题（DMOP）

现实世界中，许多优化问题不仅具有多属性，而且与时间相关，即随着时间的变化，优化问题本身也发生改变，这类问题称为动态多目标优化问题（dynamic multi-objective optimization problems，DMOP）。

9.1.1 DMOP 基本概念及数学表述

DMOP 是一类目标之间相互冲突，目标函数、约束函数和相关参数等可能随着时间的变化而改变的多目标优化问题。

不失一般性，以最小化多目标问题为研究对象，一个具有 n 个决策变量，m 个目标函数的 DMOP 可以描述为

$$\begin{cases} \min\limits_{x \in \Omega} \boldsymbol{F}(\boldsymbol{x},t) = (f_1(\boldsymbol{x},t), f_2(\boldsymbol{x},t), \cdots, f_m(\boldsymbol{x},t))^T \\ \text{s. t. } g_i(\boldsymbol{x},t) \leqslant 0 (i=1,2,\cdots,p) \\ h_j(\boldsymbol{x},t) = 0 (j=1,2,\cdots,q) \end{cases} \quad (9.1)$$

其中，t 为时间变量，$\boldsymbol{x}=(x_1, x_1, \cdots, x_n) \in \Omega$ 为 n 维决策变量，$\boldsymbol{F}=(f_1, f_2, \cdots, f_m)$ 为 m 维目标向量，$g_i \leqslant 0$（$i=1, 2, \cdots, p$）为 p 个不等式约束，$h_j=0$（$j=0, 1, \cdots, q$）为 q 个等式约束。

9.1.2 DMOP 的分类

对于动态多目标优化问题，其决策空间中的 Pareto 最优解集（记为 POS 或 PS）和目标空间中的 Pareto 前沿面（记为 POF 或 PF）通常有 4 种可能随时间变化的类型，如表 9.1 所示。

表 9.1 动态多目标优化问题的 4 种类型

POF	POS	
	不变	变
不变	类型 4	类型 1
变	类型 3	类型 2

类型 1：最优决策变量空间 POS 随时间变化，而最优目标值空间 POF 不随时间变化。

类型 2：最优决策变量空间 POS 和最优目标值空间 POF 都随时间变化。

类型 3：最优决策变量空间 POS 不随时间变化，而最优目标值空间 POF 随时间变化。

类型 4：尽管问题改变，但最优决策变量空间 POS 和最优目标值空间 POF 都不随时间变化。

对于 DMOP 的 POS 和 POF，除了上述 4 种情形外，在现实中还存在另外一种情形，即当问题发生改变时，上述变化的几种类型可能在时间尺度内同时存在。一般地，通常只考虑前 3 种类型。

9.1.3 动态多目标进化方法

对动态多目标进化优化的研究主要包括五个方面：保持种群多样性、基于记忆的方法、基于预测的方法、多种群策略，以及将动态问题转化为静态问题。

1. 保持种群多样性

针对静态算法在当前环境下收敛后，种群失去多样性的情况，研究者们提出了保持种群多样性的策略（Liu M et al., 2014；Radhia et al., 2014）。

Deb 等（Deb et al., 2007）提出一种随机初始化部分种群个体的方法，在一定程度上增加了种群多样性，但却是一种盲目地增加种群多样性的方法，当环境的变化程度加剧时，算法性能会随之递减。Zheng 等（Zheng B, 2007）提出引入超变异策略，在保留一定数量精英个体的基础上，对剩下的个体用随机产生的个体替换之。Azevedo 等（Azevedo et al., 2011）提出一种新的随机移民的方法，该方法将基于精英个体的移民和随机移民策略相结合，比简单随机移民策略具有更好的性能。

2. 基于记忆的方法

通过记忆复用以前搜索到的最优解来对新的环境变化做出快速响应，这对于周期性变化的问题能取得不错的效果（Vinek et al., 2011；Helbig et al., 2012）。Wang 等（Wang Y et al., 2009, 2009a）提出一种基于归档集的混合记忆方法，当前种群由随机产生的个体和从归档集中随机选取的个体以及归档集中的个体进行一次局部搜索后得到的新个体共同构成。尚荣华等（Shang R et al., 2012, 2014）将免疫克隆算法应用于动态环境并引入记忆策略，将前一时刻的最终抗体群作为下一时刻的初始种群，以保证算法较好的收敛速度。Koo 等（Koo et al., 2010）设计了一种基于中心点-方差的记忆方法，以增强算法的动态跟踪性能。

3. 基于预测的方法

基于预测的方法是在每次环境变化之后，通过预测机制，为种群进化提供引导方向，帮助算法对新变化做出快速响应，预测的准确性是其最主要的难点（Ma Y et al., 2011）。

Hatzakis 等（Hatzakis et al., 2006）提出一种向前预测策略，通过记录目标空间相邻 Pareto 前沿面上边界点的历史信息，采用自回归模型预测新的最优解集的位置。Koo 等（Koo et al., 2010）设计了一种基于梯度的预测算子，通过记录前两次环境变化下搜索到的最终非支配种群中心点位置和上次环境的预测梯度，预测当前环境下的种群进化梯度，然而这种梯度预测仅适用于具有相同或者相似变化程度的环境。Zhou 等（Zhou Y et al., 2013）提出一种基于种群的预测策略，不仅预测种群的中心点，同时也对其形状进行预测，随着算法的运行，积累的历史信息增加，预测的准确性将提高。

4. 多种群策略

多种群策略是指在搜索空间中的几个可行区域上布置一些子种群，并且让这些子种群搜索相应子区域上变化的最优解（Helbig et al.，2014；Harrison et al.，2014）。从某种程度上说，多种群方法具有一种自适应记忆功能。Goh 等（Goh et al.，2009）提出了一种基于多种群的协同进化算法，通过不同子种群之间的竞争与合作机制加速种群收敛，验证了多种群协作方法能够对变化的最优解集进行快速跟踪。

5. 将动态问题转化为静态问题

因为动态问题具有时间关联性，所以在时间序列上可将动态问题划分成若干静态问题，然后再在每个特定的时间段内进行优化，这样能有效地降低算法的收敛难度（Greeff et al.，2008）。Wang 等（Wang Y et al.，2008）通过固定时间参数的方法将动态问题转化成若干静态问题。Liu 等（Liu C et al.，2007，2009）通过定义种群的静态序值方差和密度方差的方法将动态多目标问题转化成双目标静态优化问题。

9.1.4 动态多目标测试问题

在动态多目标进化算法的研究中，通常采用 FDA（Farina et al.，2004）和 DMOP（Goh C K et al.，2009）两个系列的测试函数来测试算法的性能。DMOP 系列测试函数是对 FDA 的扩展。此外，Zhou 和 Jin 等人提出了 F5～F9 系列动态多目标测试函数（Zhou A et al.，2014），决策变量之间是非线性相关的，其中 F5～F7 是双目标问题，F8 是多目标问题，F9 是复杂的双目标问题，收敛难度较其他双目标问题大。表 9.2 列出了这些测试问题的定义以及每个问题的 PF 和 PS。

表 9.2　FDA 系列和 DMOP 系列测试函数

问题	搜索空间	目标、PF、PS	附注
FDA1	$[0,1] \times [-1,1]^{n-1}$	$f_1(x) = x_1, f_2(x) = g \cdot h$ $g(x) = 1 + \sum_{i=2}^{n}(x_i - G(t))^2, h(x) = 1 - \sqrt{f_1/g}$ $G(t) = \sin(0.5\pi t), t = \lfloor \tau/\tau_T \rfloor / n_T$ $PS(t): 0 \leq x_1 \leq 1, x_i = G(t), i = 2, \cdots, n$ $PF(t): 0 \leq f_1 \leq 1, f_2 = 1 - \sqrt{f_1}$	两目标 PF 不变 PS 变
FDA2	$[0,1] \times [-1,1]^{n-1}$	$f_1(x,t) = x_1, f_2(x,t) = g \cdot h$ $g(x) = 1 + \sum_{i=2}^{n/2} x_i^2$ $h(x) = 1 - \left(\sqrt{\dfrac{f_1}{g}}\right)^{(H(t) + \sum_{i=n/2+1}^{n}(x_i - H(t))^2)^{-1}}$ $H(t) = 0.75 + 0.7\sin(0.5\pi t), t = \lfloor \tau/\tau_T \rfloor / n_T$ $PS(t): 0 \leq x_1 \leq 1, x_i = 0, i = 2, \cdots, n/2,$ $x_j = -1, j = n/2+1, \cdots, n$ $PF(t): f_2 = 1 - f_1^{H(t)-1}, 0 \leq f_1 \leq 1$	两目标 PF 变 PS 不变

续表

问题	搜索空间	目标、PF、PS	附注
FDA3	$[0,1] \times [-1,1]^{n-1}$	$f_1(x,t) = x_1^{F(t)}, f_2(x,t) = g \cdot h$ $g(x) = 1 + G(t) + \sum_{i=2}^{n}(x_i - G(t))^2$ $h(x) = 1 - \sqrt{f_1/g}, G(t) = |\sin(0.5\pi t)|$ $F(t) = 10^{2\sin(0.5\pi t)}, t = \lfloor \tau/\tau_T \rfloor/n_T$ $PS(t): 0 \leq x_1 \leq 1, x_i = G(t), i = 2, \cdots, n$ $PF(t): 0 \leq f_1 = x_1^{F(t)} \leq 1,$ $f_2 = (1+G(t))\left(1 - \sqrt{\dfrac{f_1}{1+G(t)}}\right)$	两目标 PF 变 PS 变
FDA4	$[0,1]^n$	$f_1(x) = (1+g)\cos(0.5\pi x_2)\cos(0.5\pi x_1)$ $f_2(x) = (1+g)\cos(0.5\pi x_2)\sin(0.5\pi x_1)$ $f_3(x) = (1+g)\sin(0.5\pi x_2)$ $g(x) = \left|\sum_{i=3}^{n}(x_i - G(t))^2\right|$ $G(t) = \sin(0.5\pi t), t = \lfloor \tau/\tau_T \rfloor/n_T$ $PS(t): 0 \leq x_1, x_2 \leq 1, x_i = G(t), i = 3, \cdots, n$ $PF(t): f_1 = \cos(u)\cos(v), f_2 = \cos(u)\sin(v),$ $f_3 = \sin(u), 0 \leq u, v \leq \pi/2$	三目标 PF 不变 PS 变
DMOP1	$[0,1] \times [-1,1]^{n-1}$	$f_1(x) = x_1, f_2(x) = g \cdot h$ $g(x) = 1 + 9\sum_{i=2}^{n} x_i^2, h(x) = 1 - \left(\dfrac{f_1}{g}\right)^{H(t)}$ $H(t) = 1.25 + 0.75\sin(0.5\pi t), t = \lfloor \tau/\tau_T \rfloor/n_T$ $PS(t): 0 \leq x_1 \leq 1, x_i = 0, i = 2, \cdots, n$ $PF(t): 0 \leq f_1 \leq 1, f_2 = 1 - f_1^{H(t)}$	两目标 PF 变 PS 不变
DMOP2	$[0,1] \times [-1,1]^{n-1}$	$f_1(x) = x_1, f_2(x) = g \cdot h$ $g(x) = 1 + \sum_{i=2}^{n}(x_i - G(t))^2, h(x) = 1 - \left(\dfrac{f_1}{g}\right)^{H(t)}$ $G(t) = \sin(0.5\pi t)$ $H(t) = 1.25 + 0.75\sin(0.5\pi t), t = \lfloor \tau/\tau_T \rfloor/n_T$ $PS(t): 0 \leq x_1 \leq 1, x_i = 0, i = 2, \cdots, n$ $PF(t): 0 \leq f_1 \leq 1, f_2 = 1 - f_1^{H(t)}$	两目标 PF 变 PS 变
DMOP3	$[0,1] \times [-1,1]^{n-1}$	$f_1(x_r) = x_1, f_2(x \backslash x_r) = g \cdot h$ $g(x) = 1 + \sum_{i=1}^{x \backslash x_r}(x_i - G(t))^2, h(x) = 1 - \sqrt{\dfrac{f_1}{g}}$ $G(t) = \sin(0.5\pi t), r = \bigcup(1,2,\cdots,n), t = \lfloor \tau/\tau_T \rfloor/n_T$ $PS(t): 0 \leq x_1 \leq 1, x_i = G(t), i = 2, \cdots, n$ $PF(t): 0 \leq f_1 \leq 1, f_2 = 1 - \sqrt{f_1}$	两目标 PF 不变 PS 变

续表

问题	搜索空间	目标、PF、PS	附注
F5	$[0,5]^n$	$f_1(x) = \|x_1-a\|^{H(t)} + \sum_{i \in I_1} y_i^2$ $f_1(x) = \|x_1-a-1\|^{H(t)} + \sum_{i \in I_2} y_i^2$ $y_i = x_i - b - 1 + \|x_1-a\|^{H(t)+\frac{i}{n}}$ $H(t) = 1.25 + 0.75\sin(\pi t), a = 2\cos(\pi t) + 2,$ $b = 2\sin(2\pi t) + 2, t = \lfloor \tau/\tau_T \rfloor / n_T$ $I_1 = \{i \mid 1 \leqslant i \leqslant n, i \text{ 为奇数}\}$ $I_2 = \{i \mid 1 \leqslant i \leqslant n, i \text{ 为偶数}\}$ $PS(t): a \leqslant x_1 \leqslant a+1, x_i = b+1-\|x_1-a\|^{H(t)+\frac{i}{n}},$ $\quad i = 2, \cdots, n$ $PF(t): f_1 = s^{H(t)}, f_2 = (1-s)^{H(t)}, 0 \leqslant s \leqslant 1$	两目标 PF 变 PS 变
F6	$[0,5]^n$	$f_1(x) = \|x_1-a\|^{H(t)} + \sum_{i \in I_1} y_i^2$ $f_1(x) = \|x_1-a-1\|^{H(t)} + \sum_{i \in I_2} y_i^2$ $y_i = x_i - b - 1 + \|x_1-a\|^{H(t)+\frac{i}{n}}$ $H(t) = 1.25 + 0.75\sin(\pi t)$ $a = 2\cos(1.5\pi t)\sin(0.5\pi t) + 2$ $b = 2\cos(1.5\pi t)\cos(0.5\pi t) + 2, t = \lfloor \tau/\tau_T \rfloor / n_T$ $I_1 = \{i \mid 1 \leqslant i \leqslant n, i \text{ 为奇数}\}$ $I_2 = \{i \mid 1 \leqslant i \leqslant n, i \text{ 为偶数}\}$ $PS(t): a \leqslant x_1 \leqslant a+1, x_i = b+1-\|x_1-a\|^{H(t)+\frac{i}{n}},$ $\quad i = 2, \cdots, n$ $PF(t): f_1 = s^{H(t)}, f_2 = (1-s)^{H(t)}, 0 \leqslant s \leqslant 1$	两目标 PF 变 PS 变
F7	$[0,5]^n$	$f_1(x) = \|x_1-a\|^{H(t)} + \sum_{i \in I_1} y_i^2$ $f_1(x) = \|x_1-a-1\|^{H(t)} + \sum_{i \in I_2} y_i^2$ $y_i = x_i - b - 1 + \|x_1-a\|^{H(t)+\frac{i}{n}}$ $H(t) = 1.25 + 0.75\sin(\pi t)$ $a = 1.7(1-\sin(\pi t))\sin(\pi t) + 3.4$ $b = 1.4(1-\sin(\pi t))\cos(\pi t) + 2.1, t = \lfloor \tau/\tau_T \rfloor / n_T$ $I_1 = \{i \mid 1 \leqslant i \leqslant n, i \text{ 为奇数}\}$ $I_2 = \{i \mid 1 \leqslant i \leqslant n, i \text{ 为偶数}\}$ $PS(t): a \leqslant x_1 \leqslant a+1, x_i = b+1-\|x_1-a\|^{H(t)+\frac{i}{n}}, i = 2, \cdots, n$ $PF(t): f_1 = s^{H(t)}, f_2 = (1-s)^{H(t)}, 0 \leqslant s \leqslant 1$	两目标 PF 变 PS 变
F8	$[0,1]^2 \times [-1,2]^{n-1}$	$f_1(x) = (1+g)\cos(0.5\pi x_2)\cos(0.5\pi x_1)$ $f_2(x) = (1+g)\cos(0.5\pi x_2)\sin(0.5\pi x_1)$ $f_3(x) = (1+g)\sin(0.5\pi x_2)$ $g(x) = \sum_{i=3}^{n}(x_i - (\frac{x_1+x_2}{2}))^{H(t)} - G(t))^2$ $G(t) = \sin(0.5\pi t), H(t) = 1.25 + 0.75\sin(\pi t)$ $t = \lfloor \tau/\tau_T \rfloor / n_T$ $PS(t): 0 \leqslant x_1, x_2 \leqslant 1, x_i = \left(\frac{x_1+x_2}{2}\right)^{H(t)} + G(t), i = 3, \cdots, n$ $PF(t): f_1 = \cos(u)\cos(v), f_2 = \cos(u)\sin(v), f_3 = \sin(u)$ $0 \leqslant u, v \leqslant \pi/2$	三目标 PF 变 PS 变

续表

问题	搜索空间	目标、PF、PS	附注
F9	$[0,5]^n$	$f_1(x) = \|x_1-a\|^{H(t)} + \sum_{i\in I_1} y_i^2$ $f_1(x) = \|x_1-a-1\|^{H(t)} + \sum_{i\in I_2} y_i^2$ $y_i = x_i - b - 1 + \|x_1-a\|^{H(t)+\frac{i}{n}}$ $H(t) = 1.25 + 0.75\sin(\pi t)$ $a = 2\cos\left(\left(\frac{t}{n_T}-\lfloor\frac{t}{n_T}\rfloor\right)\pi\right) + 2$ $b = 2\sin(2\left(\frac{t}{n_T}-\lfloor\frac{t}{n_T}\rfloor\right)\pi) + 2, t = \lfloor\tau/\tau_T\rfloor/n_T$ $I_1 = \{i \mid 1 \leqslant i \leqslant n, i \text{ 为奇数}\}$ $I_2 = \{i \mid 1 \leqslant i \leqslant n, i \text{ 为偶数}\}$ $PS(t): a \leqslant x_1 \leqslant a+1, x_i = b+1 - \|x_1-a\|^{H(t)+\frac{i}{n}}$ $i = 2, \cdots, n$ $PF(t): f_1 = s^{H(t)}, f_2 = (1-s)^{H(t)}, 0 \leqslant s \leqslant 1$	两目标 PF 变 PS 变

9.2 FPS

Hatzakis 等人于 2006 年提出了一种向前预测策略（feed-forward prediction strategy, FPS）（Hatzakis et al., 2006）。FPS 记录目标空间相邻历史 PF 上的边界点信息，通过自回归模型预测环境变化后 PS 的位置（Hatzakis et al., 2006；Chatfield et al., 2004）。FPS 中初始种群由三部分构成：环境变化前的非支配解集、随机产生的解集和预测的解集。非支配解集使算法更有利于处理 PS 不随时间改变的动态多目标问题，而被支配的解集保持了种群的多样性，使算法能搜索到新的最优解。

9.2.1 预测策略及算法

该策略通过过去的最优解的历史信息来预测下一个时间步的最优解的位置。这些位置是为了产生预测集，最简单的方式是一个位置放置一个个体。如果下一个时间步到达或者目标函数变化，预测集中的个体将被插入到进化种群中。如图 9.1 所示，是一个 2 维决策空间向

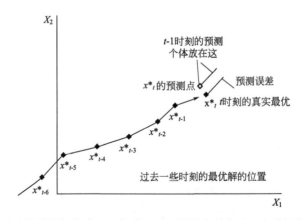

图 9.1 过去的最优解序列（一直到 $t-1$）被用来创造下一个时间步 t 的预测

量的预测过程，利用 $\{x_{t-1}^*, x_{t-2}^*, \cdots\}$ 等信息预测下一个最优解 x_t^* 的位置。如果预测成功，预测最优个体距离真实最优个体很近，但一般存在一定的预测误差，预测误差越小表示预测效果越好。

如图 9.2 所示，FPS 预测过程主要有两个步骤：第一步，利用 $t-1$ 时刻及以前的决策空间的历史最优解集来预测 t 时刻的最优解集；第二步，将预测到的最优解集插入到进化种群中。

预测集是为了更快地发现最优解，但是，当可预测性较低时，就需要用到其他的优化技术，如收敛性/多样性平衡方法。

该策略主要适用于离散特性的动态问题，问题目标以一种非无穷小的方式变化，在每一个时间步，函数评价次数相同。

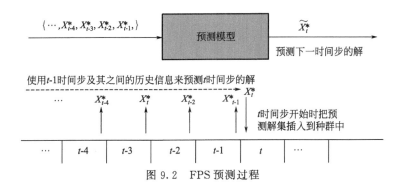

图 9.2 FPS 预测过程

向前预测策略的具体过程如算法 9.1 所示。

算法 9.1 FPS 算法。

在 $t-1$ 时刻结束时：
1： 使用当前的时间序列和过去的最优解的位置 $\{x_{t-1}^*, x_{t-2}^*, \cdots\}$ 以及预测方法来预测下一个最优解 x_t^* 的位置；
2： 根据最优解 x_t^* 的位置，预测并产生一组个体（预测集）；

在 t 时刻时：
3： 把预测集中个体插入种群中；
4： 使用优化算法对种群进行优化并用测试函数对种群进行评价找出新的最优解 x_t^*；
5： 在该时刻结束时，t 时刻发现的最好的解已经被保存到最优解 x_t^* 中，然后更新时间序列；
6： 返回步骤 1。

FPS 算法中，种群由 3 部分组成：非支配集（收敛到当前环境的最优解集）、随机集（由随机产生的可行解个体组成），以及预测集。非支配集是环境变化前的最优解集，主要用于记录历史收敛信息。随机集是为了保存多样性，用于搜索和发现新的最优解。预测集是为了预测环境变化后的最优解，以加快收敛速度。种群的组成如图 9.3 所示。

当环境变化表现出一些可预测性的时候，FPS 的效果表现得很好。但是这个要求也不是必须的，因为一些动态问题是完全不可预测的，这时则倾向于通过在每一个时间步中重新初始化来解决。当有很小的可预测性或者完全没有可预测性的时候，多样性主要依靠随机集

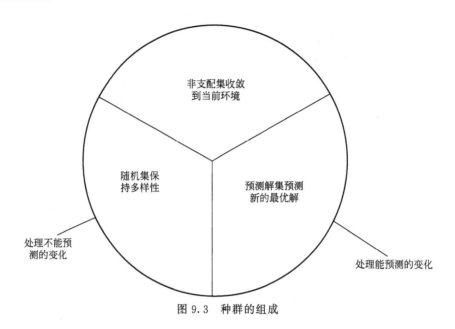

图 9.3 种群的组成

来保持。预测集通常包含很少数量的个体（通常小于种群大小 5%）。

9.2.2 实验结果

实验测试函数为 FDA1、DMOP1、DMOP2 和 FDA4，其中，FDA1 和 FDA4 都是 PF 不变的测试问题，DMOP1 和 DMOP2 是 PF 随着环境变化的测试问题。种群大小为 100，环境变化频率 $\tau_T=30$，环境变化强度 $n_T=10$，测试问题中的决策空间维数均为 20。算法独立运行 20 次，每次跟踪 120 次环境变化。实验结果如图 9.4～图 9.7 所示，在 FDA1、DMOP1 和 DMOP2 测试问题上，FPS 算法所求得的解十分接近 PF，说明求解效果好。图 9.5 为选取 $t=(24,27,33,35,40)$ 5 次环境变化在 DMOP1 上的实验结果；图 9.6 为选取 $t=(23,27,33,35,40)$ 5 次环境变化在 DMOP2 上的实验结果。对 FDA4，FPS 算法所求得的解集中，大多数解个体十分接近 PF，说明 FPS 算法求解 FDA4 的效果较好。

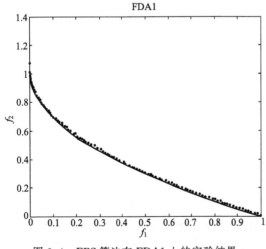

图 9.4 FPS 算法在 FDA1 上的实验结果

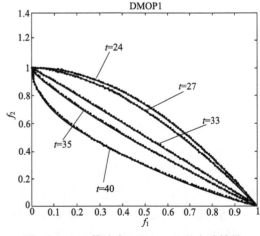

图 9.5 FPS 算法在 DMOP1 上的实验结果

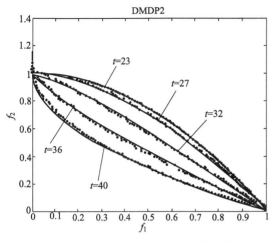

图 9.6　FPS算法在 DMOP2 上的实验结果

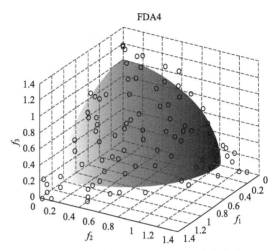

图 9.7　FPS算法在 FDA4 上的实验结果

9.3　PPS

周爱民等人于 2014 年提出了一种基于种群的预测策略（population prediction strategy, PPS）（Zhou A et al., 2007, 2014）。在此之前，预测方法主要用于预测一些孤立的个体，而种群预测策略是在环境变化后，根据环境变化之前的一些重要的历史信息来重新初始化整个种群中的所有个体。在该预测策略中，一个 Pareto 解集主要包括两个部分：中心点和副本。中心点的集合主要是用于预测下一个中心点，而先前的副本主要是估计下一个副本。

9.3.1　PPS 基本原理

PPS 利用一些历史信息来预测和初始化一个种群，使它接近新的 PS。首先把一个种群分成两个部分：中心点和副本，然后分别对中心点和副本进行预测和估计得到新的种群。假设在 t 时刻时，把 PS^t 分成中心点 $\overline{x}^t$ 和副本 $\widetilde{C}^t$：

$$PS^t \cong \widetilde{x}^t + \widetilde{C}^t \tag{9.2}$$

中心点可以根据式（9.3）评估：

$$\overline{x}^t = \frac{1}{|P^t|} \sum_{x^t \in P^t} x^t \tag{9.3}$$

其中，$P^t = \{x^t\}$，并且对于任意 $x^t \in P^t$，x^t 可以由式（9.4）表示：

$$x^t = \overline{x}^t + \widetilde{x}^t \tag{9.4}$$

副本 $\widetilde{C}^t$ 表示为

$$\widetilde{C}^t = \{\widetilde{x}^t\} \tag{9.5}$$

对于中心点和副本有不同的操作策略，对于前者，以前的中心点 $\{\overline{x}^0, \overline{x}^1, \cdots, \overline{x}^t\}$ 组成一个时间序列，这样就可以通过这些中心点序列去预测下一个中心点 $\overline{x}^{t+1}$。对于后者，通过前面的 PS 副本来预测 $\widetilde{C}^{t+1}$。这样就得到了一个接近于 PS^{t+1} 的初始种群。

一个 2 目标问题在 2 维决策空间下的所有 PS 运动过程如图 9.8 所示，其中，图 9.8 (a) 为所有 PS 的运动轨迹，图 9.8 (b) 为 PS 副本的运动轨迹，图 9.8 (c) 为 PS 中心点的运动轨迹。

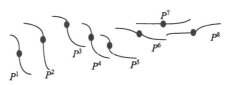

(a) 所有PS的运动轨迹

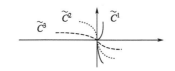

(b) PS副本的运动轨迹

(c) PS中心点的运动轨迹

图 9.8　一个 2 目标问题在 2 维决策空间下的所有 PS 运动的图解

9.3.2　PS 中心点的预测

在时间 $t+1$，PPS 的中心点序列为 $\overline{x}^{t-k}$ ($k=0,1,2,\cdots,M-1$)，利用自回归模型（AR）来预测下一个中心点（Hatzakis et al., 2006; Chatfield et al., 2004）。下面对 AR 模型进行简单讨论。

令 $\overline{x}^t=(\overline{x}_1^t,\cdots,\overline{x}_n^t)^T$，则下一个中心点 $\overline{x}^{t+1}$ 可以通过式（9.6）得到。

$$\overline{x}^{t+1}=\sum_{j=0}^{p-1}\lambda_{j,i}\overline{x}_i^{t-j}+\varepsilon_i^c, \varepsilon_i^c \sim N(0,\sigma_i^c) \tag{9.6}$$

式（9.6）中，$\lambda_{j,i}$ 是 AR 模型的系数，$i=1,2,\cdots,n$，$j=0,1,\cdots,p-1$，p 是 AR 模型的顺序。

$$\Psi_i=(\overline{x}_i^t,\overline{x}_i^{t-1},\cdots,\overline{x}_i^{t-M+p})^T \tag{9.7}$$

令：

$$\Phi_i=\begin{pmatrix} \overline{x}_i^{t-1} & \cdots & \overline{x}_i^{t-p+1} \\ \overline{x}_i^{t-2} & \cdots & \overline{x}_i^{t-p} \\ \overline{x}_i^{t-M+p-1} & \cdots & \overline{x}_i^{t-M+1} \end{pmatrix} \tag{9.8}$$

$$\Lambda i=(\lambda_{0,i},\lambda_{1,i},\cdots,\lambda_{p-1,i})^T \tag{9.9}$$

把历史中心点代入式（9.7）得到一个矩阵：

$$\Psi_i=\Phi_i\Lambda_i \quad (i=1,2,\cdots,n) \tag{9.10}$$

AR 模型的系数向量 Λ_i ($i=1,2,\cdots,n$) 可以通过最小二乘回归法计算得到：

$$\Lambda_i=(\Phi_i^T\Phi_i)^{-1}\Phi_i^T\Psi_i \tag{9.11}$$

变量 σ_i^c ($i=1,2,\cdots,n$) 可通过平均平方误差得到：

$$\sigma_i^c = \frac{1}{M-p} \sum_{k=t-M+p}^{t} \left[\overline{x}_i^j - \sum_{j=0}^{p-1} a_{j,i} \overline{x}_i^{k-j} \right]^2 \qquad (9.12)$$

9.3.3 PS 的副本估计

PPS 通过最近的两个副本 $\widetilde{C}^t$ 和 $\widetilde{C}^{t-1}$ 来估计 PS 副本 $\widetilde{C}^{t+1}$。具体地，对于每个点 $\widetilde{x}^t \in \widetilde{C}^t$ 被用来估计一个新的点：

$$\widetilde{x}_i^{t+1} = \widetilde{x}_i^t + \varepsilon_i^m \qquad (9.13)$$

其中，$\varepsilon_i^m \sim N(0, \sigma_i^m)$（$i=1, 2, \cdots, n$），变量 σ_i^m 为

$$\sigma_i^m = \frac{1}{n} D(\widetilde{C}^t, \widetilde{C}^{t+1})^2 \qquad (9.14)$$

$D(A, B)$ 度量了副本 A 和副本 B 之间的距离，其定义如下：

$$D(A, B) = \frac{1}{|A|} \sum_{x \in A} \min_{y \in B} \| x - y \| \qquad (9.15)$$

9.3.4 下一时刻解的生成

假设式（9.6）和式（9.13）中的噪声是相互独立的，把式（9.12）和式（9.13）代入式（9.4），对每个 $x^t \in P^t$，得到一个可以预测下一个点的位置的公式：

$$\begin{aligned} x_i^{t+1} &= \overline{x}_i^{t+1} + \widetilde{x}_i^{t+1} \\ &= \left(\sum_{j=0}^{p-1} \lambda_{j,i} \overline{x}_i^{t-j} + \varepsilon_i^c \right) + (\widetilde{x}_i^t + \varepsilon_i^m) \\ &= \sum_{j=0}^{p-1} \lambda_{j,i} \overline{x}_i^{t-j} + \widetilde{x}_i^t + \varepsilon_i \end{aligned} \qquad (9.16)$$

其中，ε_i 服从正态分布（$i=1, 2, \cdots, n$），即 $\varepsilon_i \sim N(0, \sigma_i^c + \sigma_i^m)$，$\sigma_i^c + \sigma_i^m$ 表示 ε_i 的方差。

9.3.5 PPS 算法

当环境发生变化时，在时间 t 刚开始时，初始化种群 P^t。PPS 的过程如算法 9.2 所示。

算法 9.2 PPS 算法。

1： 如果 $t \leqslant p$，则种群分别从 P^t 和 P^{t-1} 中随机取样，各占一半，返回；

2： 用历史信息估计 AR(P) 模型的参数 $\lambda_{j,i}$，σ_i^c 和 σ_i^m 的变化，$i=1, 2, \cdots, n$，$j=0, 1, \cdots, p-1$；

3： 对于 P^{t-1} 中的每一个点 x^{t-1}；

3.1： 按式（9.16）产生一个新的点 y；

3.2： 执行下列操作：

$$x_i^t = \begin{cases} y_i & a_i \leqslant y_i \leqslant b_i \\ 0.5(a_i + x_i^{t-1}) & y_i < a_i \\ 0.5(b_i + x_i^{t-1}) & y_i > b_i \end{cases}$$

其中，$i=1, 2, \cdots, n$，然后把 x^t 放入 P^t 中。

9.3.6 实验结果

实验测试函数为 DMOP2、FDA4、DMOPA 和 DMOPF，其中，FDA4 和 DMOPF 都是 PF 不变的测试问题，DMOP2 和 DMOPA 是 PF 随着环境变化的测试问题。种群大小为 100，环境变化频率 $\tau_T=30$，环境变化强度 $n_T=10$，测试问题中的决策空间维数均为 20。算法独立运行 20 次，每次跟踪 120 次环境变化。实验结果如图 9.9～图 9.12 所示，在 DMOP2 和 DMOPA 测试问题上，PPS 算法所求得的解十分接近 PF，说明求解效果好；对 FDA4 和 DMOPF，PPS 算法所求得的解集中，大多数解个体十分接近 PF，说明 PPS 算法求解 FDA4 和 DMOPF 的效果较好。

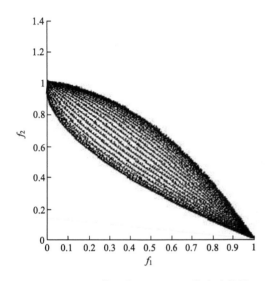

图 9.9　PPS 算法在 DMOP2 上的实验结果

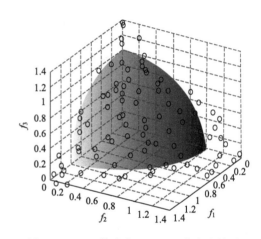

图 9.10　PPS 算法在 FDA4 上的实验结果

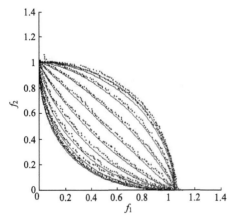

图 9.11　PPS 算法在 DMOPA 上的实验结果

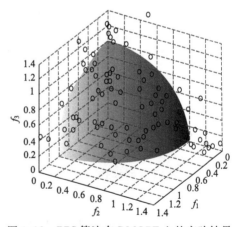

图 9.12　PPS 算法在 DMOPF 上的实验结果

9.4 DEE-PDMS

郑金华等提出了一种基于进化环境的多目标进化模型（郑金华等，2014），利用进化环境记录群体进化过程中产生的知识信息，并反过来指导群体搜索，实现环境与群体的共同进化。在此基础上，彭舟等提出了一种基于动态环境进化模型的种群多样性保持策略（population diversity maintaining strategy based on dynamic environment evolutionary model, DEE-PDMS）(Peng Z et al., 2014)。在动态环境中，当环境变化后，环境信息、环境知识也会随之发生变化，如何充分利用动态环境中的信息帮助种群适应新的环境，有指导性地提高种群的多样性，对于解决动态多目标优化问题具有重要的作用。

9.4.1 动态环境模型

动态环境模型由环境变化前后两种不同的环境和进化种群构成，而组成环境的要素包括环境知识、环境的评价机制和新环境中的规则。其中，环境知识分为静态知识和动态知识。环境的评价机制是指根据环境知识评价个体和种群在环境中的生存状况，为指导种群进化做准备。新环境中的规则指为了适应新的环境，种群在新环境中需要做出的相应改变。动态环境中前后两种不同的环境之间相互交换信息，促进和引导种群进化。反过来，种群将进化过程产生的信息反馈给环境，更新环境知识，实现共同进化。图9.13给出了动态环境进化模型的基本框架。

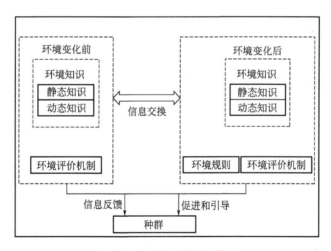

图 9.13 动态环境进化模型

9.4.2 动态进化模型的实现

动态环境中的每个个体都有一个生存空间，在这里用一种类似于网格的机制——环境域，存放环境中的个体。环境域由很多相同的、被称为单元域的网格组成，环境域、单元域的维数与优化目标的维数相同。当环境发生变化时，个体在环境域中的位置也随之发生改变。因此，环境域的范围、单元域的大小是由环境变化前后种群的不同分布位置共同决定的，环境域每维目标的底边界和顶边界计算方法如下：

$$lb_k = \min(P_k) - (\max(P_k) - \min(P_k))/(2 \times div) \tag{9.17}$$

$$ub_k = \max(P_k) + (\max(P_k) - \min(P_k))/(2 \times div) \tag{9.18}$$

其中，div 为每一维目标上的单元域数目。$\min(P_k)$ 和 $\max(P_k)$ 分别表示种群 P 在第 k 维目标上的最小值和最大值，如图 9.14 所示。第 k 维目标上的单元域的大小为

$$area\_size_k = (ub_k - lb_k)/div \tag{9.19}$$

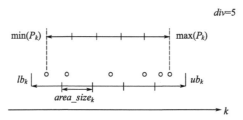

图 9.14 k 维目标上环境域的设置

在动态环境中，每个个体在环境变化前后将属于两个不同的单元域，记 $indiv.old\_area$ 为个体 $indiv$ 在环境变化前所属的单元域，$indiv.new\_area$ 为其在环境变化后所属的单元域。$indiv.old\_area$ 和 $indiv.new\_area$ 在第 k 维目标上的域坐标计算分别为

$$indiv.old\_area_k = \lfloor (indiv.oldF_k - lb_k)/area\_size_k \rfloor \tag{9.20}$$

$$indiv.new\_area_k = \lfloor (indiv.newF_k - lb_k)/area\_size_k \rfloor \tag{9.21}$$

其中，$indiv.oldF_k$ 和 $indiv.newF_k$ 分别为个体 $indiv$ 在环境变化前后的第 k 维目标值。

1. 环境的评价机制

环境对个体的评价指每次环境变化后，计算每个个体的单元域的坐标，并反馈给环境，从而构造出一个新的动态环境。

环境对种群的评价指对种群在新环境下的分布情况进行评价，产生一系列的引导个体，为指导种群在新环境下的进化做准备。引导个体的产生公式为

$$init_k^t = x_k^t + |(C_k^t - C_k^{t-1})Gaussian|, (C_k^t - C_k^{t-1}) > 0 \tag{9.22}$$

$$init_k^t = x_k^t - |(C_k^t - C_k^{t-1})Gaussian|, (C_k^t - C_k^{t-1}) < 0 \tag{9.23}$$

这里，x_k^t 为第 t 次环境变化时种群中的个体（$k=1,2,\cdots,n$），n 为决策空间的维数；$Gaussian$ 为满足标准正态分布的随机数产生器；C_k^t 为第 t 次环境变化时种群中第一层非支配解集的中心点位置，计算公式为

$$C_k^t = \frac{1}{|P_{\text{N-dominance}}^t|} \sum_{x_k^t \in P_{\text{N-dominance}}^t} x_k^t \tag{9.24}$$

其中，$|P_{\text{N-dominace}}^t|$ 是非支配解集大小。对于新产生的引导个体也需要计算其对应的单元域坐标。

2. 新环境中的规则

为了适应新环境的规则，种群在新环境中需要做出相应的改变。将种群分成 3 个子种群来适应环境变化后的规则。第一个子种群有想回到过去的趋势，第二个子种群保持不变，第三个子种群想适应新环境。对 2 目标问题，三个子种群大小可分别设置为 30、40、30（对 3 目标问题，三个子种群大小可分别设置为 60、80、60）。

首先构造子种群 2，直接将原种群中的聚集距离最大的非支配个体划归子种群 2。子种群 1 和子种群 3 的构造过程如算法 9.3 所示。

算法 9.3 均匀划分子种群。

输入：Q（未划分的剩余种群）。

输出：子种群 1（记为 SP1，初始时为空），子种群 3（记为 SP3，初始时为空）。

```
1:    SP1＝SP1∪{q∈Q}；Q＝Q－{q}；
2:    for (p∈Q∧Q≠Null)
3:       if (p 与 q 单元域相邻)
4:          then if (｜R｜>1) (R 为 p 所在单元域所有个体的集合)
5:             then {SP1＝SP1∪{p}；SP3＝SP3∪R－{p}；Q＝Q－R；q＝p；}
6:             else {SP3＝SP3∪{p}；Q＝Q－{p}}
6:          else {SP1＝SP1∪{p}；Q＝Q－{p}；q＝p；}
7:    return (SP1, SP3);
```

图 9.15 为划分子种群实例，选取第一个个体 A，选取第二个个体与之比较，假设为 B。因为 B 与 A 单元域相邻，且其单元域中不存在多个个体，所以不能将 B 划入 A 所在子种群。接下来选择个体 C，C 与 A 的单元域不相邻，则将 C 与 A 划入同一子种群，并将 C 代替 A 作为被比较的个体。同样 E 与 C 的单元域不相邻，也被划入同一子种群。虽然 F 与 E 的单元域相邻，但其单元域中存在另一个个体 G，因此 F 将被选择划入同一子种群。划分结束，A、C、E、F 被划入同一子种群，B、D、G、H 被划入另一子种群。

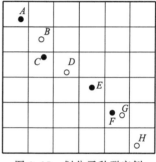

图 9.15 划分子种群实例

3. 动态环境的促进与导向

动态环境的促进与导向是指根据环境知识和新环境中的规则，引导不同的子种群朝其期望的环境进化，从而有指导性地增加种群的多样性，加速种群在新环境中的收敛。在环境的促进与导向操作中，针对子种群 1 和子种群 3 设计不同的策略来选择待重组的父代个体，并使用文献（郑金华 等，2014）中提出的均匀性导向操作产生子代个体。子种群 2 中的个体不需要进行重组操作。

子种群 1 和子种群 3 中选择待重组的父代个体的策略如下：

① 对于子种群 1 中的个体 $sub1\_indiv$，先计算出位于单元域坐标 $sub1\_indiv.old\_area_i$ 和 $sub1\_indiv.new\_area_i$ 之间所有引导个体，然后选取离 $sub1\_indiv.old\_area_i$ 最近的一个存在个体的单元域。若在该单元域中有多个个体，则选取该单元域中的代表个体作为第一个父代个体。$sub1\_indiv$ 作为第二个父代个体。

② 对于子种群 3 中的个体 $sub3\_indiv$，选取 $sub3\_indiv.old\_area_i$ 到 $sub3\_indiv.new\_area_i$ 的方向上，离 $sub3\_indiv.old\_area_i$ 最远的一个存在个体的单元域，若在该单元域中有多个个体，则选取该单元域中的代表个体作为第一个父代个体。$sub3\_indiv$ 作为第二个父代个体。

图 9.16 为子种群 1 和子种群 3 中选择待重组的父个体的实例，其中，$A.old\_area$ 和 $A.new\_area$ 分别是环境变化前和变化后的个体 A 的单元域坐标，除实心小圆点外均为引导个体，B 为选择的与 A 进行重组的父个体。如图 9.16 (a) 中，灰色小圆点为 $A.old\_area$ 和 $A.new\_area$ 之间的引导个体，个体 B 所在单元域离 $A.old\_area_i$ 近且有两个个

体，故选择 B 为与 A 进行重组的父个体。如图 9.16（b）中，在 $A.old\_area$ 到 $A.new\_area$ 的方向上，离 $A.old\_area$ 最远的个体为 B，故选择 B 为与 A 进行重组的父个体。同理，如图 9.16（c）中，选择 B 为与 A 进行重组的父个体。

重组过程为环境进化模型中的均匀性导向操作：设待重组的父代个体为 $U=(u_1,u_2,\cdots,u_n)$，$V=(v_1,v_2,\cdots,v_n)$，n 为决策向量维数，则子代个体为 $W=(w_1,w_2,\cdots,w_n)$，$w_i=a(u_i-v_i)+v_i$，其中 a 为 0.8～1 之间的随机数。容易发现，w_i 位于 u_i 和 v_i 之间，且更接近 u_i。这里，A 为父代个体 V，B 为父代个体 U。

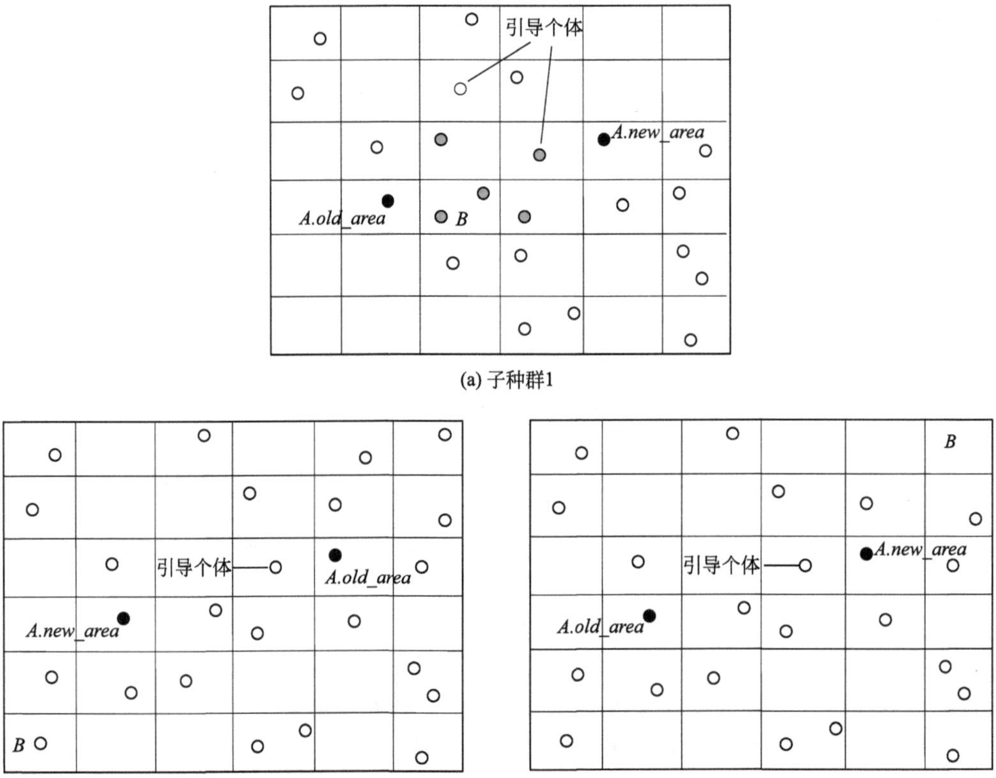

(a) 子种群1

(b) 子种群3：$A.old\_area_i > A.new\_area_i$

(c) 子种群3：$A.old\_area_i < A.new\_area_i$

图 9.16　子种群 1 和子种群 3 中选择待重组的父个体的实例

9.4.3　DEE-PDMS

DEE-PDMS 的目的是在环境变化后获得适应新环境的初始化种群，使得新种群能快速地响应环境的变化，其具体实现如算法 9.4 所示。

算法 9.4　DEE-PDMS。
输入：总进化代数 $gmax$，环境变化频率 τ_t，环境变化剧烈程度 n_t，DMOPs。
输出：种群 P_t。

1：　初始化：随机初始化种群 P_0；环境变化次数 $t=0$；迭代次数 $gt:=0$；
2：　检测环境变化，若没有变化，转到步骤 7；否则按式（9.20）和式（9.21）构造动态环境；
3：　对环境进行评价，产生引导个体；

4: 将 P_t 划分为 3 个子种群 P_{sub1}、P_{sub2} 和 P_{sub3}；
5: 对 3 个子种群分别进行重组操作，产生 3 个子代种群 $P_{sub1'}$、$P_{sub2'}$ 和 $P_{sub3'}$；
6: 将 3 个子种群合并：$P_t = P_{sub1'} \bigcup P_{sub2'} \bigcup P_{sub3'}$；
7: 用优化算法对 P_t 进行优化（采用的优化算法为 RM-MEDA (Zhang Q et al., 2008a)）；
8: 如果 $gt > gmax$，则输出 P_t 并终止；否则 $gt := gt + 1$，转到步骤 2。

9.4.4 实验结果

为了检验 DEE-PDMS 的性能，将其与 FPS 和 PPS 进行比较。测试函数为 DMOP1、DMOP2、F6 及 F7。DEE-PDMS 每维目标上单元域数目设置为 40，产生的引导个体数目为 100，种群规模为 100，环境变化频率 τ_T 设为 25，变化程度 n_T 设为 10。三种策略求解不同测试问题时所获解集的 DIGD 指标值随时间 t 变化的结果如图 9.17 所示。DIGD 指标同时反映了算法的收敛性和分布性，其值越小越好（Zhou A et al., 2013）。

从图 9.17 中可以看出，随着环境的周期变化和经验的积累，PPS 的收敛性和分布性在后期趋于稳定，略优于 DEE-PDMS，且 DEE-PDMS 的综合性能优于 FPS。对于 PS 不变的测试问题 DMOP1，DEE-PDMS 中保存的部分当前子种群能帮助算法收敛。在求解非线性问题 F7 上，DEE-PDMS 的优势比较明显，表明 DEE-PDMS 适用于解决复杂的非线性问题。

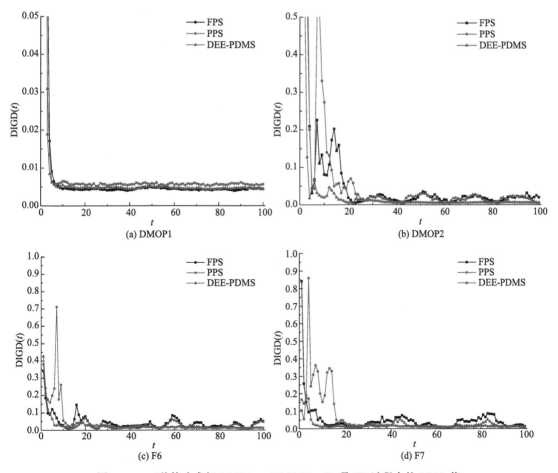

图 9.17 三种策略求解 DMOP1、DMOP2、F6 及 F7 过程中的 DIGD 值

第 10 章 MOEA 性能评价

10.1 概述

对一个多目标进化算法的性能进行评价时,一方面需要有一套能够客观地反应 MOEA 优劣的评价工具或方法;另一方面需要选取一组比较有代表性的测试问题,通常选取有已知解的问题(benchmark test problem)作为测试用例,有关讨论可参见本书第 11 章。对 MOEA 的评价主要考虑两个指标:一个是 MOEA 的效果(effectiveness),另一个是 MOEA 的效率(efficiency)。MOEA 的效果是指它所求得的 Pareto 最优解集的质量,主要是指 MOEA 的收敛效果和分布效果。MOEA 的效率主要指它在求取一个多目标优化问题的 Pareto 最优解集时所需要的 CPU 时间,以及它所占用的空间资源。此外,MOEA 的鲁棒性、求解问题的范围,以及方便使用等也是考察 MOEA 性能的重要指标。有关 MOEA 评价工具(或方法)的讨论可参见 10.3 节。

可以用两类不同的方法来评价 MOEA 的性能,一类是从理论上对 MOEA 的性能进行分析,另一类是采用实验的方法来对 MOEA 的性能进行测试和比较分析。一个 MOEA 的运行效率和收敛特性是可以通过理论方法解决的,MOEA 设计者一般也对自己所设计的算法进行有关理论分析和论证。但目前对 MOEA 收敛性的论证主要局限于时间趋向于无穷大时算法的收敛性,对 MOEA 在有限时间内的收敛性分析结果极少。此外,当前大多数的 MOEA 所采用的进化机制没有本质上的差异,故而很难从理论上判断哪个 MOEA 更好。因此,目前多采用实验方法对 MOEA 的性能进行测试和比较分析。实践中,可以采用理论分析与实验手段相结合的方法,来评价一个 MOEA 的性能。

当采用实验手段对 MOEA 进行性能测试时,往往具有一定的局限性。一方面是因为所选取的测试用例通常具有一定的局限性,另一方面是只能对有限的 MOP 进行测试。可见,用枚举方法对 MOEA 的性能测试,不能够得出诸如"某某 MOEA 是最好的"这样的结论。因此,当采用实验手段对 MOEA 的性能进行测试时,重在对实验结果的比较与分析。例如,当一个 MOEA 对某类 MOP 表现出比其他 MOEA 更好的实验结果时,需要分析产生这个结果的原因。此外,为了使实验数据具有很好的说服力,实验过程的设计十分重要,一般地,一个好的实验过程应包括下列步骤(Barr et al., 1995):

① 确定实验的目的。
② 选取合适的 MOEA 性能评价工具(或方法)。
③ 选取具有代表性的测试用例。
④ 实验及实验结果分析。
⑤ 采用合适的方式(如图和表)描述实验结果。

另外，在实验报告中，一定要比较清楚地说明所使用的实验环境，以便于实验结果的再现。

10.2 实验设计与分析

科学实验无论对科学研究还是对工程实践都具有十分重要的作用。在设计实验时，设计者通常具有很大的自由度来决定诸如测试用例、MOEA 具体的实现方法、实验环境、MOEA 性能评价工具、算法的参数设置，以及实验结果的描述等与实验有关的要素。这些实验要素的选取，对实验结果具有十分重要的作用和影响。因此，在确定各项实验要素时，要考虑可行性，同时也要考虑公平和公正性。只有这样，才能使实验结果具有意义和价值。下面对实验过程的主要环节进行讨论（Barr et al.，1995）。

10.2.1 实验目的

MOEA 测试实验主要包括两个方面的内容，一是针对相同的测试问题对不同的 MOEA 进行比较实验，二是针对某个具体 MOEA 所做的关于它的性能特征的实验。对于比较实验，其目的在于比较一个新 MOEA 与已有 MOEA 的性能差异，所参照的 MOEA 应该是当前最具有代表性的，如 NSGA-Ⅱ、SPEA2、MOEA/D 等。通常可以考虑以下几个方面：

① 与已有算法在收敛性、所求解集分布性方面的比较实验。
② 与已有算法在求解能力方面的比较实验。
③ 与已有算法在鲁棒性方面的比较实验，如对所求解问题特征的敏感性、对待处理数据质量的敏感性、对不同参数设置的敏感性等。
④ 与已有算法在应用范围方面的比较实验。
⑤ 与已有算法在效率上的比较实验。

对于 MOEA 的性能特征测试实验，主要目的在于通过实验获得 MOEA 的行为特征，以及影响 MOEA 行为的参数。实验的具体内容类似于对比实验，只不过是这类实验更侧重于某个具体 MOEA 的性能描述。

10.2.2 MOEA 评价工具的选取

MOEA 的主要性能指标可以概括为 3 个方面：所求解集的质量、计算效率和鲁棒性。对每一类性能指标，都有多种评价工具与之相对应。可以根据实验的目的来选取合适的评价工具，有关评价工具的详细讨论可参见 10.3 节。

1. 所求解集的质量

当运行一个 MOEA 后，它所求得的解集的质量是我们最关心的，因为这是最根本的东西。如果一个 MOEA 不能求得高质量的解集，那么该 MOEA 的其他性能无论有多么好，也是没有意义的。

评价解集质量时，对于有已知最优解的标准问题，如 benchmark 测试问题，通常的做法是比较所求解集与最优解集的偏差（deviation）。而对于那些没有已知最优解的优化问题，可以采用趋近度评价方法（Deb et al.，2002b），通过计算所求解集到参照集的最小距离来衡量，该距离越小，表明趋近程度越高。其中，参照集为历代非支配集并集的非支配集。当然，也可以与已公开发表的结果进行比较。

2. 计算效率

在确保所求解集质量的前提下，MOEA 的运行效率是考察的一项重要性能指标。可以用 MOEA 运行的 CPU 时间，也可以以关键操作的迭代次数来衡量 MOEA 的时间效率。在一个 MOEA 的收敛过程中，它所求解集的质量往往是随着时间的变化而变化的。一般情况下，解集的质量会随着时间的增加而变好，这一变化规律可以用"质量-时间"曲线来描述。如果一个 MOEA 的鲁棒性不好，它的收敛性能可能是不稳定的，这在"质量-时间"曲线上一定会表现出来。

在考察一个 MOEA 的计算效率时，要注意区分几个不同的时间概念。

① MOEA 运行的终止时间、终止条件往往是人为设定的。
② MOEA 找到高质量解集所用的时间，这是通过对解集质量的评价后确定的。
③ MOEA 在一次迭代中不同的阶段所用的时间。

因为不同的 MOEA 所采用的进化策略、非支配集的构造方法等可能存在较大差异，对不同阶段的时间分析有利于深入研究 MOEA 的进化特性。

3. 鲁棒性

如果一个 MOEA 只对某一个具体问题具有很好的求解能力，那么这个 MOEA 称不上是鲁棒的。一个鲁棒的 MOEA 应该具有比较广泛的应用领域，且在求解领域问题时应具有很好的稳定性。一个 MOEA 对所求解问题特征的敏感性、对待处理数据质量的敏感性，以及对不同参数设置的敏感性等，也是衡量其鲁棒性的重要指标。如果一个 MOEA 不能求解具有不同特征的问题，那么它不是鲁棒的；如果它对于质量较差的输入数据或初始数据，不能得到理想的解或者收敛性能随之下降，这样的 MOEA 也不是鲁棒的；同样地，如果一个 MOEA 对于不同的参数设置，所求解集的质量和收敛性能具有较大的差异，那么该 MOEA 也不是鲁棒的。

10.2.3 实验参数设置

在 MOEA 实验中，不同的参数设置可能会影响到它的性能。一般地，可能影响 MOEA 性能的因素主要有三个方面：测试问题中的参数、MOEA 自身的参数和实验环境参数。

1. 测试问题中的参数

一般地，不同的测试问题具有不同的特征。同类型的测试问题往往也因为问题规模的不同（如决策变量的数量和目标函数的数量）和数据表示方法的不同而影响 MOEA 的性能。因此，在 MOEA 测试时应尽可能多地选取不同类型的测试用例，并对可能影响 MOEA 性能的不同参数设置运行 MOEA。

2. MOEA 自身的参数

不同的 MOEA 在进化策略、非支配集的构造方法等方面往往存在着较大的差异。对于同一个 MOEA，不同的参数设置也可能影响它的性能，如进化群体规模（population size）、限制交配操作（mating restriction）、个体适应度值的分配策略（fitness assignment）、共享机制（sharing mechanism），以及进化个体的表示（individual representation）等。针对不同的参数设置对同一个 MOEA 的测试，是 MOEA 参数敏感性分析的一个重要方面。

3. 实验环境参数

实验环境参数主要指 MOEA 运行的软件和硬件环境。硬件方面主要有机器的品牌、机型、内存大小、CPU、处理器的个体，以及处理器的通信方式等。软件方面主要有操作系统、编程语言、编程语言的编译器及其设置等。此外，不同编程人员所完成的 MOEA 代码也有可能影响一个 MOEA 的性能。

10.2.4 实验结果分析

完成实验后，一个很重要的工作就是实验结果分析。在分析时，针对预定的实验目的，通过统计技术或非统计技术，将在实验中采集到的数据进行整理并做出解释。考虑到 MOEA 运行过程中存在随机性，实验结果一般是 10～30 次 MOEA 独立运行的平均结果。分析时，要重点分析不同的参数设置对 MOEA 性能的影响，如目标数的增加对 MOEA 求解质量和效率的影响。尤其要注意对"负结果"的分析，例如，当一个 MOEA 对众多的测试问题具有很好的实验结果，但对某个测试问题的实验结果不理想，一定要对这样的"负结果"做出理性的分析。

对实验结果进行分析时，比较直观的表现形式是图或表，如质量-时间、速度-鲁棒性等，都可以用合适的图表形式直观地描述。

10.3 MOEA 性能评价方法

10.3.1 评价方法概述

设计 MOEA 性能评价方法时，应该考虑以下特征：

① 函数值的范围应当在 0～1 之间，因为函数要用于不同代之间的比较，0～1 之间的函数可以更方便地比较算法不同代之间的变化。

② 期望函数值应当是可知的，也就是说理论上的非支配集的分布度是可以计算出来的。

③ 评价曲线应当是随着代数的增加成递增或递减的，这样更有利于不同集合之间的比较。

④ 评价函数应适用于任意多个目标。尽管这不是绝对需要的，但这使得算法能在不同目标维上进行比较。

⑤ 函数的计算复杂度不能太高。

目前，研究者们已经提出了许多种 MOEA 性能评价工具或方法，归纳起来可以分为三大类：第一类用来评价所求解集与真正的 Pareto 最优面的趋近程度，主要用于评价 MOEA 的收敛性；第二类用来评价解集的分布性；第三类是综合考虑解集的收敛性和分布性，用来评价解的综合性能。

要针对问题的特征，并根据实验目标在众多的评价方法中选取合适的评价方法。本小节将讨论一些具有代表性的评价工具或方法。

10.3.2 收敛性评价方法

在理想情况下，MOEA 的求解过程是一个不断逼近最优边界，最终达到最优边界的过

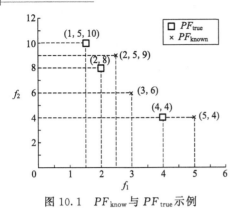

图 10.1 PF_{know} 与 PF_{true} 示例

程。但在实际应用中,对于特别复杂的 MOP,MOEA 很难找到真正的 Pareto 最优面。也就是说,MOEA 并不能保证一定可以找到 Pareto 最优解,而是尽可能地找到一个很好的近似解。因此,如何判断一组近似解的好坏就变得非常重要。

对 MOP 解集的趋近程度进行评价时,有两个参数非常重要:PF_{known} 与 PF_{true},即已知的 Pareto 面和真正的 Pareto 面,如图 10.1 所示 (Coello Coello et al.,2002)。下面我们讨论几种具有代表性的趋近度评价方法,并对具体例子进行计算,虽然大部分例子都是在 2 维目标空间上的,但是这些评价方法是可以扩展到任意维空间的。

1. 错误率

运行一个 MOEA 后,得到 PF_{known},但可能存在某些解向量不在 PF_{true} 中。如果存在这样的向量,那么说明这些向量是没有被覆盖的。定义没有被覆盖的解向量与群体规模的比率为错误率 (error ratio,ER),表示如下 (Coello Coello et al.,2002):

$$ER \triangleq \frac{\sum_{i=1}^{n} e_i}{n} \tag{10.1}$$

式中,n 是 PF_{known} 中的向量数目,$PF_{known} = \{\boldsymbol{X}_1, \boldsymbol{X}_2, \cdots, \boldsymbol{X}_n\}$。定义 e_i 如下:

$$e_i = \begin{cases} 0, \text{若向量 } \boldsymbol{X}_i \in PF_{true}(i \in \{1, 2, \cdots, n\}) \\ 1, \text{否则} \end{cases}$$

例如,$ER = 0$ 表明 MOEA 所求的 PF_{known} 中,每一个向量都在 PF_{true} 中;$ER = 1$ 则表示没有一个向量在 PF_{true} 中。在图 10.1 中,根据错误率的定义,可以计算出其值为 $ER = 2/3$。与之相似的方法有 Zitzler 等提出的采用参照集中非支配个体的比率来衡量算法的趋近程度 (Zitzler et al.,1999)。

2. 两个解集之间的覆盖率

Zitzler 在 2000 年提出了一种评价方法 (Zitzler et al.,2000) 用来实现 MOEA 中两解集相对覆盖率的比较。在该方法中,假设 $P' \subseteq P$ 和 $P'' \subseteq P$ 是目标空间中两个解集 (P 为 F_{known} 或 PF_{known}),将 (P', P'') 映射到 $[0, 1]$ 之间,则得 P' 和 P'' 之间的覆盖率 (tow set coverage,CS),计算公式为

$$CS(P', P'') \triangleq \frac{|\{a'' \in P'' | \exists a' \in P', a' \succ a'' \text{ 或 } a' = a''\}|}{|P''|} \tag{10.2}$$

如果 P' 中所有的点都支配或等于 P'' 中所有的点,那么可以定义 $CS = 1$,反之 $CS = 0$。一般来说,由于 P' 与 P'' 这两个解集的交集并不为空,所以在评价一个 MOEA 时,$CS(P', P'')$ 与 $CS(P'', P')$ 必须同时考虑。这种评价方法的优点是计算简单,能够提供 MOEA 不同代之间在支配关系上的相对比较关系。同时也要注意这种方法并不是距离上的比较,而是解集上的比较,可以说是一种特殊的评价方法。

3. 世代距离

Van Veldhuizen 与 Lamont 在 1998 年提出来一种评价方法世代距离 (generational

distance，GD）(Veldhuizen et al.，1998)，用来表示 PF_{known} 与 PF_{true} 之间间隔距离，其计算公式如下：

$$GD \triangleq \frac{\left(\sum_{i=1}^{n} d_i^p\right)^{1/p}}{n} \tag{10.3}$$

式中，n 是 PF_{known} 中的向量个数，$p=2$，d_i 表示目标空间上每一维向量与 PF_{true} 中最近向量之间的欧几里得距离。若结果为 0，则表示 $PF_{\text{true}} = PF_{\text{known}}$；而其他的值都表示 PF_{known} 偏离 PF_{true} 的程度。以图 10.1 为例，计算可得：

$$d_1 = \sqrt{(2.5-2)^2 + (9-8)^2}$$
$$d_2 = \sqrt{(3-3)^2 + (6-6)^2}$$
$$d_3 = \sqrt{(5-4)^2 + (4-4)^2}$$

因此，PF_{known} 与 PF_{true} 之间间隔距离为 $GD = \sqrt{1.118^2 + 0^2 + 1^2}/3 = 0.5$。

Schott 于 1995 年提出了一种称为"七点"平均距离的评价方法（Schott，1995），这与计算世代距离的思想是一样的。Schott 认为，在实际问题中，F_{true} 或 PF_{true} 都是很难求得其准确值的，因此想直接采用 F_{true} 或 PF_{true} 的值来对 MOEA 进行评价是很难实现的，所以他在目标空间生成七个点来代替 F_{true} 或 PF_{true} 用于比较，这样可以提高评价方法的准确性。假设针对一个 2 维的最小化多目标优化问题，f_1 和 f_2 是两个目标向量，且 (f_1, f_2) 的起点是 $(0, 0)$，首先计算出每一维目标的最大值，然后在每一维原点到最大点之间选择两个点，这样就选出了七个点。通过计算七个点与 PF_{known} 中最近向量之间的欧几里得距离的平均值，实现评价。假设一个 2 维最小化最优问题为 $\boldsymbol{F}(\boldsymbol{x}) = (f_1(\boldsymbol{x}), f_2(\boldsymbol{x}))$，七个点可以这样选取：

$$\{(0, (\max f_2(\boldsymbol{x}))/3), (0, 2*(\max f_2(\boldsymbol{x}))/3), (0, (\max f_2(\boldsymbol{x}))), (0, 0),$$
$$((\max f_1(\boldsymbol{x}))/3, 0), (2*(\max f_1(\boldsymbol{x}))/3, 0), ((\max f_1(\boldsymbol{x})), 0)\}.$$

4. 最大出错率

当对一个解集进行评价时，很难估计一个解集的一些向量优于其他解集的程度。例如，在比较 PF_{known} 和 PF_{true}，有的人希望同时比较两个解集的趋近程度以及两个解集的覆盖程度。这种比较特殊的评价要求考虑 PF_{known} 在 PF_{true} 中的每一维向量上的最大出错率（maximum pareto front error，ME）。换句话说，就是要考虑 PF_{known} 中的每一维向量与 PF_{true} 中最近向量的最小距离的最大者。以 2 维为例，这种评价方法定义如下（Coello Coello et al.，2002）：

$$ME \triangleq \max_j (\min_i |f_1^i(\boldsymbol{x}) - f_1^j(\boldsymbol{x})|^p + |f_2^i(\boldsymbol{x}) - f_2^j(\boldsymbol{x})|^p)^{1/p} \tag{10.4}$$

式中，i 和 j 分别是 PF_{known} 与 PF_{true} 的向量标识，$(i=1, \cdots, n_1)$，$(j=1, \cdots, n_2)$，$p=2$。若结果为 0，表明 $PF_{\text{known}} \subseteq PF_{\text{true}}$，而其他的值则表示 PF_{known} 中至少有一个向量不在 PF_{true} 中。以图 10.1 为例，求得图中的 PF_{known} 中的向量离 PF_{true} 最近的分别是 1.118、0 和 1。因此，$ME = 1.118$。

5. 高维空间及其比率

Zitzler 与 Thiele 在 1998 年提出了一种多目标进化算法的评价方法（Zitzler et al.，1998），称为高维空间（hyperarea）。高维空间是指在目标空间中被 PF_{known} 所覆盖的那一部分空间（或者称为曲线下空间）。例如，在一个 2 维优化问题中，PF_{known} 中的一个向量定义

了一个由原点与 $(f_1(\boldsymbol{x}),f_2(\boldsymbol{x}))$ 所围成的矩形空间。这种由 PF_{known} 中每一维向量所围成的矩形空间的集合就是该方法所说的高维空间，其定义如下：

$$H \triangleq \{\bigcup_i a_i \mid v_i \in PF_{known}\} \tag{10.5}$$

式中，v_i 是 PF_{known} 中的非支配向量，而 a_i 就是由原点及 v_i 所形成的高维空间。以图 10.1 为例可知，由 (0, 0) 和 Pareto 面上的点 (4, 4) 所围成的矩形区域有 16 个单位的面积，由 (0, 0) 及 (3, 6) 围成的矩形区域有 $3\times(6-4)=6$ 个单位的空间。所以，PF_{true} 的 $H=16+6+4+3=29$ 个单位，而 PF_{known} 的 $H=20+6+7.5=33.5$ 个单位。

同时 Zitzler 与 Thiele 注意到，当 PF_{known} 非凸时，这种评价方法存在着一些误差。并且在进行评价时，他们预先假设了 MOP 的原点是 $(0,\cdots,0)$，但是并不是所有的情况都是这样的。虽然 PF_{known} 中的向量都能映射到以原点为中心的区域，但是不同的优化问题其每一维向量映射的范围是不同的，这样最优的 H 值的变化范围就会很大。为了解决这个问题，他们又对该方法进行改进，提出了高维空间比率（hgperarea ratio，HR），其定义如下：

$$HR \triangleq \frac{H_1}{H_2} \tag{10.6}$$

式中，H_1 和 H_2 分别是 PF_{known} 与 PF_{true} 的高维空间。在最小化问题中，该比率为 1 表示 $PF_{known}=PF_{true}$，大于 1 则表示 PF_{known} 中覆盖的高维空间要大于 PF_{true} 中的高维空间。以图 10.1 为例：

$$HR=\frac{33.5}{29}=1.155$$

6. 基于距离的趋近度评价方法

Deb 于 2002 年提出一种趋近度评价方法（Deb et al.，2002b）。该方法采用计算解集到参照集或 Pareto 最优解集的最小距离来衡量算法的趋近程度，距离越小，表示趋近程度越高。

该方法在评价一个 MOEA 的收敛性时需要用到参考集 P^*，参考集 P^* 要么是已知的 Pareto 最优解集，要么为历代非支配集并集的非支配集，即 $P^*=\text{Non}-\text{dominated}(\bigcup_{t=0}^{T} Nds^{(t)})$，其中，$Nds^{(t)}$ 为第 t 代进化 $P^{(t)}$ 所对应的非支配集，$(t=0,1,\cdots,T)$。因为 MOP 的 Pareto 最优解集一般是很难得到的，所以参考集 P^* 通常为历代非支配集并集的非支配集。

① 计算当前非支配集中每个个体 i 到 P^* 的最短欧几里得距离：

$$pd_i = \min_{j=1}^{|P^*|} \sqrt{\sum_{k=1}^{m}\left(\frac{f_k(i)-f_k(j)}{f_k^{\max}-f_k^{\min}}\right)^2} \tag{10.7}$$

式中，$f_k^{\max}$ 和 $f_k^{\min}$ 分别为参考集 P^* 中第 k 个目标的最大和最小值，m 为子目标的数目。

② 计算 pd_i 的平均值：

$$C(P^{(t)}) = \sum_{i=1}^{|Nds^{(t)}|} pd_i / |Nds^{(t)}| \tag{10.8}$$

为满足 $C(P^{(t)}) \in [0,1]$，对式 (10.9) 做处理：

$$\overline{C}(P^{(t)})=C(P^{(t)})/C(P^{(0)}) \tag{10.9}$$

$C(P^{(t)})$ 就是衡量 MOEA 所求的解集趋近程度的值，值越小，表明解集趋近于 Pareto

最优面的程度越高；反之，值越大，解集趋近于 Pareto 最优面的程度越低。$\overline{C}(P^{(t)})$ 的值处于 0～1 之间，当用于表达 MOEA 收敛速度时，其值越小，表明解集收敛越快，而其值越大，则表明解集收敛越慢。

另外，对于一些特殊的测试问题，如 Deb 提出的 DLTZ2 或 DLTZ3，其 Pareto 最优解集 P_{true} 是已知的，因此可以计算趋近度值：

$$pd_i = \|r_A\| - 1 \tag{10.10}$$

式中，r_A 为 $A \in Nds$ 到 P_{true} 的正交距离。

10.3.3 分布性评价方法

在设计 MOEA 时，除了考虑算法的收敛性外，算法解集的多样性也是需要考虑的一个重要指标，即所得解集中的非支配个体应均匀分布在整个解空间中。对于解集分布性的评价，研究者普遍认为解集的分布度应当包括两个方面：解集分布的均匀程度和解集分布的广度。并且认为对于解集中被支配的个体，可以不考虑其分布情况，也就是说只考虑解集中的非支配个体。

1999 年，Zitzler 等提出一种基于小生境的分布性评价方法（Zitzler et al.，1999），这种方法要求设定一个小生境半径，通过计算每一个小生境半径范围内非支配解的个数来评价分布度。但因为小生境半径非常难以设定和调整，所以这种方法在实践中很少被采用。2000 年，Zitzler 等提出基于距离的评价方法（Zitzler et al.，2000），通过计算非支配集中每一个个体到其他个体的距离的平均值的方差来评价种群的分布度。方差值越小，种群的分布度越好，但是这种方法所得的值并不能反映解集的实际分布情况，特别是当目标数较多时（大于 3）。近年来，研究者们提出了很多种分布度评价方法，下面比较详细地讨论几种有代表性的方法，并分析其优缺点。

1. 空间评价方法

空间评价方法（spacing metric）是由 Deb 等于 2002 年提出的（Deb et al.，2002b），用来评价近似解集中个体在目标空间的分布情况。

评价函数定义如下：

$$\Delta = \sum_{i=1}^{|PF|} \frac{d_i - \overline{d}}{|PF|} \tag{10.11}$$

式中，PF 代表已知的 Pareto 最优面，d_i 是指解集中非支配边界上两个连续向量的欧几里得距离，$\overline{d}$ 是这些距离的平均值。值得说明的是，这种评价方法比较适用于 2 维目标空间，而在高维目标情况（特别当目标大于 3 时）效果不理想。

类似地，Schott 提出了一种计算分布性的方法（Schott Jason，1995），定义如下：

$$\Delta' = \sqrt{\frac{1}{n-1} \sum_{i=1}^{n} (\overline{d} - d_i)^2} \tag{10.12}$$

$$d_i = \min_j (|f_1^i(\boldsymbol{x}) - f_1^j(\boldsymbol{x})| + |f_2^i(\boldsymbol{x}) - f_2^j(\boldsymbol{x})|), (i,j = 1,2,\cdots,n)$$

式中，$\overline{d}$ 是所有 d_i 的平均值，n 是已知的 Pareto 边界的大小。如果这种评价方法能和其他方法结合起来，它能提供所得解的分布信息，使得结果更为准确。与上一种方法不同的是，这种方法能够适用于 2 维以上的 MOP，但这种方法计算复杂度较高。

2. 基于信息熵的评价方法

Farhang-Mehr 在 2002 年提出了一种依靠个体信息的分布性评价方法（Farhang-Mehr et al.，2002），它是采用个体的信息熵来评价解集的分布情况。为便于讨论，下面先介绍影响函数和密度函数。

（1）影响函数

对一个 m 维 MOP，与人类社会一样，种群中的每两个个体必定会互相影响，困难的是如何来测量它们之间的影响程度。因此，人们定义了一个函数来描绘它，这个函数就称为影响函数（influence function）。在目标空间中，定义个体 i 个对个体 y 的影响值为

$$\psi(l_{i \to y}): R \to R \tag{10.13}$$

显然，影响函数是随着个体 i 到个体 y 的距离的增加而减小的，这样的函数有很多种，例如抛物线、波浪线或高斯函数。高斯函数的定义为

$$\psi(r) = (1/(\sigma\sqrt{2\pi}))e^{-r^2/2\sigma^2} \tag{10.14}$$

式（10.14）中，σ 为分布度的标准方差。如果 σ 值很小，影响函数的变化就非常快，因此很可能距离很近的点之间的影响也不是很大，这样，个体的密度值就不能正确地反映其分布情况。相反，σ 值太大，使得影响函数变化平稳，密度值同样也不能反映个体分布，所以如何选取合适的 σ 值是非常重要的。

（2）密度函数

按照个体的空间距离得出影响函数之后，就可以得到每个个体的密度值。一个个体的密度值（density）是指目标空间中其他个体对它的影响函数值的总和。假设可行空间包含 N 个个体，点 y 是其中的一个个体，则个体 y 的密度值可表示为

$$D(y) = \sum_{i=1}^{N} \psi(l(i,y)) \tag{10.15}$$

在对一个算法进行评价时，首先将解集中的非支配个体映射到一个合适的超平面上，这样就可以少考虑一维的信息，然后将映射平面分成若干个网格（或者是 $m-1$ 维的盒子），计算网格中个体的密度值，然后根据 Shannon 函数计算个体信息熵值。

如当目标为 2 维时，将映射空间划分为 $a_1 \times a_2$ 的网格，计算公式为

$$\rho_{ij} = \frac{D_{ij}}{\sum_{k_1=1}^{a_1} \sum_{k_2=1}^{a_2} D_{k_1 k_2}}$$

显然，

$$\sum_{k_1=1}^{a_1} \sum_{k_2=1}^{a_2} \rho_{k_1 k_2} = 1; \quad \forall k_1, k_2\, \rho_{k_1 k_2} \geqslant 0$$

$$H = -\sum_{k_1=1}^{a_1} \sum_{k_2=1}^{a_2} \rho_{k_1 k_2} \ln(\rho_{k_1 k_2}) \tag{10.16}$$

一般的，对于 m 维的目标空间来说，可行空间被划分为 $a_1 \times a_2 \times \cdots \times a_n$，个体信息熵值计算如下：

$$H = -\sum_{k_1=1}^{a_1} \sum_{k_2=1}^{a_2} \cdots \sum_{k_m=1}^{a_m} \rho_{k_1 k_2 \cdots k_m} \ln(\rho_{k_1 k_2 \cdots k_m}) \tag{10.17}$$

当解集的分布性越好时，H 的值越大；分布性越差时，H 的值越小。

这种方法存在的不足是：第一，信息熵值在很大程度上取决于标准方差 σ 的选取；第二，对于 Pareto 最优面不连续的情况，该方法不适用。

3. 网格分布度评价方法

Deb 于 2002 年提出了网格分布性评价方法（Deb et al.，2002b），其方法是首先将解集中的非支配个体映射到一个合适的超平面上，这样就可以少考虑一维的信息，然后将映射平面分成一些网格（或者是 $m-1$ 维的盒子），根据格子里包含的非支配个体的情况来计算分布度函数。如果所有的格子都有非支配个体，那么这是分布最好的情况。如果有些网格没有一个非支配个体，那么其分布性就比较差。这种方法需要选择一些参数，如映射的超平面、网格的大小等。

具体过程如下。

① 从种群 $p^{(t)}$ 中选出非支配集 $F^{(t)}$，$F^{(t)}$ 对 P^* 是非支配的。

② 对于每个网格 $(i, j, \cdots)$，通过下面两个等式计算 $H(i, j, \cdots)$ 和 $h(i, j, \cdots)$：

$$H(i,j,\cdots)=\begin{cases}1, & \text{若在对应网格中有一个代表个体 } X(X\in p^*) \\ 0, & \text{其他}\end{cases}$$

$$h(i,j,\cdots)=\begin{cases}1, & \text{若 } H(i,j,\cdots)=1 \text{ 且在对应网格中有一个代表个体 } X(X\in F^{(t)}) \\ 0, & \text{其他}\end{cases}$$

③ 对于每个网格，根据 $h(i, j, \cdots)$ 和与它相邻的 $h()$ 值计算 $m(h(i, j, \cdots))$ 的值。同样地，根据参照集中 $H()$ 的值计算 $m(H(i, j, \cdots))$。

④ 通过 $m(h(i, j, \cdots))$ 和 $m(H(i, j, \cdots))$ 的平均值计算分布性函数：

$$D(P^{(t)})=\frac{\sum_{\substack{i,j,\cdots \\ H(i,j,\cdots)\neq 0}} m(h(i,j,\cdots))}{\sum_{\substack{i,j,\cdots \\ H(i,j,\cdots)\neq 0}} m(H(i,j,\cdots))}$$

简单地说，网格的函数 $m()$ 是通过该网格的 $h()$ 值和与之相邻的两个网格的 $h()$ 值求得的。连续 3 个 $h()$ 组成的一组总共有 8 种可能，应该注意：

① 在这些情况中，111 应当是分布最好的情况，000 则是最差情况。

② 010 或 101 表示有较好分布的周期性的情况，它们的值应当比 110 或 011 的值更大些。例如，1010101010 和 1111100000 这两种情况都覆盖了 50% 的网格，但显然 1010101010 的分布度要比 1111100000 好。

③ 110 或 011 的值要比 001 或 100 的值要大，因为前者覆盖的网格要多些。

基于上面的讨论，$m()$ 和 $h()$ 的值可以进行如表 10.1 所示的定义。

表 10.1　3 个连续的网格取值定义

$h(\cdots j-1\cdots)$	$h(\cdots j\cdots)$	$h(\cdots j+1\cdots)$	$m(h(\cdots j\cdots))$
0	0	0	0.00
0	0	1	0.50
1	0	0	0.50
0	1	1	0.67
1	1	0	0.67
0	1	0	0.75

续表

$h(\cdots j-1\cdots)$	$h(\cdots j\cdots)$	$h(\cdots j+1\cdots)$	$m(h(\cdots j\cdots))$
1	0	1	0.75
1	1	1	1.0

同样，$H()$ 的取值也和上表一样。显然这只是 2 维的取值情况，如果函数的目标数越多，表 10.1 的函数值就越难定义。

图 10.2 是一个 2 维计算分布度的例子，为了避免边界的影响（如图 10.2 中使用假定的网格的影响），一般采用下面的公式计算：

$$\overline{D}(P^{(t)}) = \frac{\sum_{\substack{i,j,\cdots \\ H(i,j,\cdots)\neq 0}} m(h(i,j,\cdots)) - \sum_{\substack{i,j,\cdots \\ H(i,j,\cdots)\neq 0}} m(0)}{\sum_{\substack{i,j,\cdots \\ H(i,j,\cdots)\neq 0}} m(H(i,j,\cdots)) - \sum_{\substack{i,j,\cdots \\ H(i,j,\cdots)\neq 0}} m(0)} \quad (10.18)$$

式中，$m(0)$ 中的 0 是一个赋值为 0 的数组。

如果 Pareto 最优边界不是已知的，目标集 P^* 定义如下：

$$P^* = \text{non-dominated}(\bigcup_{t=0}^{T} Nds^{(t)}), (t=0,1,\cdots,T)$$

式中，T 为 MOEA 运行代数，$Nds^{(t)}$ 为第 t 代进化种群 $P^{(t)}$ 所对应的非支配集。

在计算高维（目标数超过 2）时，采用的是将所得解集的最后一维作为映射面，只考虑了其他 $n-1$ 维的分布信息，即将 $f_n=0$ 这个平面作为映射面。

这种方法在目标数为 2 时，是非常准确的，但是当目标数比较多时，由于映射方法太简单，丢失了一维的信息，计算出来的分布度值与实际情况并不完全相符。

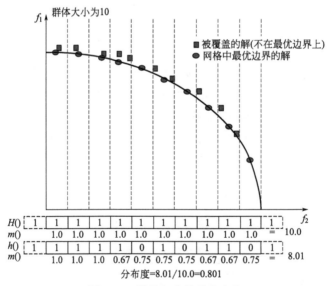

图 10.2 计算解集的分布度值

4. 个体空间的分布性评价方法

Deb 于 2003 年提出了一种基于个体空间的分布性评价方法（sparsity measure）（Deb et al., 2003）。将求得的 Pareto 最优解通过一个标准化的单位向量 η 映射到一个适当的超平面上，如图 10.3 所示，每个个体在超平面上均有一个映射，以映射点为中心形成一个边长大

小为 d 的超盒，所有超盒覆盖的总空间大小被用来评价解集的分布性。如果解集中有许多聚集在一起的个体，则它们的映射后对应的超盒会互相重叠，所获得的分布度的评价值会较小。反之，如果解集分布得很好，那么其个体映射后对应的超盒所覆盖的空间就越大，分布度评价值也越大。显然，当超盒覆盖所有空间时，分布度达到最大值 1.000。图 10.3 中，"×"表示个体，个体周围的方框表示个体映射后对应的超盒所覆盖的区域。

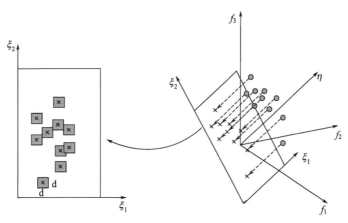

图 10.3　空间映射及个体覆盖区域

在这种方法中，参数 d 是很重要的。选取的 d 太小，解集中个体之间的距离就有可能都比 d 大，这样会让所有算法求出的解集都有 1.000 的分布度值。相反，d 值太大的话，就会使所有的解集的分布度值很小。那么如何得到参数 d 的值呢，在该方法中，参数 d 选择按以下方法求得：首先选取需要比较的算法所得出的最终解集，然后对每个解集计算它们的个体之间的最小距离，选取其中值最大者作为参数 d 的值。实验证明，这样选取的参数 d 是比较合适的。

然而，这种方法存在的不足如下：

① 算法的时间复杂度较高，因此在进行分布度评价时往往只计算最后一代的分布度值，这样一来，就不能对 MOEA 的进化过程进行分析。

② 在计算个体空间时，遇到个体之间覆盖的空间重叠时，计算时会比较困难，且计算复杂度较高。

5. 分布度逐步评价方法

李密青等提出了分布度逐步评价方法（李密青 等，2008），该方法定义了一种基于角度的坐标，避免了算法因收敛性不同对分布性评价的影响。利用解集均匀分布具有的对称性，把整个目标空间从大到小划分成不同的对称区域，逐步进行分布度评价。

（1）定义角度坐标

首先定义一种基于个体角度的坐标，这种坐标只考虑个体的角度分量，不考虑个体之间的距离，这样避免了算法因收敛性不同而对分布性评价造成的影响，坐标定义如下。

当目标为 2 维时，坐标向量定义为

$$\boldsymbol{\alpha} = \left(\arcsin \frac{f_2}{\sqrt{f_1^2 + f_2^2}} \right)$$

当目标为 3 维时，坐标向量定义为

$$\boldsymbol{\alpha} = \left(\arcsin \frac{f_2}{\sqrt{f_1^2+f_2^2}}, \arcsin \frac{f_3}{\sqrt{f_2^2+f_3^2}}, \arcsin \frac{f_1}{\sqrt{f_3^2+f_1^2}} \right)$$

m 维目标空间的个体坐标 $\boldsymbol{\alpha}$ 是 C_M^2 维向量，定义为

$$\boldsymbol{\alpha} = \left(\arcsin \frac{f_2}{\sqrt{f_1^2+f_2^2}}, \arcsin \frac{f_3}{\sqrt{f_2^2+f_3^2}}, \cdots, \arcsin \frac{f_M}{\sqrt{f_{M-1}^2+f_M^2}}, \arcsin \frac{f_1}{\sqrt{f_M^2+f_1^2}}, \arcsin \frac{f_3}{\sqrt{f_1^2+f_3^2}}, \cdots \right)$$

按以上定义确定的 3 维目标的极坐标如图 10.4 所示。

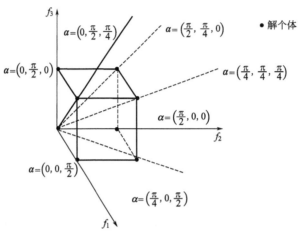

图 10.4 3 维目标的极坐标

(2) 坐标变换

一般地，测试问题的解个体并不能覆盖整个目标空间，为能在目标空间中准确地评价分布情况，需要对其进行变换。首先求出解群体中各个目标上的最小值，然后以这些最小值组成的向量作为新原点，坐标变换过程如图 10.5 所示。

原点 O' 是由 f_1 和 f_2 上最小的值确定，根据点 O' 形成了新的坐标轴 f_1' 和 f_2'，这样经过坐标变换的解个体就覆盖了整个目标空间。

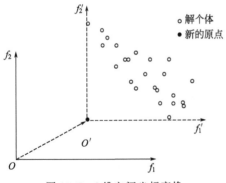

图 10.5 2 维空间坐标变换

(3) 分布度逐步评价方法

分布度逐步评价方法利用了均匀分布的解集具有的对称性，先把整个目标空间 A 划分成两个对称区域 A_1 和 A_2，统计这两个区域的个体数目，由数目的多少得出两个区域整体的分布关系，然后对区域 A_1 和 A_2 重复以上操作得到一些更小的区域 A_{11}、A_{12}、A_{21}、A_{22}，如此进行下去，直到每个区域只有一个个体或者区域大小已经足够小。具体过程如算法 10.1 所示。

算法 10.1 分布度逐步评价算法。

参数设置：N 为种群规模，m 为目标空间维数，A 为区域范围，A_{size} 为区域大小，A_{count} 为区域内个体数目，Q 为待评价区域队列。

初始值设置：总分布情况 $all\_rank=0$，总分布区域 $all\_area=0$，初始维数分量 $j=0$。

1: 对向量 X 第 j 维分量的区域,设置区域初始范围、初始个体数、初始区域大小分别为

$$A=[0,\pi/2], A_{\text{count}}=N, A_{\text{size}}=\pi/2。$$

2: 当 $A_{\text{size}} \geqslant \eta$ 并且 $A_{\text{count}}>1$ 时转步骤3,否则转步骤7;其中 $\eta=(\pi/2)/(2 \times N^{1/(m-1)})$;

3: 划分 A 为两个相等的区域:$A1=[A_{\text{left}}, A_{\text{left}}+A_{\text{right}}/2]$,$A2=[A_{\text{left}}+A_{\text{right}}/2, A_{\text{right}}]$,其中,$A1_{\text{size}}=A2_{\text{size}}=A_{\text{size}}/2$,$A_{\text{left}}$、$A_{\text{right}}$ 分别为 A 的左右边界;

4: 统计区域 $A1$ 和 $A2$ 中的个体数目:$A1_{\text{count}}=Stat(A1)$,$A2_{\text{count}}=Stat(A2)$;

5: 评价 A 分布情况:$all\_rank=all\_rank+(\min(A1_{\text{count}}, A2_{\text{count}})/\max(A1_{\text{count}}, A2_{\text{count}}))\times A_{\text{size}}$,$all\_area=all\_area+A_{\text{size}}$;

6: 插入 $A1$、$A2$ 到队列 Q 中;

7: 如果 $j=C_m^2-1$,结束算法。如果 Q 为空,$j=j+1$,转步骤1;否则删除 Q 的第一个元素并返回 A^*,令 $A=A^*$,$A_{\text{count}=\text{Stat}}(A)$,转步骤2。

最终解集的分布度为 $final\_diversity=all\_rank/all\_area$,其中,$all\_rank$ 为分布情况,all_area 为总分布区域。

实验结果表明,该方法能精确地评价解集的分布情况。但是在处理高维问题时,计算开销大。另外,该方法不适用于真实 Pareto 面不对称的非连续问题。

6. 解集分布广度评价指标

MOEA 性能评价中,除了关注解集与 Pareto 最优面的逼近程度(收敛性)和解集在目标空间的分布的均匀程度(分布均匀性)外,解集在目标空间分布的广泛程度(分布广泛性)也是评价 MOEA 的重要指标。李密青等提出了一种独立评价解集分布广度的评价方法(spread indicator,SI)(李密青等,2011)。

不同于考虑极端个体的评价方法,该方法利用边界解集对非支配集分布范围进行评价,通过对非支配集中边界解的性质和特点的分析,讨论了边界解与极端解之间的联系和区别,并根据边界解级数区分不同边界解对分布范围的影响,进而利用低维空间超立方体进行分布范围的估计。同时,引入了与质心超体积的比较关系,避免了 MOEA 因收敛度不同对分布广度评价结果的影响。

首先确定解集中能准确反映其分布范围的个体集,即边界解集,定义如下。

定义 10.1(超出关系) $\forall p, q \in NDS$,NDS 为 r 个目标的非支配集,若对其中的 m 个目标(不失一般性记为 $f_1(X), f_2(X), \cdots, f_m(X)(m \leqslant r)$,有 $f_k(p) \geqslant f_k(q)(k=1, 2, \cdots, m)$ 并且 $\exists l \in \{1, 2, \cdots, m\}, f_l(p) > f_l(q)$,则称 p 在 $f_1(X), f_2(X), \cdots, f_m(X)$ 中超出 q。

定义 10.2(边界解和边界解集) 设有 r 个优化目标的非支配集 NDS,对 $p \in NDS$,若存在 $r-1$ 个目标的目标集 $F_{r-1}(X)=(f_1(X), f_2(X), \cdots, f_r(X)) \in \Psi_r$,$\nexists q \in NDS$ 在 $F_{r-1}(X)$ 上超出 p,则称 p 为非支配集 NDS 的边界解,NDS 中边界解构成的子集称为 NDS 的边界解集(boundary set,BS),即 $BS=\{p \mid p \in NDS, \exists F_{r-1}(X) \in \Psi_r, \nexists q \in NDS$ 在 $F_{r-1}(X)$ 上超出 $p\}$。其中,Ψ_r 为由其中任意目标构成的目标集的非空集合。

对于 r 个优化目标的非支配集 NDS，若 $|NDS|\geqslant r$，则 NDS 中至少存在 r 个边界解（李密青 等 2011）。

确定边界集后，需要区分边界解集中不同个体对分布范围的不同影响，为此，需要给出边界解级数的概念。

定义 10.3（边界解级数） 若边界解仅满足一个 $r-1$ 维目标集，称为一级边界解；若满足 m 个 $r-1$ 维目标集，则称为 m 级边界解。

级数不同的边界解集对分布范围的影响不同，边界解满足的目标集数目越多对解集分布范围的影响越大。将满足所有 $r-1$ 维目标集的边界解称为完全边界解。

最后，根据边界解的定义设计一种评价边界解集的方法，该方法能反映不同个体对分布范围的影响程度。

由于空间中解集分布的范围很难测定，不同问题的解集有着不同形状的分布。因此，IS 利用超立方体对不同形状的解集进行分布广度估计，具体过程如算法 10.2 所示。

算法 10.2 分布广度估计算法。

参数设置：NDS 为非支配集，N 为种群规模，r 为目标维数，j 为 $r-1$ 维目标集记录数，j 初始值为 1。

1: 映射 NDS 到目标集 $f_j(X)=0$ 上，记 NDS_j 为 NDS 在 $f_j(X)=0$ 上的映射；
2: 找出边界解集 BS_j，并将其映射到目标集 $f_j(X)=0$ 上，记 BS'_j 为 BS_j 在 $f_j(X)=0$ 上的映射；
3: 对目标集 $f_j(X)=0$，找出参考点 ref_j，ref_j 在 i 目标上的坐标记为 ref_{ji}；

$$ref_{ji} = \min_i NDS - \frac{\max_i NDS - \min_i NDS}{\sqrt[r-1]{N \times \prod_{l=1}^{r-1} l}}$$

4: 计算 BS'_j 与参考点 ref_j 围成的超体积（hypervolume）：

$$S_j = \{\bigcup_{i=1}^{|BS_j|} h(b_{ji}, ref_j) \mid b_{ji} \in BS'_j\}$$

5: 计算 NDS_j 的质心 $c(w_1, \cdots, w_{j-1}, w_{j+1}, \cdots, w_r)$；
6: 在目标集 $f_j(X)=0$ 中，评价结果 V_j 为

$$V_j = \frac{S_j}{\prod_{i=1, i\neq j}^{r} |w_i - ref_{ji}|}$$

7: 若 j 小于 r，则 $j = j+1$ 转步骤 1；
8: 非支配集 NDS 最终分布广度评价结果为

$$V = \sqrt[r]{\prod_{j=1}^{r} V_j}$$

算法 10.2 通过计算在低一维目标集中边界解集与参考点的超体积来估计非支配集分布的广泛程度，V 值越大表明非支配集分布得越广泛。由于边界解评价次数与级数相对应，因此级数大的边界解将更多地影响着最终评价结果。在步骤 4 中，采用 hypervolume 来估计边界解集分布广度。在步骤 3 参考点的选择中，用超棱锥来模拟非支配集形状，然而由于非支配集通常为曲面分布，因此决定参考点的单位距离通常会略大于非支配集

中邻近个体的平均距离,但正是这种"略远"的参考点将有利于 hypervolume 的正确评价。在实验中发现,hypervolume 的计算结果受解集收敛性的影响,收敛性差的解集有着更大 hypervolume 值。对此,引入了计算质心与参考点围成的超体积。由于同一非支配集中的个体通常拥有相同的收敛度,因此对于拥有分布性相同,但收敛性不同的非支配集,由边界解集和参考点围成的超体积与由质心和参考点围成的超体积之比为基本恒定的值,这样就很好地避免了收敛性差异对分布广度评价结果造成的影响。图 10.6 为算法 10.2 的一个直观示例。图 10.6(a)中浅色圆点为非支配集 NDS 中个体,黑色圆点为 NDS 中个体在 $f_3(X)=0$ 上的映射,即 NDS_3;图 10.6(b)中三角形为 NDS_3 中边界解集 BS'_3,空心圆点为 NDS_3 中非边界解集,即 $NDS_3-BS'_3$,实心圆点为参考点 ref_3,五角星为 NDS_3 的质心 c。则它们在 f_1-f_2 平面上的评价结果为 BS'_3 和 ref_3 围成的面积与 c 和 ref_3 围成的面积之比。

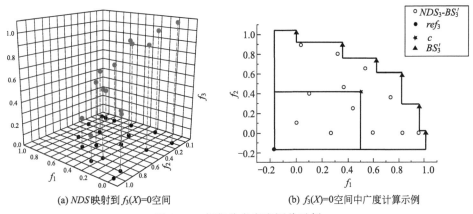

(a) NDS 映射到 $f_3(X)=0$ 空间   (b) $f_3(X)=0$ 空间中广度计算示例

图 10.6 解集分布广度评价示例

通过实验验证,SI 在解集分布广度上的评价是非常有效的,但是 SI 引入质心消除了收敛性的影响,因而在评价质心相对位置差异较大的非均匀问题的分布广度时可能会存在偏差。另外,SI 的评价指标是基于 hypervolume 的,它也具有所有基于 hypervolume 的评价方法的共同缺点,即对参考点敏感,并具有较高的时间复杂度。

10.4 综合评价指标

综合评价指标通过一个标量值来同时反映 MOEA 的收敛性和分布性。近年来被广泛运用的综合评价指标有超体积评价指标(hypervolume,HV)(Zitzler et al.,1999)和反转世代距离评价指标(inverted generational distance,IGD)(Czyzzak et al.,1998)。

10.4.1 超体积指标

超体积指标因为其良好的理论支撑,已成为比较流行的评价指标。通过计算非支配解集与参考点围成的空间的超体积的值实现对 MOEA 综合性能的评价。如图 10.7 所示,对于 2 维问题来说,非支配解集与参考点构成的区域为灰色阴影部分。这里,参考点的设置有两种:最差点(非支配解集每维上的最大值组成的向量)和松散形式的最差点(Deb et al.,2010)。计算公式为

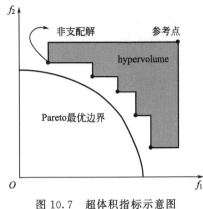

图 10.7 超体积指标示意图

$$HV = \lambda \left(\bigcup_{i=1}^{|S|} v_i \right) \quad (10.19)$$

式中，λ 代表勒贝格测度，v_i 代表参考点和非支配个体 p_i 构成的超体积，S 代表非支配集。

超体积指标值是严格遵守 Pareto 支配原则的，以最小化问题为例，如果个体 A 支配个体 B，则个体 A 的超体积指标值一定大于个体 B 的超体积指标值，该结论推广到两个解集之间的支配关系，也是成立的。同时，因为超体积指标的计算过程不需要知道 Pareto 最优面，所以具有很好的实用性。但是，超体积指标还有两个缺陷：第一，超体积指标的计算时间非常大；第二，参考点的选择在一定程度上决定超体积指标值的准确性。

10.4.2 反转世代距离

在 10.3.2 节收敛性评价方法中对世代距离评价指标进行了详细的介绍。世代距离是指算法所求得的非支配解集 PF_{known} 中所有个体到 Pareto 最优解集 PF_{true} 的平均距离。而反转世代距离则是世代距离的逆向映射，它采用 Pareto 最优解集 PF_{true} 中的个体到算法所求得的非支配解集 PF_{known} 的平均距离表示（Czyzzak et al., 1998）。因此，其计算公式为

$$\text{IGD} = \frac{\sum_{\bar{j} \in PF^*} d'_{\bar{j}}}{n} \quad (10.20)$$

其中，$d'_{\bar{j}} = \min_{\bar{i} \in P} |\bar{j} - \bar{i}|$ 表示 Pareto 最优面上的点 $\bar{j}$ 到最终解集 P 中个体 $\bar{i}$ 的最小欧几里得距离。IGD 值越小，就意味着算法的综合性能越好。

另外，为了更直观地体现 IGD 指标对解集综合性能的评价，分别给出了用 GD 和 IGD 指标评价解集 S 的性能的示意图，如图 10.8 所示。在解集 S 中包含 5 个非支配解，如图 10.8（a）所示，它们非常接近 Pareto 最优解集，因此通过 GD 计算公式可以发现，它的收敛性较好。同时可以观察到该解集的分布性能不好，通过 10.8（b）计算得到的 IGD 值相对比较大。如果解集收敛好且分布均匀广泛，则计算得到的 IGD 值必然很小。因此可以说明 IGD 指标除了能反映 MOEA 的收敛性外，还能很好地反映 MOEA 的分布均匀性和广泛性。

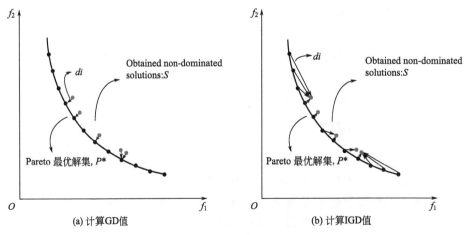

图 10.8 IGD 指标示意图

第 11 章 MOEA 测试函数

11.1 概述

测试多目标进化算法的目的是对算法进行评估、比较或分类,以提高算法性能,即提高 MOEA 求解问题的效果和效率。关于 MOEA 的测试,首先应当明确几个问题。

① MOEA 测试具体内容是什么?一般说来,多目标优化问题的一个测试函数或一组测试函数,或一个实际应用问题可以构成对 MOEA 的测试。

② 怎样找到一个合适的 MOEA 测试函数?可以从已有的 MOEA 文献,或者他人提出和总结的构造测试函数的方法,或者为人熟知的实际应用问题中找到一个合适的 MOEA 测试。

③ 何时对 MOEA 进行测试?可以在一个 MOEA 的设计与实现过程中不断地对它进行测试,也可以在一个 MOEA 完全实现以后再对它进行测试。

④ 怎样设计一个 MOEA 的测试?一般地,一个完整的测试应包括计算平台、统计工具、MOEA 评价工具或方法、实验计划等。

因此,在 MOEA 的设计与实现过程中,不仅要投入精力去确定合适的测试,设计合适的 MOEA 实验,还要选取最可靠的测试工具(或方法),同时也必须做好相应的统计评估与比较判断等工作。

许多 MOEA 研究主要使用数值 MOP 函数来展现、评价 MOEA 的性能。在选择具体的 MOP 时,为什么选择这个(些),而不选择那个(些),依据是什么?因此,为了评价 MOP 选择的合理性,对于 MOP 理论和问题结构的综合讨论是必要的,只有这样才能正确地解释选择这些 MOP 到底是否合适。MOP 的特征包括目标函数的结构、约束的或非约束的基因型和表现型的形式化表示,以及参数对函数图像等的影响等。文献(Deb,1999;Deb et al.,2001;Veldhuizen et al.,1999,1999a;Zydallis et al.,2001;Huband et al.,2006)中讨论了典型的测试函数及其相关的特征,为比较 MOEA 的性能提供了必要的基础。随着 MOEA 研究和应用的不断深入,研究者们相继研发了一些实用的 MOEA 测试工具包,有关内容可参考本书第 12 章。

本章主要讨论测试函数的构造原则与方法、各种 MOP 测试函数的特点,以及几类常用的测试问题集。

11.2 MOEA 测试函数集

一些典型的测试函数被广泛地用于 MOEA 的实验,其原因主要有两个:一是其他相关的研究学者采用了这些测试函数,二是这些 MOP 能够测试出 MOEA 某些算子的性能,并且在某种程度上它们比较"容易"找到最优解。对于将这些测试函数包含到普遍的、一般的测试函数集中是否合适，在这方面目前还没有很多解释和讨论。Poloni 等指出，"复杂"的 MOEA 性能评估测试方法比较缺乏（Poloni et al., 1996a）。这就说明，非常有必要寻找合适的测试函数用于评价 MOEA 的性能（效果和效率）。许多学者同时也注意到了这一点，并做了相当广泛和深入的研究，如文献（Deb, 1999；Veldhuizen, 1999）设计和构造了较多 MOEA 测试函数，本章将对几类常用的测试函数进行讨论。

在某种程度上，可以说测试函数集既是非常有意义的，又是没有什么意义的。因为任意一个 MOEA，它即使成功地"通过"了所有测试函数的测试，也不能保证它能对实际应用问题继续保持其效果和效率。当将 MOP 领域和 MOEA 领域结合起来看时，新的和未知的情况便会使得算法的运行结果不理想。一般地，只有当所有的情况都被考虑的情况下，才可以说一个 MOEA 的测试集是一个有价值的、有意义的工具。为了更好地研究 MOP 测试集，首先来看一看单目标进化算法（EA）测试函数。

单目标测试函数用于检测 EA 求解各种不同特点的问题的能力。测试函数集涵盖了相应的搜索空间的特征。下面给出一些 EA 的单目标测试函数。

① De Jong 提出了 5 个单目标遗传算法（GA）优化测试函数（Jong, 1975）：Sphere-parabolic, Rosenbrock ridge, Rastrigrin steps, Griewank quartic, Schaffer F6 foxholes。

② Michalewicz 等提出了 12 个单目标带约束的优化测试函数（Michalewicz et al., 1996）。

③ Schwefel 提出了基于进化策略的分布为 62 种形态（landscape）的函数（Schwefel, 1995）。

④ Whitley 等（Whitley et al., 1996）和 Goldberg 等（Goldberg et al., 1989）提出了其他规范化（formal）的 GA 测试集，Yao Xin 等（Yao X et al., 1996, 1997）提出了非规范化（informal）的 GA 测试集。

⑤ 欺骗问题，包括 Goldberg 的 order 3 和 6、bipolar order 6，Muhenbein 的 order 5。

⑥ Digalakis 和 Margaritis 提出了 8 个标准函数和 6 个非线性的二次函数（Digalakis et al., 2000）。

⑦ 多个最优值问题：Levy 函数（Levy et al., 1981）、Corana 函数（Corana et al., 1987）、Freudenstein-Roth 函数和 Goldstein-Price 函数（More et al., 1981）。

⑧ 其他如 Ackley 函数、Wirestrass 函数（连续的但非处处可微的）。

De Jong 的 5 个 GA 测试函数分别体现了下列性质（Goldberg et al., 1989）：连续的和非连续的、凸的和非凸的、单峰的和多峰的、二次的和非二次的、低维的和高维的、确定性的和随机性的。Michalcwicz 等讨论了下列内容（Michalcwicz et al., 1996）：目标函数的类型（如线性的、非线性的、二次的）、决策变量的个数、约束条件及约束条件的类型（线性的和/或非线性的）、影响函数最优值的约束条件数目，以及可行解区域占整个探索空间的比例等。

一般来说，在选择、研究 MOP 时应当考虑下列基本特征：

① 连续的或非连续的或离散的。

② 可导的或不可导的。

③ 凸的或凹的。

④ 函数的形态（单峰的，多峰的）。

⑤ 数值函数或包含字母与数字的函数。
⑥ 二次方的或非二次方的。
⑦ 约束条件的类型（等式、不等式、线性的、非线性的）。
⑧ 低维的或高维的（基因型、表现型）。
⑨ 欺骗问题或非欺骗问题。
⑩ 相对 PF_{true} 有偏好或无偏好。

EA 和 MOEA 的测试函数集应当包含一系列从"易"到"难"的数值优化问题，同时也应当包含反映实际应用问题的函数。

Whitley 等提出了多目标优化/决策问题的测试函数设计准则（Whitley et al., 1996）：
① 测试问题必须是简单搜索策略所不易解决的。
② 测试函数中应包括非线性耦合以及非对称问题。
③ 测试问题中应包括问题规模可伸缩的问题。
④ 一些测试问题的评估代价应具有可伸缩性。
⑤ 测试问题应有规范的表达形式。

Holland 指出，算法对"某几个"数值函数的性能表现的好坏，并不能在说明算法对复杂的实际应用问题的性能好坏方面，以及科学地设计和分析实际应用问题方面起到作用（Holland, 2000）。也就是说，某几个测试函数能够对不同 EA 的性能进行比较，但是通过这样比较而得出的结论并不能说明 EA 求解实际应用问题的能力的强弱。对于 MOEA 来说，这样的情况也同样存在。因此，应当在充分了解并掌握这一情况的基础上，根据确定的目标来选择 MOP 测试集。

此外，NFL（no free lunch）定理（Wolpert et al., 1997）指出，如果涉及测试问题领域的知识没有与算法方面的知识相结合，那么就无法保证算法的鲁棒性；同时，如果测试问题领域的知识与算法方面的知识结合得过于紧密，又会降低算法在求解其他类问题甚至同类问题时的有效性，也就是说，算法是非鲁棒性的。因此，在选择 MOP 测试集时还要考虑问题领域的基本特征。只要测试集包含了问题领域的基本的主要特征，那么任意一个搜索算法在求解同类问题时都会保持其效果和效率。综上分析，大部分典型的 MOP 问题领域的显著特征有助于形成一个较完善的 MOP 测试集。

一个 MOEA 应当在收敛到 Pareto 最优面（PF_{true}）的同时保持良好的分布度。如果仅仅在逼近 PF_{true} 时再采取保持解的分布度的措施，势必会影响算法的效果。并且，如果 PF_{true} 在目标空间中的某些区域内是稀疏的凹的曲线（面）（如离散化的），虽然在这些区域内不要求分布性，但在其他的点密集的可行区域内仍然是要求解的分布性的。某些带约束的问题虽出现为"空"的区域，但在其他区域也有分布性的要求。因此，设计测试函数的时候也要考虑 P_{true}（决策空间 Pareto 最优解）和 PF_{true} 的分布性对算法的要求。

11.3　MOP 问题分类

本节以测试函数的主要特征作为分类的标准，对 MOP 测试函数进行较详细的讨论。

正如单目标 EA 优化问题，某些 MOP 适合作为一些实际的多目标应用问题的代表。大多数实际应用问题的模型可以用数学函数的结构来描述，但是 MOP 必须获得更多的关于该模型的信息，并以此为依据而产生多个目标函数。对一个实际应用问题进行建模，可以产生数值优化或组合优化 MOP，既可能简单，也可能复杂。一个 MOP 可能包含连续的、离散的或有约束的函数，或这些函数的混合。

当问题的决策变量呈多维，且单目标搜索空间很大时，EA 对这类问题有着很强的搜索能力。对于多目标优化来说，常用的数值优化函数并没有清晰、明确地反映出多维变量的问题特征。在本书附录 B 中列出了 30 个不同的数值优化 MOP，包括带偏约束的（side constraint）和不带约束的（unconstraint），其中经常被使用的是 2 个决策变量、2 个目标函数的 MOP。这就说明，除了搜索空间很大或目标形态（landscape）多样的情况，基于这些函数的 MOEA 性能比较，并不在实际应用问题方面具有很重要的意义。这种情况也许并没有反映出 MOEA 的真实的搜索能力和求解效果等。

任意一个 MOP 测试集都必须包括明确的函数表达式及其特征。特别地，测试集中应当包含有对 MOEA 来说具有"挑战性"的函数。根据函数的结构特征，可将 MOP 测试集分为两类，不带约束的数值优化函数和带偏约束的数值优化函数（见附录 B 中的表 B.1 和表 B.2，它们的 P_{true} 图和 PF_{true} 图参见附录 C 和附录 D）。Van Veldhuizen 详细分析了这些函数（Veldhuizen，1999），并将它们构造成一个较合理、有效的 MOEA 测试函数集，具体内容将在 11.3.1 小节和 11.3.2 小节中详细介绍。

当执行一个 MOEA 的时候，潜在地假设了问题领域的知识已经恰当地被包含到算法中，因此可以得出该 MOEA 适用于搜索该问题解的结论。这时基因所代表的含义是确定的，算法的探索是有效的，搜索的操作也是明确的。研究的目的是使得算法找到的 PF_{known} 和 P_{known} 分别收敛到 PF_{true} 和 P_{true}。

表 11.1 和表 11.2 分别列出了部分 MOP 的特征。表 11.1 是不带偏约束的测试函数，表 11.2 是带偏约束的测试函数。表中根据函数的性质和图形概括了函数的特点，其函数图形参见附录 C 和 D。

表中每一行代表了一个 MOP（参见附录 B），每一列分别表示基因型或表现型的特征。P_{true} 的形态可能是连续的、不连续的、均匀的和/或规模可变的；PF_{true} 可能是连续的、不连续的、凹的或凸的。MOP 的特征在相应的列中用"＊"来标示。表 11.1 中的测试函数对决策变量没有偏约束，在相应的列中说明了约束条件的个数；表 11.2 中的测试函数对决策变量既有约束条件，又有偏约束条件，在相应的列中分别指出了约束条件和偏约束条件的个数。表中还给出了 PF_{true} 的特征，其形状可能为几何型的，也可能为拓扑型的。注意，这些函数中，只有两个（Fonseca（2）(Fonseca et al，1995a) 和 Schaffer（Rudolph，1998））具有已知的解析 P_{true} 解集。

表 11.1 MOP 数值测试函数特征

函数	基因型							表现型				
	连续	非连续	均匀	规模可变	解的类型	函数个数	约束个数	几何形态	连续	非连续	凹	凸
Binh	＊		＊		2R	2	2	曲线	＊			＊
Binh(3)	＊				2R	3	2	点				
Fonseca	＊		＊		2R	2	0	曲线	＊		＊	
Fonseca(2)	＊		＊	＊	nR	2	n	曲线	＊		＊	
Kursawe		＊		＊	nR	2	0	曲线		＊	＊	

函数	基因型							表现型			
	连续	非连续	均匀	规模可变	解的类型	函数个数	约束个数	几何形态	连续	非连续	凹	凸
Laumanns	*		*		2R	2	2	点集		*		
Lis	*		*		2R	2	2	点集		*		
Murata	*		*		2R	2	2	曲线	*		*	
Poloni		*			2R	2	2	曲线集		*		
Quagliarella		*		*	nR	2	n	点集		*		
Rendon	*		*		2R	2	2	曲线	*			*
Rendon(2)	*		*		2R	2	2	曲线	*			*
Schaffer	*		*		1R	2	0	曲线	*			*
Schaffer(2)		*	*		1R	2	1	曲线集		*		
Vicini	*				2R	2	2	曲线	*			
Viennet	*		*		2R	3	2	面	*			
Viennet(2)	*				2R	3	2	面	*			
Viennet(3)		*			2R	3	2	曲线	*			

表 11.2 MOP 带偏约束的数值测试函数特征

函数	基因型							表现型			
	连续	非连续	均匀	规模可变	解的类型	函数个数	偏约束个数	几何形态	连续	非连续	凹	凸
Belegundu	*		*		2R	2	2+2S	曲线	*			*
Binh(2)	*		*		2R	2	2+2S	曲线	*			*
Binh(4)	*				2R	3	2+2S	面	*		*	
Jimenez	*				2R	2	2+4S	曲线	*			*
Kita		*	*		2R	2	2+3S	曲线集		*		
Obayshi	*				2R	2	2+1S	曲线	*			*
Osyczka		*			2R	2	2+2S	点集		*		
Srinivas		*	*		2R	2	2+2S	曲线	*			*
Osyczka(2)		*			6R	2	6+6S	曲线集		*		
Tamaki	*		*		3R	3	3+1S	面	*			
Tanaka		*			2R	2	2+2S	曲线集		*		
Viennet(4)	*				2R	3	2+3S	面	*			

对于一个函数来说，它的 P_{true} 的特征包括哪些呢？几乎没有 MOEA 能够描述出一个函数的多维决策变量（基因型）的 P_{true} 空间。P_{true} 存在于解空间中。一个 MOP 问题是由两个或多个函数组成的，那么它的解空间就相应地会受到组合限制，如决策变量的范围和偏约束等。在这样的解空间中，P_{true} 可能就呈连续的或非连续的、超面上的或独立的点，在形态上呈均匀的、规模可变的等。P_{true} 中的解可能是离散的或连续的，它们由一个或多个决策变量构成。

函数的 PF_{true} 的特征又包括哪些呢？PF_{true} 存在于目标空间中。正如前面所列出的，它的特征包括（非）连续的、（非）凸的、多维的。实际上，任意一个 Pareto 面的结构在理论上都是受到维数限制的，根据目标函数个数的变化而变化。PF_{true} 的形态丰富，可以从单向量到高维的超面（Veldhuizen，1999）。

如前所述，测试函数集应当包括所有可能的基因型和表现型的特征。在这种情况下，虽然不能保证算法对所有任意的情况都有效，但至少能保证更加容易修改任意一个 MOEA 为求解某一特定问题的搜索算法，并继续保持其效果和效率。

11.3.1 非偏约束的数值 MOEA 测试函数集

前面讨论了 MOEA 的测试要求和构成 MOEA 测试函数集的条件，本节给出由 Van Veldhuizen 提出的不带偏约束的测试函数集（Veldhuizen，1999）。该测试函数集是通过组合现有的非偏约束测试函数而构成，符合 11.2 节中所讨论的测试函数的设计准则，以及表 11.1 所列出的函数的基本特征。表 11.3 给出了该测试函数集的数学表达式，图 11.1～图 11.14 分别表示每个函数的 P_{true} 和 PF_{true}。为了使 P_{true} 更加清晰，图中的某些决策变量的范围与表 11.3 有所不同。

表 11.3 MOEA 测试函数集

MOP	函数定义	约束条件
MOP1：P_{true} 连续，PF_{true} 凸	$F=(f_1(x),f_2(x))$，其中 $f_1(x)=x^2$ $f_2(x)=(x-2)^2$	$-10^5 \leqslant x \leqslant 10^5$
MOP2：P_{true} 连续，PF_{true} 凹，决策变量规模可变	$F=(f_1(\boldsymbol{x}),f_2(\boldsymbol{x}))$，其中 $f_1(\boldsymbol{x}) = 1-\exp\left(-\sum\limits_{i=1}^{n}\left(x_i-\dfrac{1}{\sqrt{n}}\right)^2\right)$ $f_2(\boldsymbol{x}) = 1-\exp\left(-\sum\limits_{i=1}^{n}\left(x_i+\dfrac{1}{\sqrt{n}}\right)^2\right)$	$-4 \leqslant x_i \leqslant 4 (i=1,2,3)$
MOP3：P_{true} 不连续，PF_{true} 不连续（两条 Pareto 曲线）	$\max F=(f_1(x,y),f_2(x,y))$，其中 $f_1(x,y)=-[1+(A_1-B_1)^2+(A_2-B_2)^2]$ $f_2(x,y)=-[(x+3)^2+(y+1)^2]$	$-\pi \leqslant x,y \leqslant \pi$ $A_1=0.5\sin 1-2\cos 1$ $\quad +\sin 2-1.5\cos 2$ $A_2=1.5\sin 1-\cos 1$ $\quad +2\sin 2-0.5\cos 2$ $B_1=0.5\sin x-2\cos x$ $\quad +\sin y-1.5\cos y$ $B_2=1.5\sin x-\cos x$ $\quad +2\sin y-0.5\cos y$
MOP4：P_{true} 不连续，PF_{true} 不连续（3 条 Pareto 曲线），决策变量规模可变	$F=(f_1(\boldsymbol{x}),f_2(\boldsymbol{x}))$，其中 $f_1(\boldsymbol{x}) = \sum\limits_{i=1}^{n-1}\left(-10 e^{(-0.2) \times \sqrt{x_i^2+x_{i+1}^2}}\right)$ $f_2(\boldsymbol{x}) = \sum\limits_{i=1}^{n}\left(\lvert x_i \rvert^{0.8}+5\sin(x_i)^3\right)$	$-5 \leqslant x_i \leqslant 5 (i=1,2,3)$ $a=0.8, b=3$

续表

MOP	函数定义	约束条件
MOP5：P_{true} 不连续不对称，PF_{true} 连续（3 维空间下的 Pareto 曲线）	$F=(f_1(x,y), f_2(x,y), f_3(x,y))$，其中 $f_1(x,y)=0.5\times(x^2+y^2)+\sin(x^2+y^2)$ $f_2(x,y)=\dfrac{(3x-2y+4)^2}{8}+\dfrac{(x-y+1)^2}{27}+15$ $f_3(x,y)=\dfrac{1}{(x^2+y^2+1)}-1.1e^{(-x^2-y^2)}$	$-30 \leqslant x,y \leqslant 30$
MOP6：P_{true} 不连续，PF_{true} 不连续，4 条 Pareto 曲线，曲线数目可变	$F=(f_1(x,y), f_2(x,y))$，其中 $f_1(x,y)=x$, $f_2(x,y)=(1+10y)\left[1-\left(\dfrac{x}{1+10y}\right)^\alpha\right.$ $\left.-\dfrac{x}{1+10y}\sin(2\pi qx)\right]$	$0 \leqslant x,y \leqslant 1$ $q=4$ $\alpha=2$
MOP7：P_{true} 连续，PF_{true} 不连续	$F=(f_1(x,y), f_2(x,y), f_3(x,y))$，其中 $f_1(x,y)=\dfrac{(x-2)^2}{2}+\dfrac{(y+1)^2}{13}+3$, $f_2(x,y)=\dfrac{(x+y-3)^2}{36}+\dfrac{(-x+y+2)^2}{8}-17$, $f_3(x,y)=\dfrac{(x+2y-1)^2}{175}+\dfrac{(2y-x)^2}{17}-13$	$-4 \leqslant x,y \leqslant 4$

Schaffer(1) 为 2 目标函数，在该测试函数集中被命名为 MOP1。Van Veldhuizen 选择该函数的理由有三个：第一，该函数几乎被所有相关的 MOEA 使用，在测试函数中占有重要的地位，被认为是 MOP 领域中具有代表性的测试函数；第二，该测试问题具有确定的解析 PF_{true} 表达（Veldhuizen et al.，1999a）；第三，正如 Rudolph 指出的（Rudolph，1998），其 P_{true} 也很容易确定。如图 11.1 和图 11.2 所示，该函数的 PF_{true} 是一条简单的凹的 Pareto 曲线，其 P_{true} 是一条直线。Schaffer(1) 的决策变量只有 1 维，并不需要算法有很强的搜索能力，因此被认为是一个简单的测试函数。

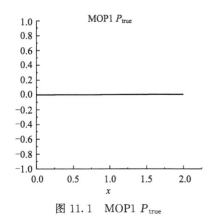

图 11.1　MOP1 P_{true}

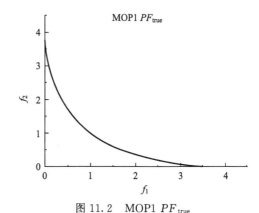

图 11.2　MOP1 PF_{true}

该测试函数集中的 MOP2 为 Fonseca (2)，它有 2 个目标函数，其特点是任意增加决策变量的维数，即扩大其规模并不会改变目标空间中 PF_{true} 的形状和位置（Fonseca et al., 1995a）。其 PF_{true} 是一条简单的凸的 Pareto 曲线，P_{true} 是解空间的一块连续的区域，如图 11.3 和图 11.4 所示。

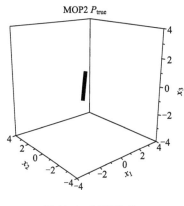

图 11.3　MOP2 P_{true}

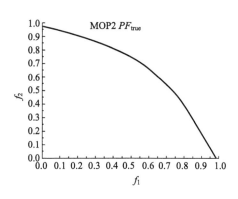

图 11.4　MOP2 PF_{true}

Poloni 函数是一个 2 目标的最大化问题。如图 11.5 和图 11.6 所示，其 P_{true} 在解空间中是两个非连续的区域，PF_{true} 是两条非连续的 Pareto 曲线。相比其他函数，该函数从解空间到目标空间的映射相对难以理解。该函数被命名为 MOP3。

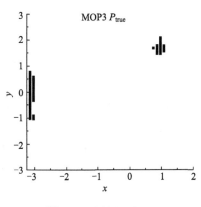

图 11.5　MOP3 P_{true}

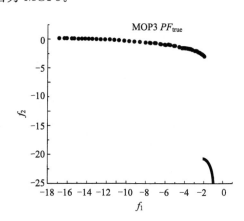

图 11.6　MOP3 PF_{true}

Kursawe 也有 2 个目标函数，其 P_{true} 在解空间中有多个非连续的、非均匀的区域，其 PF_{true} 是三条非连续的 Pareto 曲线，如图 11.7 和图 11.8 所示。同 MOP3，该函数从解空间到目标空间的映射也相对难以理解；同 MOP2，其决策变量的维数也是任意规模可变的，但是对决策变量规模的扩大和缩小会稍许改变 PF_{true} 的形状和位置。附录 C 中的图 C.10 是两个决策变量的函数图形。在本节中，图 11.8 是 3 个决策变量的 PF_{true} 图。对比两个图可以看出，PF_{true} 和被支配的向量在目标空间中有所偏移，如果使用 4 维的决策变量，又会使得 PF_{true} 产生其他的偏移。该函数被命名为 MOP4。

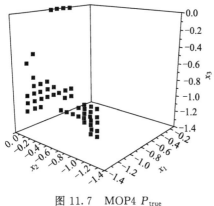

图 11.7　MOP4 P_{true}

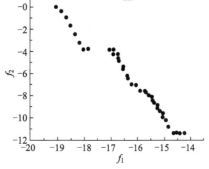

图 11.8　MOP4 PF_{true}

Viennet 函数作为第 5 类测试函数被命名为 MOP5,它有 3 个目标函数,其 P_{true} 由解空间中的非连续的区域组成,如图 11.9 所示,其 PF_{true} 是 3 维空间中的一条 Pareto 曲线,如图 11.10 所示。

MOP6 是根据 Deb 的构造测试函数的方法(见 11.4 节)构造的,它有 2 个目标函数。同 MOP4,其 P_{true} 和 PF_{true} 都是非连续的,如图 11.11 和图 11.12 所示,PF_{true} 是由 4 条非连续的 Pareto 曲线构成的。但该函数从解空间到目标空间的映射并非 MOP4 那样难以理解。该函数用于比较 MOEA 在搜索类似的、由不同问题而产生的表现型方面的性能。

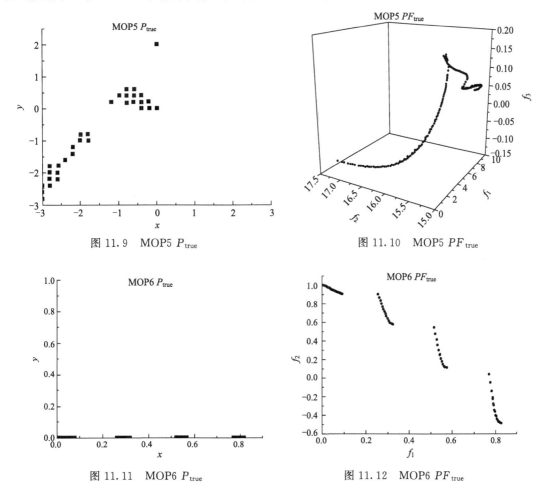

图 11.9　MOP5 P_{true}

图 11.10　MOP5 PF_{true}

图 11.11　MOP6 P_{true}

图 11.12　MOP6 PF_{true}

Viennet（2）被命名为 MOP7，是测试函数集的最后一个函数，它有 3 个目标函数。其 P_{true} 在解空间中是一片连续的区域，如图 11.13 所示，其 PF_{true} 看起来是一个超面，并且解空间到目标空间的映射是直接的，如图 11.14 所示。该函数在测试函数集中是对 MOP5 的补充。

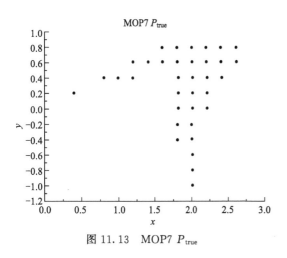

图 11.13　MOP7 P_{true}

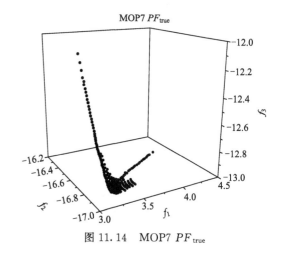

图 11.14　MOP7 PF_{true}

表 11.3 中涉及的 MOEA 测试函数符合本章第 2 节中提到的设计准则。MOP1 和 MOP2 是"容易"的多目标优化问题；MOP2 和 MOP4 是决策变量规模可变的；MOP6 是 PF_{true} 图中 Pareto 曲线数目可变的问题；MOP5 和 MOP7 是 3 个目标函数的多目标优化问题。它们都是非线性的，在 P_{true} 和 PF_{true} 图中基本都是非对称的。将这 7 个测试函数组合形成测试函数集，就能对 MOEA 进行较全面的基本的测试和比较。当然，表 11.1 和表 11.2 中列出的具有其他特征的函数也可以放入测试函数集中，增加这些测试函数可以扩展所期望的测试函数集的特征。相对使用某个或某几个测试函数来评价 MOEA 的性能而言，使用测试函数集的优势在于它能全面地测试 MOEA 的性能特点，从中得出的结论更加科学、可靠。

在上述 Van Veldhuizen 提出的测试函数集中，参数的改变将会突出 PF_{true} 的特征，并增加 MOEA 搜索的难度。如可以改变 MOP4 中的参数 a 和 b，MOP6 中的参数 q 和 α 等。

11.3.2　带偏约束的数值 MOEA 测试函数集

任何综合的 MOEA 测试函数集也应该包含带偏约束的数值 MOP。求解带偏约束问题与不带偏约束问题的主要区别是，必须确保解处于可行解区域中。

现有的求解偏约束问题的方法，是对个体的适应度函数值增加一个罚函数（Richardson et al.，1989）。通过罚函数的作用使得非可行解区域中的个体的适应度值远远小于可行解区域中的个体的适应度值，这样将约束问题变成不带约束的问题。另一种方法采用二进制锦标赛选择法比较两个解（Han H C et al.，2002），处于可行解区域的解通常被选中。如果两个解都处于非可行解区域，则通过"最靠近"约束边界的解被选中；如果两个解都处于可行解区域，可采用小生境等技术进行选择。可以在使用 Pareto 非支配概念和构造目标函数非支配集时分别进行约束处理（Coello Coello，2000；Ray et al.，2001）。通过这种方法，可以将考察的两个解分别处于解空间的什么区域分成三类：第一类是两者都是可行解（a 类）；

第二类是其中一个解可行,而另一个不可行(b 类);第三类是两者都是不可行解,其中一个解相对违背约束较少(c 类)。这样,当算法收敛到 Pareto 面时,可以通过分类来分别处理偏约束。当然,使算法保持分布度良好的情况下收敛到真正的 Pareto 面,与采用恰当的方法处理偏约束这两个问题是相互关联的。在初始时,MOEA 可以不用考虑偏约束,而直接在解空间内产生个体,但需要在算法的执行过程中进行"后加工",将非可行解区域移除掉(这样使算法比较简单)。但要注意,"后加工"可能会删除掉过多的点。

如表 11.4 所示,MOP-C1~MOP-C5 是一个带偏约束的测试函数集。Bihn(2) 函数被命名为 MOP-C1,是带偏约束的 2 目标测试函数,其 P_{true} 是解空间中的一个区域,PF_{true} 是一条较简单的 Pareto 曲线。Osyczka(2) 函数被命名为 MOP-C2,是带强约束的 6 个决策变量的测试问题,它由 2 个目标函数组成,其 P_{true} 的形状是未知的,PF_{true} 是 3 条非连接的 Pareto 曲线。测试函数集中还选择了 Viennet(4) 函数,它被命名为 MOP-C3,有 3 个目标函数,其 P_{true} 是解空间中不规则的区域。第 4 个函数是 Tanaka 函数,被命名为 MOP-C4,它有 2 个目标函数和 2 个非线性的约束条件。上述 4 个函数的 P_{true} 图和 PF_{true} 图参见附录 D。

表 11.4 带偏约束的 MOEA 测试函数集

MOP	函数定义	偏约束条件
MOP-C1 Binh(2)	$F=(f_1(x,y), f_2(x,y))$,其中 $f_1(x,y)=4x^2+4y^2$ $f_2(x,y)=(x-5)^2+(y-5)^2$	$0 \leqslant x \leqslant 5$ $0 \leqslant y \leqslant 3$ $(x-5)^2+y^2-25 \leqslant 0$ $-(x-8)^2-(y+3)^2+7.7 \leqslant 0$
MOP-C2 Osyczka(2)	$F=(f_1(\boldsymbol{x}), f_2(\boldsymbol{x}))$,其中 $f_1(\boldsymbol{x})=-(25(x_1-2)^2+(x_2-2)^2+(x_3-1)^2$ $\quad +(x_4-4)^2+(x_5-1)^2)$ $f_2(\boldsymbol{x})=x_1^2+x_2^2+x_3^2+x_4^2+x_5^2+x_6^2$	$0 \leqslant x_1, x_2, x_6 \leqslant 10$ $1 \leqslant x_3, x_5 \leqslant 5$ $0 \leqslant x_4 \leqslant 6$ $0 \leqslant x_1+x_2-2$ $0 \leqslant 6-x_1-x_2$ $0 \leqslant 2+x_1-x_2$ $0 \leqslant 2-x_1+3x_2$ $0 \leqslant 4-(x_3-3)^2-x_4$ $0 \leqslant (x_5-3)^2+x_6-4$
MOP-C3 Viennet(4)	$F=(f_1(x,y), f_2(x,y), f_3(x,y))$,其中 $f_1(x,y)=\dfrac{(x-2)^2}{2}+\dfrac{(y+1)^2}{13}+3$ $f_2(x,y)=\dfrac{(x+y-3)^2}{175}+\dfrac{(2y-x)^2}{17}-13$ $f_3(x,y)=\dfrac{(3x-2y+4)^2}{8}+\dfrac{(x-y+1)^2}{27}+15$	$-4 \leqslant x, y \leqslant 4$ $y < -4x+4$ $x > -1$ $y > x-2$
MOP-C4 Tanaka	$\max F=(f_1(x,y), f_2(x,y))$,其中 $f_1(x,y)=x$ $f_2(x,y)=y$	$0 \leqslant x, y \leqslant \pi$ $-(x^2)-(y^2)+1$ $+0.1\cos\left(16\arctan\dfrac{x}{y}\right) \leqslant 0$, $(x-0.5)^2+(y-0.5)^2 \leqslant 0.5$

续表

MOP	函数定义	偏约束条件
MOP-C5 Osyczka 和 Kundu	$\min F = (f_1(\boldsymbol{x}), f_2(\boldsymbol{x}))$，其中 $f_1(\boldsymbol{x}) = -(25(x_1-2)^2 + (x_2-2)^2 + (x_3-1)^2 + (x_4-4)^2 + (x_5-1)^2)$ $f_2(\boldsymbol{x}) = x_1^2 + x_2^2 + x_3^2 + x_4^2 + x_5^2 + x_6^2$	$0 \leqslant c_2(\boldsymbol{x}) = 6 - x_1 - x_2$ $0 \leqslant c_3(\boldsymbol{x}) = 2 + x_1 - x_2$ $0 \leqslant c_4(\boldsymbol{x}) = 2 - x_1 - 3x_2$ $0 \leqslant c_5(\boldsymbol{x}) = 4 - (x_3 - 3)^2 - x_4$ $0 \leqslant c_6(\boldsymbol{x}) = (x_5 - 3)^2 + x_6 - 4$ $0 \leqslant x_1, x_2, x_6 \leqslant 10$ $1 \leqslant x_3, x_5 \leqslant 5$ $0 \leqslant x_4 \leqslant 6$

下面重点讨论不同的参数值对函数的 PF_{true} 图的影响。正如前面所说，参数的改变将会突出 PF_{true} 的特征，并增加 MOEA 搜索的难度。以 MOP-C4 为例，改变其参数 a 和 b，并且在某些情况下，对偏约束的最后一项取绝对值(记为 abs)，其 PF_{true} 的形状会发生如图 11.15～图 11.20 的变化：

① 标准的 Tanaka 基因型，$a=0.1$，$b=16$，如图 11.15 所示。
② 较小的连续区域，$a=0.1$，$b=32$，如图 11.16 所示。
③ abs，增加区域之间的距离，$a=0.1$，$b=16$，如图 11.17 所示。
④ abs，增加区域之间的距离，$a=0.1$，$b=32$，如图 11.18 所示。
⑤ abs，使周期变化变得更深，$a=0.1(x^2+y^2+5xy)$，$b=32$，如图 11.19 所示。
⑥ abs，使周期变化变得更深，$a=0.1(x^2+y^2+5xy)$，$b=8(x^2+y^2)$，如图 11.20 所示。

如图 11.15～图 11.20 所示，选择参数 a 和 b 的不同值会使得函数的 PF_{true} 图发生变化，其对应的 P_{true} 也会发生相应的变化。在图 11.15 中，中间的一条 Pareto 曲线由于数据的精度看起来是非连续的，但实际上是一条连续的曲线。这条曲线内部有两个区域很难找到，其原因是相关的点分别处于两个(几乎)水平和垂直的斜面上。

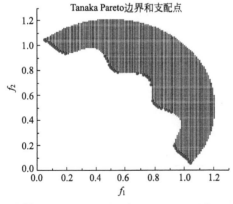

图 11.15 MOP-C4 ($a=0.1$，$b=16$)

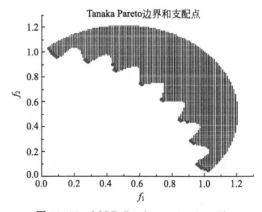

图 11.16 MOP-C4 ($a=0.1$，$b=32$)

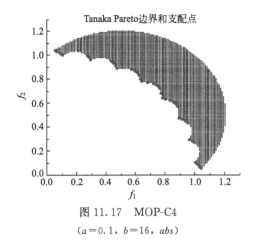

图 11.17　MOP-C4
($a=0.1$，$b=16$，abs)

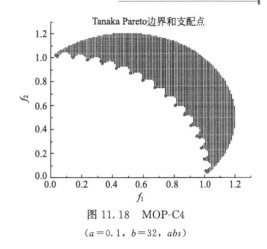

图 11.18　MOP-C4
($a=0.1$，$b=32$，abs)

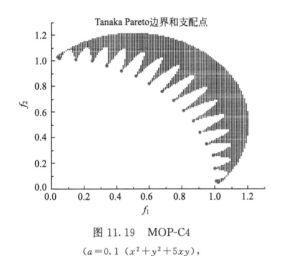

图 11.19　MOP-C4
($a=0.1\ (x^2+y^2+5xy)$,
$b=32$，abs)

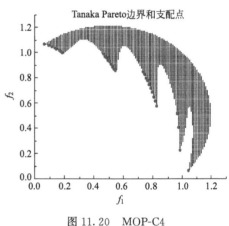

图 11.20　MOP-C4
($a=0.1\ (x^2+y^2+5xy)$,
$b=8\ (x^2+y^2)$，abs)

一般来说，参数 a 和 b 控制着 Pareto 曲线上连续区域的长度。这些区域越小，MOEA 找到 Pareto 曲线上的点越少，越趋于离散化，问题变得越复杂。增加参数 a 的值，区域与区域之间的切面长度就会增加，搜索将沿着狭窄的长廊进行，问题也会变得复杂。增加参数 b 的值也会改变非连续的 PF_{true} 区域的周期特征，使得搜索 PF_{true} 区域变得困难。从图中可以反映出来，参数 b 的改变使可行解区域缩小。只要稍微改变参数就会使基因型空间的形态发生较大的变化。

另一个较难的 MOP 由 Osyczka 和 Kundu 提出（Osyczka et al., 1995），该函数有 6 个偏约束条件和 2 个目标函数、6 个决策变量，被命名为 MOP-C5。该函数的 PF_{true} 如图 11.21 所示。图中反映了满足所有偏约束

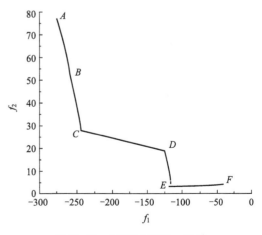

图 11.21　MOP-C5 PF_{true} 区域

条件的决策变量，在取不同值时其目标函数的分布。保持种群中的个体分布到各个区域，对于 MOEA 来说也是个比较困难的问题。表 11.5 为该函数的 P_{true} 分布，其中对于每个区域，$x_4=0$，$x_6=0$，其余决策变量的取值范围如表 11.5 所示。

表 11.5 MOP-C5 的 P_{true} 分布

区域	x_1	x_2	x_3	x_5
AB	5	1	$(1,\cdots,5)$	5
BC	5	1	$(1,\cdots,5)$	1
CD	$(4.06,\cdots,5)$	$(0.68,\cdots,1)$	1	1
DE	0	2	$(1,\cdots,3.73)$	1
EF	$(0,\cdots,1)$	$(2,\cdots,1)$	1	1

11.4 构造 MOP 测试函数的方法

构造 MOEA 测试函数最简单的方法就是利用单目标函数。Deb 详细阐述了构造多目标测试函数的系统方法及其特点 (Deb, 1998, 1999)，设计一个（组）测试函数的主要依据应当是基于 MOEA 所期望的函数特征。

Deb 给出了两个基本定义，即"局部"Pareto 最优解（集）和"全局"Pareto 最优解（集）。其中"全局"Pareto 最优解（集）即为 P_{true}；通过这一术语也较容易得出"局部"Pareto 的最优解的定义，即 P_{local}。但应当注意到，P_{local} 是一个易引起混淆的定义。下面看 Deb 给出的定义。

"局部"Pareto 最优解（集）：给出 Pareto 最优解集 P，对 $\forall x \in P$，$\neg \exists y$ 满足 $\|y-x\|_\infty \leqslant \varepsilon$，其中 ε 是一个极小的正数（原则上说，y 是对 x 进行很小的扰动而得到的），并且 $F(x) \underline{\prec} F(y)$。那么 P 中的解就构成了一个局部 Pareto 最优解集。

这个定义指出，对已给出的 Pareto 最优解集中的每个解进行较小的扰动，并不会产生新的非支配的解向量。Deb 给出这一定义的目的是指明 PF_{local} 一般处于与其相关的 PF_{true} "之后"。从理论上说，任意一个 P_{local} 的存在都与 ε 的取值有关，太大的 ε 将难以产生 P_{local}，而太小的 ε 将导致多重局部最优面（边界）。

Deb 也将这一概念扩展到多峰的、欺骗问题，仅有一个最优解、带有噪声的等多目标问题领域中。但这些扩展有两处引起争论：一是 Deb 设计了一个欺骗性的多目标问题，其中一个至少有两个最优解（PF_{local} 和 PF_{true}），而主要的搜索空间又偏向于 PF_{local}，这一点取决于 P_{local} 是否存在；第二，Deb 设计了一个多峰的多目标问题，其中一个函数有多重局部最优边界，这样的定义就会混淆概念。"多峰"这一术语应当只能用于单目标优化函数，且包含了局部和全局极值的情况。而在多目标的情况下，组成 Pareto 面的各个向量相互之间都是互不支配的，应当不出现"极值"即"峰"的情况。因此，术语"多重最优面"在这里更为合适。

Deb 还指出，由于计算方法的不同还会导致 Pareto 面的分布性的不同。因此，他将一个非约束的多目标测试函数缩减为两个目标函数，然后再针对这两个函数给出一定的限制条件，以此来体现所期望的函数属性。可以将 Deb 的这一方法总结如下。

$$\begin{aligned}
&\min \boldsymbol{F} = (f_1(\boldsymbol{x}), f_2(\boldsymbol{x})) \\
&f_1(\boldsymbol{x}) = f(x_1, \cdots, x_m), \\
&f_2(\boldsymbol{x}) = g(x_{m+1}, \cdots, x_N) h(f(x_1, \cdots, x_m), g(x_{m+1}, \cdots, x_N))
\end{aligned} \quad (11.1)$$

其中，函数 f_1 是关于 m 个（$m<N$）决策变量的目标函数。f_2 是关于所有 N 个决策变量的目标函数。函数 g 是关于 $N-m$ 个决策变量的函数，这 $N-m$ 个决策变量是未在函数 f 中出现的，而函数 h 是关于 f 和 g 的函数。规定 f、g 必须满足 $f>0$、$g>0$。

Deb 指出，函数 f、g、h 在测试 MOEA 时有如下作用。

f：用于控制 Pareto 最优解集中，解向量在最优面上的均匀分布。

g：控制多目标问题解的特征，是"多重最优面"的还是单独的一个最优面。

h：控制 Pareto 面的特征，如是凸的、不连续的等。

虽然函数 g 和 h 关于决策变量不能重叠的独立性限制了基因型的特征，但是它们使得构造包含多种特征的"表现型"函数容易许多。这里所指的特征包括图形成曲线或曲面、凸的、非凸的、连续的、离散的、不相交的、规模可变的和其他特征等。研究者可以根据所需要的特征来构造出不同的测试函数组。通过如非线性映射来构造出 PF_{true} 的结构及所期望的不同密度的 PF_{known}。这样，MOEA 就能够通过构造好的测试函数进行比较，如收敛性（即是否收敛到 Pareto 最优面——PF_{true}），以及所期望的 PF_{known} 点的分布性等。

11.4.1 从数值上构造 MOP

以上讨论的函数将产生两方面的影响：一是沿着 Pareto 最优面的搜索，二是收敛到 Pareto 最优面的搜索；并且 Pareto 最优面的形态是 2 维的。Deb 给出的实例强调了使用这种构造方法可以构造出一个可能的 MOP 问题，例如：

$$\begin{aligned}
&\min \boldsymbol{F} = (f_1(x_1, x_2), f_2(x_1, x_2)) \\
&f_1(x_1, x_2) = x_1, \\
&f_2(x_1, x_2) = \frac{2.0 - \exp\left\{-\left(\frac{x_2 - 0.2}{0.004}\right)^2\right\} - 0.8 \exp\left\{-\left(\frac{x_2 - 0.6}{0.4}\right)^2\right\}}{x_1}
\end{aligned} \quad (11.2)$$

在这个多目标问题中，f_2 也可以写成 $\frac{g(x_2)}{x_1}$。因此 $g(x_2)$ 是一个具有两个极小值的函数，如图 11.22 所示。其中一个极小值为 $g(0.6) \approx 1.2$，另一个为 $g(0.2) \approx 0.7057$。图 11.23 所示为这个多目标问题的 Pareto 最优面。其中靠上的部分为 Deb 定义的 PF_{local}，靠下的部分为 PF_{true}，属于 P_{local} 部分的解集为 $\{(x_1, x_2) | x_2 \approx 0.6\}$，属于 P_{true} 部分的解集为 $\{(x_1, x_2) | x_2 \approx 0.2\}$。

Deb 指出，若 MOEA 陷入局部最优即 PF_{local}，则难以搜索到 PF_{true}。但这并不是表现型所影响的，而是基因型空间的影响。函数 $g(x_2)$ 的全局最优解在一条狭窄的峡谷中，其周围的点非常少，几乎没有。在这些很少的点

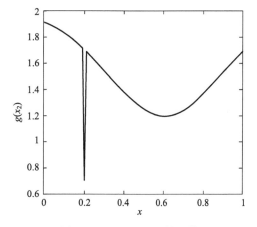

图 11.22　$g(x_2)$ 函数图像

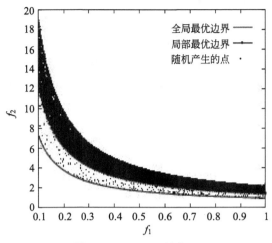

图 11.23 Pareto 最优面

中进行随机搜索,其结果是随机找到较少的"靠近"或处于这条峡谷中的点;而相反地,在一个较宽的区域中,局部极值的周围包含的点要多得多。因此,找到 PF_{true} 的困难程度取决于在 $g(x_2)$ 全局极值的周围分布的点的数目,而不是简单地说 PF_{local} 的存在导致了搜索的难度。这个例子显示了欺骗问题的特点。

这个例子也强调了前文所暗示的一个问题:使连续函数(或解空间)离散化。其结果的映射可能并没有反映出问题的真实性:离散化的过程可能导致"错误"。此外,均匀的决策变量空间的离散化并不一定产生到目标空间的均匀的映射。一般而言,在各种不同的多目标问题领域进行分析和比较 MOEA 性能时,不能轻易得出结论。不同的 MOEA 技术(包括参数和进化算子,evolutionary operators,EVOP)会产生不同的表现效果。

这种构造出预期特点的多目标问题的构造方法并不是唯一的。实际的多目标问题也许有类似的基因型和(或)表现型特点,但看起来与前面所涉及的测试函数的例子都很不一样。因此,一个能够"通过"所有一般方法产生的测试函数的 MOEA 并不能一定对求解实际的多目标问题有效。必须选择好测试函数(集),使之尽可能精确地反映出所描述的问题的特征。

通过上述方法产生的多目标测试问题 ZDT 系列(Deb,1998,1999),其特征总结为表 11.6,具体的函数在表 11.7 中。其中,ZDT1~ZDT4 及 ZDT6 的 PF_{true} 分别如图 11.24~图 11.28 所示。

这一组测试函数的特点是它们都是两个目标函数的测试问题,并且其 Pareto 最优面的形态和位置等都是已知的,且是易于理解的。另一个显著的特点是这组测试函数的决策变量的个数是任意规模可变的。

表 11.6 ZDT 测试函数特征

函数	基 因 型							表 现 型			
	连续	非连续	均匀	规模可变	解的类型	函数个数	偏约束	几何形态	连续	非连续	凹	凸
ZDT1	*		*	*	2R	2	$m=30$	曲线	*			*
ZDT2	*		*	*	2R	2	$m=30$	曲线	*		*	
ZDT3	*			*	2R	3	$m=10$	曲线	*	*		

续表

函数	基 因 型							表 现 型			
	连续	非连续	均匀	规模可变	解的类型	函数个数	偏约束	几何形态	连续	非连续	凹	凸
ZDT4	*		*	*	2R	2	$m=10$	曲线	*			*
ZDT5		*	*	*	2R	2	$m=30$	曲线集		*		
ZDT5	*		*	*	2R	2	$m=10$	曲线	*			*
ZDT6	*			*	2R	2	$m=30$	曲线	*		*	

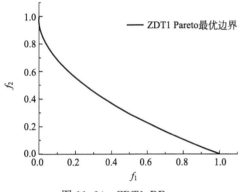

图 11.24   ZDT1 PF_{true}

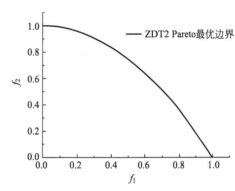

图 11.25   ZDT2 PF_{true}

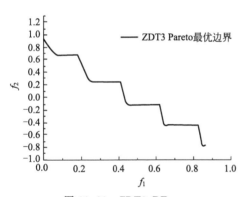

图 11.26   ZDT3 PF_{true}

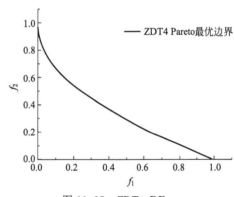

图 11.27   ZDT4 PF_{true}

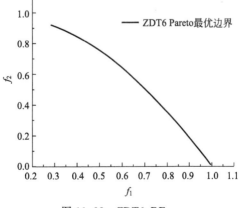

图 11.28   ZDT6 PF_{true}

表 11.7 ZDT 测试函数

函数名称	函数定义	约束条件
ZDT1 PF_{true}凸	$F=(f_1(\boldsymbol{x}),f_2(\boldsymbol{x}))$，其中 $f_1(x_1)=x_1$ $f_2(\boldsymbol{x})=g(1-\sqrt{(f_1/g)})$ $g(\boldsymbol{x})=1+g\sum_{i=2}^{m}x_i/(m-1)$	$m=30;0\leqslant x_i\leqslant 1$
ZDT2 PF_{true}凹	$F=(f_1(\boldsymbol{x}),f_2(\boldsymbol{x}))$，其中 $f_1(x_1)=x_1$ $f_2(\boldsymbol{x})=g(1-(f_1/g)^2)$ $g(\boldsymbol{x})=1+9\sum_{i=2}^{m}x_i/(m-1)$	$m=30;0\leqslant x_i\leqslant 1$
ZDT3 PF_{true}不连续	$F=(f_1(\boldsymbol{x}),f_2(\boldsymbol{x}))$，其中 $f_1(x_1)=x_1$ $g(\boldsymbol{x})=1+9\sum_{i=2}^{m}x_i/(m-1)$ $f_2(\boldsymbol{x})=g(1-\sqrt{f_1/g}-(f_1/g)\sin(10\pi f_1))$	$m=10;0\leqslant x_i\leqslant 1$
ZDT4 PF_{true}凸	$F=(f_1(\boldsymbol{x}),f_2(\boldsymbol{x}))$，其中 $f_1(x_1)=x_1$ $f_2(\boldsymbol{x})=g(1-\sqrt{(f_1/g)})$ $g(\boldsymbol{x})=1+10(m-1)+\sum_{i=2}^{m}(x_i^2-10\cos(4\pi x_i))$	$m=10;0\leqslant x_i\leqslant 1$
ZDT5 欺骗问题	$F=(f_1(\boldsymbol{x}),f_2(\boldsymbol{x}))$，其中 $f_1(x_1)=1+u(x_1)$ $f_2(\boldsymbol{x})=g/f_1$ $g(\boldsymbol{x})=\sum_{i=2}^{m}v(u(x_i))$	$m=11;0\leqslant x_i\leqslant 1$ $v(u(x_i))=\begin{cases}2+u(x_i)&(u(x_i)<5)\\1&(u(x_i))=5\end{cases}$
ZDT6 PF_{true}凹	$F=(f_1(\boldsymbol{x}),f_2(\boldsymbol{x}))$，其中 $f_1(x_1)=1-\exp(-4x_1)\sin^6(6\pi x_1)$ $f_2(\boldsymbol{x})=g(1-(f_1/g)^2)$ $g(\boldsymbol{x})=1+9\left(\left(\sum_{i=2}^{m}x_i/(m-1)\right)^{0.25}\right)$	$m=10;0\leqslant x_i\leqslant 1$

用上文所述的构造方法所构造出的 MOP，其 P_{true} 或 PF_{true} 是解析的，ZDT1~ZDT4 及 ZDT6 的 PF_{true} 均为对应的 $g(x)=1$；ZDT5 的 PF_{true} 为对应的 $g(x)=10$。因此，可以将 MOEA 运行结果与 MOP 最优解进行直接的比较和分析。

MOEA 研究者们一直都在试图构造出一组测试函数，其中包括所有普遍的 MOP 基因型/表现型的特征。对于带约束的 MOP 问题，Deb 等提出了一种使用基本公式的构造测试函数的方法（Deb et al., 2001a）：

$$\min \boldsymbol{F}=(f_1(\boldsymbol{x}),f_2(\boldsymbol{x}))$$

其中：

$$f_1(\boldsymbol{x})=x_1,f_2(\boldsymbol{x})=g(\boldsymbol{x})\exp(-f_1(\boldsymbol{x})/g(\boldsymbol{x}))$$

满足：

$$c_j(\boldsymbol{x})=f_2(\boldsymbol{x})-a_j\exp(-b_j f_1(\boldsymbol{x}))\geqslant 0,(j=1,2,\cdots,J) \tag{11.3}$$

不同的 j 都有两个参数，(a_j,b_j) 使得在无约束时可行区域变成不可行的，一个简单的例子如下：

$$\min \boldsymbol{F}=(f_1(\boldsymbol{x}),f_2(\boldsymbol{x}))$$

其中：

$$f_1(\boldsymbol{x})=x_1, f_2(\boldsymbol{x})=(1+x_2)/x_1 \quad (0.1 \leqslant x_1 \leqslant 1.0, 0.0 \leqslant x_2 \leqslant 5.0)$$

满足：

$$c_1(\boldsymbol{x})=x_2+9x_1 \geqslant 6, c_2(\boldsymbol{x})=-x_2+9x_1 \geqslant 1 \tag{11.4}$$

一类规则的形式如下：

$$\min \boldsymbol{F}=(f_1(\boldsymbol{x}),f_2(\boldsymbol{x}))$$

其中：

$$f_1(\boldsymbol{x})=x_1, f_2(\boldsymbol{x})=g(\boldsymbol{x})\exp(-f_1(\boldsymbol{x})/g(\boldsymbol{x}))$$

满足：

$$\begin{aligned}c_j(\boldsymbol{x})&=\cos(\theta)(f_2(\boldsymbol{x})-e)-\sin(\theta)f_1(\boldsymbol{x})\\&\geqslant a_j \left|\sin(b\pi(\sin(\theta)(f_2(\boldsymbol{x})-e)+\cos(\theta)f_1(\boldsymbol{x}))^c)\right|^d, (j=1,2,\cdots,J)\end{aligned} \tag{11.5}$$

式中，有 6 个与约束有关的参数 θ、a、b、c、d、e，$x_1 \in [0,1]$，$g(\boldsymbol{x})$ 决定了其他变量的定义域。对这 6 个参数取不同的值，就能得到不同的结构。如 $\theta=-0.2\pi$，$a=0.2$，$b=10$，$c=1$，$d=6$，$e=1$，PF_{true} 的图形如图 11.29 所示，图中是非连接的周期的连续区域。增加参数 b 的值将增加周期的非连接区域的个数；参数 d 控制了在 Pareto 最优面上连续区域的长度，当连续区域缩小时，MOEA 在 PF_{true} 上找到的点就会很少，因为 $\boldsymbol{x}$ 趋于离散化了，也就是说变成了一个更难的问题；增大参数 a 的值，区域与区域之间的"切口（cuts）"将会变得更深，使得搜索沿着狭窄的"走廊"进行，也增加了问题

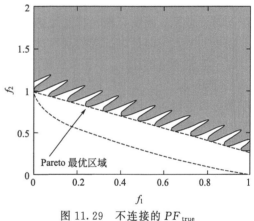

图 11.29　不连接的 PF_{true}

的难度；还可以通过改变参数 c 的值，使之从初始值 1 开始变化，来减少一些不连接的 PF_{true} 区域的周期，这样使得搜索所有接近 PF_{true} 区域的点变得困难；参数 θ 和 e 对 PF_{true} 的影响不是很大，它们分别控制 PF_{true} 的倾斜度和上下移动的变化。

可以看出，这个测试函数的形式与之前讨论的 Tanaka 测试函数非常相似。离散化的基因型变量在检测 MOEA 收敛到 PF_{true} 的能力方面起到了非常重要的作用。虽然离散化方法被普通采用，但独立变量之间的相互作用能够提高 PF_{known} 向 PF_{true} 逼近的精确度。

11.4.2　规模可变的多目标测试函数的构造方法

上一小节讨论的 ZDT 系列测试函数都是两个目标的测试函数，虽然它们在决策变量的个数上是任意规模可变的，但是它们还不能满足对多个目标的问题进行测试的要求。因此需要构造在目标个数上也是任意规模可变的测试函数组。并且在考虑测试函数检测算法对 PF_{true} 收敛的同时，还应当考虑检测算法在 Pareto 最优面上是否能保持良好的分布度等。此

外，对实际应用问题的模拟和我们所期望的函数的特征，也是在构造测试函数时应当考虑的内容。从这些角度出发，对 MOEA 进行测试和比较，能帮助我们更加深入地理解 MOEA 的运行机理，使 MOEA 更加高效。

Deb 等指出，一个能充分地对 MOEA 多方面能力进行检测的测试函数组必须包含下列特征（Deb et al., 2001a, 2005）：

① 测试函数组必须能提供可控的"障碍"来影响解集对 PF_{true} 的收敛性及其在 Pareto 最优面上的分布度。因为这两方面是多目标优化的最基本的两个目标。

② 测试函数的决策变量的个数应当是任意规模可变的。这是因为许多实际应用问题常常包括大量的决策变量，为增强可行性，测试函数组中应当包括有大量决策变量的函数。

③ 测试函数的目标个数也应当是任意规模可变的。虽然实际应用问题的目标数常常能减少至 4 或 5 个，但测试函数组中应当包括目标数为 15～20 的测试函数。

④ 测试函数的构造过程应当是简单的。

⑤ 最终的 Pareto 最优面（无论是连续的还是离散的）应当是易于理解的，并且其形态和位置应当是已知的，其相应的决策变量也应当容易找到。

⑥ 为了使测试函数在实际中有效，测试函数与实际应用问题的复杂性的相似程度应当是已知的。

对于目标数为 2 或 3 的测试函数，其 Pareto 最优面可以在坐标轴上表示，但当目标数大于 3 时，就无法用坐标轴来清楚地描述 Pareto 最优面。因此，对于较高目标数的测试问题，如果其搜索空间具有一定的规律性，那么它的 Pareto 最优面就容易理解了。使搜索空间具有一定规律的方法是：在相关的超平面上，使 Pareto 最优面分布均匀，如 $f_1 = f_2 = \cdots = f_{M-1}$（其中 M 为目标个数）。这样就只需要理解函数 f_M 与函数 f_1 之间的相互作用，其他的函数可以通过对称性构造出来；另一种方法是，使测试函数的 Pareto 最优面是一条曲线或者一个三维空间下的超面，这样尽管有 M 个目标，但最终的解可以通过二维或三维坐标描述出来。

如前所述，测试 MOEA 应当包括两个方面，一是对 PF_{true} 的收敛性，二是在 Pareto 最优面上的分布性。因此，某些测试问题可以通过增加"障碍"来"妨碍"算法收敛到 PF_{true}，如设置函数使算法易于陷入 PF_{local}，或使其搜索偏离 PF_{true}；可以使 PF_{true} 的形态为非凸的、离散的、在 Pareto 最优面上密度不均匀的，以此来影响算法所求解的分布性。

Deb 等提出了三种设计 MOEA 测试函数的方法（Deb et al., 2005）：

① 将单目标问题组合成多目标问题的方法。

② 自底向上的方法。

③ 对曲面进行约束的方法。

第一种方法是最简单的，也是研究人员最早使用的方法。将 M 个不同的单目标函数组合起来就形成了一个 M 个目标的多目标测试函数，如表 11.1 中所列出的 Schaffer 函数等。这种构造方法的主要优点在于简单易行，但是其 P_{true} 的结构取决于目标函数，因此其 PF_{true} 就不是预先所知道的，可能是难以理解的。并且，即使是一个简单的多目标测试函数，如 Schaffer（2），其 PF_{true} 是非连续的。因此，使用这种方法构造的多目标测试函数，研究人员需要仔细的分析其 PF_{true} 和 P_{true}，找到 Pareto 最优解集。

另外两种构造测试函数的方法是基于已知的 Pareto 最优面的，因此在实际使用时更加的方便。具体讨论参见 11.4.3 和 11.4.4 小节。

11.4.3 自底向上地构造规模可变的多目标测试函数

自底向上的构造方法,首先用数学表达式精确地描述 Pareto 最优面,然后通过这个 Pareto 最优面来构造所有的目标空间,最后确定测试函数。Deb 等对该方法进行了详细描述(Deb et al.,2005)。

① 选择一个 Pareto 最优面。若有 M 个目标函数,则先用 $M-1$ 个参变量来定义一个 Pareto 最优面。下面用一个例子加以说明,假设选择的 Pareto 最优面是位于三维空间中第一象限的半径为 1 的八分球,如图 11.30 所示。

用该八分球的参变量 (θ,γ,r)(这里 $r=1$)来描述这个 Pareto 最优面为

$$\left.\begin{array}{l} f_1(\theta,\gamma)=\cos(\theta)\cos(\gamma+\pi/4) \\ f_2(\theta,\gamma)=\cos(\theta)\sin(\gamma+\pi/4) \\ f_3(\theta,\gamma)=\sin(\theta) \end{array}\right\} \tag{11.6}$$

式中,$0\leqslant\theta\leqslant\pi/2$,$-\pi/4\leqslant\gamma\leqslant\pi/4$。

显然,若对三个目标都取极小值,则该八分球面上的任意两点之间的关系都是互不支配的。

② 建立目标空间。利用步骤①的 Pareto 最优面来建立完整的目标空间。一个简单的方法就是构造一个与 Pareto 最优面平行的面作为目标空间的一个边界,那么由这两个面作为边界所包括的区域空间就是整个目标空间。我们可以在描述 Pareto 最优面的表达式中加入一个参变量来完成这个步骤。如步骤①中的示例,对式(11.6)增加一个关于半径 r 的函数 $g(r)$,其值大于等于 0。这样除了参变量 θ 和 γ 之外的第三个独立的变量 r 的不同取值,便可以表示目标空间中的不同"层"。这样就将整个目标空间完整的描述出来了。

$$\left.\begin{array}{l} \min f_1(\theta,\gamma,r)=(1+g(r))\cos(\theta)\cos(\gamma+\pi/4) \\ \min f_2(\theta,\gamma,r)=(1+g(r))\cos(\theta)\sin(\gamma+\pi/4) \\ \min f_3(\theta,\gamma,r)=(1+g(r))\sin(\theta) \end{array}\right\} \tag{11.7}$$

式中,$0\leqslant\theta\leqslant\pi/2$,$-\pi/4\leqslant\gamma\leqslant\pi/4$,$g(r)\geqslant 0$。

上述问题的 Pareto 最优解即 P_{true} 可以描述为

$$0\leqslant\theta\leqslant\pi/2,-\pi/4\leqslant\gamma\leqslant\pi/4,g(r)=0$$

如图 11.31 所示,整个目标空间为 $0\leqslant g(r)\leqslant 1$ 的一个区域空间。

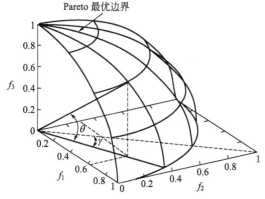

图 11.30 第一象限的八分球面为 Pareto 最优面

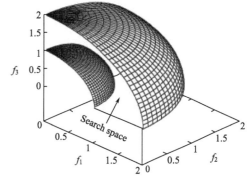

图 11.31 搜索空间以两个球面作为边界

③ 构造决策变量空间。M 个目标函数，需要用 M 个变量来描述目标空间的任一目标向量。最后一个步骤将决策变量映射到目标向量。在这个映射过程中，可以选择任意数目的决策变量进行映射，设为 n。如果 $n<M$，此时并非所有的参变量都是独立的，因而会引起 Pareto 最优面维数的缩小。对于上面所涉及的三个目标的例子，三个参变量都可以认为是关于 n 个决策变量的函数：

$$\theta = \theta(x_1, x_2, \cdots, x_n) \tag{11.8}$$

$$\gamma = \gamma(x_1, x_2, \cdots, x_n) \tag{11.9}$$

$$r = r(x_1, x_2, \cdots, x_n) \tag{11.10}$$

这些函数必须满足式（11.7）所定义的 θ、γ 和 $g(r)$ 的范围。

自底向上地构造规模可变的测试函数的方法，其过程比较简单，而且可以通过该方法产生难易程度不同的测试函数。下面讨论这种构造方法的一些细节方面。

(1) 收敛到 PF_{true} 的难度设计

为增加 MOEA 从目标空间的最初搜索区域收敛到 PF_{true} 的难度，可以简单地改变函数 g。Pareto 最优面的位置和形态取决于函数 g 的最小值。一个多峰的函数 g 有一个全局极小值（$g=0$）和若干个局部极小值（$g=v_i$），这样目标空间就会存在 PF_{local} 和 PF_{true}，测试函数变成了一个欺骗问题。

另外，即使函数 g 是一个单峰函数，不同的解的密度也会导致搜索空间的不同。例如，将式（11.7）中的函数 g 设计为 $g=r^{10}$，那么大量的解就会聚集在远离 Pareto 最优面的区域。如图 11.32 所示，随机产生 15000 个决策变量空间中的点，在目标空间中这些点对应的目标值较大地远离 Pareto 最优面，这种情况就

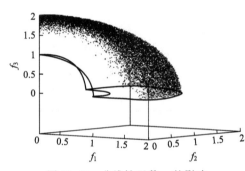

图 11.32 非线性函数 g 的影响

会导致 MOEA 难以较快地收敛到 PF_{true}。

(2) 穿过 Pareto 最优面的难度设计

将目标函数的参变量和决策变量通过非线性映射对应，这样搜索空间的某些部分就会比其他部分密集许多。如在式（11.7）中，将参变量 θ 和 γ 分别设计为式（11.11）和式（11.12），就会使得目标空间有不同的密集区域和密集程度。在这两种情况下，均取 $g(r)=r=x_3$。

$$\left.\begin{array}{l}\theta(x_1) = \dfrac{\pi}{2} x_1 \\[4pt] \gamma(x_2) = \dfrac{\pi}{2} x_2 - \dfrac{\pi}{4}\end{array}\right\} \tag{11.11}$$

$$\left.\begin{array}{l}\theta(x_1) = \dfrac{\pi}{2} 0.5 (1 + [2(x_1 - 0.5)]^{11}) \\[4pt] \gamma(x_2) = \dfrac{\pi}{2} 0.5 (1 + [2(x_2 - 0.5)]^{11}) - \dfrac{\pi}{4}\end{array}\right\} \tag{11.12}$$

为了满足式（11.7）的条件，取 $0 \leqslant x_1, x_2, x_3 \leqslant 1$，图 11.33 和图 11.34 分别为在决策变量空间中随机产生 15000 个点，用式（11.11）、式（11.12）及式（11.7）映射到目标空间的图。参变量与决策变量之间采用线性映射和非线性映射，其目标空间中点的分布有很

大的不同。采用非线性映射时，搜索的区域集中在搜索空间的中部。在这样的情况下，MOEA 要在整个 Pareto 最优面上找到具有良好分布度的解集，则具有一定的难度。

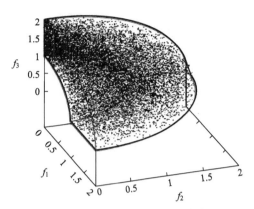 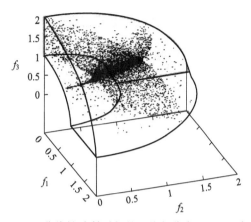

图 11.33　线性映射（15000 个点）　　图 11.34　非线性映射引起的不均匀分布（15000 个点）

（3）关于球面问题的设计

下面给出基于式（11.7），目标数为 M 的一类球面问题的测试函数：

$$\left.\begin{aligned}
\min f_1(\boldsymbol{\theta},\boldsymbol{r}) &= (1+g(\boldsymbol{r}))\cos\theta_1\cos\theta_2\cdots\cos\theta_{M-2}\cos\theta_{M-1} \\
\min f_2(\boldsymbol{\theta},\boldsymbol{r}) &= (1+g(\boldsymbol{r}))\cos\theta_1\cos\theta_2\cdots\cos\theta_{M-2}\sin\theta_{M-1} \\
\min f_3(\boldsymbol{\theta},\boldsymbol{r}) &= (1+g(\boldsymbol{r}))\cos\theta_1\cos\theta_2\cdots\sin\theta_{M-2} \\
&\vdots \\
\min f_{M-1}(\boldsymbol{\theta},\boldsymbol{r}) &= (1+g(\boldsymbol{r}))\cos\theta_1\sin\theta_2 \\
\min f_M(\boldsymbol{\theta},\boldsymbol{r}) &= (1+g(\boldsymbol{r}))\sin\theta_1
\end{aligned}\right\} \quad (11.13)$$

式中，$0 \leqslant \theta_i \leqslant \pi/2$，$i=1,2,\cdots,(M-1)$，$g(\boldsymbol{r}) \geqslant 0$。

注意变量的映射采用不同的方式。决策变量到参变量向量 $\boldsymbol{\theta}$（大小为 $M-1$）的映射为

$$\theta_i = \frac{\pi}{2}x_i, \quad (i=1,2,\cdots,(M-1)) \quad (11.14)$$

在式（11.14）和式（11.13）中，对 θ_i 的取值约束使每一个 x_i 的取值范围为 $[0,1]$。剩余的 $(n-M+1)$ 个决策变量定义为 $\boldsymbol{r}$ 向量（或者 $r_i = x_{M+i-1}$，$(i=1,2,\cdots,(n-M+1))$），再选取一个合适的函数 $g(\boldsymbol{r})$。显然，式（11.13）是一类决策变量个数大于等于目标个数（$n \geqslant M$）的球面问题的测试函数。

Pareto 最优面往往处于函数 $g(\boldsymbol{r})$ 取极小值的情况。例如，如果函数 $g(\boldsymbol{r}) = \|\boldsymbol{r}\|^2$，$r_i \in [-1,1]$，那么 Pareto 最优面为 $r_i = 0$，且最优函数值必须满足下面的条件：

$$\sum_{i=1}^{M}(f_i)^2 = 1 \quad (11.15)$$

此外，测试函数（11.13）的难易程度可以通过不同的函数 f_i 和 g 来控制。

（4）曲线问题

既可以选择高维空间来构造 Pareto 最优面，也可以在低维空间中构造 Pareto 最优面。在低维空间中，并不是所有的 θ_i 向量都是互相独立的。例如，一条在 M 维空间中的曲线是一个 Pareto 最优面，那么仅仅只有一个独立的变量描述了 Pareto 最优面。使用下面的映射

方法是一个简单可行的方式：

$$\theta_i = \frac{\pi}{4(1+g(r))}(1+2g(r)x_i) \quad (i=2,3,\cdots,(M-1)) \tag{11.16}$$

式（11.16）的映射关系确保了在整个搜索空间中这条曲线是唯一的非支配区域。在Pareto最优面上，相关的 $g(r)=0$，并且除 θ_1 外其余的 θ_i 都取为 $\pi/4$。将曲线类问题作为测试函数，相对于球面类问题而言其优势在于：函数 f_M 和任意一个函数 f_i 在二维空间上的Pareto最优面是一条曲线（圆或者椭圆），除 f_M 外其余任意两个目标函数 f_i 在二维空间上的Pareto最优面是一条直线。图11.35为式（11.13）和式（11.16）在目标个数为3时的图形。

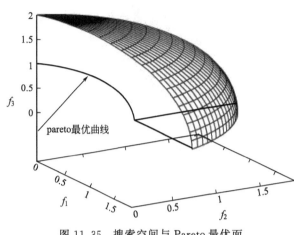

图 11.35 搜索空间与Pareto最优面

不足之处是，靠近Pareto最优面的搜索区域的点，其密度相对要大得多，这样给搜索带来了方便。若要增加问题的难度，则可以采用非线性的 $g(r)$ 函数，使得当 $g(r)=0$ 时点的密集区域远离Pareto最优面，如 $g(r)=1/\|r\|^\alpha$，其中 $\alpha \gg 1$。采用多峰的 $g(r)$ 函数会产生多个 PF_{local}，这样也增加了MOEA搜索的难度。

值得注意的是，该问题的不足又可以产生一个较难的最大化问题。如果对式（11.13）和式（11.16）中的每个目标都取最大化，那么处于搜索空间中顶部的面就成为Pareto最优面，由于只有较少的点处于这一区域，那么该问题就成为一个比较困难的最大化问题。

Pareto最优面从高维到低维的降低（如从面变为曲线），在实际应用中比较常见。当多个目标并不互相冲突时，例如变速箱的设计问题有三个目标函数，即最小化变速箱的体积、最大化功率传输和最小化输入输出轴的距离，该问题的Pareto最优面实际上是三维空间下的一条曲线，而不是曲面。这是因为实际上最小化变速箱的体积和最小化输入输出轴的距离这两个目标相互之间并不是对立的。

（5）测试函数的产生规则

对于 M 个目标函数，将问题的所有决策变量向量分为互不相交的 M 个集合，即

$$\boldsymbol{x} \equiv (X_1, X_2, \cdots, X_{M-1}, X_M)^T$$

这样便可以采用自底向上的方法构造如下的测试函数：

$$\left.\begin{aligned}
&\min f_1(X_1) \\
&\min f_2(X_2) \\
&\quad\vdots \\
&\min f_{M-1}(X_{M-1}) \\
&\min f_M(\boldsymbol{x}) = g(X_M) h(f_1(X_1), f_2(X_2), \cdots, f_{M-1}(X_{M-1}), g(X_M))
\end{aligned}\right\} \tag{11.17}$$

式（11.17）中，$X_i \in R^{|X_i|}$ $(i=1,2,\cdots,M)$。

这里的Pareto最优面是函数 $g(X_M)$ 取全局极小值时（记为 g^*）对应的目标空间中的图形。因此Pareto最优面可以用式（11.18）来描述：

$$f_M = g^* h(f_1, f_2, \cdots, f_{M-1}) \tag{11.18}$$

由于 g^* 是一个常量，于是函数 h（其中 g 取定值 g^*）就描述了 Pareto 最优面。在自底向上构造测试函数的方法中，研究者可以在不考虑决策变量的情况下首先选择好函数 h，即目标函数值。例如，为构造一个 Pareto 最优面为非凸的测试函数，首先选择一个非凸的函数 h：

$$h(f_1, f_2, \cdots, f_{M-1}) = 1 - \left(\frac{\sum_{i=1}^{M-1} f_i}{\beta}\right)^\alpha \tag{11.19}$$

式（11.19）中，$\alpha > 1$。图 11.36 为 $\alpha = 2$、$M = 3$、$\beta = 0.5$ 的情况下，该测试问题的非凸 Pareto 最优面。

将函数 h 设计为多峰函数，其测试问题的 Pareto 最优面则是几段不连续的面（曲线）。图 11.37 为在三维空间中的一个不连续的 Pareto 最优面，其中函数 h 为

$$h(f_1, f_2, \cdots, f_{M-1}) = 2M - \sum_{i=1}^{M-1} (2f_i + \sin(3\pi f_i)) \tag{11.20}$$

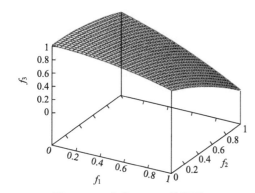

图 11.36　非凸 Pareto 最优面

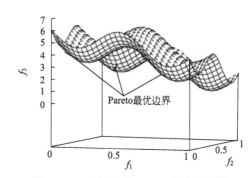

图 11.37　不连续的 Pareto 最优面区域

当函数 h 已确定后，函数 g 用于构造整个目标空间。值得注意的是，函数 g 是定义在决策变量集合上的函数，当函数 g 取最小值时，目标空间的图形为 Pareto 最优面。函数 g 的其他取值就使得目标函数在目标空间中的图形为平行于 Pareto 最优面的曲面。所有位于这些曲面上的点都被位于 Pareto 最优面上的点支配。

在函数 h 和函数 g 都已确定的情况下，f_1 至 f_M 为定义在决策变量互不相交的子集上的目标函数。若某个目标函数是非线性的，则在该目标下解的分布是不均匀的；若所有的目标函数都是非线性的，则在整个目标空间中解的分布都是不均匀的，这样就可以测试 MOEA 保持解的分布度的能力。另一种使目标空间分布不均匀的方法是将目标函数定义成决策变量的相交的子集上的函数。要构造更难的测试问题，还可以将决策变量先映射到一个中间变量向量，再在此基础上定义目标函数。

（6）自底向上的构造方法的优点与不足

基于自底向上的方法构造测试函数，其 Pareto 最优面是构造者明确已知的。并且构造者可以根据需要对 Pareto 最优面、问题的难易程度进行调整。决策变量的数目和目标函数的数目都是可变的。

由于这种方法要求其 Pareto 最优面必须用数学表达式明确的定义出来，这样当 Pareto 最优面很复杂，难以用数学表达式明确的定义时，这种方法就不适用了。

11.4.4 对曲面进行约束构造规模可变的多目标测试函数

与自底向上构造测试函数的方法不同，对曲面进行约束来构造测试函数的方法并不是首先就定义出一个 Pareto 最优面，而是首先确定好整个搜索空间。Deb 等对该方法进行了详细描述（Deb et al.，2005）。

① 选择一个基本的目标空间。首先，确定好一个简单的 M 维的有界区域，如一个超体或 M 维的超面。下面用一个实例来说明确定一个超体的方法，其中每个目标函数值都确定好上界和下界：

$$\left.\begin{array}{r}\min f_1(\boldsymbol{X})\\ \min f_2(\boldsymbol{X})\\ \vdots\\ \min f_M(\boldsymbol{X})\end{array}\right\} \tag{11.21}$$

式（11.21）中，$f_i^{(L)} \leqslant f_i(\boldsymbol{X}) \leqslant f_i^{(U)}$ $(i=1,2,\cdots,M)$。

直观上就知道这个问题的 Pareto 最优解集只有一个解 $(f_1^{(L)}, f_2^{(L)}, \cdots, f_M^{(L)})^T$，即使得每一个目标都取最小值。图 11.38 为上述问题取 M 为 3 时的目标空间，以及 Pareto 最优解 $f=(0,0,0)^T$。其中取 $f_i^{(L)}=0$，$f_i^{(U)}=1$。

② 去除掉目标空间中的一部分。对目标函数加入一些约束条件（线性的或非线性的）：

$$g_j(f_1, f_2, \cdots, f_M) \geqslant 0 \quad (j=1,2,\cdots,J) \tag{11.22}$$

这样可以去除掉最初的目标空间中的某些部分。图 11.39 为对第一步构造的正方体增加式（11.23）的两个线性约束条件后得到的可行区域。

$$\left.\begin{array}{l}g_1 \equiv f_1 + f_3 - 0.5 \geqslant 0\\ g_2 \equiv f_1 + f_2 + f_3 - 0.8 \geqslant 0\end{array}\right\} \tag{11.23}$$

剩余的空间即为可行的搜索空间。这样，就可以在可行的搜索空间中找到 Pareto 最优面，图 11.39 显示了该问题的 Pareto 最优面。为了简单化和便于理解，每个约束条件最多只对两个目标函数进行约束，如式（11.23）中的第一个约束条件。

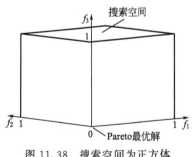

图 11.38 搜索空间为正方体

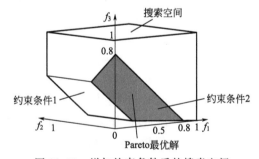

图 11.39 增加约束条件后的搜索空间

③ 将决策变量空间映射到目标空间中。最后一步工作是将决策向量和目标空间进行映射。将每个目标函数 f_i 定义为关于 n 个决策变量的线性的或非线性的函数。

如式（11.24），将其中一个目标函数定义为非线性的，图 11.40 为对该问题随机产生 25000 个可行解在目标空间中的图形。目标函数 f_1 是关于 x_1 的非线性函数，因此沿着 f_1 点的密集程度是不均匀的，在可行的搜索空间中，平面 $f_1=1$ 并不是一个 PF_{local}，但 $f_1=$

1 附近的点是最密集的。MOEA 在搜索时总是被 "吸引" 到这里来，主要是因为 $f_1=1$ 附近密集着许多点（解个体）。

$$\left.\begin{array}{l}\min f_1(x_1)=1+(x_1-1)^5 \\ \min f_2(x_2)=x_2 \\ \min f_3(x_3)=x_3\end{array}\right\} \quad (11.24)$$

式中，$g_1 \equiv f_3^2+f_1^2-0.5 \geqslant 0$，$g_2 \equiv f_3^2+f_2^2-0.5 \geqslant 0$，$0 \leqslant x_1 \leqslant 2$，$0 \leqslant x_2$，$x_3 \leqslant 1$。

函数 $f_1 \sim f_M$ 越复杂，搜索空间也越复杂。这样就可以构造出不同难易程度的测试函数，以检测 MOEA 的搜索能力。

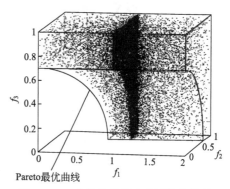

图 11.40 非线性映射产生不均匀的解

对曲面进行约束来构造测试函数的方法，相对于自底向上构造测试函数的方法而言更加简单，可以简单地利用几何的约束来构造可行的搜索空间。因此可以构造出任意形态的（凸的、非凸的或离散的）Pareto 最优面和目标个数规模可变的测试函数。可行的搜索空间并不是像自底向上的构造方法那样，根据 Pareto 最优面及其平行面一层一层构造出来的。所以目标空间可以根据决策变量空间的非线性映射得出。

但是，用该方法产生的 Pareto 最优面一般来说难以用数学表达式精确的描述。并且，虽然这种方法相对简单，但 Pareto 最优面的形态和连贯性并不直观易懂。另一方面，由于 Pareto 最优面可能存在于一个或多个约束的界限上，这样就要求 MOEA 采用处理约束的策略。所以说，通过这种方法构造的测试函数可以检测 MOEA 处理约束的能力。

11.5 DTLZ 测试函数系列

根据 11.4.3 和 11.4.4 节提出的构造测试函数的方法，Deb 等构造了一组测试函数（Deb et al.，2005），连接作者名（family name）的首字母命名为 DTLZ 测试函数。

下面对每个测试函数进行详细的描述和讨论。

11.5.1 DTLZ1

DTLZ1 是一个具有线性 Pareto 最优面的较简单的 M 个目标的测试问题，其描述如式（11.25）所示。

$$\left.\begin{array}{l}\min f_1(\boldsymbol{X})=\dfrac{1}{2}x_1 x_2 \cdots x_{M-1}(1+g(\boldsymbol{X}_M)) \\ \min f_2(\boldsymbol{X})=\dfrac{1}{2}x_1 x_2 \cdots (1-x_{M-1})(1+g(\boldsymbol{X}_M)) \\ \vdots \\ \min f_{M-1}(\boldsymbol{X})=\dfrac{1}{2}x_1(1-x_2)(1+g(\boldsymbol{X}_M)) \\ \min f_M(\boldsymbol{X})=\dfrac{1}{2}(1-x_1)(1+g(\boldsymbol{X}_M))\end{array}\right\} \quad (11.25)$$

式中，$0 \leqslant x_i \leqslant 1$（$i=1,2,\cdots,n$）。决策变量的后 $k=n-M+1$ 个变量表示为 $\boldsymbol{X}_M$，函数

$g(\boldsymbol{X}_M)$ 要求包含 $|\boldsymbol{X}_M|=k$ 个变量并且满足 $g(\boldsymbol{X}_M) \geqslant 0$。建议 $g(\boldsymbol{X}_M)$ 取如下函数：

$$g(\boldsymbol{X}_M) = 100 \left[|\boldsymbol{X}_M| + \sum_{x_i \in \boldsymbol{X}_M} ((x_i - 0.5)^2 - \cos(20\pi(x_i - 0.5))) \right] \quad (11.26)$$

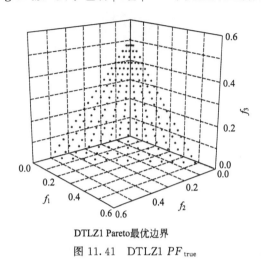

图 11.41　DTLZ1 PF_{true}

该测试问题取得 Pareto 最优面时，对应着属于 $\boldsymbol{X}_M$ 的所有 x_i 的值都为 0.5，目标函数的值处于满足 $\sum_{m=1}^{M} f_m^* = 0.5$ 的线性超平面。该问题难以收敛到 Pareto 最优面。因为对应的搜索空间包括 $11^k - 1$ 个 PF_{local}，一般会使 MOEA 收敛到这些局部最优面而难以达到全局最优面。通过构造更复杂的 $g(\boldsymbol{X}_M)$ 或者使用变量转换技术，甚至只要增加 $\boldsymbol{X}_M$ 中变量的个数，都可以使问题的难度进一步增大。

如图 11.41 所示，为 DTLZ1 取目标数 $M=3$ 时的 Pareto 最优面。

11.5.2　DTLZ2

DTLZ2 描述如式（11.27）所示。

$$\left. \begin{aligned} \min f_1(\boldsymbol{X}) &= (1+g(\boldsymbol{X}_M))\cos(x_1\pi/2)\cdots\cos(x_{M-2}\pi/2)\cos(x_{M-1}\pi/2) \\ \min f_2(\boldsymbol{X}) &= (1+g(\boldsymbol{X}_M))\cos(x_1\pi/2)\cdots\cos(x_{M-2}\pi/2)\sin(x_{M-1}\pi/2) \\ \min f_3(\boldsymbol{X}) &= (1+g(\boldsymbol{X}_M))\cos(x_1\pi/2)\cdots\sin(x_{M-2}\pi/2) \\ &\vdots \\ \min f_M(\boldsymbol{X}) &= (1+g(\boldsymbol{X}_M))\sin(x_1\pi/2) \end{aligned} \right\} \quad (11.27)$$

式中，$g(\boldsymbol{X}_M) = \sum_{x_i \in \boldsymbol{X}_M} (x_i - 0.5)^2$，$0 \leqslant x_i \leqslant 1 (i=1, 2, \cdots, n)$。

同样，向量 $\boldsymbol{X}_M$ 包括 $k=n-M+1$ 个变量。该问题的 Pareto 最优面对应着 $\boldsymbol{X}_M$ 中所有的 x_i 都取 0.5，且目标函数值满足式（11.28）。

$$\sum_{i=1}^{M}(f_i)^2 = 1 \quad (11.28)$$

该问题能用来测试一个 MOEA 在增加目标个数时的运算能力。为使该测试函数变得更复杂，除了对 x_i 的取值采用如 DTLZ1 的建议方法外，还可以将若干个变量取均值后代替原 x_i，即

$$x_i = \frac{1}{p} \sum_{k=(i-1)p+1}^{ip} x_k \quad (11.29)$$

目标函数个数为 $M=3$ 时，DTLZ2 的 Pareto 最优面是第一象限内的单位球面，如图 11.42 所示。

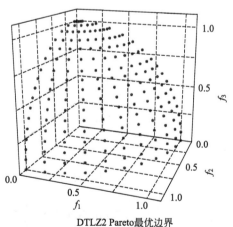

图 11.42　DTLZ2 PF_{true}

11.5.3 DTLZ3

为了测试一个 MOEA 收敛到全局 Pareto 最优面的能力,在 DTLZ2 中采用 DTLZ1 中所建议的函数 $g(\boldsymbol{X}_M)$,从而得到 DTLZ3 测试问题,如式(11.30)所示。

$$\left.\begin{aligned}
\min f_1(\boldsymbol{X}) &= (1+g(\boldsymbol{X}_M))\cos(x_1\pi/2)\cdots\cos(x_{M-2}\pi/2)\cos(x_{M-1}\pi/2) \\
\min f_2(\boldsymbol{X}) &= (1+g(\boldsymbol{X}_M))\cos(x_1\pi/2)\cdots\cos(x_{M-2}\pi/2)\sin(x_{M-1}\pi/2) \\
\min f_3(\boldsymbol{X}) &= (1+g(\boldsymbol{X}_M))\cos(x_1\pi/2)\cdots\sin(x_{M-2}\pi/2) \\
&\vdots \\
\min f_M(\boldsymbol{X}) &= (1+g(\boldsymbol{X}_M))\sin(x_1\pi/2)
\end{aligned}\right\} \quad (11.30)$$

式中,$g(\boldsymbol{X}_M) = 100[|\boldsymbol{X}_M| + \sum_{x_i \in \boldsymbol{X}_M}(x_i - 0.5)^2 - \cos(20\pi(x_i - 0.5))]$,$0 \leqslant x_i \leqslant 1 (i=1,2,\cdots,n)$。$g(\boldsymbol{X}_M)$ 在搜索空间中引入了 $3^k - 1$ 个 PF_{local} 和一个全局 Pareto 最优面,所有的 PF_{local} 都平行于全局 Pareto 最优面,使得算法容易陷入局部最优面而难以收敛到全局最优面。该问题达到全局最优面时对应 $x_i = 0.5$ ($x_i \in \boldsymbol{X}_M$),$g = 0$ 时,而与之靠近的一个 PF_{local} 是当 $g = 1$ 时。若采用更大的 k 值或更高频率(higher frequency)的余弦函数,问题的难度将增大。

DTLZ3 测试问题的目标数 $M = 3$ 时 Pareto 最优面如图 11.43 所示。

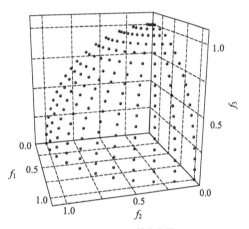

DTLZ3 Pareto 最优边界
图 11.43 DTLZ3 PF_{true}

11.5.4 DTLZ4

为了测试一个 MOEA 保持解的良好的分布度的能力,修改 DTLZ2,采用不同的决策变量到目标函数的映射方式,得到 DTLZ4 测试问题,如式(11.31)所示。

$$\left.\begin{aligned}
\min f_1(\boldsymbol{X}) &= (1+g(\boldsymbol{X}_M))\cos(x_1^\alpha\pi/2)\cdots\cos(x_{M-2}^\alpha\pi/2)\cos(x_{M-1}^\alpha\pi/2) \\
\min f_2(\boldsymbol{X}) &= (1+g(\boldsymbol{X}_M))\cos(x_1^\alpha\pi/2)\cdots\cos(x_{M-2}^\alpha\pi/2)\sin(x_{M-1}^\alpha\pi/2) \\
\min f_3(\boldsymbol{X}) &= (1+g(\boldsymbol{X}_M))\cos(x_1^\alpha\pi/2)\cdots\sin(x_{M-2}^\alpha\pi/2) \\
&\vdots \\
\min f_M(\boldsymbol{X}) &= (1+g(\boldsymbol{X}_M))\sin(x_1^\alpha\pi/2)
\end{aligned}\right\} \quad (11.31)$$

式中,$g(\boldsymbol{X}_M) = \sum_{x_i \in \boldsymbol{X}_M}(x_i - 0.5)^2$,$0 \leqslant x_i \leqslant 1(i=1,2,\cdots,n)$。

一般建议取 $\alpha = 100$,经过这样的修改,DTLZ4 在靠近 $f_M - f_1$ 平面取得更密集的解个体分布。对该问题进行优化所得的最终解个体的分布依赖于初始群体的分布情况。采用 NSGA-II 和 SPEA2 对 DTLZ4 进行优化时,都可得到如下的 3 种结果之一:

① 所有解个体都分布在 f_3-f_1 平面。
② 所有解个体都分布在 f_2-f_1 平面。
③ 解个体分布于整个(包含前两种的)Pareto 最优面。

DTLZ4 测试问题目标数 $M=3$ 时的 Pareto 最优面如图 11.44 所示。

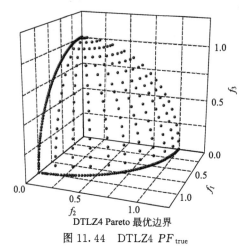

DTLZ4 Pareto 最优边界
图 11.44　DTLZ4 PF_{true}

11.5.5　DTLZ5

DTLZ5 与 DTLZ2 的表达式在形式上相似，只是用关于 $\boldsymbol{X}$ 的函数 θ 取代原目标函数中的 x 取值，其描述如式（11.32）所示。

$$\left.\begin{aligned}
\min f_1(\boldsymbol{X}) &= (1+g(\boldsymbol{X}_M))\cos(\theta_1\pi/2)\cdots\cos(\theta_{M-2}\pi/2)\cos(\theta_{M-1}\pi/2)\\
\min f_2(\boldsymbol{X}) &= (1+g(\boldsymbol{X}_M))\cos(\theta_1\pi/2)\cdots\cos(\theta_{M-2}\pi/2)\sin(\theta_{M-1}\pi/2)\\
\min f_3(\boldsymbol{X}) &= (1+g(\boldsymbol{X}_M))\cos(\theta_1\pi/2)\cdots\sin(\theta_{M-2}\pi/2)\\
&\vdots\\
\min f_M(\boldsymbol{X}) &= (1+g(\boldsymbol{X}_M))\sin(\theta_1\pi/2)
\end{aligned}\right\} \quad (11.32)$$

式中，$\theta_i = \dfrac{\pi}{4(1+g(\boldsymbol{X}_M))}(1+2g(\boldsymbol{X}_M)x_i)\,(i=2,3,\cdots,(M-1))$，$g(\boldsymbol{X}_M) = \sum_{x_i\in\boldsymbol{X}_M}(x_i-0.5)^2$，$0\leqslant x_i\leqslant 1\,(i=1,2,\cdots,n)$。

DTLZ5 用于测试 MOEA 收敛到一条曲线的能力，更直观地显示算法的性能。其 Pareto 最优面对应 $\boldsymbol{X}_M$ 中所有的 $x_i = 0.5$，且目标函数满足 $\sum_{m=1}^{M} f_M^2 = 1$。由于 DTLZ5 是退化问题，所以这类问题难以用 MOEA 求解。DTLZ5 的 Pareto 最优面如图 11.45 所示。

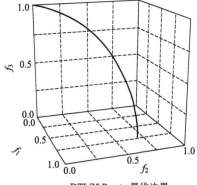

DTLZ5 Pareto 最优边界
图 11.45　DTLZ5 PF_{true}

11.5.6 DTLZ6

对 DTLZ5 的函数 g 加以修改,使问题变得更复杂而得到 DTLZ6 测试问题。函数 g 为

$$g(\boldsymbol{X}_M) = \sum_{x_i \in \boldsymbol{X}_M} x_i^{0.1} \tag{11.33}$$

该问题的 Pareto 最优面和 DTLZ5 一样,只是算法在实际运行中难以收敛到这一曲线。其 Pareto 最优面对应 $\boldsymbol{X}_M$ 中所有的 $x_i = 0$,DTLZ6 的 Pareto 最优面如图 11.46 所示。

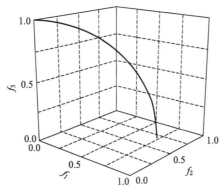

DTLZ6 Pareto 最优边界
图 11.46 DTLZ6 PF_{true}

11.5.7 DTLZ7

DTLZ7 是一个具有一组不连续 Pareto 最优面的测试问题,其描述如式(11.34)所示。

$$\left.\begin{aligned}
\min f_1(\boldsymbol{X}_1) &= x_1 \\
\min f_2(\boldsymbol{X}_2) &= x_2 \\
&\vdots \\
\min f_{M-1}(\boldsymbol{X}_{M-1}) &= x_{M-1} \\
\min f_M(\boldsymbol{X}) &= (1+g(\boldsymbol{X}_M))h(f_1, f_2, \cdots, f_{M-1}, g)
\end{aligned}\right\} \tag{11.34}$$

式中,$g(\boldsymbol{X}_M) = 1 + \dfrac{9}{|\boldsymbol{X}_M|}\sum_{x_i \in \boldsymbol{X}_M} x_i$,$h(f_1, f_2, \cdots, f_{M-1}, g) = M - \sum_{i=1}^{M-1} \left[\dfrac{f_i}{1+g}(1+\sin(3\pi f_i))\right]$,$0 \leqslant x_i \leqslant 1 (i=1, 2, \cdots, n)$。

函数 g 取 $k = |\boldsymbol{X}_M| = n - M + 1$ 个决策变量。该测试问题在搜索空间中分布着 2^{M-1} 个离散的 Pareto 最优面,对应着 $\boldsymbol{X}_M = 0$。该问题能够检测一个 MOEA 使最优个体在不同 Pareto 最优面保持较好的分布度的能力。如图 11.47 和图 11.48 所示,分别为 NSGA-Ⅱ 和 SPEA2 各运行 200 代得到的 Pareto 最优面,这里取 $k = 20$,$M = 3$。从图中可以看到,Pareto 最优面是离散地分布在 4 个区域中。使用更高频率的正弦函数或多峰函数 g 将增加问题的难度。

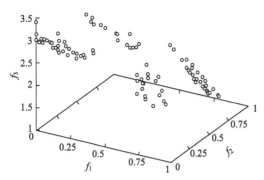

图 11.47 用 NSGA-Ⅱ 求解 DTLZ7

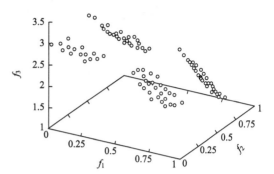

图 11.48 用 SPEA2 求解 DTLZ7

11.5.8 DTLZ8

DTLZ8 的描述如式（11.35）所示。

$$\min f_j(\boldsymbol{X}) = \frac{1}{\lfloor \frac{n}{M} \rfloor} \sum_{i=\lfloor (j-1)\frac{n}{M} \rfloor}^{\lfloor j\frac{n}{M} \rfloor} x_i \quad (j=1,2,\cdots,M) \tag{11.35}$$

式中，$g_j(\boldsymbol{X}) = f_M(\boldsymbol{X}) + 4f_j(\boldsymbol{X}) - 1 \geqslant 0 (j=1,2,\cdots,(M-1))$，$g_M(\boldsymbol{X}) = 2f_M(\boldsymbol{X}) + \min_{\substack{i,j=1 \\ i \neq j}}^{M-1} [f_i(\boldsymbol{X}) + f_j(\boldsymbol{X})] - 1 \geqslant 0, 0 \leqslant x_i \leqslant 1 (i=1,2,\cdots,n)$。

一般要求决策变量个数要大于目标个数，即 $n > M$，建议取 $n = 10M$。该测试函数中，共有 M 个约束条件，其 Pareto 最优面由一条直线和一个超平面组成，其中直线是前 $M-1$ 个约束条件的交集（对应 $f_1 = f_2 = \cdots = f_{M-1}$）。超平面反映了函数 g_M 的约束。一般来说，MOEA 难以寻找到上述的两个区域，也难以使个体在超平面上保持良好的分布度。用 NSGA-Ⅱ 和 SPEA2 各运行 500 代得到的 Pareto 最优面分别如图 11.49 和图 11.50 所示。

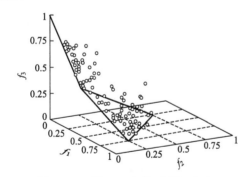

图 11.49 用 NSGA-Ⅱ 求解 DTLZ8

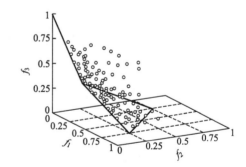

图 11.50 用 SPEA2 求解 DTLZ8

11.5.9 DTLZ9

DTLZ9 的描述如式（11.36）所示。

$$\min f_j(\boldsymbol{X}) = \sum_{i=\lfloor (j-1)\frac{n}{M} \rfloor}^{\lfloor j\frac{n}{M} \rfloor} x_i^{0.1} \quad (j=1,2,\cdots,M) \tag{11.36}$$

式中，$g_j(\boldsymbol{X}) = f_M^2(\boldsymbol{X}) + f_j^2(\boldsymbol{X}) - 1 \geqslant 0 (j=1,2,\cdots,(M-1))$，$0 \leqslant x_i \leqslant 1 (i=1,2,\cdots,n)$。

同 DTLZ8 一样，变量个数应大于目标个数，建议取 $n=10M$。该测试问题的 Pareto 最优面与 DTLZ5 相似，对应 $f_1=f_2=\cdots=f_{M-1}$，处于 $M-1$ 个约束条件的交集上。但是在 Pareto 最优面附近点的分布远没有 DTLZ5 那样密集。由 f_M 和另外任何一个目标函数组成的 2 维空间中，Pareto 最优面是单位圆的四分之一圆弧，而除了 f_M 外的任意两个目标函数组成的 2 维空间中，f_M 最优面是一条 45°的直线段。一般来说，MOEA 难以搜索到整个 Pareto 最优面，而仅仅覆盖其中的某个区域。DTLZ9 在三维空间的 Pareto 最优面如图 11.51 所示。

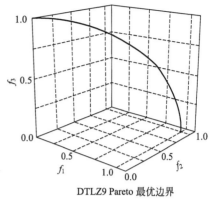

图 11.51　DTLZ9 PF_{true}

11.6　组合优化类 MOEA 测试函数

尽管多数 MOEA 的测试函数是数值优化的，组合优化问题也常用于检测 MOEA 的性能。Garey 和 Johnson 于 1979 年提出了关于组合优化问题的定义（Garey e al., 1979）。

一个组合优化问题 π 要么是一个最小化问题，要么是一个最大化问题。由 3 部分组成：

① 一个实例问题领域 D_π。

② 对每一个实例 $I\in D_\pi$，都有一个确定的候选解集 $S_\pi(I)$。

③ 一个函数 m_π，它将每一个实例 $I\in D_\pi$ 的每一个候选解 $\sigma\in S_\pi(I)$ 都映射为一个正的有理数 $m_\pi(I,\sigma)$，函数 $m_\pi(I,\sigma)$ 被称为解 σ 的值。

当一个 MOEA 搜索这个有限的（离散）解空间时，必须有特殊的进化算子来确保只有可行解（即 $S_\pi(I)$）才能被考虑（也就是说，需要一个修正函数）。但是，组合优化问题的基因型与数值优化函数的基因型是大不相同的。组合优化类 MOP 可能在目标空间中的点是离散的，有时还仅只是单独的几个点。因此，对只有有限个解的情况，即使这些解向量可能在画图时能连成一条连续的曲线（面），但对于它们所组成的 PF_{true} 来说，有些点的位置根本就没有对应的解存在，或者说其对应的解是不可行的。

组合优化类 MOP 在实际生活中有很多，如以 0—1 背包问题为例。

对于含 n 个背包、m 个物品的多目标 0—1 背包问题，其目标函数为

$$\max f(\boldsymbol{x})=(f_1(\boldsymbol{x}),\cdots,f_n(\boldsymbol{x}))\tag{11.37}$$

其中，$f_i(\boldsymbol{x})=\sum_{j=1}^{m}p_{i,j}x_j$。$p_{i,j}$ 是当 x_j 为 1 时，将物品 j 放入背包 i 的价值。约束条件为式（11.38），其中 $w_{i,j}$ 是物品 j 放入背包 i 的重量，c_i 是背包 j 的容量。

$$\sum_{j=1}^{m}w_{i,j}x_j\leqslant c_i\tag{11.38}$$

多目标最小生成树问题（multi-objective minimum spanning tree，mo-MST），也是一类比较典型的 MOP。图中的每一条边有 k 个权值，用 k 个非负实数来表示，即 k 元组。该类问题的目标是要找到所有 Pareto 最优的最小生成树，即解集中按边权顺序构成的生成树都是互不支配的。这类问题可以通过改变某些参数而成为能比较 MOEA 性能的测试标准。

如可以通过"选择不同方法生成边的权值来产生非欧几里得距离的 mo-MST 问题：随机不相关的、相关的、反相关的或 m 度向量相关的。从部分图或完全图可以得到凹的或其他几何形态的最优 Pareto 面。如果问题是带最大的顶点度的约束问题，那么可以定义成多目标度约束的最小生成树问题。

另外，如旅行商问题、着色问题、顶点覆盖问题、最大独立集问题、作业调度问题、车辆路由问题、规划问题等，都可以用作 MOEA 的测试问题。

实际上，这些问题都是对解向量 x 带有约束的优化问题，它们多为 NP 完全问题，因此其解可能是离散的值（如整数）。将这些问题作为 MOEA 的测试问题需要斟酌：一方面，用 EA 解决这类优化问题时，通常都用到特殊的有针对性的基因表示和进化算子，这就很难进行一般的 MOEA 性能的比较；另一方面，NP 完全问题本身的难度也可以作为对算法的"挑战"，同时也是对其他 MOP 测试问题的补充。

值得说明的是，不同的 NP 完全问题可以变换成背包问题或旅行商问题，前者目标空间的 Pareto 最优面是较光滑的，而后者的 Pareto 最优面是一些小的面，因此后者更难以找到 Pareto 最优面。

11.7　WFG 测试问题工具包

2006 年，Huband 等对当时几种流行的测试问题集进行了总结性分析，并提出了一个可扩展的 WFG 测试问题工具包（Huband et al., 2006）。该工具包不仅提供了多种问题特性（如欺骗、偏转、多模等）函数，以及一组包含多种几何结构的形状函数，我们可以利用这些工具函数通过一种自底向上的方式构造具备多种特性、难度可控的测试问题。

11.7.1　问题特性

从测试问题的设计角度来看，决策空间到目标空间（决策−目标）映射关系是非常重要的，特别是 PS 和 PF 之间的映射关系（其中，PS 和 PF 分别为决策空间和目标空间中的 Pareto 最优解集），前者决定了搜索的难度，而后者则决定了什么样的解是一个 Pareto 最优解，直接影响着算法能否搜索到整个 Pareto 最优解集。然而，一些问题特性往往通过改变映射关系来影响算法的搜索过程。

由于测试问题集的种类和数目非常之大，出于实际情况考虑，在本小节所涉及的定义、概念以及方法均是针对一类特定的测试问题：多目标的，不带边界约束的，决策变量是实值的并且目标为定义良好的数学函数。

映射关系可以是一对一或者多对一的。对于优化算法来说，多对一具有更高的难度，因为算法必须对两个在目标空间相等的个体（决策向量）做出评价，并保留相对较好的个体（决策向量）。同样地，PS 和 PF 之间的映射关系也可能是一对一或者多对一的，在这种情况下，我们称该问题是 Pareto 一对一或者 Pareto 多对一的。

多对一映射的一个特殊例子是在一个连续的决策空间内的所有决策向量对应目标空间中的单一值，则称这一特征为平坦区域。在这一区域中，决策空间中变量发生一定的扰动并不会改变其目标值，而优化算法对这一区域上的参数变量往往因为缺少有效的梯度信息而难以优化。假如某一问题的映射关系中绝大部分都是平坦区域，并且没有 Pareto

最优解的位置信息，则称其最优解为孤立解（isolated optima），带有孤立解的问题往往具有很高的难度。

多模特性也是映射关系中的一个重要特性。如果一个目标函数具有多个局部最优，则称其是多模的；相对应地，如果一个目标函数只有一个最优值，则称为单模的。具有多模目标函数的问题称为多模问题。如图 11.52 所示，该多模函数具有 20 个极小值，当 $x=0.5$ 时取得全局最优，其他极值点均为局部最优。

多模目标函数的一个特殊情况是带欺骗的目标函数。根据 Deb 的相关论述（Deb，1999），如果一个目标函数是欺骗性的，那么它至少包括两个最优值，一个为真正的最优，一个为欺骗性最优，并且搜索空间的绝大部分区域必须位于欺骗性最优区域的范围内。真正的最优所对应的搜索区域则非常狭窄，使其被算法搜索到的概率非常小，从而容易陷入局部最优。对于优化算法来说，多模问题具有较高难度的原因，正是因为其极易陷入局部最优。如图 11.53 所示，该欺骗函数的全局最优为 0，并且包含两个局部最优 0.1，其全局最优对应的搜索区间宽度为 0.001。

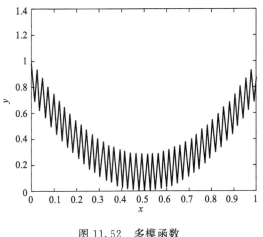

图 11.52　多模函数

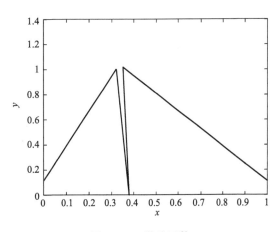

图 11.53　欺骗函数

映射关系中的另外一个重要特性是偏转，这一特性使得一组分布均匀的决策向量映射到目标空间后将不再是均匀的。偏转特性对整个搜索过程会产生重要影响，特别是当 PS 与 PF 的映射关系中存在偏转的情况下。判断一个问题是否存在偏转的方法是，给定一组均匀分布的解，观察其在目标空间中的分布密度（目前还没有文献使用数学方法对偏转进行明确的定义）。本节中，只有当一个问题被刻意地结合了偏转特性时，才称之为偏转问题。

参数[①]依赖也是测试问题应该具备的特性之一。给定单一目标 O、决策向量 $\boldsymbol{X}$，则定义一个变量 x_i 上的子问题 $P_{O,\boldsymbol{X},i}$，该子问题的全局最优为 $P_{O,\boldsymbol{X},i}^*$，如果 $P_{O,\boldsymbol{X},i}^*$ 只与 x_i 相关，而与决策向量 $\boldsymbol{X}$ 中其他参数无关，则称 x_i 是可分离的。也就是说，当改变 x_i 的值使目标 O 达到最优 $P_{O,\boldsymbol{X},i}^*$ 时，此时保持 x_i 不变，而改变其他参数的值将不会对目标 O 的值产生影响。可分离性这一概念，是针对某一个变量（x_i）相对于决策向量而言的，而对于特定目标 O，如果 x_i 是可分离变量，那么目标 O 必然与 x_i 是相关的。如果某一个目标 O 的所有

---

① 在本章节中，参数与（决策）变量为同一概念，不作区分；类似地，参数向量与决策向量两个概念不作区分。

变量都是可分离的，则可以逐个优化决策向量 X 中的变量，使问题 $P_{O,x}$ 达到最优。同样地，如果一个问题中的所有目标都是可分离目标，则称该问题为可分离问题。在多目标优化中，如果一个问题是可分离的，那就意味着每个目标上的理想点（或最优点）都可以通过优化某一个参数 x_i 来获得，由此可知，优化一个可分离的多目标问题要比优化一个同等规模的不可分离问题容易得多。

根据决策变量本身在映射关系中发挥的作用，可以将决策变量分为位置参数和距离参数两种类型。位置变量决定了一个多目标优化问题中解的分布情况，而距离变量则决定了解的收敛情况。一个变量 x_i 为位置参数，当且仅当，改变一个解 a 中的参数 x_i 所产生的新的解 a' 与 a 互不支配，或与 a 相同。一个 x_i 为距离参数，当且仅当，改变一个解 a 中的参数 x_i 所产生的新的解 a' 或者支配 a，或者被 a 支配，或与 a 相同。也就是说，通过改变位置参数可能产生多样性更好的解，而通过改变距离参数可能产生收敛性更好的解。在一些特殊情况下，位置参数或者距离参数到目标函数之间可能存在多对一映射关系，这时改变一个解 a 中的位置参数或者距离参数所产生的新解 a' 可能与 a 相同。

表 11.8 中，列举出了本小节中所涉及的主要特性的函数形式，包含了偏转、变换和降维三种类型。

表 11.8 特性函数

	类型	说明
偏转	多项式$(\alpha>0, \alpha\neq 1)$ $b\_poly(y,\alpha)=y^\alpha$	当 $\alpha>1$ 时，向 1 偏转；当 $\alpha<1$ 时，向 0 偏转
	平坦区域 $(A,B,C\in[0,1], B<C, B=0 \Rightarrow A=0 \wedge C\neq 1, C=1 \Rightarrow A=1 \wedge B\neq 0)$ $b\_flat(y,A,B,C)=A+\min(0,\lfloor y-B\rfloor)\dfrac{A(B-y)}{B}-\min(0,\lfloor C-y\rfloor)\dfrac{(1-A)(y-C)}{1-C}$	当自变量 $y\in[B,C]$ 时，该函数值为 A
	参数依赖 $(A\in(0,1), 0<B<C)$ $b\_param(y,Y',A,B,C)=y^{B+(C-B)v(u(Y'))}$ $v(u(Y'))=A-(1-2u(Y'))\lfloor 0.5-u(Y')+A\rfloor$	自变量 y 通过 A、B、C 和变量 Y' 产生参数依赖，其中 Y' 由降维类型函数产生，当 $u(Y')\in[0,0.5]$ 时，函数 b_param 的阶介于 $[B,B+(C-B)A]$ 之间；当 $u(Y')\in[0.5,1]$ 时，其阶介于 $[B+(C-B)A,C]$ 之间
变换	线性 $(A\in(0,1))$ $s\_linear(y,A)=\dfrac{|y-A|}{\lfloor A-y\rfloor+A\rfloor}$	当 $y=A$ 时，函数值为 0
	欺骗 $(A\in(0,1), 0<B\ll 1, 0<C\ll 1, A-B>0, A+B<1)$ $s\_decept(y,A,B,C)=1+(|y-A|-B)\times\left(\dfrac{\lfloor y-A+B\rfloor\left(1-C+\dfrac{A-B}{B}\right)}{A-B}+\dfrac{\lfloor A+B-y\rfloor\left(1-C+\dfrac{1-A-B}{B}\right)}{1-A-B}+\dfrac{1}{B}\right)$	当 $y=A$ 时，函数值为 0，即全局最优；B 为全局最优的邻域宽度；C 为该函数局部最优值
	多模 $(A\in\{1,2,\cdots\}, B\geq 0, (4A+2)\pi\geq 4B, C\in(0,1))$ $s\_multi(y,A,B,C)=\dfrac{1+\cos\left[(4A+2)\pi\left(0.5-\dfrac{|y-C|}{2(\lfloor C-y\rfloor+C)}\right)\right]+4B\left(\dfrac{|y-C|}{2(\lfloor C-y\rfloor+C)}\right)^2}{B+2}$	A 控制极值个数；B 控制极值的大小；当 $y=C$ 时，函数取得全局最优。若 $B\neq 0$，则在 C 处存在为 0 的极值；若 $B=0$，则存在 $2A+1$ 个为 0 的极值，其中一个极值位于 C 处

续表

类型	说明
降维	加权和($\|w\|=\|y\|,w_1,\cdots,w_{\|y\|}>0$) $r\_sum(Y,A) = \left(\sum_{i=1}^{\|Y\|} w_i y_i\right)/\sum_{i=1}^{\|Y\|} w_i$	改变权重向量 w,设置不同变量的偏好程度
	不可分离(变量)($A\in\{1,\cdots,\|Y\|\},\|Y\|\bmod A=0$) $r\_nonsep(Y,A) = \dfrac{\sum_{j=1}^{\|Y\|}\left(y_j+\sum_{k=0}^{A-2}\|y_j-y_{1+(j+k)\bmod\|Y\|}\|\right)}{\dfrac{\|Y\|}{A}\lceil A/2\rceil(1+2A-2\lceil A/2\rceil)}$	A 值决定了各变量的不可分离性程度,特殊地 $r\_nonsep(y,1)=r\_sum(y,\{1,\cdots,1\})$

11.7.2 Pareto 最优面的几何结构

单目标问题中,最优解是一个点;而多目标问题中,其 Pareto 最优面可能为线型、凸型或凹型,也可能由多个不同类型几何形状的结构组成。线型或者(超)平面型是这些类型的一种特殊情况。

一个退化型结构是指 Pareto 最优面的维数必须少于其目标维数。例如,若一个 3 维目标问题的 Pareto 最优面是一个线段,那么该问题是退化型的。然而,若一个 3 维目标问题的 Pareto 最优面是一个 2 维流形,那么该问题则不是退化问题。对于一些算法而言,在优化一个退化型 Pareto 最优面时会产生一些难以预料的问题。如果算法试图使用一些依赖于目标维数的分布性保持策略,那么对于退化型问题,则应该尽量避免采用这种策略。

Pareto 最优面也可能是非连通的(非连续或者间断),也许这更加符合某些实际情况。如图 11.54 所示,由于位于分段区域上的个体被点 A 所支配,导致该 Pareto 最优面变为非连通型。

表 11.9 中列举出了本小节中所讨论的几何结构的函数形式,包括线型、凸型、凹形、混合型以及退化型。

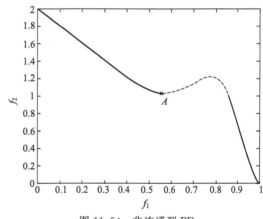

图 11.54 非连通型 PF

读者可以结合经典的测试问题集来加深对这些问题特性的认识和理解。例如,在 ZDT 系列测试问题(Zitzler et al., 2000)中,ZDT6 的 f_1 结合了复杂的多模函数,而 ZDT3 则具备了非连续型的几何结构;在 DTLZ 系列问题(Deb et al., 2005)中,DTLZ4 中的所有位置参数都结合了偏转,而 DTLZ5 则是典型的退化型问题。

11.7.3 构造测试问题的一般方法

为了提高测试问题的质量,在使用该工具包构造问题时,应做到以下几点。

① 决策向量中应避免出现极值变量。考虑距离参数的最优值位于区间的边界的情况,如果算法通过截断操作来处理越界个体,并用区间边界值代替该参数的值,那么对于极值参数来说,这一操作将"意外地"达到了最优。相反地,使用区间边界值对称方法来处理越界个体的算法将很难优化极值参数。

表 11.9 几何结构的函数形式

几何结构	函数形式	说明
线型	(令 $h_{m=1,M} = linear_m$,则满足 $\sum_{m=1}^{M} h_m = 1$) $linear_1(x_1,\cdots,x_{M-1}) = \prod_{i=1}^{M-1} x_i$ $linear_{m=2,M-1}(x_1,\cdots,x_{M-1}) = \left(\prod_{i=1}^{M-m} x_i\right)(1-x_{M-m+1})$ $linear_M(x_1,\cdots,x_{M-1}) = 1-x_1$	—
凸型	(令 $h_{m=1,M} = convex_m$) $convex_1(x_1,\cdots,x_{M-1}) = \prod_{i=1}^{M-1}(1-\cos(x_i\pi/2))$ $convex_{m=2,M-1}(x_1,\cdots,x_{M-1}) = \left(\prod_{i=1}^{M-m}(1-\cos(x_i\pi/2))\right)$ $(1-\sin(x_{M-m+1}\pi/2))$ $convex_M(x_1,\cdots,x_{M-1}) = 1-\sin(x_1\pi/2)$	—
凹型	(令 $h_{m=1,M} = convex_m$,则满足 $\sum_{m=1}^{M} h_m^2 = 1$) $concave_1(x_1,\cdots,x_{M-1}) = \prod_{i=1}^{M-1} \sin(x_i\pi/2)$ $concave_{m=2,M-1}(x_1,\cdots,x_{M-1}) = \left(\prod_{i=1}^{M-m} \sin(x_i\pi/2)\right)\cos(x_{M-m+1}\pi/2)$ $concave_M(x_1,\cdots,x_{M-1}) = \cos(x_1\pi/2)$	—
混合型	($\alpha > 0, A \in \{1,2,\cdots\}$) $mixed_M(x_1,\cdots,x_{M-1}) = \left(1-x_1-\dfrac{\cos(2A\pi x_1+\pi/2)}{2A\pi}\right)^\alpha$	A 控制不同类型局部区域的个数,α 则控制线形整体的类型。当 $\alpha > 1$ 时,线形整体为凹型;当 $\alpha < 1$ 时,线形整体为凸型;当 $\alpha = 1$ 时,线形整体为线型
非连通型	($\alpha, \beta > 0, A \in \{1,2,\cdots\}$) $disc_M(x_1,\cdots,x_{M-1}) = 1-(x_1)^\alpha \cos^2(A(x_1)^\beta\pi)$	A 控制非连通区域个数,α 控制线形整体的类型,而 β 控制非连通区域的偏转情况

② 决策变量中应避免出现中值变量。如果通过初始化过程产生的个体对称地、均匀地分布于最优解两侧,使用带高斯(均值为 0)扰动的中值重组方式产生后代个体,进行独立重复试验,则所产生的子代种群是最优解的无偏估计。也就是说,一个随机初始化的种群,采用中值重组方式将有利于搜索中值变量。

③ 决策向量维数和目标向量维数应是可扩展的;决策向量中各个维度的变量值域应是不同的,同样地,Pareto 最优面在各个维度上的值域也应是不同的。

④ Pareto 最优解集应是已知的。很多评价指标要求 Pareto 最优面是已知的,这有利于更加准确地对不同算法进行评价。

⑤ 一个测试集所包含的测试问题应该包含尽可能多的特性,然而在多目标领域设计一个这样的测试问题集却是十分困难的。正如在前两个小节中所提到的,测试问题应该具备多样的几何结构,具备参数依赖、偏转、多对一映射、多模等特性。具体如下:

- 设计具有不同几何结构或者偏转状态的单模问题,以测试算法的收敛能力。
- 测试问题应包含以下三种重要的几何结构:PF 退化型,PF 非连续型,PS 非连续型。
- 测试集中大部分问题应该是多模的,并且具有少数欺骗问题。

- 测试集中大部分问题应该是不可分离问题,并且具有不可分离的多模问题。
- 如有需要,测试集中应具备多对一问题,以测试算法保持多样性的能力。

需要特别说明的是,这些问题特性(函数)可以根据不同的设计需求引入到不同的位置中。例如,对于多模,由于搜索到多模函数的全局最优相对难度较大,因此如果对位置参数引入多模将直接对解在目标空间的分布广泛性(甚至是分布均匀性)产生影响,如果对距离参数引入多模则直接影响到解的收敛过程。同样的,对于欺骗,由于欺骗函数的全局最优位于一个相对狭小的区间内,搜索到该函数的全局最优比较困难,如果对位置参数引入欺骗特性将直接影响解在目标空间的分布广泛性(一般不会对分布均匀性产生影响),如果对距离参数引入欺骗也将直接影响到解的收敛性。尽管引入欺骗和多模所产生的影响是相似的,但是两种特性所注重测试的性能是不同的,多模函数注重的是算法的全局搜索能力,而欺骗函数则更加倾向于局部搜索能力。对不同参数引入偏转或者带平坦区域的情况,在此不再赘述。

给定决策向量 $z=\{z_1, z_2, \cdots, z_k, z_{k+1}, \cdots, z_n\}$,一个最小化测试问题的构造方法如下:

$$\min f_{m=1:M}(\boldsymbol{x}) = Dx_M + S_m h_m(x_1, x_2, \cdots, x_{M-1})$$

$$\boldsymbol{x} = \{x_1, x_2, \cdots, x_M\} = \{\max(t_M^p, A_1)(t_1^p - 0.5) + 0.5, \cdots, \max(t_M^p, A_{M-1})$$

$$(t_{M-1}^p - 0.5) + 0.5, t_M^p\} \boldsymbol{z}_{[0,1]} \mapsto \boldsymbol{t}^1 \mapsto \boldsymbol{t}^2 \mapsto \cdots \mapsto \boldsymbol{t}^p = \{t_1^p, t_2^p, \cdots, t_M^p\}$$

$$\boldsymbol{z}_{[0,1]} = \{z_{1,[0,1]}, z_{2,[0,1]}, \cdots, z_{n,[0,1]}\} = \{z_1/z_{1,\max}, \cdots, z_n/z_{n,\max}\}$$

在上述构造过程中,$\boldsymbol{x}$ 为中间参数向量,$x_{1:M-1}$ 为对应向量的位置参数;$\boldsymbol{z}$ 为实际参数向量,$z_{1:k}$ 为位置参数,$z_{k+1:n}$ 为距离参数;$\boldsymbol{z}_{[0,1]}$ 由 $\boldsymbol{z}$ 各维参数标准化产生。由 $\boldsymbol{z}_{[0,1]}$ 产生 $\boldsymbol{x}$ 过程中包含 p 次转换过程和一次退化处理过程,每次转换过程使用一个转换函数,即表 11.8 中某个特定的特性函数;对于 $\boldsymbol{t}^p$ 中的每一维参数 t_i^p,$\max(t_M^p, A_i)(t_i^p - 0.5) + 0.5$ 为退化处理过程,$A_{1:M-1} \in \{0, 1\}$ 为响应系数,如果 A_i 为 0,那么测试问题的 Pareto 最优面的维数减 1。$h_{1:M}$ 为特定结构的形状函数,D 和 $S_{1:M}$ 分别为距离参数和形状函数的扩展参数。关于转换过程 $\mapsto$ 的更多讨论,读者可参阅相关文献(Huband et al., 2006)。通过上述标准化的构造过程,可以构造出一个 WFG 测试问题实例,并且具备了多种用户定义的问题特性和特定的几何结构。

11.7.4 WFG1~WFG9

表 11.10 中列举出了 9 个 WFG 问题,表中详细说明了各个测试问题构造过程中所使用的特性函数、形状函数以及其他重要特性。

表 11.10 WFG 问题

问题	类型	设定
—	参数	$S_{m=1:M} = 2m, D=1, A_1=1, A_{2:M-1} = \begin{cases} 0, WFG3 \\ 1, otherwise \end{cases}$ 说明:参数 $S_{1:M}$ 确保了各个目标上的值域是不同的;$A_{1:M-1}$ 值的设定使得出 WFG3 以外的其他问题都是非退化问题
—	值域	$z_{i=1:n,\max} = 2i$ 说明:决策变量第 i 维上的值域维 $2i$

续表

问题	类型	设定
WFG1	形状	$h_{m=1,M-1}=convex_m; h_M=mixed_M(\alpha=1,A=5)$
	t^1	$t^1_{i=1,k}=y_i; t^1_{i=k+1,n}=s\_linear(y_i,0.35)$
	t^2	$t^2_{i=1,k}=y_i; t^2_{i=k+1,n}=b\_flat(y_i,0.8,0.75,0.85)$
	t^3	$t^3_{i=1,n}=b\_poly(y_i,0.02)$
	t^4	$t^4_{i=1,M-1}=r\_sum(\{y_{(i-1)k/(M-1)+1},\cdots,y_{ik/(M-1)}\},\{2((i-1)k/(M-1)+1),\cdots,2ik/(M-1)\})$ $t^4_M=r\_sum(\{y_{k+1},\cdots,y_n\},\{2(k+1),\cdots,2n\})$
WFG2	形状	$h_{m=1,M-1}=convex_m; h_M=disc_M(\alpha=\beta=1,A=5)$
	t^1	同 WFG1 中 t^1
	t^2	$t^2_{i=1,k}=y_i; t^2_{i=k+1,k+l/2}=r\_nonsep(\{y_{k+2(i-k)-1},y_{k+2(i-k)}\},2)$
	t^3	$t^3_{i=1,M-1}=r\_sum(\{y_{(i-1)k/(M-1)+1},\cdots,y_{ik/(M-1)}\},\{1,\cdots,1\})$ $t^3_M=r\_sum(\{y_{k+1},\cdots,y_{k+l/2}\},\{1,\cdots,1\})$
WFG3	形状	$h_{m=1,M}=linear_m$
	$t^{1,3}$	同 WFG2 中 $t^{1,3}$
WFG4	形状	$h_{m=1,M}=concave_m$
	t^1	$t^1_{i=1,n}=s\_multi(y_i,30,10,0.35)$
	t^2	$t^2_{i=1,M-1}=r\_sum(\{y_{(i-1)k/(M-1)+1},\cdots,y_{ik/(M-1)}\},\{1,\cdots,1\})$ $t^2_M=r\_sum(\{y_{k+1},\cdots,y_n\},\{1,\cdots,1\})$
WFG5	形状	$h_{m=1,M}=concave_m$
	t^1	$t^1_{i=1,n}=s\_decept(y_i,0.35,0.00,,0.05)$
	t^2	同 WFG4 中 t^2
WFG6	形状	$h_{m=1,M}=concave_m$
	t^1	同 WFG1 中 t^1
	t^2	$t^2_{i=1,M-1}=r\_nonsep(\{y_{(i-1)k/(M-1)+1},\cdots,y_{ik/(M-1)}\},k/(M-1))$ $t^2_M=r\_nonsep(\{y_{k+1},\cdots,y_n\},l)$
WFG7	形状	$h_{m=1,M}=concave_m$
	t^1	$t^1_{i=1,k}=b\_param(y_i,r\_sum(\{y_{i+1},\cdots,y_n\},\{1,\cdots,1\},\frac{0.98}{49.98},0.02,50))$ $t^1_{i=k+1,n}=y_i$
	t^2	同 WFG1 中 t^1
	t^3	同 WFG4 中 t^2
WFG8	形状	$h_{m=1,M}=concave_m$
	t^1	$t^1_{i=1,k}=y_i;$ $t^1_{i=k+1,n}=b\_param(y_i,r\_sum(\{y_1,\cdots,y_{i-1}\},\{1,\cdots,1\},\frac{0.98}{49.98},0.02,50))$
	t^2	同 WFG1 中 t^1
	t^3	同 WFG4 中 t^2

续表

问题	类型	设定
WFG9	形状	$h_{m=1,M} = concave_m$
	t^1	$t^1_{i=1,n-1} = b\_param(y_i, r\_sum(\{y_{i+1}, \cdots, y_n\}, \{1, \cdots, 1\}, \frac{0.98}{49.98}, 0.02, 50))$ $t^1_n = y_n$
	t^2	$t^2_{i=1,k} = s\_decept(y_i, 0.35, 0.001, 0.05); t^2_{i=k+1,n} = s\_multi(y_i, 30, 95, 0.35)$
	t^3	同 WFG6 中 t^2

11.8 可视化测试问题

在多目标进化优化中，高维问题（目标数大于 3）的解集可视化是一个具有挑战性的研究课题（Li M et al., 2014）。一般地，在目标空间中解集的可视化方法可以归为两类：第一类，在平面上直接表示目标向量，常用的如平行坐标系图（Deb et al., 2001a; Inselberg et al., 1990, 2014）。该类方法不足之处是无法获得目标向量之间的 Pareto 支配信息。第二类，将高维目标向量映射为 2 维或 3 维可视化的目标向量。这类方法需要考虑目标向量之间的 Pareto 支配关系以及它们在种群中的位置信息，十分复杂。近年来，从另外一个角度研究可视化方法获得了较好进展，即在低维决策空间中，通过观察决策向量的分布来分析目标解集的收敛性和分布性。

Li Miqing 等从决策空间的角度考虑，构造了 Rectangle 可视化测试问题（Li M et al., 2014），下面予以论述。

Rectangle 问题的关键特性是 Pareto 最优解集在决策空间中的图像与它们在目标空间中的图像是相似的（从欧几里得几何距离角度分析）。实际上，任何两个决策空间 Pareto 最优解之间的距离与它们对应的目标空间中目标向量之间的距离的比值是一个常量。因此，可以通过观察低维决策空间中 Pareto 最优解集的收敛性和分布性，来分析对应目标向量集的表现性能。

Rectangle 问题的 Pareto 最优解集在决策空间中全部位于一个矩形区域内。该测试问题主要考虑决策向量到平行于坐标轴的一些平行线之间的距离。图 11.55 是 Rectangle 测试问题的一个例子，收敛时，Pareto 最优解将全部位于由 4 条平行线 A、B、C、D 包围的阴影区域（包括边界线）内。

4 维 Rectangle 问题的优化目标是最小化某个个体 $\boldsymbol{x} = (x_1, x_2)$ 到 4 条平行于坐标轴的直线之间的欧几里得距离，其中 a_1 和 a_2 是平行于第一条坐标轴的 2 条直线，b_1 和 b_2 是平行于第二条坐标轴的 2 条直线。4 维 Rectangle 问题的表达式为

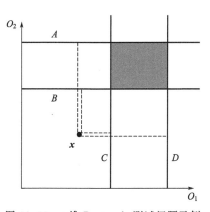

图 11.55 4 维 Rectangle 测试问题示例

$$\min \left.\begin{array}{l} f_1(\boldsymbol{x})=|x_1-a_1| \\ f_2(\boldsymbol{x})=|x_1-a_2| \\ f_3(\boldsymbol{x})=|x_2-b_1| \\ f_4(\boldsymbol{x})=|x_2-b_2| \end{array}\right\} \quad (11.39)$$

Rectangle 测试问题中决策空间 Pareto 最优解集的图像与它们在目标空间中的图像的几何相似性可以证明。给定表达式（11.39）中的两个 Pareto 最优解 $x^1=(x_1^1, x_2^1)$，$x^2=(x_1^2, x_2^2)$（不失一般性，假设 $a_1<a_2$ 和 $b_1<b_2$），则决策空间中这两个最优解之间的欧几里得距离为

$$D(x^1,x^2)=[(x_1^1-x_1^2)^2+(x_2^1-x_2^2)^2]^{0.5} \quad (11.40)$$

则这两个个体在目标空间中的欧几里得距离可以推导得

$$D(f(x^1),f(x^2))=\sqrt{2}D(x^1,x^2) \quad (11.41)$$

由式（11.41）可以得出 2 个个体在目标空间中的欧几里得距离与其在决策空间中的距离的比值为一个常数，因此可以证明 Rectangle 测试问题中决策空间 Pareto 最优解集的图像与它们在目标空间中的图像在几何上是相似的。

将 2 维决策变量扩展到 3 维时，目标维数由 4 维相应地扩展到 6 维，则 6 维 Rectangle 问题的优化目标是最小化某个个体 $x=(x_1, x_2, x_3)$ 到 6 条平行于坐标轴的直线之间的欧几里得距离。Pareto 最优区域是由这 6 条平行线围成的长方体。

Rectangle 问题的目标维数（平行于坐标轴的直线）是由决策向量的维数决定的（仅有两条直线平行于同一条坐标轴），而在保持决策向量维数不变的情况下，添加新的平行直线是较困难的（当有多于两条直线平行于一条坐标轴时，违背了 Pareto 最优解集在决策空间中和在目标空间中的图像之间的几何相似性）。因此，Rectangle 问题未能扩展到任意的目标维数。

Rectangle 问题不仅能使 Pareto 最优解集的收敛效果和分布效果可视化，也能如同 DTLZ 系列测试函数一样，被用来测试 MOEA 收敛到 Pareto 最优区域的能力。如图 11.56 所示，为 SPEA2＋SDE（该算法可参见 7.4 节）收敛到 4 维 Rectangle 问题时的 Pareto 最优区域。

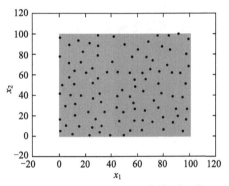

图 11.56　SPEA2＋SDE 收敛到 4 维 Rectangle 问题的 Pareto 最优区域

11.9　其他测试问题

除以上讨论的测试问题外，近年还出现了一些多目标优化无约束测试集，这里只做简单介绍，有兴趣的读者可参考相关文献。

① LZ09＿F1-LZ09＿F9（Li H et al.，2009a）、CEC09＿UF1-CEC09＿UF10（Chang P et al.，2008）和 ZZJ08＿F1-ZZJ08＿F10（Zhang Q et al.，2008a）。这三个测试集中不仅具有复杂的 PS 形状，而且变量间也具有相关性。此外，CEC09 中，UF5、UF6 和 UF9 测试问题的 PF 的几何形状也比较复杂。

② ZZJ09_F1-ZZJ09_F7（Zhou A et al.，2009）。这套测试集对测试问题的维数做了限定。F1-F6 为双目标优化问题，其中，F1、F2 的 PS 结构为 2 维的长方形，F3-F5 的 PS 结构为 2 维的非线性曲面，F6、F7 的 PS 结构为 3 维连续的非线性流形。

③ JY_F1-JY_F6（Jiang S et al.，2016）和 GLT1-GLT6（Gu F et al.，2012）。这两套测试集的 PF 均具有不规则的复杂几何结构。在 GLT 测试集，其变量之间存在着非线性相关性。

④ CPFT1-CPFT8（Li H et al.，2014）。这套测试问题是针对退化问题提出来的，均具有 3 个优化目标，而且其 PF 的局部具有混合维数，也就是说某一部分为 1 维的曲线，另一部分则为 2 维的曲面。

⑤ BT1-BT9（Li H et al.，2016）。这套测试集是针对在 Pareto 解的决策变量上发生细小的改变可能引起与之对应的目标向量的显著变化而提出来。这 9 个测试问题中，BT1-BT9 是由距离变化引出，其中 BT3、BT4 还具有位置的变化。

第 12 章 多目标优化实验平台

一个好的 MOEA 研究和应用实验平台，对提高工作效率具有重要帮助。为此，本章介绍四个开源实验平台或软件框架：PISA（programming language independent interface for search algorithms）(Bleuler et al.，2003)、jMetal（Durillo et al.，2011）、MOEA Framewrok（Hadkad，2011）和优化模板库（OTL）(Shen R，2015)。重点介绍优化模板库。

12.1 多目标优化实验平台特性

一个优秀的多目标优化实验平台不仅能够给研究者个人使用，还能进行商业应用。一般地，多目标软件框架应当具备以下特性。

1. 面向对象设计

将代码封装成不同类型的独立模块。对于同一类模块，根据其共性抽象出统一的接口；对于不同类型的模块，采用多态技术在不同模块之间通过统一的抽象接口相互调用，从而增强代码的内聚性，降低模块之间的耦合性。模块的使用者可以把不同模块看作黑盒使用，只需关心其接口，而不需关注其内部的实现细节。因此不同模块之间可以方便灵活地随意组合，增强了代码的重用性。

2. 问题无关的优化算法

通常，优化问题与算子被称为问题相关部分，而优化算法被称为问题无关部分。优化问题与算子的设计依赖现实工程应用的知识，需要为不同的实际问题设计不同的编码方案。而一个好的优化算法应当能够处理不同编码的优化问题，此时算法设计者不需要考虑算法可能用到的实际问题。通常，算法设计者只需根据目标向量（由优化问题评价得出的）对个体进行选择即可，无需考虑优化问题的编码方式；而优化算法的使用者只需根据优化问题的编码方式搭配合适的算子，即可处理不同编码的优化问题。

3. 功能模块内容丰富

应当包含大量经典或主流的模块（优化问题、算子、优化算法以及评价指标），以方便用户直接开展实验。此外，需要对所有模块的正确性进行严格的测试。

4. 自动批量实验

实验可以自动地批量执行，无需人工干预。用户只需一次性配置好所有实验（例如，一次性设置好需要测试的多个优化算法以及优化问题的参数，如不同的目标数，需要运行的多种优化算法以及它们的参数设置脚本等），软件框架就能自动批量执行并得到所有结果。这样提高了实验效率与生产力，并降低了人工操作失误的可能性。

5. 实验数据的完整保存

在多目标优化领域，多数软件框架简单利用文件系统来保存实验数据。例如，将 Pareto 最优面采样数据保存在文本文件中，并将一些共有属性（如优化问题名称、目标数以及算法名称）按照统一的顺序保存在该文本文件的路径中（如 DTLZ2/3-objectives/NSGA-Ⅱ/ParetoFront.txt）。然而，对于一些非共有属性（例如，相对于 NSGA-Ⅱ 而言，ε-MOEA (Deb et al., 2005a) 的 ε 参数是非共有属性，因为 NSGA-Ⅱ 无需设置额外的参数）却难以按照统一的顺序保存在文件系统的路径中。但是，非共有属性在数据的统计分析中也非常重要（如参数分析实验，分析 ε-MOEA 中不同 ε 参数对实验结果的影响），因此直接用文件系统不利于完整保存实验数据的所有属性。

6. 并行计算

不仅能有效利用现代多核 CPU 的并行计算能力，还能支持分布式计算，充分利用科学计算集群提高计算速度。

7. 数据可视化工具

需要提供数据可视化工具，不仅能对算法的优化过程进行观察，还能对保存的实验数据进行回放（使用者可以自由地控制播放进度，能够随意前进或倒退）。在数据可视化工具的帮助下，研究者们能更方便、更直接地对算法进行调试，找出问题所在。同时也能为算法开发者带来灵感，提高算法设计的效率。

12.2 开源软件框架

下面简要介绍几种最具代表性的开源软件框架。

1. PISA

针对决策变量的多样性与复杂性，PISA 将优化过程分割成问题相关模块与问题无关模块。问题相关模块包含与决策变量相关的模块，即优化问题与算子；而问题无关模块通常是优化算法，它只与目标向量打交道而不必关心决策变量。不仅使相同算法能处理不同编码的测试问题，还能随意替换问题与算法。此外，问题相关模块与问题无关模块之间通过文件作为接口来同步数据，因此理论上不同模块可以用不同语言编写。目前，PISA 中多数模块采用 C 语言实现，而少量采用 Java 和 MATLAB 编写。

2. jMetal

jMetal 是采用 Java 编写的多目标优化软件框架，它采用面向对象设计，具备统一的底层接口。测试问题、算子与优化算法能随意替换，便于开展批量实验。实现了大量经典的或主流的测试问题、优化算法和评价指标。通过多态的方法使决策变量能体现出不同的编码，使相同的优化算法能处理不同编码的优化问题。

3. MOEA Framewrok

与 jMetal 非常类似，MOEA Framework 同样采用 Java 实现。MOEA Framewrok 中的个体类提供一个哈希表使不同优化算法能根据各自的需要扩展个体的附加属性。此外，同 jMetal 一样，MOEA Framework 的算法支持多种编码是通过多态实现的。

4. 优化模板库

在以上开源软件框架的基础上，优化模板库使用C++模板增加了系统的灵活性，很多类型可以由用户自行设定，例如用户可以设定模板参数 TReal 控制计算精度。由于优化问题存在不同的编码方式，因此需要指定不同的决策变量类型。优化模板库利用模板参数指定决策变量的类型，使所有对决策变量的操作都能在编译期确定，提高了程序的运行效率。

12.3 优化模板库

软件框架应当达到更高的运算效率，并且不依赖解释器运行，这对实际工程项目非常重要。此外，软件框架应当具备良好的并行计算能力，尤其是分布式计算的能力。因此，设计一套更完备的软件框架是非常有必要的。

Ruimin Shen 等于 2015 年设计了一种用于多目标优化的 C++模板库，称为优化模板库（optimization template library，OTL）。

① OTL 采用面向对象设计，将优化问题、算子、算法以及评价指标封装成独立的模块，并设计统一的接口方便不同类型的模块之间互相调用。不同模块之间可以随意组合，方便扩充新的模块，有利于代码重用。

② OTL 采用 C++模板写成，带来了诸多好处。一方面，优化问题的设计者可以高效地定义决策变量的数据结构，使对决策变量的处理操作可以在编译期确定，提高了程序的运行速度。另一方面，用户能通过设置模板类型参数的方式控制一些数据的精度，如目标空间的实数类型。用户也能随意指定决策变量的类型，决策变量类型将不再局限于二进制串、实数向量或整数向量。用户可以将决策变量的类型直接定义成一些复杂的数据结构（如二叉树），绕开解码环节，解决解码环节存在的诸多问题（如解码失败等）。

③ OTL 中大量采用了泛型编程，泛型算法可以处理不同数据结构，提高了代码的灵活性。此外，OTL 借助 CMake 实现了跨平台、跨编译器。用户可以在完全不修改代码的前提下，产生出 Eclipse、Code::Blocks 或 Visual Studio 等 IDE 的工程，支持 Linux、Macintosh 或 Windows 等操作系统，支持 Clang、GCC 或 Visual C++等编译器。

④ OTL 实现了大量模块，方便用户直接使用它们来进行实验。

12.3.1 OTL 的构成

在现实世界中，某些优化问题是最小化问题（如 TSP），而有些问题则是最大化问题（如 0-1 背包问题）。而在实际工程实践中，对实际问题建模构成的优化问题的某些目标可能要求最小化，而其他目标可能要求最大化。然而，这些需求会增加软件框架的复杂性，降低代码的运行效率。因此，OTL 规定所有优化问题都是最小化优化问题，对于需要最大化的目标可以将结果设置成相反数（即 $-f(x)$）。同时，在优化问题的基类中提供修复目标向量的接口，使用户可以得到原始的目标值。此外，OTL 采用 C++的最新标准C++11 编写，其新的语言特性（如 auto 关键字、lambda 表达式等）为 OTL 的编写提供了很大的方便。OTL 的随机数发生器采用了 STL 新标准中加入的随机数库，用户可以自行指定 OTL 中采用的随机数产生算法，进一步提高了 OTL 的灵活性。最后，OTL 实现了下列现成的模块。

1. 优化问题

优化问题包括实数编码问题（如 ZDT 系列测试函数、DTLZ 系列测试函数、WFG 系列测试函数、CEC2009 系列测试函数（Chang P et al., 2008）、Kursawe 测试函数（Kursawe F, 1991）、Rectangle 测试函数等、二进制编码问题（如 0-1 背包问题）和组合优化问题（如 TSP 和它的多目标版本 MOTSP）。

2. 算子

算子包括实数编码算子（如 simulated binary crossover（SBX）(Deb et al., 1994)、polynomial mutation（PM）(Deb et al., 1996) 和差分（differential evolution，DE）算子（Storn R et al., 1997)、二进制编码算子（如单点交叉和按位变异）和适用于 TSP 的算子（如部分映射交叉（partially mapped crossover，PMX）(Goldberg et al., 1989)、次序交叉（order-based crossover，OX）(Davis L, 1985) 和插入变异（insertion mutation）(Fogel D B, 1988)。

3. 优化算法

优化算法如 NSGA-Ⅱ、NSGA-Ⅲ、SPEA2、SPEA2＋SDE、MOEA/D、ε-MOEA、territory defining multi-objective EA（TDEA）(Karahan et al., 2010)、generalized differential evolution 3（GDE3）(Kukkonen et al., 2005)、grid-based EA（GrEA）(Yang S et al., 2013)、S-metric selection EMO algorithm（SMS-EMOA）(Beume et al., 2007)、hypervolume estimation algorithm（HypE）(Bader et al., 2011)、indicator-based evolutionary algorithm（IBEA）(Zitzler et al., 2004)、multiple single objective Pareto sampling（MSOPS）(Hughes et al., 2003)、controlling dominance area of solutions（CDAS）(Sato et al., 2007)、G-NSGA-Ⅱ（Molina et al., 2009)、average ranking（AR）(Bentley et al., 1998)、AR incorporated with improved crowding distance and diversity management operator（AR＋CD 和 AR＋DMO）(Adra et al., 2009) 等。

4. 评价指标

评价指标如 generational distance（GD）(Veldhuizen et al., 1998)、inverted generational distance（IGD）(Czyzżak et al., 1998)、spacing（Schott, 1995)、diversity measure（DM）(Deb et al., 2002b)、hypervolume（HV）(Zitzler et al., 1998)、R2、maximum spread（MS）(Zitzler et al., 1999) 和它的两个改进版本（Tan et al., 2007) 等。

12.3.2 OTL 面向对象的设计架构

OTL 采用面向对象设计，图 12.1 展示的 UML 图描述了它的基本架构。OTL 将不同功能的模块放在不同的名字空间下（如优化问题、交叉算子、变异算子、优化算法和评价指标），对于每个名字空间都提供至少一个抽象基类与外界交互。不同名字空间下的类不直接与外界联系，而是通过抽象类中提供的抽象方法（纯虚函数）间接地供外界调用。因此对于模块调用者而言，只需关心其基类提供的抽象接口，而把被调用的模块看作黑盒，不需要关心模块内部的具体实现。这样就在不同模块之间建立了统一的接口，使不同模块能够随意组合。

下面将简要介绍不同名字空间下的模块，并分析它们之间的组织方式、区别与联系。

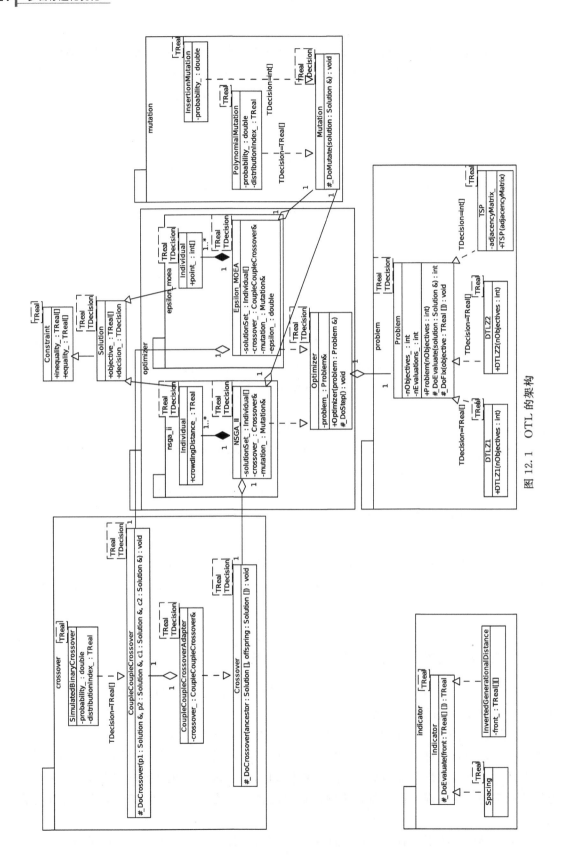

图 12.1 OTL 的架构

1. Solution 类是 OTL 中最基本的类

其模板参数 TReal 为实数类型，通常可以指定 float、double 或 long double 等浮点数类型，不同的类型参数决定了求解的精度与计算速度；而模板参数 TDecision 代表决策变量类型，通常根据优化问题的编码方式指定，可以是任意数据类型（例如，对于实数编码的优化问题一般指定 std::vector<double>，对于 TSP 通常指定为 std::vector<size_t>，而对于 0-1 背包这种二进制编码则可指定为 boost::dynamic_bitset<>）。Solution 类提供四个成员变量供外界直接访问。decision_ 保存决策变量，objective_ 保存目标向量。其父类 Constraint 中提供的 inequlity_ 和 equlity_ 分别保存不等式约束向量和等式约束向量。

2. 名字空间 problem

名字空间 problem 包含所有优化问题，它们都继承自抽象类 Problem。首先，Problem 类的构造函数需要提供同时优化的目标个数，并保存在成员变量 nObjectives_ 中。其次，派生类需要实现 Problem 类中最重要的抽象方法 _DoEvaluate，完成对个体（solution）的评价（根据决策变量计算目标向量、等式约束向量和不等式约束向量），并返回评价次数（通常为 1）。Problem 类会将 _DoEvaluate 返回的评价次数累加到成员变量 nEvaluations_ 中（初始化为 0），从而外界可以获取到优化问题的评价次数。再次，OTL 规定 _DoEvaluate 得到的目标向量都是最小化目标，而对于需要最大化的原始目标可以通过抽象方法 _DoFix 来还原。最后，从图中 problem 名字空间中的派生类可以看出，对于实数编码的优化问题（如 DTLZ1 和 DTLZ2），决策变量类型（模板参数 TDecision）被指定为实数向量（在程序中为 std::vector<TReal>）。对于 TSP，决策变量类型被指定为无符号整数向量（在程序中为 std::vector<size_t>）。

3. 名字空间 optimizer

名字空间 optimizer 包含所有的优化算法，它们都继承自抽象类 Optimizer。在 Optimizer 类的构造函数中，必须指定一个需要优化的优化问题（一个 Problem 对象）。Optimizer 类的派生类需要实现抽象方法 _DoStep 完成一次迭代。不同的优化算法（如 NSGA-Ⅱ 和 ε-MOEA）分别包含在不同的名字空间中（如 nsga_ii 和 epsilon_moea）。两者的个体类（Individual）都继承自 Solution 类，但新增了各自所需的属性（例如，NSGA-Ⅱ 的个体包含成员变量 crowdingDistance_，而 ε-MOEA 的个体包含成员变量 gridCoordinate_）。优化算法类（如 NSGA_Ⅱ 和 Epsilon_MOEA）包含一个或多个个体对象。此外，优化算法都与问题无关。通过指定模板参数 TDecison 并搭配合适的算子，可以求解不同编码的优化问题。

4. 名字空间 crossover

名字空间 crossover 包含所有的交叉算子，然而它提供多个抽象类供外界调用。SimulatedBinaryCrossover 实现了抽象类 CoupleCoupleCrossover 中的抽象方法 _DoCrossover，将两个父类（p1 和 p2）交叉得到两个子类（c1 和 c2）。因此对于采用此类交叉方法的算法（如 ε-MOEA）可以直接使用 CoupleCoupleCrossover 对象。然而对于算法最常采用的基于群体的交叉方式（将父代群体交叉得到子代群体，如 NSGA-Ⅱ），需要用到抽象类 Crossover。为了将 SimulatedBinaryCrossover 也用到此类算法中来，可以利用 CoupleCoupleCrossoverAdapter。它实现了 Crossover 类中的 _DoCrossover 抽象方法，利用一个基于

CoupleCoupleCrossover 类的 SimulatedBinaryCrossover 对象对父代群体（ancestor）交叉得到子代群体（offspring）。

5. 名字空间 mutation

名字空间 mutation 包含所有的变异算子，但其架构比交叉算子更简单，仅提供一个抽象类 Mutation 供外界调用。所有派生类都实现了 DoMutate 抽象方法，对单个个体进行变异操作。然而，同优化问题和交叉算子一样，变异算子也是问题相关的。不同变异算子指定了不同的决策变量类型，因此只能用于对应编码类型的优化问题。例如，对于实数编码问题（DTLZ1 或 DTLZ2）只能使用适合实数编码的变异算子（如 PolynomialMutation），而对于 TSP 则只能使用专门为 TSP 设计的变异算子（如 InversionMutation）。

6. 名字空间 indicator

名字空间 indicator 包含所有的评价指标，它们都继承自抽象类 Indicator，并实现了其抽象方法 DoEvaluate，对目标向量集进行评价，同时返回评价结果。

从图 12.1 中可以看出，评价指标都是孤立的模块，与其他模块（优化问题、优化算法和算子）没有联系。通常在优化过程完成后，再读取解集进行评价。

12.3.3 OTL 的三个组成工程

OTL 采用 Python 构建实验平台，由以下三个工程组成。

1. OptimizationTemplateLibrary（OTL）工程

此工程中包含实验用到的所有 C++程序，研究者首先在这个工程中编写优化算法或者测试问题等的 C++代码。因为该工程已经实现了大部分经典算法的核心模块，研究者可以修改部分代码来实现自己需要的功能。OTL 工程是 PyOTL 工程和 PyOptimization 实验平台的基础。

2. PyOTL 工程

该工程利用 Boost.Python 库将 OTL 中的 C++程序转换成 Python 可调用的模块，同时支持 Python 第 2 版和第 3 版。为了确保正确性，本章对所有模块进行了充分的单元测试。对于随机算法，利用 SciPy 提供的独立样本 T 检验对多次独立运行的结果的各项指标（如 GD 和 IGD）进行检验，确保它们的均值与正确的样本显著一致。

3. PyOptimization 实验平台

该平台采用最新版 Python（第 3 版）编写，它调用 PyOTL 产生的 Python 模块开展实验。首先，实验数据统一采用 Sqlite 数据库保存，以充分保存实验数据的各项属性，有利于后期对实验数据进行统计分析。其次，用户可以方便地在不同运行方式（串行执行、多进程并行执行和分布式并行执行）之间切换。再次，PyOptimization 提供高度可自定义的数据可视化工具，能对数据库中保存的数据进行回放。不仅能显示 3 维数据，还能利用平行坐标（parallel coordinate）显示高维数据。最后，PyOptimization 采用 INI 配置文件控制实验流程，降低了实验操作的门槛，可配置批量自动化实验。

OTL、PyOTL 和 PyOptimization 三个项目均采用 GNU lesser general publiclicense（LGPL）协议开源，有利于应用到实际工程实践中。此外，它们采用 Git 进行版本控制，托管在 GitHub 页面上（github.com/O-T-L）。

第 13 章 基于多目标优化求解单目标约束优化问题

13.1 约束优化概述

单目标约束优化问题是科学和工程领域中常见的一类数学规划问题。求解单目标约束优化问题是优化领域的重要分支之一。考虑具有以下形式的单目标约束优化问题:

$$\min f(\boldsymbol{x}), \boldsymbol{x}=(x_1,\cdots,x_D) \in S = \prod_{i=1}^{D}[L_i,U_i]$$

$$\text{subject to:}\ g_j(\boldsymbol{x}) \leqslant 0\ (j=1,\cdots,p), h_j(\boldsymbol{x})=0 (j=1,\cdots,q)$$

其中,$\boldsymbol{x}$ 为决策向量,x_i 为第 i 个决策变量,D 为决策变量个数,$f(\boldsymbol{x})$ 为目标函数,S 为决策空间,L_i 和 U_i 分别为第 i 个决策变量的上界和下界,$g_j(\boldsymbol{x}) \leqslant 0$ 为第 j 个不等式约束条件,$h_j(\boldsymbol{x})=0$ 为第 j 个等式约束条件。如果一个决策向量满足所有约束条件,则称为可行解;否则称为不可行解。在决策空间 S 中,所有可行解的集合称为可行域 Ω,所有不可行解的集合称为不可行域 $\overline{\Omega}$。因此,$S=\Omega \cup \overline{\Omega}$。

一个个体 $\boldsymbol{x}$ 违反第 j 个约束条件的程度可表示为

$$\begin{cases} G_j(\boldsymbol{x})=\max\{0, g_j(\boldsymbol{x})\}, & 1 \leqslant j \leqslant p \\ H_j(\boldsymbol{x})=\max\{0, |h_j(\boldsymbol{x})|-\delta\}, & 1 \leqslant j \leqslant q \end{cases}$$

其中,δ 为等式约束条件容忍值。接着,$\boldsymbol{x}$ 违反所有约束条件的程度可表示为

$$CV(\boldsymbol{x}) = \sum_{j=1}^{p} G_j(\boldsymbol{x}) + \sum_{j=1}^{q} H_j(\boldsymbol{x})$$

以下通过一个例子来简要介绍单目标约束优化问题:

$$\text{minimize}\ f(\boldsymbol{x}) = \sum_{i=1}^{2} x_i^2 - 10\cos(2\pi x_i) + 10, -10 \leqslant x_1 \leqslant 5, -5 \leqslant x_2 \leqslant 5$$

$$\text{subject to:}\ 3(x_1+7)^2 + x_2^2 \leqslant 0.3\ \text{或}\ (x_1+8)^2 + (x_2-3)^2 \leqslant 2$$

该问题包含两个决策变量 x_1 和 x_2,图 13.1 展示了其搜索空间、目标函数的等高线、可行域和最优解。从图 13.1 中可以看出,该问题包含两个离散的可行域,最优解位于其中的一个可行域内部。

在基于进化算法求解单目标约束优化问题时,首先需要使群体进入可行域,接着找到可行域中的最优解。单目标约束优化问题一般包含等式和非线性约束条件,这使得可行域占搜索空间中的比例非常小,因此可行解的搜索变得十分困难。同时,可行域的离散程度进一步

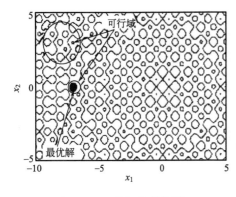

图 13.1 函数拓扑结构图

增加了搜索最优解的难度。此外,单目标约束优化问题的求解难度还会随着决策变量个数、约束条件个数的增加而显著增加。

由于约束条件的存在,如何处理约束条件是进化算法求解单目标约束优化问题时面临的首要任务(Arias-Montano et al., 2011;王勇等,2009)。约束处理技术的本质是如何设计个体比较准则。惩罚函数法(Coit et al., 1996)是一类经典的约束处理技术,其主要原理是在约束违反程度的基础上结合惩罚因子构造惩罚项,随后联合目标函数和惩罚项得到一个新的适应值函数,并且采用该适应值函数比较个体优劣。一种常用的惩罚函数法可表示如下:

$$\min F(\boldsymbol{x}) = f(\boldsymbol{x}) + \sum_{j=1}^{p} \alpha_j G_j(\boldsymbol{x}) + \sum_{j=1}^{q} \beta_j H_j(\boldsymbol{x}), \alpha_j > 0, \beta_j > 0$$

其中,α_j 和 β_j 是惩罚因子。惩罚函数法的主要缺陷是惩罚因子的设置十分复杂,往往是依赖于问题的。

自 2000 年开始,研究人员提出了约束和目标分离法,例如可行性准则(Deb, 2000b)、随机排序法(Runarsson et al., 2000)、ε 约束法(Takahama et al., 2006)等。在这类约束处理技术中,个体之间的比较或者基于约束违反程度或者基于目标函数。而且,可行解总是在一定程度上优于不可行解。这类约束处理技术存在以下瓶颈问题:如何确定约束违反程度和目标函数的使用场景和使用频率,以达到两者之间的均衡。

有意思的是,同样自 2000 年开始,以 Coello Coello 为代表的学者们提出了约束处理技术的另一流派——多目标优化法(Coello Coello et al., 2000, 2000a, 2002;Aguirre et al., 2004)。在这类方法的早期研究中,每个约束条件的违反程度均被作为一个目标函数进行处理,这样单目标约束优化问题被转换为具有以下形式的多目标优化问题:

$$\min f(\boldsymbol{x}), G_1(\boldsymbol{x}), \cdots, G_p(\boldsymbol{x}), H_1(\boldsymbol{x}), \cdots, H_q(\boldsymbol{x})$$

显然,在以上转换中,目标函数的个数与约束条件的个数成正比。值得注意的是,现有的多目标进化算法还很难有效处理目标函数个数大于 3 的多目标优化问题(Wang R et al., 2013)。因此,这种转换方式的性能会随着约束条件个数的增加而显著降低。为了有效减少目标函数的个数,近年来研究人员提出了仅将约束违反程度作为一个额外的目标函数(Cai Z et al., 2006)。通过这种方式,单目标约束优化问题被转换两目标优化问题,从而形成了更具普遍性的多目标优化法:

$$\min f(\boldsymbol{x}) = (f(\boldsymbol{x}), CV(\boldsymbol{x}))$$

完成以上转换后,有三个方面需要注意。

① 此处讨论的 $f(\boldsymbol{x})$,与普通的两目标优化问题具有本质区别。这主要是由于当群体中的所有个体都进入可行域后,第二个目标函数 $CV(\boldsymbol{x})=0$,此时 $f(\boldsymbol{x})$ 退化为一个单目标优化问题 $f(\boldsymbol{x})$。

② 普通的两目标优化问题的最优解是一个集合,称为 Pareto 最优解集,然而 $f(\boldsymbol{x})$ 的最优解是位于可行域内部、具有最小目标函数值的一个点。

③ 在基于 $f(x)$ 比较个体时，通常采用的是 Pareto 支配关系。例如，对于不可行解 a，只有当后代个体位于深色区域内时才能替换 a，如图 13.2 所示。显然，以上替换并不能经常发生，因此这将导致群体进入可行域的速度非常缓慢。导致上述现象的主要原因是 Pareto 支配关系对所有目标均赋予了相同的重视程度。事实上，对于单目标约束优化问题，在使用 Pareto 支配关系比较个体时，还应对约束条件引入一定的"偏见"（Runarsson et al.，2005），以驱使群体快速朝可行域逼近。

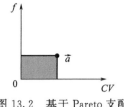

图 13.2 基于 Pareto 支配比较个体的示意图

鉴于基于两目标优化的约束处理技术具有明显优势，下面简要介绍两个相关工作。

13.2 CW 算法

蔡自兴和王勇于 2006 年提出了 CW 算法（Cai and Wang' method）（Cai Z et al.，2006），CW 算法包含两个主要部分：群体进化模型和不可行解存档与替换机制。群体进化模型执行如下：

① 从包含 NP 个个体的群体 P 中随机选择 λ 个个体。
② 对 λ 个个体执行进化操作（如交叉和变异）产生 μ 个后代个体。
③ 确定 μ 个后代个体中的非劣个体，并且从中随机选择一个非劣个体，记为 x_1。
④ 假设 λ 个个体中有 m 个个体被 x_1 Pareto 支配。
⑤ 如果 $m>0$，则使用 x_1 随机替换一个被 Pareto 支配的个体。

在上述过程中，因为 $\lambda<NP$，所以该群体进化模型是一种稳定状态（steady-state）的进化算法。此外，CW 算法还发现了一个重要现象：非劣个体包含了 μ 个后代个体中最重要的信息，下面通过一个例子来说明。如图 13.3 所示，假设产生了 8 个后代个体（即 $\mu=8$），记为 $(a_1,\cdots,a_8)$，其中包含 3 个可行解 $(a_1,\cdots,a_3)$ 和 5 个不可行解 $(a_4,\cdots,a_8)$。根据 Pareto 支配的定义很容易知道：a_3、a_4 和 a_8 是非劣个体。不难看出，a_3 是最好的可行解，a_4 是具有最小约束违反程度的不可行解，a_8 是具有最小目标函数值的不可行解，因此它们代表了 8 个后代个体中最重要的信息。通过使用非劣个体进行替换操作，可以不断提升群体的整体质量。

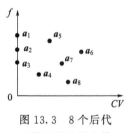

图 13.3 8 个后代个体及其非劣个体

在 CW 算法中，不可行解存档与替换机制执行如下：

① 如果 μ 个后代个体中不存在可行解，则找出其中具有最小约束违反程度的不可行解，记为 x'。令 $A=A\cup x'$。
② 如果 $\text{mod}(gen,m')=0$，则从 A 中随机选择 n' 个个体，并且使用这 n' 个个体随机替换群体 P 中相同数量的个体。

在上述步骤中，如果 μ 个后代个体中不存在可行解，则意味着它们离可行域距离较远。对图 13.2 分析后可知，此时群体进化模型中的替换操作发生的频率可能很低，这将导致群体进入可行域的速度十分缓慢。如前所述，在这种情况下，需要对约束条件引入一定的"偏见"。不可行解存档与替换机制正是为了达到上述目的而提出的。通过利用具有最小约束违反程度的个体,可以不断驱使群体朝可行域靠近。需要说明的是,A 表示一个档案,gen 表示进化代数,参数 m' 意味着每隔 m' 代执行一次替换,n' 表示替换的个体数目。

为进一步提高 CW 的性能,王勇和蔡自兴于 2012 年使用差异进化算法改进了群体进化模型,并从多目标优化的角度出发,进一步完善了不可行解存档与替换机制,提出了 CMODE 算法(combining multi-objective optimization with differential evolution to solve constrained optimization problems)(Wang Y et al.,2012)。CMODE 算法缓解了 CW 算法对参数的依赖性,实现了群体质量和可行性的同步改善。

13.3　HCOEA 算法

王勇和蔡自兴等于 2007 提出了 HCOEA 算法(a hybrid constrained optimization evolutionary algorithm)(Wang Y et al.,2007),该算法设计了由全局搜索模型和局部搜索模型组成的混合进化搜索框架,并与基于两目标优化的约束处理技术有机结合。全局搜索模型执行过程如下:

① 将包含 NP 个个体的群体 P 随机划分为 $NP/2$ 个个体对。
② 按顺序选择成对个体,通过交叉和变异产生两个后代个体。
③ 如果后代个体 Pareto 支配相似的父代个体,则替换父代个体。

全局搜索模型是一种基于联赛选择的小生境遗传算法,其主要优势在于可以有效保持群体多样性、提升群体整体质量。

局部搜索模型的执行过程如下:

① 将群体 P 聚类分割为若干个子群体。
② 对每个子群体产生一个后代子群体。
③ 找出后代子群体中的非劣个体,并且每个非劣个体最多替换父代子群体中的一个被 Pareto 支配的个体。
④ 如果后代子群体不包含可行解,则利用其中具有最小约束违反程度的不可行解随机替换父代子群体中的一个个体。

类似于 CW 算法,局部搜索模型采用非劣个体的 Pareto 支配替换来提高每个子群体的质量,采用具有最小约束违反程度的不可行解随机替换来驱使每个子群体朝可行域靠近。此外,由于事先没有最优解位于何处的先验知识,局部搜索模型还通过聚类分割引导群体从不同的方向逼近可行域。以上过程如图 13.4 所示。在图 13.4 中,a_1、a_2 和 a_3 表示一个父代子群体中的 3 个个体,b_1、b_2 和 b_3 表示后代子群体中的 3 个个体。根据 Pareto 支配的概念,b_2 Pareto 支配 a_2、b_3 Pareto 支配 a_3,因此 b_2 可以替换 a_2,b_3 可以替换 a_3。同时,因为 b_1、b_2 和 b_3 均为不可行解,所以具有最小约束违反程度的不可行解 b_1 将随机替换父代子群体中的一个个体(假设为 a_1)。经过上述替换后,便完成了一个子群体的更新。从图 13.4 中不难看出,更新后的子群体在维持了较好多样性的同时,具有整体更小的约束违反程度和目标函数值。

对于 HCOEA 算法,全局搜索模型和局部搜索模型在每一次进化中均轮流执行。整体上,当群体中没有可行解时,局部搜索模型占主导地位,当群体中出现大量可行解时,全局搜索模型占主导地位。为了进一步优化 HCOEA 算法的执行效率,王勇和蔡自兴提出了

DyHF算法（a dynamic hybrid framework for constrained evolutionary optimization）（Wang Y et al.，2012a），利用群体可行解比例这一进化反馈信息，动态执行全局搜索模型和局部搜索模型，实现了进化过程中计算资源的合理分配。

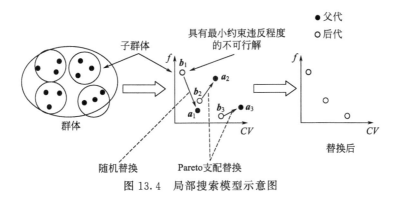

图 13.4 局部搜索模型示意图

第 14 章 MOEA 应用

14.1 MOEA 应用概述

任何一门新技术的产生与发展都源于它的应用，否则这门新技术将是没有生命力的。多目标进化算法正是因为它具有广泛的应用前景而发展起来的。Schaffer 为了解决机器学习中的多模式分类判别问题（multiclass pattern discrimination）（Schaffer，1985），在 LS-1 的基础上采用向量评估遗传算法设计并实现了 LS-2。1990 年以后，MOEA 在各行各业得到了广泛应用，如环境与资源配置、电子与电气工程、通信与网络、机器人、航空航天、市政建设、交通运输、机械设计与制造、管理工程、金融，以及科学研究等。

14.1.1 MOEA 在环境与资源配置方面的应用

在环境与资源配置方面，MOEA 的主要应用有地下水质量的监控和处理、土地资源使用规划、供水系统的规划、电力调度，以及基础服务设施的布局规划等，如表 14.1 所示。

表 14.1 MOEA 在环境与资源配置方面的应用

应用内容	参考文献	所采用的 MOEA
地下水质量的监控和处理	Luo Q et al., 2016	PPGA
	Matrosov et al., 2015	ε-NSGA-II
	Babbar et al., 2012	IGA with mixed initiative interaction
	Liu S et al., 2013	real-value GA
土地资源使用规划	Porta et al., 2013	Parallel GA
供水系统的规划	Zheng F et al., 2015	MODE through decomposition
	Rahmani et al., 2014	NSGA-II
	Creaco et al., 2015	NSGA-II
	Hu C et al., 2015	MR-PNGA
	Wang J et al., 2009	Enhanced GA
电力调度	Zhu Y et al., 2014	MOEA/D
	Li D et al., 2013	DSGA
区域服务设施的配置	Rahmani et al., 2014	hybrid evolutionary firefly-GA
能源配置	Hadi et al., 2005	MOGA
	Rivas-Dávalos et al., 2005	SPEA2
灾后废弃物管理	Onan et al., 2015	NSGA-II

水域管理（watershed management）是一组土地规划与水资源供应、水污染处理，以及水资源的再生作用的结构最优问题。城市的发展往往会带来水域管理的问题，例如，城市扩建必然会带来土地的使用类型的转变，从而对原有的水资源供应带来影响，同时也必然会带来水污染等问题。

Matrosov 等采用 ε-NSGA-Ⅱ（Matrosov et al.，2015），实现了伦敦市未来（2035 年）城市水资源管理系统的设计，目标是在满足系统可靠性约束的条件下，最小化储水/供水成本和能源消耗，最大化系统容错能力、工程质量及环境效益等指标；研究并证明了高维 MOEA 在大城市水资源管理系统设计上的适用性，ε-NSGA-Ⅱ 能够对系统中多个相互冲突的目标进行平衡，找到一组折中最优解，这对城市的发展和决策具有重要的指导作用。

14.1.2　MOEA 在电子与电气工程方面的应用

在电子与电气工程方面，MOEA 的应用比较广泛，这里将它们分为两大类：外观与结构优化设计和电路与系统优化设计，如表 14.2 所示。

随着硅片上集成的晶体管数量迅猛增加，基于 IP 核的片上系统（system on a chip，SOC）已成为 VLSI 实现技术发展的趋势。目前 SOC 的系统设计主要采用基于 IP 核的配置和执行方法。这种方法是从一个预设计的参数化 SOC 体系结构出发，以参数化的 IP 核为组件，通过编写代码、设置参数的方式，对可编程的 IP 核进行配置以实现设计，通过模拟器仿真执行以完成功能验证，最后产生物理芯片。由于 IP 核的多样性及其可优化参数的矛盾性，使得 SOC 的设计空间极其复杂。SOC 系统的主要任务之一就是针对具体的应用在可能的设计空间中找到一组满足设计约束的 IP 可行配置集，或者是找到功率/性能平衡面，其本质是求多目标优化问题的最优解，即把功耗和执行时间的最小化作为优化目标。

表 14.2　MOEA 在电子与电气工程方面的应用

应用内容		参考文献	所采用的 MOEA
外观与结构优化设计	VLSI 芯片布局	Arslan et al.,1996	GA with linear aggregating function
		Palesi et al.,2002	sensitivity analysis GA
		Sait et al.,2001	simulated evolution with fuzzy rules
		Sait et al.,2005	distributed genetic algorithm
	电源分布的最佳布局	Ramírez-Rosado et al.,2001	GA and evolutionary programming with Pareto ranking
	电源连接	Tsoi et al.,1995	hybrid GA and simulated annealing
	电磁器件的设计	Borghi et al.,1998	evolution strategy with linear aggregating function
		Saludjian et al.,1998	GA with linear aggregating function
		Weile et al.,1996,1996a,1996b	NSGA,NPGA,GA with Pareto ranking
		Barba,2005	MOGA
	系统集成	Teich et al.,1997	GA with linear aggregating function
		Dick et al.,1998	MOGA
		Dick et al.,1998a	simulated annealing and MOGA
	天线的设计	Weile et al.,1996a,1996b	NSGA
	三向感应电机的设计	Kim et al.,1998	evolution strategy with linear aggregating function
	灯光设计	Eklund et al.,2001	GA with an aggregating function

续表

应用内容		参考文献	所采用的 MOEA
电路与系统优化设计	DSP 系统的设计	Arslan et al.,1996a	GA with linear aggregating function
		Bright et al.,1999	GA with Pareto ranking
	故障容错系统的设计	Schott,1995	NPGA
	CMOS 运算放大器的设计	Zebulum et al.,1998	GA with target vector approach
	滤波器的设计	Harris et al.,1996	GA with Pareto ranking
		Schnier et al.,2004	evolution strategy,etc
		Wilson et al.,1993	VEGA,etc
		Zebulum et al.,1998a	GA with target vector approach
	微处理器的设计	Stanley et al.,1995	GA with Pareto ranking
	组合电路设计	Coello Coello et al.,2002a	VEGA
		Zhao S et al.,2005	multi-objective adaptive GA

Ascia 等提出了两种新的方法来解决参数化系统的设计空间搜索问题 (Palesi et al., 2002)。这两种方法都是基于 Pareto 最优化概念的，并且用敏感度分析 (SA) 策略来进行设计空间的缩减。一种方法是纯启发式的，称为 PBSA (Pareto-based sensitivity analysis)；另一种方法是把启发式算法和遗传算法相结合，称为 SASG (sensitivity analysis genetic algorithm)。在 SASG 中，对于大于阈值的子空间使用多目标遗传算法，这样在保证得到满意解的前提下大大减少了搜索时间。

14.1.3 MOEA 在通信与网络优化方面的应用

在通信与网络优化方面，MOEA 的主要应用有无线网络、TCP/IP 网络、网络中心通信等，如表 14.3 所示。

表 14.3 MOEA 在通信与网络优化方面的应用

应用内容	参考文献	所采用的 MOEA
无线网络	Murugeswari et al.,2016	MNSGA-Ⅱ
	Konstantinidis et al.,2011	MOEA/D
TCP/IP 网络	Rocha et al.,2011	AbYSS,MOCell etc
	Pereira et al.,2013	TE optimization
网络中心通信	Kleeman et al.,2007	M-NSGA-Ⅱ

例如，无线网络实时、高质量服务的巨大需求引发了许多具有挑战性的问题，文献 (Murugeswari et al., 2016) 介绍了高质量服务的路由协议设计，同时优化多个目标是棘手的计算问题，为此，通过修改非支配排序遗传算法 M-NSGA-Ⅱ 提出了一种新模型，在无线网状网格中进行路由协议设计。

文献 (Rocha et al., 2011) 提出了一种配置链路状态协议，如 OSPF 路由权重的新型优化框架，用于提高基于 TCP/IP 网络的服务质量水平。

14.1.4　MOEA 在机器人方面的应用

在机器人方面，MOEA 的主要应用有机器人路径规划、故障诊断、控制器的设计、机器人手臂操作等，如表 14.4 所示。

表 14.4　MOEA 在机器人方面的应用

应用内容	参考文献	所采用的 MOEA
机器人路径规划	Garcia et al., 2007	fuzzy cost function evaluation
	Taharwa et al., 2008	genetic algorithm
故障诊断	Zhang, 2006	multiple neural networks
控制器的设计	Huang F et al., 2007	multi-objective evolution strategy
	Mauseth et al., 2010	multi-objective optimization
	Tani et al., 2008	generic algorithm
机器人手臂操作	Saravanan et al., 2009	NSGA 和 MODE
	Marcos et al., 2012	multi-objective evolution strategy
	Chen et al., 2012	multi-objective genetic algorithm

例如，机器人手臂操作是一种高复杂、多约束的优化函数集成系统，要求机器人手臂操作在满足各种操作要求时综合性能达到最佳。在机器人手臂操作规划轨迹过程中，多目标遗传算法主要用于搜索全局最优的机器人手臂操作路径。

相关文献（Saravanan et al., 2009）利用多目标遗传算法来优化机器人手臂轨迹操作。机器人手臂轨迹优化有两种方式：一是获得一条经过决策者指定的几个点的约束轨迹；二是获得一条决策者指定起点和终点的约束轨迹。对这两种优化机器人手臂轨迹操作过程，需要考虑三类优化约束：最少的轨迹运动时间、最小的能量损耗和最小的躲避障碍惩罚。与传统方法相比，利用多目标遗传算法搜索满足以上三类优化约束的全局最优机器人手臂操作运动轨迹，不仅提高了路径优化的精度，而且减轻决策者的负担。

14.1.5　MOEA 在航空航天方面的应用

MOEA 在航空航天方面的应用主要有星座设计、优化控制、航空器的优化设计和空气动力学的优化等，如表 14.5 所示。

表 14.5　MOEA 在航空航天方面的应用

应用内容	参考文献	所采用的 MOEA
星座设计	Mason et al., 1998	Variation of the NSGA
	Asvial et al., 2004	MOGA
	Ferringer et al., 2009	ε-MOEA
	Li S et al., 2005	GA on regional communication
优化控制	张青斌等, 2009	MOEA/D
航空器的优化设计	Bayley et al., 2008	Tournament-based GA
	Yang B et al., 2005	Hybrid GA
	Liu S et al., 2008	GA

续表

应用内容	参考文献	所采用的 MOEA
空气动力学的优化	Carrese et al.,2015	Preference-based GA
	Wickramasinghe et al.,2010	Preference-based GA
	Arias-Montano et al.,2011	MOGA
	Kim et al.,2006	MOGA
	Neufeld et al.,2005	GA
	Poloni et al.,1996	NPGA
	López et al.,2008	GA
	Rogers,2000	VEGA
	Olhofer et al.,2001	GA

例如，Mason 等改进了 NSGA（modified illinois non-dominated sorting genetic algorithm，MINSGA）（Mason et al.,1998），并将 MINSGA 与卫星工具集（satellite tool kit）结合在一起，实现了星座的优化设计，这一新的处理过程称为 CODEC（constellation optimal design by evolutionary computation）。MINSGA 在共享机制中使用了标准参数集，并用随机通用选择（stochastic universal selection）取代了 NSGA 所用的随机余数选择（stochastic remainder selection）。优化的两个目标是最小化卫星个数与最大化不间断全球覆盖百分比，使用已公开发表的结果来验证使用进化算法对绕地卫星星座优化问题的优化性能。

第一个测试例子是对轨道交角进行特征化（inclination characterization）。CODEC 正确地区分出轨道交角在 15°~90°之间能得到不间断全球覆盖（即百分比为 100%）。第二个测试例子是对沃克增量配置进行验证（walker delta configuration study），优化结果中有两个非支配解，与沃克增量模式（轨道交角取 43.7°）一样能得到不间断全球覆盖，它们的轨道交角分别为 54°和 22°，三者卫星数均为 5。第三个测试例子使用固定轨道交角（43.7°）的开放结构（open structure with fixed inclination），在种群大小为 50，进化代数为 50 时，得到的非支配解为：卫星个数等于 5，不间断全球覆盖百分比为 99%。第四个测试例子使用加速级（即各卫星的轨道交角逐渐增大）轨道交角（取 0°~90°）的开放结构，得到的一个非支配解为：卫星数等于 5，不间断全球覆盖百分比达 99.7%。第五个测试例子使用开放轨道交角（取值范围为 0°~180°）的开放结构，运行算法得到的一个非支配解为：5 个卫星均为逆行的轨道交角，不间断全球覆盖百分比为 99.2%；该例子说明了算法具有产生创新性（指"逆行"）新解的能力。

14.1.6 MOEA 在市政建设方面的应用

MOEA 在市政建设方面的应用比较少，主要有建筑规划和城市规划，如表 14.6 所示。

表 14.6 MOEA 在市政建设方面的应用

应用内容	参考文献	所采用的 MOEA
建筑规划	Wang J et al.,2009	GA with Pareto ranking
	Baglivo et al.,2014	multi-objective evolution strategy

续表

应用内容	参考文献	所采用的 MOEA
城市规划	Gabriel et al.,2006	GA with Pareto ranking
	Cao K et al.,2011	NSGA-Ⅱ

例如，Gabriel 提出了一种土地开发多目标优化方法（Gabriel et al.，2006）。该方法将土地开发中常见的利益相关者分成四类，构造出一个利益均衡的土地开发优化模型，将利益决策转化成多目标优化问题，通过综合衡量政府规划者、环境保护者、自然资源保护者和土地开发商四者之间的利益冲突，选择其中高效、利益均衡的土地开发方法。四类利益优化目标如下：

① 政府规划者：重点资助领域优先开发、城市区域的二次开发、城市的基础设施的最大承载能力、减少城市拥堵，以及尽可能的资源最大利用。
② 环境保护者：尽可能地减少土地开发对环境的破坏，坚持可持续发展的理念。
③ 资源保护者：主要考虑土地开发对植物群资源和动物群资源的影响。
④ 土地开发商：土地开发带来的最大收益。

以上利益均衡的土地开发优化模型应用到实际的城市规划问题中取得了很好的效果。

14.1.7 MOEA 在交通运输方面的应用

在交通运输方面，MOEA 的应用主要有三个方面：列车系统、道路系统和运输问题，如表 14.7 所示。

表 14.7 MOEA 在交通运输方面的应用

应用内容	参考文献	所采用的 MOEA
列车系统	Tormos et al.,2008	GA with an aggregating function
	Jia L et al.,2012	MOGA with improved NSGA-Ⅱ
道路系统	Teklu et al.,2007；Rahmani et al.,2011	MOGA
	Ho W et al.,2008；Vidal et al.,2012	GA with a hybrid approach
	Peter et al.,2006	GA with an aggregating function
运输问题	Yang L et al.,2007；Tan et al.,2006,2007	GA with an aggregating function
	Kundu et al.,2013,2014	GA with fuzzy logic and an aggregating function

Jia Limin 等人通过对 NSGA-Ⅱ进行改进（Jia L et al.，2012），研究了铁路管理信息系统设计中三个典型的应用问题。第一个是列车急救救助系统的物理结构优化，优化的目标是整个系统计算能力的最大化和运行成本的最小化。第二个是火车站设置的优化，火车站设置优化是交通运输中资源分配的一个典型的问题。在这个问题中，火车是铁路中最重要的资源，并且火车的利用率决定了客运服务质量，所以，火车站设置优化是铁路资源分配研究中一个至关重要的问题。第三个是列车时刻表的重新分配，交通运输资源的动态分配优化是在

线、实时地提供资源分配问题的解决方案,以确保铁路运输系统的安全运行。列车时刻表的重新分配问题是一个典型的动态交通资源优化问题,当列车正常的工作计划受到干扰时重新分配列车的进站和出站时间。与列车时刻表优化相似,在列车时刻表重新分配中,间隔时间和缓冲时间必须考虑进来,以保证列车时刻表的可行性和适用性,并且它们的大多数约束条件也是相同的,唯一不同的是,列车时刻表重新分配是一个在线动态优化过程。

14.1.8 MOEA 在机械设计与制造方面的应用

在机械设计与制造方面,MOEA 的应用比较多,主要有结构设计、生产过程规划与决策、外形设计、机器设计和单元制造等,如表 14.8 所示。

表 14.8 MOEA 在机械设计与制造方面的应用

应用内容	参考文献	所采用的 MOEA
结构设计	Chang P et al.,2008	MOEA/D
	Tang L et al.,2015	MOEA/D
生产过程规划与决策	Gen M et al.,2014	MOGA
	Oyarbide-Zubillaga et al.,2008	MOEA
	Yu G et al.,2013	hybrid MOEA
外形设计	Li H et al.,2009	MOEA/D 和 NSGA-II
	Liu H et al.,2010	T-MOEA/D
	Seo et al.,2012	MOEA
机器设计	Nie L et al.,2011	MOGEP
	Johnson et al.,2007	SNDL-MOEA
	Zangari et al.,2014	MOEA/D-ACO
单元制造	Roy et al.,2008	DMOEA
	Lei D et al.,2006	MOGA
	Neto,2010	MOEA

在工程设计中,结构优化(structrure optimization)是十分重要的领域,其中建筑结构设计是它的一个重要的问题。在材料(trusses)的弹性基准(modulus of elasticity)一定,支撑点和构件架情况都已知的情况下,追求下列三个相互冲突的目标:最小化整个结构的总重量、最大化整个结构所能承受的最大压力,以及最小化整个结构受力情况下的最大偏移。

用传统的数学优化理论在解决这类问题时,往往由于问题非常复杂,造成的计算量巨大。许多学者尝试用启发式方法优化这类问题,Coello Coello 等采用基于带权极小极大策略的遗传算法(GA with a weighed min-max strategy)(Coello Coello,2000)来优化构架的设计。在算法中,需要用户进行理想点的输入,在每次迭代中首先保证解的可行性,并计算每个解的 Weight Min-Max 的值,保证最好的解进入下一代,直到终止。

14.1.9 MOEA 在管理工程方面的应用

在管理工程方面,MOEA 的主要应用有噪声管理、突发事件管理、废物最小化管理、生产流程规划、时间表和车间调度管理等,如表 14.9 所示。

表 14.9　MOEA 在管理工程方面的应用

应用内容	参考文献	所采用的 MOEA
噪声管理	聂坚等, 2011	multi-objective evolutionary algorithm
突发事件管理	刘燕, 2010	ED-MOEA
废物最小化管理	赵民洋, 2012	NSGA-II
生产流程规划	刘烽, 2009	SPEA2、NSGA2 和 PAES
	晏晓辉, 2012	MOEA/D
	周鑫, 2013	NSGA-II
时间表	孙娜娜, 2014	MOEA/D
车间调度管理	杨开兵, 2012	multi-objective genetic local search

例如，杨开兵等在车间调度问题中，采用多目标遗传局部搜索（multi-objective genetic local search）、NSGA-II 和多目标粒子群优化算法（multi-objective genetic particle swarm optimization）作为参考算法，可实现变权重优化。

问题可以描述为：有 n 个工件依次经过机器 1、机器 2、…、机器 M 进行加工，工件在每台机器上加工顺序相同；每台机器在同一时间只能加工一个工件，而每个工件在同一时刻只能由一台机器进行加工；据加工的相似性，这 n 个工件分为若干种类型，同种类型的工件加工时机器不需要调整，而机器顺序加工不同类型的工件时需要进行适当的调整。假定零时刻所有工件均已到达、不允许抢先加工，每台机器在顺序加工同种类型的工件时不发生空闲，机器在整个加工过程中无故障，要求确定各工件的加工顺序和开始时刻，使调度目标达到最优。可以选取总提前/拖后时间和机器调整次数达到最小。

对于提前/拖期调度问题，不但要考虑工件的加工顺序，还要考虑工件的开始加工时刻，需要优化多个变量。因此，设计了一种基于多目标优化的进化算法优化工件的加工顺序，然后在加工顺序已定的情况下，优化工件的开工时间。

14.1.10　MOEA 在金融方面的应用

在金融方面，进化算法的应用非常广泛，但 MOEA 的应用相对较少。在金融方面的主要应用有投资组合优化、股票排序和经济模型等，如表 14.10 所示。

表 14.10　MOEA 在金融方面的应用

应用内容	参考文献	所采用的 MOEA
投资组合优化	Chang T et al., 2009; Lohpetch et al., 2011	GA
	Branke et al., 2009	envelope-based MOEA
	Ruiz-Torrubiano et al., 2010	hybrid approaches and dimensionality reduction
股票排序	Vescan et al., 2008	GA with greedy technique
经济模型	Daniel et al., 2015	multi-objective mean-risk models

例如，Ruiz-Torrubiano 等采用混合方法和降维来解决基数约束的投资组合选择问题（Ruiz-Torrubiano et al., 2010），将标准马科维茨均值-方差用于投资组合优化和带实际利益

的约束问题，如最小和最大投资/资产或资产组。

14.1.11 MOEA 在科学研究中的应用

MOEA 在科学研究中的应用非常广泛，几乎在每个学科领域都有成功的应用范例，如物理、化学、生态学、医学、生物信息学，以及计算机科学与工程等领域，如表 14.11 和表 14.12 所示。

表 14.11 MOEA 在科学研究中的应用

	应用内容	参考文献	所采用的 MOEA
物理	多物理系统设计	Chen M et al.,2015	MOGA-II
	3D 热感知平面规划	Cuesta et al.,2013	MOEA with TSV optimization
	硅太阳能电池优化设计	Huang W et al.,2013	simulation-based MOEA
化学	化学反应过程	Sharma et al.,2013	MOEA with non-dominated solutions
	危险化学品运输	Shao H et al.,2010	dimensionality reduction MOEA
	聚合体挤压优化	Gaspar-Cunha et al.,1997	MOGA with reduced Pareto set
生态学	生态模型的评估	Reynolds et al.,1999	GA with Pareto ranking
	生态装配模型优化	Côté et al.,2007	NSGA-II
医学	放射性检查	Lahanas et al.,2003	MOGA,NPGA 和 SPEA
	增强放疗	Holdsworth et al.,2012	hierarchical EMOA
	预测模型	Marvin et al.,1999	diffusion GA
	三维重建	Aguilar et al.,1999	GA with Pareto ranking
生物信息学	DNA 计算	Khabzaoui et al.,2004	NSGA,etc
		Lee et al.,2003	controlled elitist MOEA with constrained tournament selection
		Zaliz et al.,2004	MOEA
	蛋白结构预测	Olson et al.,2014	a hybrid EA

表 14.12 MOEA 在计算机科学与工程中的应用

	应用内容	参考文献	所采用的 MOEA
主体技术		Alain et al.,2000	GA with an aggregating function
		Eguchi et al.,2003	genetic network programming
		Türkmen et al.,2004	distributed NSGA-II
数据挖掘		Iglesia et al.,2005	NSGA-II
		Ishibuchi et al.,2004	MOGA with local search
		Morita et al.,2009	MOEA based on local search
		Oyama et al.,2010	Pareto-based MOEA
机器学习		Schaffer,1985	VEGA
		Cordon et al.,2006	Pareto-based MOEA
		Ishibuchi et al.,2011	MOEA/D
		Chan Y H et al.,2010	Pareto-based MOEA

续表

应用内容	参考文献	所采用的 MOEA
图像处理	Ye et al.,2013	a robust MOEA
	Aherne et al.,1997	MOGA
	Séguier et al.,2003	multi-objective genetic snakes
计算机游戏	Chow,1998	GA with an aggregating function
	Tan et al.,2013	PAES
自动程序设计	Langdon,1995	GP with Pareto-based tournament selection

例如，Lee 等采用 NSGA-Ⅱ 实现了 DNA 序列优化（Lee et al.，2003），并取得了较好的优化结果。优化的目标有 4 个，其中 $\{A, C, G, T\}$ 表示 DNA 的序列。优化的 4 个目标分别是：

① 第一个目标函数 $f_{similarity}(X)$ 是针对一个集合，求所有两个不同序列对的相似值的和，相似值是根据汉明距离 $S_T(sh(x,k),y) > T$（阈值）来求的，具体的形式化描述如下：

$$f_{similarity}(X) = \sum_{i \neq j} similarity_T(x_i, x_j)$$

其中，$similarity_T(x,y) = \max_{-l \leqslant k \leqslant l} S_T(sh(x,k), y)$

$$similarity_T(x|X) = \sum_{i, x_i \neq x} similarity_T(x, x_i)$$

② 第二个目标函数 $f_{H\text{-}measure}(X)$ 是针对一个集合，求两个序列对最大可杂交基对的和，最大可杂交基对同样根据简单汉明距离 $H_T(sh(x,k),y) > T$ 来求，具体的形式化描述如下：

$$f_{H\text{-}measure}(X) = \sum_{i \geqslant j} hybrid_T(x_i, x_j)$$

其中，$\qquad hybrid_T(x,y) = \max_{-l \leqslant k \leqslant l} H_T(sh(x,k), y)$

$$hybrid_T(x|X) = \sum_i hybrid_T(x, x_i)$$

③ 第三、第四个目标函数和第一、第二个目标函数不同，它们不是针对两个序列来求的，而是针对一个序列而言的。第三个目标函数是求集合中所有序列中存在连续基（$\in \{A, C, G, T\}$）大于阈值 T 的个数的平方和。$c_a(x, k)$ 表示连续基的个数，个数 $o > T$ 时为 o，否则为 0。具体的形式化描述如下：

$$f_{continuity}(X) = \sum_i \sum_{a \in \{A,C,G,T\}} con_{T,a}(x_i)$$

其中，$\qquad con_{T,a}(x) = \sum_k^l (c_a(x,k))^2$

$$c_a(x,k) = \begin{cases} o, \exists o > T, \text{s.t.} \ x_{i-1} \neq a, x_{i+k} = a \ for \ 1 \leqslant k \leqslant o \ 且 \ x_{i+o+1} \neq a \\ 0, \text{其他} \end{cases}$$

④ 第四个目标函数是求集合中所有序列能够形成发夹型（hairpin）结构的数目之和，此发夹型结构至少由长度为 18 的序列扭曲而成。具体的形式化描述如下：

$$f_{hairpin}(X) = \sum_i hp(x_i)$$

此外，还有两个约束条件，将约束条件作为目标函数，与把约束条件作为惩罚函数相比较，边界上丢失的可行解要少得多，从而有更好的分布度。两个约束条件如下：

① 第一个约束 $g_{TM}(X)$ 为集合中所有序列的 $tm(x)$ 阈值（$range()$）之和，其中 $tm(x)$ 为序列 x 熔化的温度（熔化的温度是指超过一半的双序列（strands）分裂成单序列的温度）。具体的形式化描述如下：

$$g_{TM}(X) = \sum_i range(tm(x_i), Tm^L, Tm^U)$$

其中，
$$range(t,l,u)=\begin{cases}l-t, & t<l\\ t-u, & t>u\\ 0, & 其他\end{cases}$$

② 第二个约束 $g_{GC}(X)$ 为集合中所有序列的 $gc(x)$ 阈值（range()）之和。其中 $gc(x)$ 为被划分为长度为 L 的序列 x 中所含 G 和 C 的个数。具体的形式化描述如下：
$$g_{GC}(X)=\sum_i range(gc(x_i),GC^L,GC^U)$$

其中，
$$range(t,l,u)=\begin{cases}l-t, & t<l\\ t-u, & t>u\\ 0, & 其他\end{cases}$$

Iglesia 等采用 NSGA-Ⅱ实现了强规则的挖掘（Iglesia et al., 2003）。数据挖掘中，关联规则是在无指导学习系统中挖掘本地模式的最普通的形式，它通过对数据库中数据的训练得到有意义的归类规则。如果将数据挖掘比喻成淘金的过程，那么金子在关联规则中就是一些有意义的规则。关联规则是形如 $\alpha \geqslant \beta$ 的蕴涵式，其中 α 为特征属性集，或称规则的先验条件；β 为归类集，或称为规则的后验和结果。在数据库中，将满足关联规则的先验条件的数据项集定义为 A，$|A|=a$；根据关联规则，属于后验结果的数据项集定义为 B，$|B|=b$；既满足先验条件又满足后验结果的数据项集定义为 C，$|C|=c$。则关联规则的置信度为 c/a；关联规则的支持度为 c/b，表示模式在规则中出现的频率。显然，那些具有高置信度和高支持度的规则就是我们要找的闪光的金子，称为强规则。用 MOEA 求解强规则的挖掘问题时，问题映射为：对于 $F\{f_1(X)=c/a, f_2(X)=c/b\}$，求使 F 最大的 X 的集合。

14.2 MOEA 在车辆路径问题中的应用

在车辆路径问题（vehicle routing problem，VRP）中，把服务对象称为顾客（customer 或 consumer），把满足顾客的需求称为服务（service），把顾客的所在位置称为顾客点（node），把提供服务所使用的车辆称为服务车辆（vehicle），把车辆的出发点称为配送中心（depot）。从而车辆路径问题可表述为：对一系列地理位置分散的顾客点，在满足一定的约束条件（如顾客的货物需求量、车辆载重限制等）下，组织最优的行车线路，使车辆从配送中心出发有序地送货到各顾客点，并达到一定的优化目标（如总行车路程最短、使用车辆数尽量少）。

VRP 问题是运筹学中的一个重要分支，是组合优化中带多个约束条件的一类 NP 问题，难以用常规方法求解，因此人们多致力于智能优化算法的研究，如遗传算法、禁忌搜索、蚁群最优化等。对该问题中的车辆数和总行车路程这两个目标而言，以往的研究多数是优先考虑最小化车辆数，再考虑最小化总行车路程，这实际上是一种带偏好的单目标最优化方法。在此，我们同等地对待车辆数和总行车路程这两个目标，将车辆路径问题描述成一个多目标最优化问题（multi-objective optimization problem，MOP），用 MOEA 来同时优化这两个目标。

14.2.1 带时间窗的车辆路径问题

带时间窗的车辆路径问题（vehicle routing problem with time windows，VRPTW）是由车辆路径问题演化而来，它是对车辆路径问题的进一步扩展。在车辆路径问题包含的约束的基础上，每一个顾客点又新增了时间窗口限制。这里的时间窗限定了每项特别的服务或任务（如装货或卸货）必须在该时间段内完成。如果一车辆到达某顾客点的时间早于该顾客点的时间窗的开窗时间，那么它将处于等待状态，直至该顾客开始服务时间的到来。由于在现实生活中时间窗口约束得到更多的应用，所以带时间窗的车辆路径问题得到了更多的关注，其实际应用的例子包括校车和出租车的调度、邮件的配送、航空与铁路的调度，以及工业废物的回收等。

将 VRPTW 描述成一个 MOP 主要原因有两个：一是，将车辆数和行车路程视为相互独立的目标，无需人为地事先设定这两个目标谁更优先；二是，因为 VRPTW 测试实例中，某些解具有最少的车辆数但具有较长的行车路程，某些解具有最短的行车路程但具有较多的车辆数。最小化车辆数将影响车辆和司机的成本费用，而最小化行车路程将影响时间和燃料费用，这两者都会对总费用产生影响。可见，合理地考虑这两个目标而不是孤立地只考虑一个目标，将更有利于决策者做出正确的决策，有利于减少总费用支出。

VRPTW 问题描述：设配送中心有 m 辆车，$V=\{k\}$ ($k=1, 2, \cdots, m$)，其中 m 为待定车辆数，车辆 k 的载重能力均为 Q；要为 n 个顾客服务，顾客集为 $C=\{i\}$ ($i=0, 1, \cdots, n$)，$i=0$ 时为配送中心；顾客 i 的货物需求量为 q_i，$q_0=0$；且顾客 i 允许服务的时间窗口为 $[a_i, b_i]$；从顾客 i 到顾客 j 的路程为 c_{ij}，行驶时间为 t_{ij}；设 s_{ik} 为车辆 k 到达顾客 i 的时间，则 $s_{ik} \in [a_i, b_i]$。如何规划运输路线，使得分派的车辆数 m 最少，且总行车路程最短。

设 x_{ijk} 定义如下：

$$x_{ijk} = \begin{cases} 1, & \text{若车辆 } k \text{ 访问顾客 } i \text{ 后访问顾客 } j \\ 0, & \text{否则} \end{cases} \tag{14.1}$$

则 VRPTW 的目标函数定义为

$$\min Z_1 = \sum_{k \in V} \sum_{i \in C} \sum_{j \in C} c_{ij} x_{ijk} \tag{14.2}$$

$$\min Z_2 = \sum_{k \in V} \sum_{j \in C} x_{0jk} \tag{14.3}$$

约束条件为

$$\sum_{k \in V} \sum_{j \in C} x_{ijk} = 1, \forall i \in C \tag{14.4}$$

$$\sum_{i \in C} q_i \sum_{j \in C} x_{ijk} \leqslant Q, \forall k \in V \tag{14.5}$$

$$\sum_{j \in C} x_{0jk} = 1, \forall k \in V \tag{14.6}$$

$$\sum_{i \in C} x_{ihk} - \sum_{j \in C} x_{hjk} = 0, \forall h \in C, \forall k \in V \tag{14.7}$$

$$\sum_{i \in C} x_{i0k} = 1, \forall k \in V \tag{14.8}$$

$$s_{ik} + t_{ij} - K(1 - x_{ijk}) \leqslant s_{jk}, \forall i,j \in C, \forall k \in V \tag{14.9}$$

$$a_i \leqslant s_{ik} \leqslant b_i, \forall i \in C, \forall k \in V \tag{14.10}$$

其中，式（14.2）表示总行车路程最短；式（14.3）表示车辆数最少；式（14.4）表示每个顾客被访问且只被访问一次；式（14.5）表示车辆不超载；式（14.6）～式（14.8）表示每辆车都从配送中心 0 出发，经过若干不重复的顾客后，最后返回配送中心 0；式（14.9）表示若车辆 k 正在从顾客 i 到顾客 j 途中，它不能先于时间 $s_{ik}+t_{ij}$ 到达顾客 j，K 是个大系数；式（14.10）表示时间窗口。若在约束条件中，不包括对时间约束的式（14.9）和式（14.10），或设 $a_i=0$，$b_i=M$（M 为一大数），则问题还原为 VRP。

14.2.2 求解 VRPTW 问题的 MOEA

求解 VRPTW 时，采用了两种不同的 MOEA，一个是 Deb 等提出的 NSGA-II（Deb et al., 2002），此外，针对车辆路径问题的特点，设计了一种混合多目标进化算法（hybrid MOEA，HMOEA），HMOEA 的伪代码如算法 14.1 所示。

算法 14.1 HMOEA。

1： 读入测试实例数据（顾客数目和位置，货物需求量，时间窗，车载重量限制等）；
2： 用前向插入启发式算法（push-forward insertion heuristic），构造一个可行个体（Solomon，1987）；
3： 再在其邻域内选择部分个体，同随机产生的其他个体一起形成初始种群；
4： for gen=1 to maxgen do
4.1： 使用路径译码算子将种群中每个个体转换成可行的路径，并评价适应度；
4.2： 使用遗传算子（选择，杂交，变异）产生新的子种群；
4.3： 对子种群里的个体进行可变概率的 λ-interchange 局部搜索以改进该个体；
4.4： 将原种群和子种群组合在一起形成一个组合种群；
4.5： 对组合种群反复使用擂台法则构造出多层非支配集；
4.6： 对多层非支配集，使用截断方法产生新一代种群。
5： endfor
6： end

下面对 HMOEA 中有关染色体的表示、初始群体的构造、适应度评价函数，以及遗传算子等内容进行说明。

1. 染色体表示、初始种群的构造

采用自然数串编码表示染色体（Tan et al., 2001），染色体中每个基因位代表一个顾客点，基因位间自然数的顺序体现了车辆到达顾客点的次序。产生初始种群时，为了得到可行个体并加快算法收敛速度，先应用前向插入启发式算法生成一个好的可行个体（Solomon，1987），然后在此个体的邻域内生成部分个体。这些个体的数目占初始种群规模的 1/10，余下 9/10 的个体则随机产生。

2. 路径译码及评价适应度函数

由于 VRPTW 带有多个约束条件，致使随机产生的个体多为不可行个体。这里使用了一种基于贪婪构造法的路径译码算子。译码时只需按序尽最大可能地将基因位表示的顾客点插入到路径中去，当一个点违背时间窗或载重约束时，就开辟一条新路径并将这个点插入该路径。例如，染色体串 2 9 8 1 7 3 6 4 5，经过路径译码为

路线 1：0→2→9→8→0。
路线 2：0→1→7→3→6→0。
路线 3：0→4→5→0。

针对总行车路程和车辆数这两个目标，适应度函数分别就是其对应的目标函数，如式（14.2）和式（14.3）所示。

3. 遗传算子的设计

这里使用的选择算子是由 Goldberg 等提出的二进制锦标赛选择法（binary tournament

selection)(Pelikan et al.,1999)。该选择方式同时包含随机性和确定性的特征。

在交叉操作中，首先随机地在染色体串中选择一个交配区域，如两父串及交配区域选定为 $A=12\mid3456\mid789$、$B=98\mid7654\mid321$。然后将 B 的交配区域加到 A 的前面，A 的交配区域加到 B 的前面得到 $A'=7654\mid123456789$、$B'=3456\mid987654321$。最后分别在 A' 和 B' 中自交配区域后依次删除与交配区相同的顾客点，得到最终的两子串为 $A''=765412389$、$B''=345698721$。这种方法在两父串相同的情况下仍能产生一定程度的变异效果，这对维持群体的多样性有较好的作用。

变异有利于遗传算法跳离搜索空间的一个固定区域，以搜索更广阔的空间。在带复杂约束条件的车辆路径问题中，由于一般的变异非常容易破坏掉好的模式，因而这里将变异概率设置得比较低（0.1）。变异算子设计为：先从参加变异的个体中随机选择一条车辆路径，然后对该路径对应的基因序列进行逆转。例如，某染色体为 9 5 1 7 8 2 4 3，选定的逆转基因在两条竖线之间，如 9 5 1｜7 8 2｜4 3 所示，则逆转变异后为 9 5 1 2 8 7 4 3。

4. 非支配集的构造

这里采用擂台赛法则作为构造非支配集的方法（郑金华，2005），在最坏情况下的时间复杂度为 $O(rmn)$，其中 r 为优化目标的数目，m 为实际的非支配个体数，n 为群体规模大小。NSGA-II 的构造非支配集的时间复杂度为 $O(rn^2)$(Deb et al., 2002)。对车辆路径问题而言，m 远小于 n，可见擂台赛法则是一种快速构造非支配集的方法，它非常适用于 VRP 问题。

14.2.3 可变概率的 λ-interchange 局部搜索法

几乎所有的求解车辆路径问题的启发式算法，都在很大程度上依赖于邻域的定义，以及所使用的局部搜索算法的效率。而任何一种局部搜索法的效率又取决于它的产生机制和邻域搜索方法。λ-interchange 局部搜索法由 Osman 提出（Osman et al., 1993），是一种高效的邻域搜索算法，如算法 14.2 所示。

算法 14.2 可变概率的 λ-interchange 局部搜索法。

1： 算法初始化：若当前个体 S 为非支配个体则设置局部搜索概率（rate）为 1%，否则设置为 0.1%；
　　 随机产生一个概率值（random_rate），使 0≤random_rate≤1；
2： if (random_rate>rate) then 转至结束；
3： 令迭代计数变量 $t:=0$，$S^t=S$；
4： repeat
4.1： 　　令改进解集 G 为空集；
4.2： 　　for $i:=1$ to d do
4.2.1： 　　　　在 S^t 的 $N_\lambda(S^t)$ 邻域内搜索一个改进的邻居解 S_i；
4.2.2： 　　　　if 存在一个改进的邻居解 $S_i\in N_\lambda(S^t)$ then 令集合 $G=G\cup S_i$；
4.3： 　　endfor
5： 　　从改进解集 G 中选出最佳解 S_j，并令 $S^{t+1}=S_j$，$t=t+1$；
6： until 无法找到改进解
7： end

该局部搜索过程通过交换不同车辆路径中的顾客点来改善解的质量。对于选定的一对车辆

路径，用于交换的顾客点的顺序需要被系统的定义。在本节中，仅仅考虑 $\lambda=1$ 和 $\lambda=2$ 的情况。这意味着在不同的车辆路径之间最多只能有 2 个顾客点被用于交换。基于 λ 的数目，总计可以定义出 8 个交换算子，例如（0, 1）、（1, 0）、（1, 1）、（0, 2）、（2, 0）、（2, 1）、（1, 2）、（2, 2）。其中，用于路径对（R_p, R_q）上的（2, 1）算子表示从路径 R_p 更换 2 个顾客至路径 R_q，并且从路径 R_q 更换一个顾客至路径 R_p，如图 14.1 所示。其他的算子也进行类似地定义。在交换的过程中，只有当交换的结果导致了总费用的减少，才接受这个改善的解。

有以下两种搜索选择策略用于选择一个候选解（Tan et al.，2001）。

① first-search（FS）策略：选择当前解的 $N_\lambda(S)$ 邻域内的第一个导致费用下降的解 S'。

② 最优搜索（global best-search，GS）策略：搜索当前解的 $N_\lambda(S)$ 邻域内所有解，从中选出其中一个费用下降最大的解 S'。

从图 14.2 可见，GS 搜索策略比 FS 搜索策略在当前解的邻域内搜索得更彻底，可能搜索到全局最优解，但是其搜索过程要花费更多的时间。于是这里采取了一种折衷的方法，即采用 d-best 策略（Funke et al.，2005），当该策略在邻域内搜索到 d 个改进的解后，搜索过程停止，然后从这 d 个解中找出费用最少的解作为新的当前解。

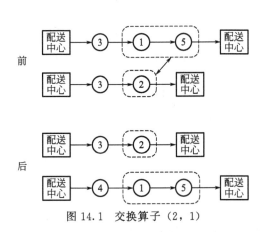

图 14.1　交换算子（2, 1）

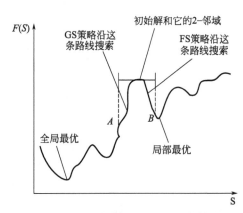

图 14.2　FS 搜索策略与 GS 搜索策略

在遗传算法中混合局部搜索法可以改善遗传算法局部搜索能力（陈国良等，1999），但是也会需要更多的局部搜索时间从而大大增加遗传算法的运行时间。为克服过多的时间开销，这里设计了一种可变概率的 λ-interchange 局部搜索法。所谓的概率是指个体是否进行局部搜索的概率。通过实验分析得出非支配个体周围较高概率地存在着 Pareto 最优解，于是对非支配个体赋予较高的局部搜索概率，实验中设定为 1%，而对其他个体设定为 0.1%。由于这里使用的都是小概率，所有混合了局部搜索后的遗传算法具备一定的局部搜索能力，并且不会较大地增加算法的总开销。总之，本节使用可变概率局部搜索法，对每次杂交和变异后产生的个体按可变概率和 d-best 策略进行 λ-interchange 局部搜索，直到找到该个体邻域内的 d 个改进个体中的最优个体，以替代原个体。

14.2.4　实验与分析

1. 测试实例与实验环境的设定

这里以 100 个顾客点的 Solomon's VRPTW 标准问题集作为测试实例。Solomon's VRPTW 问题集可分为六类：C1、C2、R1、R2、RC1 和 RC2（Solomon，1987）。其中，C

类是聚类数据,即顾客点按地理位置或时间窗成聚类分布;R类的顾客点的地理位置成均匀分布;而RC类问题介于C类与R类之间,混合了前两类问题的特征。对于C1、R1和RC1类问题而言,配送中心的时间窗口窄,车辆的载重能力较小,一辆车只能服务于少数几个顾客点。而对于剩余的其他三类问题,配送中心时间窗口宽,车辆的载重能力较大,一辆车可以服务多个顾客点。

特别地,实验时进行了两种求解方法的比较:一是,只考虑一个目标,即车辆数最小化的优先权高于行车路程最小化;二是,VRPTW问题被视为一个MOP,即在车辆数和行程路程之间不存在偏好。

实验时使用Pentium 4(1.7GHz)CPU、256MB内存的PC机,操作系统为Windows XP,开发软件为VC++6.0。参数设置:种群规模$N=100$,最大进化代数Maxgen根据实例不同设定为200~2000代不等,交叉率$P_c=0.8$,变异率$P_m=0.08$。

2. 实验结果

图14.3是HMOEA求得的测试实例C201的车辆路径图,该实例的顾客点成聚类分布且配送中心具有宽时间窗口,一辆车可以服务多个顾客点。最大进化代数为200代,运行时间为13.3s。所得到的解等于已知最优解(Rochat et al.,1995),该解同时具有最少车辆数和最短行车路程,共使用3辆车,总行车路程为591.56。

图14.4是测试实例R103的车辆路径图,该实例的顾客点呈均匀分布且配送中心的时间窗口窄,一辆车只能服务于少数几个顾客点。值得指出的是R1类问题比C类问题的求解难度大很多,故最大进化代数为2000代,运行时间为160.4s。所得解的总行车路程比已知最优解的还要短(Li H et al.,2003),共使用15辆车,总行车路程为12613.34。表14.13是HMOEA求得实例R103的解路径与已知最优解的对比情况。

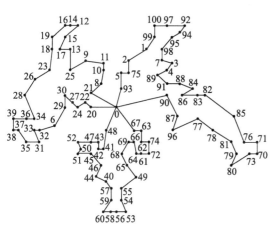

图14.3 测试实例C201的车辆路径图
(3辆车,总路程长度为591.56)

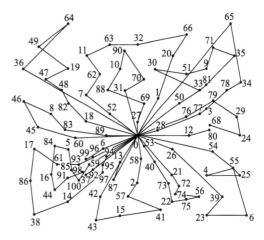

图14.4 测试实例R103的车辆路径图
(15辆车,总路程长度为12613.34)

对于Solomon六类问题的代表问题,表14.14将HMOEA求得的解结果同已知最优解和SGA所得的解进行了对比,这里SGA为采用最优个体保留机制的单目标遗传算法(single objective GA)。其中路程费用按照欧几里得距离来测算,最少车辆解和最短路程解都是 HMOEA 以多目标最优化求出的第一层非支配集中的非支配解。这两个解给出了以多目标方法求得的解的范围。值得注意的是，某些实例的实验结果中还存在其他的非支配解，它们的车辆数介于最少车辆解和最短路程解的车辆数之间。此外，表中的偏差项指的是最短路程解与已知最优解在路程上的偏差。列 SGA 为单目标方法的解结果，该方法先是最小化车辆数，然后在此基础上进一步最小化行车路程。标有符号√表示该数据达到已知最优解，被加粗的数据表示比已知最优解更好。

表 14.13 HMOEA 对 R103 问题所求解路径与已知最优解的对比

	目前已知最优解	HMOEA 所得到的最优解
总路程	1292.68	12613.34
车辆数	13	15
解路径	0 60 45 83 5 99 6 0	0 50 33 30 51 9 71 35 81 0
	0 71 65 78 34 35 81 77 28 0	0 65 34 78 3 77 28 0
	0 2 22 75 56 4 25 54 0	0 96 99 6 0
	0 7 19 11 8 46 47 48 82 18 89 0	0 87 13 0
	0 94 96 95 97 87 13 0	0 27 69 88 10 90 70 31 0
	0 27 69 30 9 66 20 51 1 0	0 76 79 29 24 68 80 12 0
	0 42 43 15 57 41 74 72 73 21 58	0 36 64 49 19 47 48 82 18 0
	0 40 53 12 68 80 0	0 94 95 97 14 38 86 17 61 93 0
	0 50 33 76 79 10 31 0	0 40 53 0
	0 36 64 49 63 90 32 70 0	0 42 43 15 41 57 2 58 0
	0 92 98 14 44 38 86 16 61 85 91 100 37 0	0 92 37 98 91 44 16 84 5 85 100 59 0
	0 26 39 23 67 55 24 29 3 0	0 26 39 23 67 55 4 25 54 0
	0 52 62 88 84 17 93 59 0	0 52 7 62 11 63 32 66 20 1 0
		0 73 22 75 56 74 72 21 0
		0 60 45 46 8 83 89 0

表 14.14 Solomon's 六类问题的代表问题的解结果对比表

实例	最优值 车数/路程	SGA 车数/路程	最少车辆解 车数/路程	最短路程解 车数/路程	偏差
C101	10 828.94	√ 840.51	√	√	0
C201	3 591.56	√	√	√	0
R101	19 1650.8	22 1763.61	20 1699.52	21 1695.32	3.01%
R103	13 1292.68	16 13213.17	15 **12613.34**	15 **12613.34**	−1.88%
R201	4 1252.37	5 13813.6	6 **1359.11**	7 **1241.60**	−0.86%
R202	3 1191.7	4 1245.22	4 1238.52	7 1200.30	0.72%
RC101	14 1696.94	15 1772.55	15 1735.71	15 1735.71	2.28%
RC201	4 1406.94	5 1382.54	6 **1335.96**	8 **1321.90**	−6.04%
RC205	4 1302.42	√ 1352.39	6 1330.26	7 1317.28	1.14%

3. 实验结果分析

从实验结果来看，算法 HMOEA 所得的解与已知最优解的偏差小，而且多数情况下要好于 SGA 的结果，能有效地解决带时间窗的车辆路径问题。值得指出的是，顾客点成聚类分布的实例问题（C 类问题）的偏差值最小且算法的运行代数也最少。同时，由于 C2 类问题的配送中心具有宽时间窗口，故其解结果的偏差更小些。

其次，配送中心具有宽时间窗口的 R2 和 RC2 类问题，其解结果的偏差值要次于 C2 类问题，R1 类问题的解结果的偏差较大一些。由此可见，HMOEA 适合求解 C2、C1 类问题和 RC2，以及 R2 类问题。

在收敛性方面，以 C201 为例对单目标遗传算法 SGA、HMOEA 和 NSGA-Ⅱ进行了实验比较，得到的结果如图 14.5 和图 14.6 所示，分别是运行结果的总行车路程和分派的车辆数随时间变化的曲线。总体而言，它们在搜索的初期阶段，收敛的速度比较快，但随着时间的推移，它们的搜索效率变低。相比之下，HMOEA 收敛得最快，收敛的结果也更好并最终得到最优值。NSGA-Ⅱ和 SGA 的收敛性能稍弱于 HMOEA。

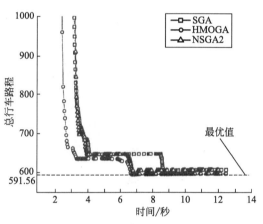

图 14.5 测试实例 C201 的总行车路程随时间变化的曲线

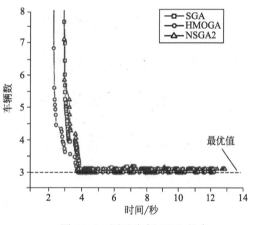

图 14.6 测试实例 C201 的车辆数随时间变化的曲线

总之，将 VRPTW 描述成为一个 MOP 问题的优势在于，运行一次程序可以得到多个非支配解，决策者可以根据最少车辆数还是最小化行车路程来对这些解做出抉择。

例如实例 RC201，HMOEA 一次可以得到 5 个非支配解。如图 14.7 所示，它们是点 A（4 辆车，行车路程为 1438.43）、点 B（5 辆车，行车路程为 1373.34）、点 C（6 辆车，行车路程为 1335.96）、点 D（7 辆车，行车路程为 1331.02），点 E（8 辆车，行车路程为 1321.90）。连接这 5 个点便可以得到该问题近似 Pareto 最优边界。而 SGA 一次只可得到一个解，如图 14.7 上的点 F（5 辆车，行车路程为 1382.94），该点位于

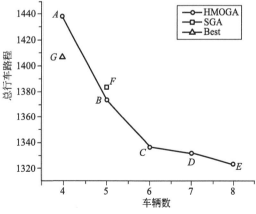

图 14.7 测试实例 RC201 的实验结果比较

近似 Pareto 最优边界的上方,可以看出该解的质量比 HMOEA 求得的 B 点稍差。因此 HMOEA 无论是求得的非支配解的个数还是解的质量都要好于 SGA。此外,与已知最优解(点 G:4 辆车,行车路程为 1406.94)相比(Mester et al.,2007),HOMGA 求得的这些解虽然增添了车辆数,但是使总路程长度减少许多。假如总路程(与之相应的是行车时间,燃油费用)是优先考虑的目标,那么这些非支配解就非常有价值。

14.3 MOEA 在供水系统中的应用

在供水网络系统中,水泵将水从水库抽至蓄水罐以便用户使用。当用水需求低时,水被储存在蓄水罐中;当需求高时,水从蓄水罐中释放出来。水泵作业和维护的成本占据了供水网络系统管理预算的绝大部分,达到运营成本的 90%。因此,通过恰当地调度水泵的作业,可以极大地节约运营成本。运营成本包括在一段时间内消耗的电力成本(电费)和由于频繁开关水泵造成水泵磨损的维护成本。

水泵调度问题的目标是在满足一定的约束条件下使得上述的运营成本最小化。而这些约束包括:为需求点提供足够水压的水需求量和维持蓄水罐内的水面高度在最大、最小的限制范围内。既然水泵的调度是在一段时间内(通常为 24 小时)实现的,那么必须周期地满足以上约束条件。因此,在周期结束时蓄水罐中水的容量不得低于周期开始时水的容量。

早期的一些研究方法使用传统的单目标优化来最小化水泵的作业调度成本,如线性、非线性、整数、动态和混合规划等。Ormsbee 和 Lansey 对这些早期方法做出了评论(Atkinson et al.,2000)。复杂的供水网络由于其内在的限制,很难通过传统方法来处理。于是研究人员考虑应用遗传算法(Kazantzis et al.,2002;Zyl et al.,2004),或是其他的像粒子群(Wegley et al.,2000)最优化和模拟退火(Mccormick et al.,2004)等技术来解决。这些研究中的绝大多数以最小化电力成本作为优化目标,而将其他目标视为目标函数的一个罚值来考虑,然而这些方法很少注意到水泵调度问题的多目标本质。

在本节中,同时考虑了电力成本和水泵的开关次数这两个目标,以多目标优化的方法来求解水泵调度问题。同时,将最优化模型和供水网络模型器结合起来,从而可以处理比较复杂的供水网络实例。

14.3.1 水泵调度问题

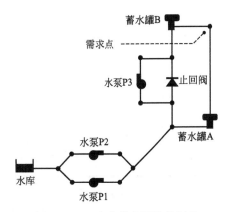

图 14.8 一个水供应网络的例子

1. 水供应网络

由 Zyl 等人给出的标准供水网络,如图 14.8 所示(Zyl et al.,2004)。它由 1 个饮用水源(水库)、3 个水泵、2 个蓄水罐和 1 个阻止水回流的止回阀组成。水泵将水从水库抽至蓄水罐,而水在需求点被消费掉。由于水泵抽出的水量要高于消费掉的水量,于是水泵并不需要在所有的时间内都处于作业的状态。此外,水可以被储存于蓄水罐中以便以后逐渐地被消费掉。水需求量随时间不断变化,水消费的模式可以通过历史数据来评估。因此,可以通过调度水泵的作业来最小化供水成本。

2. 水泵调度问题

在水泵调度问题中，在 T 时间内（通常为 24 小时），需要调度 N 个水泵。该问题的主要目标是在满足作业约束条件下，最小化水供应的成本。这里有两类与水泵调度相关的成本，即电力成本和维护成本。

电力成本是指在水泵调度期间，所有水泵消耗的电力费用。值得注意的是，许多电力公司的电力是按不同时刻以不同价格来计费的。本节考虑使用以下的价目表结构：

低成本（C_L）：0:00～17:00 和 22:00～24:00

高成本（C_H）：17:00～22:00

这种价格的变化对水泵调度成本的影响很大。水泵调度期间内，通过使水泵在高成本阶段的作业数目最小化，就可以显著地节约电力成本。电力成本 E_C 可数学描述为

$$E_C = C_L \sum_{i=1}^{17} c(p_i) + C_H \sum_{i=18}^{22} c(p_i) + C_L \sum_{i=23}^{24} c(p_i) \tag{14.11}$$

式（14.11）中，i 为时间间隔；p_i 为时间间隔 i 内的水泵组合（$p_i \in B^N$，$B \in \{0, 1\}$）；N 为水泵的个数；$c(p_i)$ 为水泵组合在时间间隔 i 内消耗的电能。

水泵的维护成本主要来自频繁地开关水泵造成的磨损，而这种磨损是不容易评估的。但是可以假设维护成本随着开关次数的增加而增长，因此水泵维护成本可由水泵开关的次数来替代。只有当某一水泵在上一时间间隔内关闭而在当前时间间隔内处于开启状态时，水泵才被视为开关一次。当水泵在前一个时间间隔内处于开启状态而在当前时间间隔内继续保持开启状态或是变为关闭状态时，水泵将不被视为开关一次。水泵开关的总次数 N_S 可以简单地通过累加各时间间隔内水泵的开关次数来获得。需要注意的是，前一天的最后一个时间间隔到后一天的第一个时间间隔的水泵开关次数也应被计算在内，但是只计其一半的开关次数。水泵开关的次数可以通过以下公式来计算：

$$N_S = \sum_{i=2}^{24} \| \max\{0, (p_i - p_{i-1})\} \| + \frac{\| \max\{0, (p_1 - p_{24})\} \|}{2} \tag{14.12}$$

3. 水泵调度问题的多目标描述

对于以上讨论的两个目标，水泵调度问题的多目标优化描述如下：

$$\min \boldsymbol{y} = F(\boldsymbol{x}) = (f_1(\boldsymbol{x}), f_2(\boldsymbol{x}))$$

其中，f_1 为式（14.11）的电力成本，f_2 为式（14.12）的水泵开关次数。

约束条件为 $h_{\min} \leqslant h_i = h(x_i) \leqslant h_{\max}$，在时间间隔 i 内，h_i 表示蓄水罐的水面高度。

这里，$\boldsymbol{x} \in X \subseteq B^{N \times T}$ 是一个变量向量，$B \in \{0, 1\}$；$\boldsymbol{y} = (f_1, f_2) \in Y \subset R^2$ 是目标向量函数。

最优的水泵策略是在满足一些边界条件和系统约束下调度水泵的作业，使得总运营成本最低。隐含的系统约束为系统的水力平衡状态，例如在每一个连接点的质量守恒（如流进的水量等于流出的水量）和每一次水循环过程的能量守恒。这些约束的处理是通过网络模拟器 EPANET 实现的。

隐含的边界约束描绘了系统的性能标准。这里需要考虑两个界限标准，它们是蓄水罐中水面的界限和在需求点的水压的界限。

蓄水罐的水面高度的最大、最小界限约束是通过 EPANET 来处理（而在现实世界中是

通过自动阀系统处理）。为了实现水资源供需的周期性，必须确保模拟周期结束时蓄水罐中水量不低于模拟周期开始时蓄水罐中的水量。初始时的水量和结束时的水量的差值被称为容量逆差。如果蓄水罐的容量逆差高于一个可容忍的容量，那么这时的水泵作业策略将被视为不可行的。

当 EPANET 在模拟一个特殊的水泵运作策略而产生警告时，那么这个解将被视为无效解。例如，如果在一个特定的模拟期间，系统不能给需求点提供指定最低水压的供水量时，那么将不会对该解的目标值进行评估，并且该解也被视为无效解。

14.3.2 求解方法

这里采用二进制表示水泵作业策略。每个策略就是一个解，该解由模拟器 EPANET 来评估。EPANET 计算两个目标值，即电力成本和总的水泵开关次数。而优化的目标是要最小化这两个目标值。最优化的过程是通过 SPEA2 来实现的。另外，EPANET 还计算每个解的容量逆差和水压的不足，以此来确定解的可行性。下面具体讨论求解方法。

1. 多目标最优化

在求解水泵调度问题的多目标方法中，每一个水泵作业策略对应着一个解，该解通过电力成本和水泵开关次数形成的目标向量函数来描述。优化的目标是要寻找到或是近似地找到 Pareto 最优解集，即寻找满意的作业策略（往往有多个）。该解集以外的其他可行作业策略要么具有更高的电力成本，要么具有更多的水泵开关次数。

2. 二进制表示

在这里，我们只考虑固定抽水速度的水泵。因此，在一个时间间隔内每一个水泵的作业策略可以通过一个位串的一位来表示，如表 14.15 所示。该位为 0 值表示水泵关闭，为 1 值表示水泵处于开启状态。水泵开关的次数为（0，1）序列的个数。给定 N 个水泵和 T 个时间间隔，可能的解的个数为 $2^{N\times T}$，而每个水泵开关的最大次数为 $T/2$ 次。

表 14.15 水泵调度问题的编码表示（$N=3$ 时）

时间间隔	1			...	24		
水泵	P1	P2	P3	...	P1	P2	P3
位串	0	1	0	...	1	0	1
状态	关闭	开启	关闭	...	开启	关闭	开启

在此我们考虑 24 个时间间隔，每个时间间隔为 1 小时。于是 $T=24$ 且 $N=3$ 时，可能解的个数为 4.72×10^{21}，最大的水泵开关次数为 36 次。

3. SPEA2

使用 SPEA2 进行优化时，由于需要考虑不同的目标值，例如电力成本和水泵开关的次数是不可比的，于是将解 s_i 和 s_j 之间的距离做如下的标准化处理（针对目标 f_k）：

$$\frac{(f_k(s_i)-f_k(s_j))^2}{(f_k^{\max}-f_k^{\min})^2} \tag{14.13}$$

式（14.13）中，$f_k^{\max}$ 和 $f_k^{\min}$ 是针对每一个目标的。在整个模拟期间所有的水泵都作业时，电力成本达到最大值。相反，水泵都关闭时，电力成本为最小值 0。当 $T=24$ 小时且 $N=3$ 时，水泵开关的总次数的最大值为 36，而最小值总为 0 次。

4. 解与解之间的支配关系

考虑到无效解的存在，在标准支配关系的基础上，做如下约定：

① 任何无效解都被任何有效解（可行解或不可行解）支配。对于两个无效解，如果其中一个具有更少的违背约束次数，那么它支配另一个解。

② 对于两个有效解，其中具有较低容量逆差的解支配另一个解。既然任何可行解的容量逆差总为 0，那么任何可行解支配任何不可行解。

③ 对于两个有相同容量逆差的有效解，通过标准的支配关系来判定它们之间的支配关系。

14.3.3 实验结果分析

在此使用两种简单、直接的方法来初始化种群。一种是随机地初始化种群，另一种是先产生一个特定的解，然后不断地对该解变异来初始化种群。变异的过程通过随机的改变水泵组合位串上某位的数值来实现。这里采用了 3 种不同的解来进行变异：空解，即所有的水泵都处于关闭状态（位串上的每一位都为 0）；完全解，即所有的水泵都处于开启状态（位串上的每一位都为 1）；定制解，即一个在现实供水网络中的可行解，该解虽不是最优解，但一般要好于随机产生的解。

实验时，分别采用了 3 种不同的交叉策略：单点交叉、一致交叉和确定性的一致交叉。一致交叉中，子个体上每位的值以相同概率随机地选择其两父个体中一父个体对应位上的值。若两父个体在某一位上的值相同，则子个体在该位上将保留父个体的值。对于确定性的一致交叉操作，当两父个体的位串值不同时，则交替地将父个体位串上的值赋给子个体。

在实验中，假定水库的水量为无限的。用来生成初始种群的定制解的电力成本为 370.47，总计水泵开关次数为 4 次。每个蓄水罐可容忍的容量逆差为 5%。蓄水罐 A 的容量逆差设为 -0.41%，蓄水罐 B 的容量逆差设为 -0.19%，这里的负逆差表示在模拟结束时水量要多于开始时的水量。

采用 C 语言实现 SPEA2，使用 EPANET 2.0 工具包来进行水泵调度模拟。SPEA2 的归档集的大小为 200。对于该测试实例，每次实验进行 6000 次函数评估，即调用 6000 次 EPANET 模拟。每次重复实验 30 次，实验环境为 Pentium4（2.8GHz）CPU、1GB 内存，操作系统为 Windows XP。

使用达到函数（attainment function）来描绘算法一次运行时在目标空间获得任意一个目标的概率（Fonseca et al.，2001）。该函数可以通过运行几次特定的算法所收集到的数据来评估。例如，中值达到表面包含了 50% 的已获得的目标向量。该表面是一个 Pareto 集，其中所有的目标向量都是非支配的。因而，这些目标向量可以通过一条线（当目标个数大于 2 时为一个面）连接起来，该线定义了这些目标向量所支配的目标空间。类似地，最佳达到表面连接的目标向量至少可以由一次算法运行获得。而在最差达到表面上的目标向量可以在所有次算法运行时得到。

实验结果表明，一致交叉所获得的结果总是好于单点交叉获得的结果，而确定性一致交叉的结果则略逊于一致交叉的结果。如表 14.16 所示，为采用不同的进化策略时，算法运行所需的平均计算时间。由于不同的初始化方法和不同的交叉算子不会比其他的操作耗费更多的时间，计算时间上的差异主要是由 EPANET 的模拟时间造成的。其中一个明显的结果是，水泵在多数时间间隔内都开启的准完全解（最右列的解）耗费了更长的模拟时间。

表 14.16　平均计算时间　　　　　　　　　　　　　　　　　　　　　　单位：s

交叉方式	初始种群			
	定制	随机	空解	完全解
单点	76.2	1011.6	70.6	1043.0
一致	75.2	238.9	121.8	945.2
确定性一致	68.9	224.6	95.3	1011.0

如图 14.9 所示，为 30 次重复实验后获得的最佳、中值和最差达到表面。每次实验包含 4 种初始种群生成方法且使用一致杂交。求解该实例的单目标算法所获的平均解用符号 "×" 标识以作为参考。该解的电力成本为 348.58，水泵开关次数为 4.29 次。

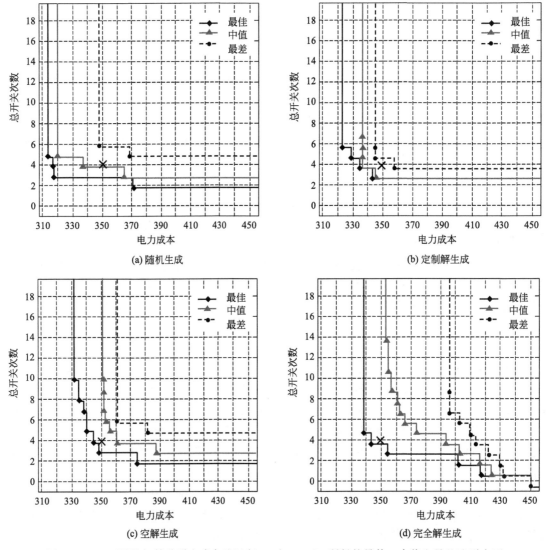

图 14.9　以不同的初始种群生成方法运行 30 次 SPEA2 所得的最佳、中值和最差达到表面

如图 14.9 所示，由随机生成（见图 14.9（a））或定制解生成（见图 14.9（b））的初始种群所获得的达到表面要好于由空解（见图 14.9（c））或完全解（见图 14.9（d））变异生成的初始种群所获的达到表面。特别地，由随机生成或定制解生成的初始种群所获得的中值达到表面，支配由单目标算法获得的平均解。

当种群由一个定制解变异生成初始种群时，其最佳、中值和最差达到表面（见图 14.9（b））彼此之间较为接近，而由随机生成的初始种群所获得的 3 个达到表面（见图 14.9（a））之间的距离相对宽些。此外，图 14.9（b）的最差达到表面要好于见图 14.9（a）最差的达到表面。另一方面，最佳的达到表面的情况却刚好相反，即 30 次实验中的最佳结果是由随机产生的初始种群获得的。从这些结果可以得出以下结论：一个由定制解生成的初始种群虽然提供了鲁棒性的结果，但是缺乏由随机产生的初始种群所获得的解的多样性。这种多样性允许在某些情况下获得更好的结果，但是也在最坏的情况下产生最差的结果。

附录A　符号及缩写

AGA	自适应网格算法（adaptive grid algorithm）
Archive Set	归档集
COR（s）	常占区（constantly occupied regions）
CPOR	关键Pareto占用区（critical Pareto occupied region）
CR	收敛区域（converged region）
EA	进化算法（evolutionary algorithm）
EP	进化规划（evolutionary programming）
ES	进化策略（evolution strategy）
EVOPs	进化算子（evolutionary operators）
GA	遗传算法（genetic algorithm）
hyper-box	网格
hyper-grid	网格
MOEA	多目标进化算法（multi-objective evolutionary algorithm）
MOGA	多目标遗传算法（multi-objective genetic algorithm）
MOP	多目标优化问题（multi-objective optimization problem）
PNIR	Pareto非劣区域（Pareto non-inferior region）
Pop	进化群体（population）
POR	Pareto占用区（Pareto occupied region）
SMOEA	简单多目标进化算法（simple multi-objective evolutionary algorithm）
$\Omega \subseteq \mathbb{R}^n$	决策变量空间，亦称可行解空间，简称决策空间
$\Pi \subseteq \mathbb{R}^r$	目标函数空间，简称目标空间

附录 B MOPs 测试函数

附录 B 包含了大部分在 MOEA 文献中出现的多目标测试函数。表 B.1 为不带偏约束的测试函数；表 B.2 为带偏约束的测试函数。附录 C 和附录 D 为这些函数的 P_{true} 图和 PF_{true} 图。

表 B.1 MOP 数值测试函数

函数名称	函数定义	约束条件
Binh(1)(Binh and Korn,1996; Binh and Korn,1997b)	$F=(f_1(x,y),f_2(x,y))$，其中 $f_1(x,y)=x^2+y^2$ $f_2(x,y)=(x-5)^2+(y-5)^2$	$-5 \leqslant x,y \leqslant 10$
Binh(3)(Binh,1999)	$F=(f_1(x,y),f_2(x,y),f_3(x,y))$，其中 $f_1(x,y)=x-10^6$ $f_2(x,y)=y-2\times 10^{-6}$ $f_3(x,y)=xy-2$	$10^{-6} \leqslant x,y \leqslant 10^6$
Fonseca(Fonseca et al,1995d)	$F=(f_1(x,y),f_2(x,y))$，其中 $f_1(x,y)=1-\exp(-(x-1)^2-(y+1)^2)$ $f_2(x,y)=1-\exp(-(x+1)^2-(y-1)^2)$	
Fonseca(2)(Fonseca et al,1995a)	$F=(f_1(x),f_2(x))$，其中 $f_1(x)=1-\exp\left(-\sum_{i=1}^{n}\left(x_i-\frac{1}{\sqrt{n}}\right)^2\right)$ $f_2(x)=1-\exp\left(-\sum_{i=1}^{n}\left(x_i+\frac{1}{\sqrt{n}}\right)^2\right)$	$-4 \leqslant x_i \leqslant 4$ $n=2$
Kursawe(1)(Kursawe,1991)	$F=(f_1(x),f_2(x))$，其中 $f_1(x)=\sum_{i=1}^{n-1}(-10e^{(-0.2)*\sqrt{x_i^2+x_{i+1}^2}})$ $f_2(x)=\sum_{i=1}^{n}(\|x_i\|^{0.8}+5\sin(x_i)^3)$	$-5 \leqslant x_i \leqslant 5$ $n=2$
Laumanns(Laumanns et al,1998)	$F=(f_1(x,y),f_2(x,y))$，其中 $f_1(x,y)=x^2+y^2$ $f_2(x,y)=(x+2)^2+y^2$	$-50 \leqslant x,y \leqslant 50$
Lis(Lis and Eiben,1996)	$F=(f_1(x,y),f_2(x,y))$，其中 $f_1(x,y)=\sqrt[8]{x^2+y^2}$ $f_2(x,y)=\sqrt[4]{(x-0.5)^2+(y-0.5)^2}$	$-5 \leqslant x,y \leqslant 10$

续表

函数名称	函数定义	约束条件
Murata(Murata et al, 1995b; Murata and Ishibuchi, 1995)	$F=(f_1(x,y),f_2(x,y))$,其中 $f_1(x,y)=2\sqrt{x}$ $f_2(x,y)=x(1-y)+5$	$1\leqslant x\leqslant 4$ $1\leqslant y\leqslant 2$
Poloni (Poloni and Pediroda, 1997; Poloni et al, 1996b)	$\max F=(f_1(x,y),f_2(x,y))$,其中 $f_1(x,y)=-[1+(A_1-B_1)^2+(A_2-B_2)^2]$ $f_2(x,y)=-[(x+3)^2+(y+1)^2]$	$-\pi\leqslant x,y\leqslant\pi$, $A_1=0.5\sin 1-2\cos 1+\sin 2-1.5\cos 2$ $A_2=1.5\sin 1-\cos 1+2\sin 2-0.5\cos 2$ $B_1=0.5\sin x-2\cos x+\sin y-1.5\cos y$ $B_2=1.5\sin x-\cos x+2\sin y-0.5\cos y$
Quagliarell (Quagliarell and Vicini, 1998)	$F=(f_1(\boldsymbol{x}),f_2(\boldsymbol{x}))$,其中 $f_1(\boldsymbol{x})=\sqrt{\dfrac{A_1}{n}}$ $f_2(\boldsymbol{x})=\sqrt{\dfrac{A_2}{n}}$	$A_1=\sum\limits_{i=1}^{n}[(x_i)^2-10\cos$ $[2\pi(x_i)+10]$ $A_1=\sum\limits_{i=1}^{n}[(x_i-1.5)^2-$ $10\cos[2\pi(x_i-1.5)+10]$ $-5.12\leqslant x_i\leqslant 5.12$ $n=16$
Rendon (Valenzuela Rendon and Uresti Charre, 1997)	$F=(f_1(x,y),f_2(x,y))$,其中 $f_1(x,y)=\dfrac{1}{x^2+y^2+1}$ $f_2(x,y)=x^2+3y^2+1$	$-3\leqslant x,y\leqslant 3$
Rendon(2) (Valenzuela Rendon and Uresti Charre, 1997)	$F=(f_1(x,y),f_2(x,y))$,其中 $f_1(x,y)=x+y+1$ $f_2(x,y)=x^2+2y-1$	$-3\leqslant x,y\leqslant 3$
Schaffer(Jones et al, 1998; Norris Crossley 1998; Schaffer 1985)	$F=(f_1(x),f_2(x))$,其中 $f_1(x)=x^2$ $f_2(x)=(x-2)^2$	$-3\leqslant x\leqslant 3$
Schaffer(2) (Srinivas et al, 1994; Bentley et al, 1997)	$F=(f_1(x),f_2(x))$,其中 $f_1(x)=\begin{cases}-x & x\leqslant 1\\-2+x & 1<x\leqslant 3\\4-x & 3<x\leqslant 4\\-4+x & x\geqslant 4\end{cases}$ $f_2(x)=(x-5)^2$	$-5\leqslant x\leqslant 10$
Vicini(Vicini and Quagliarella, 1997b)	$F=(f_1(x,y),f_2(x,y))$,其中 $f_1(x,y)=-\left(\sum\limits_{i=1}^{20}H_i\exp\left[\dfrac{(x-x_i)^2+(y-y_i)^2}{2\sigma_i^2}\right]\right)+3$ $f_2(x,y)=-\left(\sum\limits_{i=1}^{20}H_i\exp\left[\dfrac{(x-x_i)^2+(y-y_i)^2}{2\sigma_i^2}\right]\right)+3$	$0\leqslant H_i\leqslant 1$ $-10\leqslant x,x_i,y,y_i\leqslant 10$ $1.5\leqslant\sigma_i\leqslant 2.5$

续表

函数名称	函数定义	约束条件
Viennet(Viennet et al,1996)	$F=(f_1(x,y),f_2(x,y),f_3(x,y))$,其中 $f_1(x,y)=x^2+(y-1)^2$ $f_2(x,y)=x^2+(y+1)^2+1$ $f_3(x,y)=(x-1)^2+y^2+2$	$-2 \leqslant x, y \leqslant 2$
Viennet(2)(Viennet et al,1996)	$F=(f_1(x,y),f_2(x,y),f_3(x,y))$,其中 $f_1(x,y)=\dfrac{(x-2)^2}{2}+\dfrac{(y+1)^2}{13}+3$ $f_2(x,y)=\dfrac{(x+y-3)^2}{36}+\dfrac{(-x+y+2)^2}{8}-17$ $f_3(x,y)=\dfrac{(x+2y-1)^2}{175}+\dfrac{(2y-x)^2}{17}-13$	$-4 \leqslant x, y \leqslant 4$
Viennet(3)(Viennet et al,1996)	$F=(f_1(x,y),f_2(x,y),f_3(x,y))$,其中 $f_1(x,y)=0.5\times(x^2+y^2)+\sin(x^2+y^2)$ $f_2(x,y)=\dfrac{(3x-2y+4)^2}{8}+\dfrac{(x-y+1)^2}{27}+15$ $f_3(x,y)=\dfrac{1}{(x^2+y^2+1)}-1.1e^{(-x^2-y^2)}$	$-3 \leqslant x, y \leqslant 3$

表 B.2 MOP 数值测试函数（带偏约束）

函数名称及主要特征	函数定义	约束条件
Belegundu(Belegundu et al,1994)	$F=(f_1(x,y),f_2(x,y))$,其中 $f_1(x,y)=-2x+y$ $f_2(x,y)=2x+y$	$0 \leqslant x \leqslant 5$ $0 \leqslant y \leqslant 3$ $-x+y-1 \leqslant 0$, $x+y-7 \leqslant 0$
Binh(2)(Binh and Korn,1997a)	$F=(f_1(x,y),f_2(x,y))$,其中 $f_1(x,y)=4x^2+4y^2$ $f_2(x,y)=(x-5)^2+(y-5)^2$	$-5 \leqslant x \leqslant 15$ $-5 \leqslant y \leqslant 15$ $(x-5)^2+y^2-25 \leqslant 0$ $-(x-8)^2-(y+3)^2+7.7 \leqslant 0$
Binh(4)(Binh and Korn,1997c)	$F=(f_1(x,y),f_2(x,y),f_3(x,y))$,其中 $f_1(x,y)=1.5-x(1-y)$ $f_2(x,y)=2.25-x(1-y^2)$ $f_3(x,y)=2.625-x(1-y^3)$	$-10 \leqslant x, y \leqslant 10$ $-x^2-(y-0.5)^2+9 \leqslant 0$ $(x-1)^2+(y-0.5)^2-6.25 \leqslant 0$
Jimenez (Jimenez and Verdegay,1998)	$\max F=(f_1(x,y),f_2(x,y))$,其中 $f_1(x,y)=5x+3y$ $f_2(x,y)=2x+8y$	$0 \leqslant x, y \leqslant 100$ $x+4y-100 \leqslant 0$ $3x+2y-150 \leqslant 0$ $200-5x-3y \leqslant 0$ $75-2x-8y \leqslant 0$
Kita(Kita et al,1996)	$\max F=(f_1(x,y),f_2(x,y))$,其中 $f_1(x,y)=-x^2+y$ $f_2(x,y)=0.5x+y+1$	$0 \leqslant x, y \leqslant 7$ $\dfrac{1}{6}x+y-\dfrac{13}{2} \leqslant 0$ $\dfrac{1}{2}x+y-\dfrac{15}{2} \leqslant 0$ $5x+y-30 \leqslant 0$

续表

函数名称及主要特征	函数定义	约束条件
Obayshi(Obayshi, 1997)	$\max F=(f_1(x,y),f_2(x,y))$,其中 $f_1(x,y)=x$ $f_2(x,y)=y$	$0\leqslant x,y\leqslant 1$ $x^2+y^2\leqslant 1$
Osyczka(Osyczka et al,1995b)	$F=(f_1(x,y),f_2(x,y))$,其中 $f_1(x,y)=x+y^2$ $f_2(x,y)=x^2+y$	$2\leqslant x\leqslant 7$ $5\leqslant y\leqslant 10$ $0\leqslant 12-x-y$ $0\leqslant x^2+10x-y^2+16y-80$
Srinivas(Srinivas et al,1994)	$F=(f_1(x,y),f_2(x,y))$,其中 $f_1(x,y)=(x-2)^2+(y-1)^2+2$, $f_2(x,y)=9x-(y-1)^2$	$-20\leqslant x,y\leqslant 20$, $x^2+y^2-225\leqslant 0$ $x-3y+10\leqslant 0$
Osyczka(2)(Osyczka et al,1995b)	$F=(f_1(\boldsymbol{x}),f_2(\boldsymbol{x}))$,其中 $f_1(\boldsymbol{x})=-(25(x_1-2)^2+(x_2-2)^2+(x_3-1)^2$ $+(x_4-4)^2+(x_5-1)^2$ $f_2(\boldsymbol{x})=x_1^2+x_2^2+x_3^2+x_4^2+x_5^2+x_6^2$	$0\leqslant x_1,x_2,x_6\leqslant 10$ $1\leqslant x_3,x_5\leqslant 5$ $0\leqslant x_4\leqslant 6$ $0\leqslant x_1+x_2-2$ $0\leqslant 6-x_1-x_2$ $0\leqslant 2+x_1-x_2$ $0\leqslant 2-x_1+3x_2$ $0\leqslant 4-(x_3-3)^2-x_4$ $0\leqslant (x_5-3)^2+x_6-4$
Tamaki(Tamaki et al,1996)	$\max F=(f_1(x,y,z),f_2(x,y,z),f_3(x,y,z))$,其中 $f_1(x,y,z)=x$ $f_2(x,y,z)=y$ $f_3(x,y,z)=z$	$0\leqslant x,y,z\leqslant 1$ $x^2+y^2+z^2\leqslant 1$
Tanaka(Tanaka et al,1995)	$\max F=(f_1(x,y),f_2(x,y))$,其中 $f_1(x,y)=x$ $f_2(x,y)=y$	$0\leqslant x,y\leqslant \pi$ $-(x^2)-(y^2)+1+$ $0.1\cos\left(16\arctan\dfrac{x}{y}\right)\leqslant 0$ $(x-0.5)^2+(y-0.5)^2\leqslant 0.5$
Viennet(4)(Viennet et al,1996)	$F=(f_1(x,y),f_2(x,y),f_3(x,y))$,其中 $f_1(x,y)=\dfrac{(x-2)^2}{2}+\dfrac{(y+1)^2}{13}+3$ $f_2(x,y)=\dfrac{(x+y-3)^2}{175}+\dfrac{(2y-x)^2}{17}-13$ $f_3(x,y)=\dfrac{(3x-2y+4)^2}{8}+\dfrac{(x-y+1)^2}{27}+15$	$-4\leqslant x,y\leqslant 4$ $y<-4x+4$ $x>-1$ $y>x-2$

附录 C 表 B.1 测试函数的 P_{true} 图和 PF_{true} 图

本附录中,图 C.1~图 C.36 为表 B.1 中测试函数的 P_{true} 图和 PF_{true} 图。

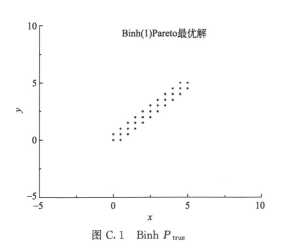

图 C.1 Binh P_{true}

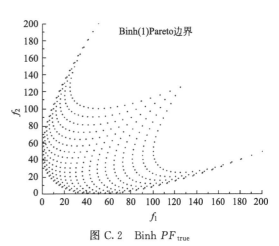

图 C.2 Binh PF_{true}

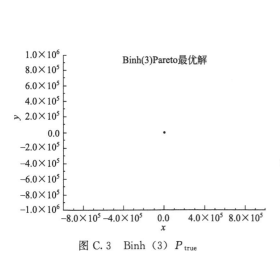

图 C.3 Binh(3) P_{true}

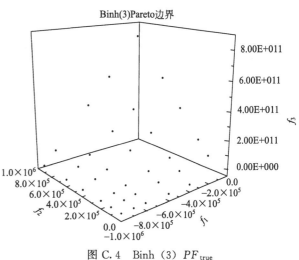

图 C.4 Binh(3) PF_{true}

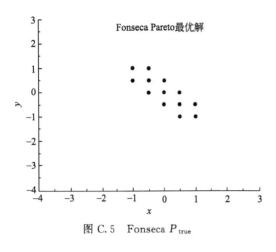

图 C.5 Fonseca P_{true}

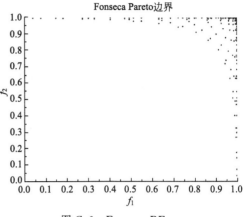

图 C.6 Fonseca PF_{true}

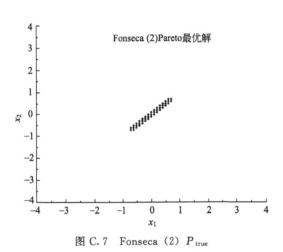

图 C.7 Fonseca (2) P_{true}

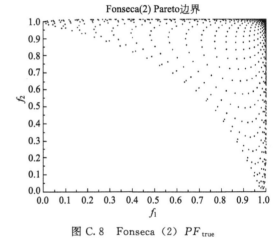

图 C.8 Fonseca (2) PF_{true}

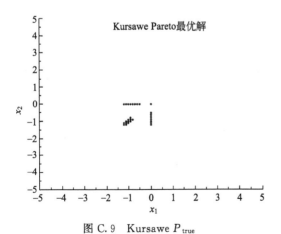

图 C.9 Kursawe P_{true}

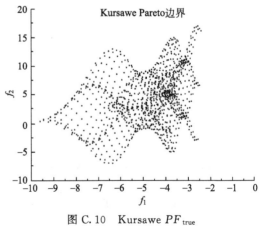

图 C.10 Kursawe PF_{true}

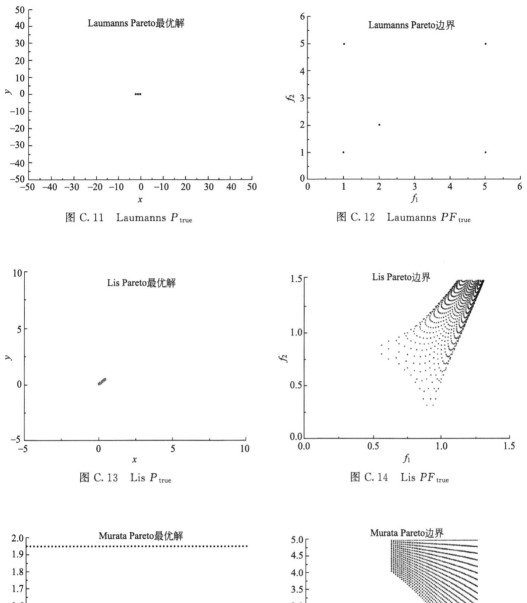

图 C.11　Laumanns P_{true}

图 C.12　Laumanns PF_{true}

图 C.13　Lis P_{true}

图 C.14　Lis PF_{true}

图 C.15　Murata P_{true}

图 C.16　Murata PF_{true}

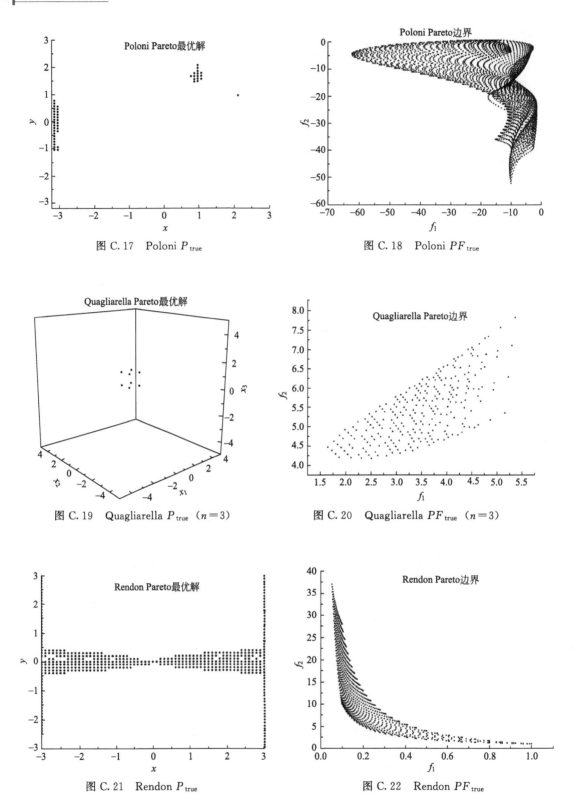

图 C.17 Poloni P_{true}

图 C.18 Poloni PF_{true}

图 C.19 Quagliarella P_{true} ($n=3$)

图 C.20 Quagliarella PF_{true} ($n=3$)

图 C.21 Rendon P_{true}

图 C.22 Rendon PF_{true}

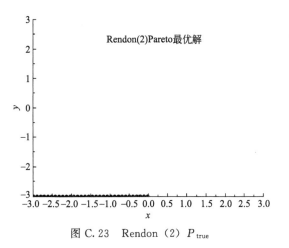

图 C.23 Rendon (2) P_{true}

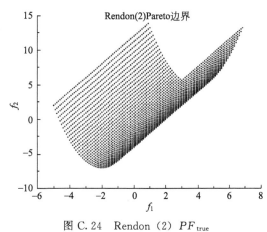

图 C.24 Rendon (2) PF_{true}

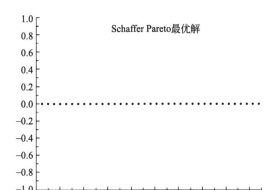

图 C.25 Schaffer P_{true}

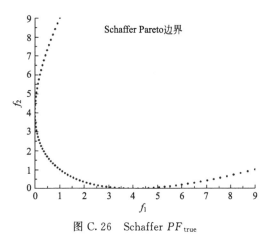

图 C.26 Schaffer PF_{true}

图 C.27 Schaffer (2) P_{true}

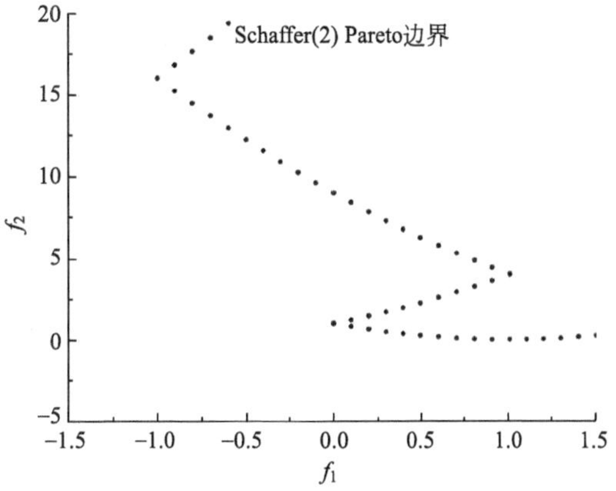

图 C.28 Schaffer (2) PF_{true}

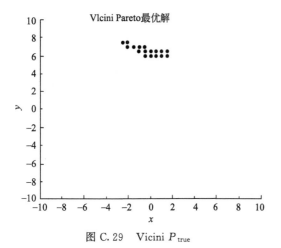

图 C. 29　Vicini P_{true}

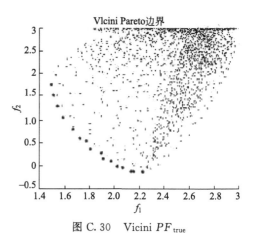

图 C. 30　Vicini PF_{true}

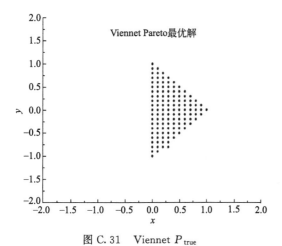

图 C. 31　Viennet P_{true}

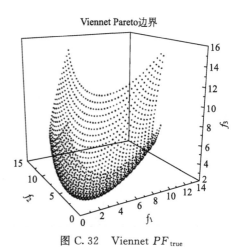

图 C. 32　Viennet PF_{true}

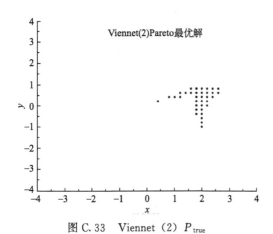

图 C. 33　Viennet（2）P_{true}

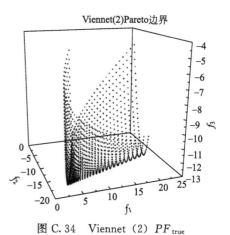

图 C. 34　Viennet（2）PF_{true}

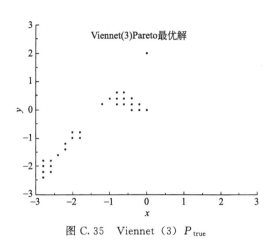 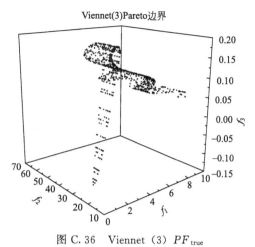

图 C.35　Viennet（3）P_{true}　　　　图 C.36　Viennet（3）PF_{true}

附录 D 表 B.2 测试函数的 P_{true} 图和 PF_{true} 图

本附录中,图 D.1~图 D.24 为表 B.2 中测试函数的 P_{true} 图和 PF_{true} 图。

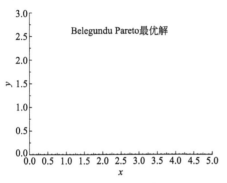

图 D.1 Belegundu P_{true}

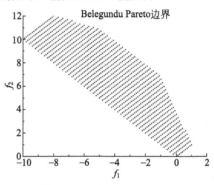

图 D.2 Belegundu PF_{true}

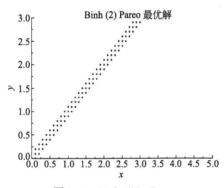

图 D.3 Binh(2) P_{true}

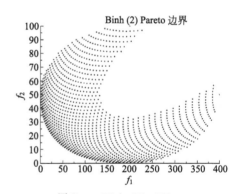

图 D.4 Binh(2) PF_{true}

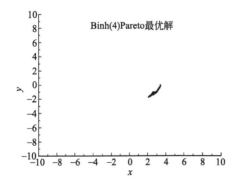

图 D.5 Binh(4) P_{true}

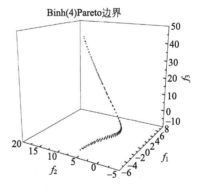

图 D.6 Binh(4) PF_{true}

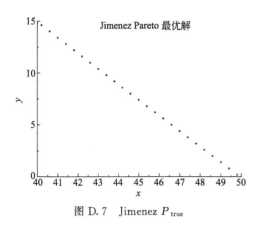

图 D.7　Jimenez P_{true}

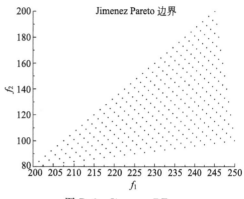

图 D.8　Jimenez PF_{true}

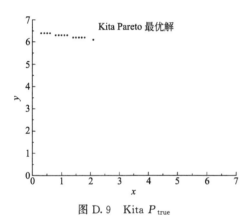

图 D.9　Kita P_{true}

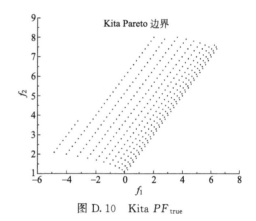

图 D.10　Kita PF_{true}

图 D.11　Obayashi P_{true}

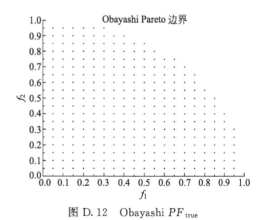

图 D.12　Obayashi PF_{true}

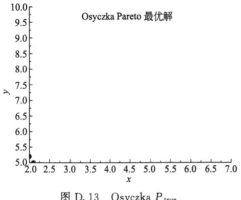

图 D. 13 Osyczka P_{true}

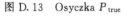

图 D. 14 Osyczka PF_{true}

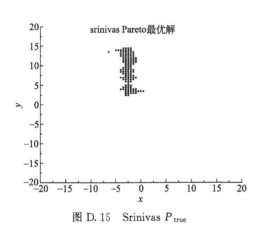

图 D. 15 Srinivas P_{true}

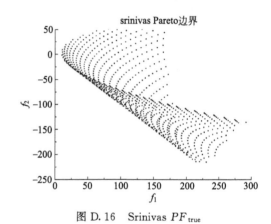

图 D. 16 Srinivas PF_{true}

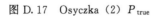

$n=6$,所有Osyczka(2)解空间不可见

图 D. 17 Osyczka（2） P_{true}

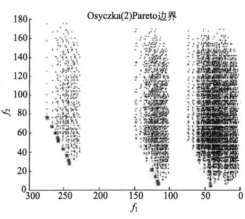

图 D. 18 Osyczka（2） PF_{true}

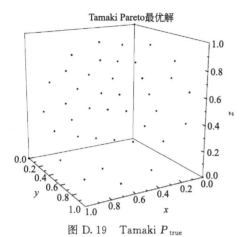

图 D.19　Tamaki P_{true}

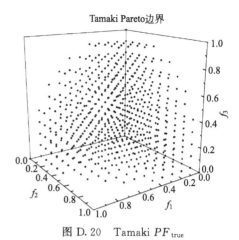

图 D.20　Tamaki PF_{true}

图 D.21　Tanaka P_{true}

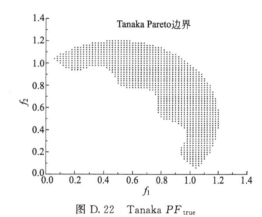

图 D.22　Tanaka PF_{true}

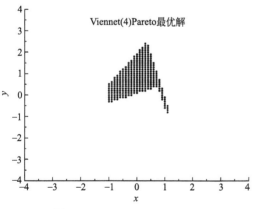

图 D.23　Viennet（4）P_{true}

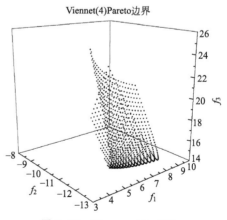

图 D.24　Viennet（4）PF_{true}

参 考 文 献

陈国良，王熙法，庄镇泉，等，1999. 遗传算法及其应用 [M]. 北京：人民邮电出版社.

崔逊学，2003. 一种求解高维优化问题的多目标遗传算法及其收敛性分析 [J]. 计算机研究与发展，40（7）：901-906.

崔逊学，李森，方廷健，2001. 基于免疫原理的多目标进化算法群体多样性研究 [J]. 模式识别与人工智能，14（3）：291-52.

丁大维，2015. 基于 MOEA/D 的优化技术及其在天线优化设计中的应用 [D]. 合肥：中国科学技术大学.

郭观七，尹呈，曾文静，等，2014. 基于等价分量交叉相似性的 Pareto 支配性预测 [J]. Acta automatica sinica，40（1）：33-40.

姜山，程君实，陈佳品，等，2001. 基于多目标遗传算法的仿人机器人中枢神经运动控制器的设计 [J]. 机器人，23（1）：58-62.

焦李成，尚荣华，马文萍，等，2010. 多目标优化免疫算法、理论和应用 [M]. 北京：科学出版社.

李丽荣，郑金华，2004. 基于 Pareto front 的多目标遗传算法 [J]. 湘潭大学自然科学学报，26（1）：39-41.

李满林，杜雷，闻英友，等，2003. 多目标优化遗传算法在移动网络规划中的应用 [J]. 控制与决策，18（4）：441-444.

李密青，郑金华，2011. 一种多目标进化算法解集分布广度评价方法 [J]. 计算机学报，34（4）：647-664.

李密青，郑金华，李珂，2011a. 一种非均匀分布问题分布性维护方法 [J]. 电子学报，39（4）：946-952.

李密青，郑金华，谢炯亮，等，2008. 一种 MOEA 分布度的逐步评价方法 [J]. 电子学报，36（10）：1986-1991.

李敏强，2002. 遗传算法的基本理论与应用 [M]. 北京：科学出版社.

林丹，2002. 遗传算法在证券组合投资中的应用研究 [D]. 北京：中国科学院数学与系统科学研究院.

刘烽，2009. 基于多目标进化算法的流程工业生产调度问题研究 [D]. 长沙：国防科技大学.

刘燕，2010. CBR 技术在供应链突发事件管理中的应用研究 [D]. 西安：长安大学.

刘勇，康立山，陈毓屏，1995. 非数值并行算法（第二册）遗传算法 [M]. 北京：科学出版社.

马清亮，胡昌华，2004. 基于多目标进化算法的混合 H_2/H_∞ 优化控制 [J]. 控制与决策，19（6）：699-701.

聂坚，郑金华，谢谆志，等，2011. 傅里叶空间变换处理带噪声进化算法的研究 [J]. 计算机工程与应用，47（28）：33-37.

孙娜娜，2014. 基于 MOEA/D 的多目标考试时间表调度算法研究 [D]. 西安：西安电子科技大学.

王凌，钱斌，2012. 混合差分进化与调度算法 [M]. 北京：清华大学出版社.

王小平，曹立明，2004. 遗传算法——理论、应用与软件实现 [M]. 西安：西安交通大学出版社.

王勇，蔡自兴，周育人，等，2009. 约束优化进化算法 [J]. 软件学报，20（1）：11-29.

王宇平，2011. 进化计算的理论与方法 [M]. 北京：科学出版社.

玄光男，程润伟，2004. 遗传算法与工程优化 [M]. 北京：清华大学出版社.

晏晓辉，2012. 群体智能算法研究及其在调度优化中的应用 [D]. 北京：中国科学院研究生院.

杨开兵，刘晓冰，2012. 流水车间成组工件调度问题的多目标优化算法 [J]. 计算机应用，32（12）：3343-3346.

杨青，汪亮，叶定友，2002. 基于多目标遗传算法的固体火箭发动机面向成本优化设计 [J]. 固体火箭技术，25（04）：16-20.

杨云，徐永红，李千目，等，2004. 一种 QoS 路由多目标遗传算法 [J]. 通信学报，25（1）：43-51.

应伟勤，李元香，SHEU Phillip C-Y，等，2010. 演化多目标优化中的几何热力学选择 [J]. 计算机学报，33（4）：755-767.

曾三友，李晖，丁立新，等，2004. 基于排序的非劣集合快速求解法 [J]. 计算机研究与发展，41（9）：1565-1571.

曾三友，秦莎，李长河，等，2014. 具有偏序属性的偏爱 Pareto 占优关系 [J]. 计算机学报，37（9）：2047-2057.

张铭钧，张菁，2001. 水下机器人运动规划中多目标遗传算法的选择方法 [J]. 哈尔滨工程大学学报，22（1）：30-34.

张潜，高立群，胡祥培，等，2003. 物流配送路径多目标优化的聚类——改进遗传算法 [J]. 控制与决策，18（4）：418-422.

张青斌,丰志伟,刘泽明,等,2009. 基于MOEA/D的柔性结构燃料——时间多目标优化控制研究 [J]. 国防科技大学学报,31 (6): 73-76.

张文修,梁怡,2000. 遗传算法的数学基础 [M]. 西安: 西安交通大学出版社.

赵民洋,2012. 基于NSGA-Ⅱ的放射性废物最小化管理系统的设计与实现 [D]. 衡阳: 南华大学.

赵曙光,王宇平,杨万海,等,2004. 基于多目标自适应遗传算法的逻辑电路门级进化方法 [J]. 计算机辅助设计与图形学学报,16 (4): 402-406.

郑金华,2005. 基于Pareto最优的多目标进化算法及其应用 [R]. 中国科学院计算技术研究所博士后出站报告.

郑金华,蒋浩,邝达,等,2007. 用擂台赛法则构造多目标Pareto最优解集的方法 [J]. 软件学报,18 (6): 1287-1297.

郑金华,李珂,李密青,等,2012. 一种基于Hypervolume指标的自适应邻域多目标进化算法 [J]. 计算机研究与发展,49 (2): 312-326.

郑金华,申瑞珉,李密青,等,2014. 多目标优化的进化环境模型及实现 [J]. 计算机学报,37 (12): 2530-2547.

郑金华,史忠植,谢勇,2004. 基于聚类的快速多目标遗传算法 [J]. 计算机研究与发展,41 (7): 1081-1087.

郑金华,谢谆志,2014. 关于如何用角度信息引入决策者偏好的研究 [J]. 电子学报,42 (11): 2239-2246.

郑金华,张作峰,邹娟,2013. 基于目标空间分解的自适应多目标进化算法 [J]. 高技术通讯,23 (7): 671-678.

周鑫,2013. 产品多目标多类型选配技术及其应用研究 [D]. 杭州: 浙江大学.

朱力立,张焕春,经亚枝,2003. 一种基于模糊遗传算法的多传感器多目标跟踪数据关联算法 [J]. 中国航空学报: 英文版,16 (3): 177-181.

朱学军,陈彤,薛量,等,2001. 多个体参与交叉的Pareto多目标遗传算法 [J]. 电子学报,29 (1): 106-109.

邹秀芬,刘敏忠,吴志健,等,2004. 解约束多目标优化问题的一种鲁棒的进化算法 [J]. 计算机研究与发展,41 (6): 985-990.

Abe, Gakuhō, 1999. Modelling and optimization of single screw extrusion [J]. Bioprocess & Biosystems engineering, 28 (2): 123-130.

Adra S F, Fleming P J, 2009. A diversity management operator for evolutionary multi-objective optimization [C]//International conference on evolutionary multi-criterion optimization.Berlin: Springer, 81-94.

Aguilar J, Miranda P, 1999. Resolution of the left ventricle 3D reconstruction problem using approaches based on genetic algorithm for multi-objective problems [C]// Proceedings of the 1999 congress on evolutionary computation. IEEE, (2): 913-920.

Aguirre A H, Rionda S B, Coello Coello C A, et al., 2004. Handling constraints using multi-objective optimization concepts [J]. International journal for numerical methods in engineering, 59 (15): 1989-2017.

Aherne F J, Rockett P I, Thacker N A, 1997. Optimising object recognition parameters using a parallel multi-objective genetic algorithm [C]//Second international conference on genetic algorithms in engineering systems:innovations and applications. IEEE Xplore: 1-6.

Alain C, Thierry G, Jean-Philippe V, 2000. Genetic algorithms using multi-objective in a multi-agent system [J]. Robotics & autonomous systems, 33 (2-3): 179-190.

Ariasmontaño A, Coello Coello A C, Mezuramontes E, 2011. Evolutionary algorithms applied to multi-objective aerodynamic shape optimization [M]// Computational optimization,methods and algorithms. Berlin: Springer, 211-240.

Arslan T, Horrocks D H, Ozdemir E, 1996. Structural synthesis of cell-based VLSI circuits using a multi-objective genetic algorithm [J]. Electronics letters, 32 (7): 651-652.

Arslan T, Ozdemir E, Bright M S, et al., 1996a. Genetic synthesis techniques for low-power digital signal processing circuits [J]. IEEE lectronic letters, 32 (7): 651-652.

Asvial M, Tafazolli R, Evans B G, 2004. Satellite constellation design and radio resource management using genetic algorithm [J]. IEE proceedings communications, 151 (3): 204-209.

Atkinson R, Van Z J E, Walters G A, et al., 2000. Genetic algorithm optimisation of level-controlled pumping station operation [J]. Water network modelling for optimal design and management, 79-90.

Auger A, Bader J, Brockhoff D, et al., 2009. Theory of the hypervolume indicator: optimal μ-distributions and the choice of the reference point [C]//Proceedings of the tenth ACM SIGEVO workshop on foundations of genetic algorithms. ACM, 87-102.

Azevedo C R B, Araújo A F R, 2011. Generalized immigration schemes for dynamic evolutionary multi-objective optimization [C]//Proceedings of the 2011 congress on evolutionary computation. IEEE, 2033-2040.

Babbar M, Minsker B S, 2012, Interactive genetic algorithm with mixed initiative interaction for multi-criteria ground water monitoring design [J]. Applied soft computing, 12 (1): 182-195.

Bader J, Zitzler E, 2010. Robustness in hypervolume based multi-objective search [R]. Computer engineering and networks laboratory, Technical Report, 317.

Bader J, Zitzler E, 2011. Hype: an algorithm for fast hypervolume-based many-objective optimization [J]. Evolutionary computation, 19 (1): 45-76.

Bagley J D, 1967. The behavior of adaptive systems which employ genetic and correlation algorithms [M]. Ann Arbor: University of Michigan Press.

Baglivo C, Congedo P M, Fazio A, et al., 2014. Multi-objective optimization analysis for high efficiency external walls of zero energy buildings (ZEB) in the Mediterranean climate [J]. Energy and buildings, 84: 483-492.

Barba P D, 2005. Multi-objective design optimisation: a microeconomics-inspired strategy applied to electromagnetics [J]. International journal of applied electromagnetics and mechanics, 21 (2): 101-117.

Barr R S, Golden B L, Kelly J P, et al., 1995. Designing and reporting on computational experiments with heuristic methods [J]. Journal of heuristics, 1 (1): 9-32.

Basseur M, Zitzler E, 2006. Handling uncertainty in indicator-based multi-objective optimization [J]. International journal of computational intelligence research, 2 (3): 255-272.

Bayley D J, Hartfield R J, Burkhalter J E, et al., 2008. Design optimization of a space launch vehicle using a genetic algorithm [J]. Journal of spacecraft and rockets, 45 (4): 733-740.

Bentley P J, Wakefield J P, 1998. Finding acceptable solutions in the pareto-optimal range using multi-objective genetic algorithms [M]//Soft computing in engineering design and manufacturing. London: Springer, 231-240.

Beume N, Fonseca C M, López-Ibáñez M, et al., 2009. On the complexity of computing the hypervolume indicator [J]. IEEE transactions on evolutionary computation, 13 (5): 1075-1082.

Beume N, Naujoks B, Emmerich M, 2007. SMS-EMOA: multi-objective selection based on dominated hypervolume [J]. European journal of operational research, 181 (3): 1653-1669.

Bleuler S, Laumanns M, Thiele L, et al., 2003. PISA : a platform and programming language independent interface for search algorithms [C]//International conference on evolutionary multi-criterion optimization. Berlin: Springer, 494-508.

Borghi C A, Casadei D, Fabbri M, et al., 1998. Reduction of the torque ripple in permanent magnet actuators by a multi-objective minimization technique [J]. IEEE transactions on magnetics, 34 (5): 2869-2872.

Branke J, Schmeck H, 2001. Guidance in evolutionary multi-objective optimization [J]. Advances in engineering software, 32 (6): 499-507.

Branke J, Scheckenbach B, Stein M, et al., 2009. Portfolio optimization with an envelope-based multi-objective evolutionary algorithm [J]. European journal of operational research, 199 (3): 684-693.

Bright M S, Arslan T, 1999. Multi-objective design strategy for high-level low power design of DSP systems [C]//International symposium on circuits and systems. IEEE, (1): 80-83.

Brockhoff D, Zitzler E, 2007. Improving hypervolume-based multi-objective evolutionary algorithms by using objective reduction methods [C]//Proceedings of the 2007 congress on evolutionary computation. IEEE, 2086-2093.

Brockhoff D, Zitzler E, 2009. Objective reduction in evolutionary multi-objective optimization: Theory and applications [J]. Evolutionary computation, 17 (2): 135-166.

Brown A, Tech V, Thomas L M, 1998. Reengineering the naval ship concept design process [J]. Naval engineers journal, 127 (1): 49-61.

Cai Q, Gong M, Ruan S, et al., 2015, Network structural balance based on evolutionary multi-objective optimization: a two-step approach [J]. IEEE transactions on evolutionary computation, 19 (6): 903-916.

Cai Z, Wang Y, 2006. A multi-objective optimization-based evolutionary algorithm for constrained optimization [J]. IEEE transactions on evolutionary computation, 10 (6): 658-675.

Cao K, Batty M, Huang B, et al., 2011. Spatial multi-objective land use optimization: extensions to the non-dominated sorting genetic algorithm-II [J]. International journal of geographical information science, 25 (12): 1949-1969.

Carrese R, Li X, 2015. Preference-based multi-objective particle swarm optimization for airfoil design [M]//Springer handbook of computational intelligence. Berlin: Springer, 1311-1331.

Cavicchio D J. 1972. Reproductive adaptive plans [C]//ACM Conference.ACM, 60-70.

Chan Y H, Chiang T C, Fu L C, 2010. A two-phase evolutionary algorithm for multi-objective mining of classification rules [C]//Proceedings of the 2010 congress on evolutionary computation. IEEE, 1-7.

Chang P C, Chen S H, Zhang Q, et al., 2008. MOEA/D for flowshop scheduling problems [C]//Proceedings of the 2010 congress on evolutionary computation. IEEE, 1433-1438.

Chang T J, Yang S C, Chang K J, 2009. Portfolio optimization problems in different risk measures using genetic algorithm [J]. Expert systems with applications, 36 (7): 10529-10537.

Chatfield C, 2004. The analysis of time series: an introduction [M]. New York: CRC Press.

Chen C T, Pham H V, 2012. Trajectory planning in parallel kinematic manipulators using a constrained multi-objective evolutionary algorithm [J]. Nonlinear dynamics, 67 (2): 1669-1681.

Chen M, Hammami O, 2015. A system engineering conception of multi-objective optimization for multi-physics system [M]//Multi-physics modelling and simulation for systems design and monitoring. Berlin: Springer, 299-306.

Chen X, 2001. Pareto tree searching genetic algorithm: approaching Pareto optimal front by searching Pareto optimal tree [R]. China, Tianjin, Nankai University, Department of Computer Science, Technical Report Nk-CS-200: 1-002.

Chiba K, Obayashi S, Nakahashi K, et al., 2005. High-fidelity multi-disciplinary design optimization of wing shape for regional jet aircraft [C]//International conference on evolutionary multi-criterion optimization. Berlin: Springer, 621-635.

Chow C R, 1998. An evolutionary approach to search for NCR-boards [C]//Proceedings of the 1998 congress on evolutionary computation. IEEE, 295-300.

Coello Coello A C, 2000a. Treating constraints as objectives for single-objective evolutionary optimization [J]. Engineering optimization, 32 (3): 275-308.

Coello Coello A C, 2002. Design of combinational logic circuits through an evolutionary multi-objective optimization approach [J]. Artificial intelligence for engineering design analysis & manufacturing, 16 (1): 39-53.

Coello Coello A C, Lamont G B, Veldhuizen D A V, 2007. Evolutionary algorithms for solving multi-objective problems [M]. New York: Springer.

Coello Coello A C, Montes E M, 2002a. Constraint-handling in genetic algorithms through the use of dominance-based tournament selection [J]. Advanced engineering informatics, 16 (3): 193-203.

Coello Coello A C, Pulido G T, 2001. A micro-genetic algorithm for multi-objective optimization [C]//International conference on evolutionary multi-criterion optimization. Berlin: Springer, 126-140.

Coello Coello A C, Pulido G T, 2005. Multi-objective optimization using a micro-genetic algorithm [J]. Structural & multi-disciplinary optimization, 30 (5): 388-403.

Coello Coello A C, 2000. Constraint-handling using an evolutionary multi-objective optimization technique [J]. Civil engineering & environmental systems, 17 (4): 319-346.

Coit D W, Smith A E, Tate D M, 2017. Adaptive penalty methods for genetic optimization of constrained combinatorial problems [J]. Informs journal on computing, 8 (2): 173-182.

Corana A, Martini C, Ridella M A, 1987. Corrigenda: "minimizing multimodal functions of continuous variables with the 'simulated annealing' algorithm" full text of the original article is available here [J]. ACM transactions on mathematical software, 13 (3): 262-280.

Cordon O, Herrera-Viedma E, Luque M, 2006. Improving the learning of Boolean queries by means of a multi-objective IQBE evolutionary algorithm [J]. Information processing & management, 42 (3): 615-632.

Corne D W, Jerram N-R, Knowles J D, et al., 2001. PESA-II: region-based selection in evolutionary multi-objective [J]. Genetic and evolutionary computation conference, 283-290.

Corne D W, Knowles J D, Oates M J, 200. The pareto envelope-based selection algorithm for multi-objective optimization [M]//Parallel problem solving from nature PPSN VI. Berlin: Springer.

Creaco E, Pezzinga G, 2015. Embedding linear programming in multi-objective genetic algorithms for reducing the size of the search space with application to leakage minimization in water distribution networks [M]. Amsterdam: Elsevier Science Publishers.

Cuesta D, Risco-Martin J L, Ayala J L, et al., 2013. 3D thermal-aware floorplanner using a MOEA approximation [J]. Integration the VLSI journal, 46 (1): 10-21.

Cui X, Li Q, Tao Q, 2007. Genetic algorithm for Pareto optimum-based route selection [J]. Journal of systems engineering and electronics, 18 (2): 360-368.

Czyżżak P, Jaszkiewicz A, 1998. Pareto simulated annealing: a metaheuristic technique for multi-objective combinatorial optimization [J]. Journal of multi-criteria decision analysis, 7 (1): 34-47.

Côté P, Parrott L, Sabourin R, 2007. Multi-objective optimization of an ecological assembly model [J]. Ecological informatics, 2 (1): 23-31.

Daniel S, Dedu S, Şerban F, 2015. Multi-objective mean-risk models for optimization in finance and insurance [J]. Procedia economics & finance, (32): 973-980.

Das I, Dennis J E, 1997. A closer look at drawbacks of minimizing weighted sums of objectives for Pareto set generation in multi-criteria optimization problems [J]. Structural and multi-disciplinary optimization, 14 (1): 63-69.

Das I, Dennis J E, 1998. Normal-boundary intersection: A new method for generating the Pareto surface in nonlinear multi-criteria optimization problems [J]. SIAM journal on optimization, 8 (3): 631-657.

Davis L, 1985. Applying adaptive algorithms to epistatic domains. [C]//Proceedings international joint conference on artificial intelligence. Venice: DBLP, 162-164.

De I I B, Philpott M S, Bagnall A J, et al. 2003. Data mining rules using multi-objective evolutionary algorithms [C]//Proceedings of the 2003 congress on evolutionary computation. IEEE, (3): 1552-1559.

Deb K, Saxena D K, 2005b. On finding Pareto-optimal solutions through dimensionality reduction for certain large-dimensional multi-objective optimization problems [J]. Kangal report, 011.

Deb K, 1999. Multi-objective genetic algorithms: problem difficulties and construction of test problems [J]. Evolutionary computation, 7 (3): 205-230.

Deb K, 1999a. Introducing Bias among Pareto-optimal solutions [J]. Kanpur genetic algorithms laboratory report, 449-458.

Deb K, 2000b. An efficient constraint handling method for genetic algorithms [J]. Computer methods in applied mechanics and engineering, 186 (2): 311-338.

Deb K, 2001. Multi-objective optimization using evolutionary algorithms [M]. Hoboken: John Wiley & Sons.

Deb K, Agrawal R B, 1994. Simulated binary crossover for continuous search space [J]. Complex systems, 9 (3): 115-148.

Deb K, Agrawal S, Pratap A, et al., 2000. A fast elitist non-dominated sorting genetic algorithm for multi-objective optimization: NSGA-II [M]//Parallel problem solving from nature PPSN VI. Berlin: Springer, 849-858.

Deb K, Goyal M, 1996. A combined genetic adaptive search (GeneAS) for engineering design [J]. Computer science and informatics, 26: 30-45.

Deb K, Jain H, 2013. An evolutionary many-objective optimization algorithm using reference-point-based nondominated sorting approach, part 1: solving problems with box constraints [J]. IEEE transactions on evolutionary computation, 18 (4): 577-601.

Deb K, Jain S, 2002b. Running performance metrics for evolutionary multi-objective optimization [C]//Kangal report No. 2002004: 105-111.

Deb K, Miettinen K, Chaudhuri S, 2010. Toward an estimation of nadir objective vector using a hybrid of evolutionary and local search approaches [J]. IEEE transactions on evolutionary computation, 14 (6): 821-841.

Deb K, Mohan M, Mishra S, 2003. A fast multi-objective evolutionary algorithm for finding well-spread Pareto-optimal solutions [J]. KanGAL report, 2003002: 1-18.

Deb K, Mohan M, Mishra S, 2005a. Evaluating the ε-domination based multi-objective evolutionary algorithm for a quick computation of Pareto-optimal solutions [J]. Evolutionary computation, 13 (4): 501-525.

Deb K, Pratap A, Agarwal S, et al., 2002. A fast and elitist multi-objective genetic algorithm: NSGA-II [J]. IEEE transactions on evolutionary computation, 6 (2): 182-197.

Deb K, Pratap A, Meyarivan T. 2001a. Constrained test problems for multi-objective evolutionary optimization [C] //Proceedings of the 2001 congress on evolutionary multi-criterion optimization, Zurich, Switzerland, 284-298.

Deb K, Rao N U B, Karthik S, 2007. Dynamic multi-objective optimization and decision-making using modified NSGA-II: a case study on hydro-thermal power scheduling [C] //International conference on evolutionary multi-criterion optimization. Berlin: Springer, 803-817.

Deb K, Thiele L, Laumanns M, et al., 2002a. Scalable multi-objective optimization test problems [C]//Proceedings of the 2002 congress on evolutionary computation. IEEE, 825-830.

Deb K, Thiele L, Laumanns M, et al., 2005. Scalable test problems for evolutionary multi-objective optimization [J]. London: Springer.

Deb K, Thiele L, Laumanns M, et al., 2005. Scalable test problems for evolutionary multi-objective optimization [J]// Evolutionary multi-objective optimization, 105-145.

Dick R P, Jha N K, 1998. CORDS: hardware-software co-synthesis of reconfigurable real-time distributed embedded systems [C]//IEEE/ACM international conference on computer-aided design. IEEE, 62-68.

Dick R P, Jha N K, 1998. MOGAC: a multi-objective genetic algorithm for hardware-software cosynthesis of distributed embedded systems [J]. IEEE transactions on computer-aided design of integrated circuits and systems, 17 (10): 920-935.

Digalakis J G, Margaritis K G, 2002. An experimental study of benchmarking functions for genetic algorithms [J]. International journal of computer mathematics, 79 (4): 403-416.

Ducheyne E I, Baets B D, Wulf R R D, 2008. Fitness inheritance in multiple objective evolutionary algorithms: a test bench and real-world evaluation [J]. Applied soft computing, 8 (1): 337-349.

Durillo J J, Nebro A J, 2011. A java framework for multi-objective optimization [J]. Advances in engineering software, 42 (10): 760-771.

Eguchi T, Hirasawa K, Hu J, 2003. Symbiotic evolutional models in multi-agent systems [C]//Proceedings of the 2003 congress on evolutionary computation. IEEE, (2): 739-746.

Eklund N H, Embrechts M J, 2001. Determining the color-efficiency Pareto optimal surface for filtered light sources [M]//Evolutionary multi-criterion optimization. Berlin: Springer, 603-611.

Esquivel S, Ferrero S, Gallard R, et al., 2002. Enhanced evolutionary algorithms for single and multi-objective optimization in the job shop scheduling problem [J]. Knowledge-based systems, 15 (1-2): 13-25.

Farhang-Mehr A, Azarm S, 2002. Entropy-based multi-objective genetic algorithm for design optimization [J]. Structural & multi-disciplinary optimization, 24 (5): 351-361.

Farhang-MehrA, Azarm S, 2003. An information-theoretic entropy metric for assessing multi-objective optimization solution set quality [J]. Journal of mechanical design, 125 (4): 655-663.

Farina M, Deb K, Amato P, 2004. Dynamic multi-objective optimization problems: test cases, approximations, and applications [M]. IEEE Press.

Fernandez E, Lopez E, Bernal S, et al., 2010. Evolutionary multi-objective optimization using an outranking-based dominance generalization [J]. Computers & operations research, 37 (2): 390-395.

Ferringer M P, Spencer D B, Reed P, 2009. Many-objective reconfiguration of operational satellite constellations with the large-cluster epsilon non-dominated sorting genetic algorithm-II [C]//Proceedings of the 2009 congress on evolutionary computation. IEEE, 340-349.

Fogel D B, 1988. An evolutionary approach to the traveling salesman problem [J]. Biological Cybernetics, 60 (2): 139-144.

Fogel D B, 1997. Evolutionary algorithms in theory and practice [M]. New York: Oxford University Press.

Fogel L J, Owens A J, Walsh M J, 1966. Artificial intelligence through simulated evolution [C]// International conference on emerging trends & applications in computer science. New York: John Wiley & Sons, Inc., 227-296.

Fonseca C M, Fleming P J, 1993. Genetic algorithms for multi-objective optimization: formulation discussion and generalization [C]//International conference on genetic algorithms. Morgan Kaufmann Publishers Inc, 416-423.

Fonseca C M, Fleming P J, 1995. An overview of evolutionary algorithms in multi-objective optimization [J]. Evolutionary computation, 3 (1): 1-16.

Fonseca C M, Fleming P J, 1995a. Multi-objective genetic algorithms made easy: selection sharing and mating restriction [C]//First international conference on genetic algorithms in engineering systems: innovations and applications. Galesia, 45-52.

Fonseca C M, Fleming P J, 1998. Multi-objective optimization and multiple constraint handling with evolutionary algorithms-II application example [J]. IEEE transactions on systems man & cybernetics part a systems & humans. IEEE, 28 (1): 38-47.

Fonseca V G D, Fonseca C M, Hall A O, 2001. Inferential performance assessment of stochastic optimisers and the attainment function. [C]//International conference on evolutionary multi-criterion optimization.Berlin: Springer, 213-225.

Fourman M P, 1985. Compaction of symbolic layout using genetic algorithms [C]//Proceedings of the 1st international conference on genetic algorithms. L. Erlbaum Associates, 141-153.

Funke B, Grünert T, Irnich S, 2005. Local search for vehicle routing and scheduling problems: review and conceptual integration [J]. Journal of heuristics, 11 (4): 267-306.

Gabriel S A, Faria J A, Moglen G E, 2006. A multi-objective optimization approach to smart growth in land development [J]. Socio-economic planning sciences, 40 (3): 212-248.

Garcia M A P, Montiel O, Castillo O, et al., 2007. Path planning for autonomous mobile robot navigation with ant colony optimization and fuzzy cost function evaluation [J]. Applied soft computing, 9 (3): 1102-1110.

Gaspar-Cunha A, Oliveira P, Covas J A, 1997. Use of genetic algorithms in multi-criteria optimization to solve industrial problems [C]//International conference on genetic algorithms. East Lansing, 682-688.

Gen M, Lin L, 2014. Multi-objective evolutionary algorithm for manufacturing scheduling problems: state-of-the-art survey [J]. Journal of intelligent manufacturing, 25 (5): 849-866.

Goh C K, Tan K C, 2007. An investigation on noisy environments in evolutionary multi-objective optimization [M]. IEEE Press.

Goh C K, Tan K C, 2009. A competitive-cooperative evolutionary paradigm for dynamic multi-objective optimization [M]. IEEE Press.

Goldberg D E, Deb K, 1991. A comparative analysis of selection schemes used in genetic algorithms [J]. Foundations of genetic algorithms, 1: 69-93.

Goldberg D E, Deb K, Kargupta H, et al., 1993. Rapid accurate optimization of difficult problems using fast messy genetic algorithms [J]. Proceedings of the 5th ICGA, 56-64.

Goldberg D E, Korb B, Deb K, 1989. Messy genetic algorithms: motivation, analysis, and first results [J]. Complex systems, 3 (3): 493-530.

Goldberg D E, Richardson J, 1987. Genetic algorithms with sharing for multimodal function optimization [C]//International conference on genetic algorithms on genetic algorithms and their application. L. Erlbaum Associates, 41-49.

Gong D, Sun J, Ji X, 2013. Evolutionary algorithms with preference polyhedron for interval multi-objective optimization problems [J]. Information sciences, 233 (2): 141-161.

Gong M, Cai Q, Chen X, et al., 2014. Complex network clustering by multi-objective discrete particle swarm optimization based on decomposition [J]. IEEE transactions on evolutionary computation, 18 (1): 82-97.

Gong M, Liu J, Li H, et al., 2015. A multi-objective sparse feature learning model for deep neural networks [J]. IEEE transactions on neural networks & learning systems, 26 (12): 3263.

Gong M, Su L, Jia M, et al., 2014a. Fuzzy clustering with a modified MRF energy function for change detection in synthetic aperture radar images [J]. IEEE transactions on fuzzy systems, 22 (1): 98-109.

Gong M, Zhang M, Yuan Y, 2015a. Unsupervised band selection based on evolutionary multi-objective optimization for hyperspectral images [J]. IEEE transactions on geoscience & remote sensing, 54 (1): 544-557.

Greeff M, Engelbrecht A P, 2008. Solving dynamic multi-objective problems with vector evaluated particle swarm optimization [C]//Proceedings of the 2002 congress on evolutionary computation. IEEE, 2917-2924.

Greenwood G W, Hu X, D'Ambrosio J G, 1996. Fitness functions for multiple-objective optimization problems: combining preferences with pareto rankings [C]//The workshop on foundations of genetic algorithms,San Diego, DBLP, 437-455.

Gu F, Liu H L, Tan K C, 2012. A multi-objective evolutionary algorithm using dynamic weight design method [J]. International journal of innovative computing information & control, 8 (5): 3677-3688.

Guo G, Li W, Yang B, et al., 2012. Predicting Pareto dominance in multi-objective optimization using pattern recognition [C]//Second international conference on intelligent system design and engineering application.IEEE, 456-459.

Habenicht W, 1983. Quad Trees, a datastructure for discrete vector optimization problems [J]. Essays and surveys on multiple criteria decision making, 136-145.

Hadi A, Rashidi F, 2005. Design of optimal power distribution networks using multi-objective genetic algorithm [M]. KI 2005: advances in artificial intelligence. Berlin: Springer.

Hajela P, Lin C Y, 1992. Genetic search strategies in multi-criterion optimal design [J]. Structural optimization, 4 (2): 99-107.

Han H C, Kim S R, Lundgren J R, 2002. Domination graphs of regular tournaments [J]. Discrete mathematics, 252 (1): 57-71.

Hanne T, 1997. Concepts of a learning object-oriented problem solver (LOOPS) [M]//Multiple criteria decision making. Berlin: Springer.

Hanne T, 1999. On the convergence of multi-objective evolutionary algorithms [J]. European journal of operational research, 117 (3): 553-564.

Hanne T, 2000. Global multi-objective optimization using evolutionary algorithms [J]. Journal of heuristics, 6 (3): 347-360.

Harris S P, Ifeachor E C, 1996. Nonlinear FIR filter design by genetic algorithm [C]//Proceedings of the first online workshop on soft computing,216-221.

Harrison K R, Ombuki-Berman B M, Engelbrecht A P, 2014. Dynamic multi-objective optimization using charged vector evaluated particle swarm optimization [C]//Proceedings of the 2014 congress on evolutionary computation. IEEE, 1929-1936.

Hatzakis I, Wallace D, 2006. Dynamic multi-objective optimization with evolutionary algorithms: a forward-looking approach [C]//Conference on genetic and evolutionary computation.ACM, 1201-1208.

Heckerman D, Geiger D, 1995. Learning Bayesian networks: a unification for discrete and Gaussian domains [C]//Eleventh conference on uncertainty in artificial intelligence. Morgan Kaufmann Publishers, 274-284.

Helbig M, Engelbrecht A P, 2012. Analyses of guide update approaches for vector evaluated particle swarm optimization on dynamic multi-objective optimization problems [C]//Proceedings of the 2012 congress on evolutionary computation. IEEE, 2012: 1-8.

Helbig M, Engelbrecht A P, 2014. Heterogeneous dynamic vector evaluated particle swarm optimization for dynamic multi-objective optimization [C]//Proceedings of the 2012 congress on evolutionary computation. IEEE, 3151-3159.

Henrion M, 1988. Propagating uncertainty in Bayesian networks by probabilistic logic sampling [J]. Machine intelligence & pattern recognition, 5: 149-163.

Hillermeier C, 2001. Nonlinear multi-objective optimization [M]. Birkhaüser Verlag.

Ho W, Ho G T S, Ji P, et al., 2008. A hybrid genetic algorithm for the multi-depot vehicle routing problem [J]. Engineering applications of artificial intelligence, 21 (4): 548-557.

Holdsworth C, Kim M, Liao J, et al., 2012. The use of a multi-objective evolutionary algorithm to increase flexibility in the search for better IMRT plans [J]. Medical physics, 39 (4): 2261-2274.

Holland J H, 1992. Adaptation in natural and artificial systems [J]. Quarterly review of biology, 6 (2): 126-137.

Holland J H, 2000. Building blocks, cohort genetic algorithms, and hyperplane-defined functions [J]. Evolutionary computation, 8 (4): 373.

Horn J, 1997. Multi-criterion decision making [M]. Handbook of evolutionary computation, 9-15.

Horn J, Nafpliotis N, Goldberg D E, 1994. A niched Pareto genetic algorithm for multi-objective optimization [C]//, Proceedings of the first IEEE conference on evolutionary computation. IEEE, (1): 82-87.

Hu C, Zhao J, Yan X, et al., 2015. A MapReduce based parallel niche genetic algorithm for contaminant source identification in water distribution network [J]. Ad hoc networks, 35 (C): 116-126.

Huang F Z, Wang L, He Q, 2007. An effective co-evolutionary differential evolution for constrained optimization [J]. Applied mathematics & computation, 186 (1): 340-356.

Huang W T, Chen C Y, Chen Y Y, et al., 2013. Multi-objective evolutionary approach to silicon solar cell design optimization [C]//Quality electronic design.IEEE, 192-195.

Huband S, Hingston P, Barone L, et al., 2006. A review of multi-objective test problems and a scalable test problem toolkit [J]. IEEE transactions on evolutionary computation, 10 (5): 477-506.

Hughes E J, 2003. Multiple single objective Pareto sampling [C]//Proceedings of the 2003 congress on evolutionary computation. IEEE, (4): 2678-2684.

Iglesia B D L, Reynolds A, Raywardsmith V J, 2005. Developments on a multi-objective metaheuristic (MOMH) algorithm for finding interesting sets of classification rules [C]//International conference on evolutionary multi-criterion optimization.Berlin: Springer, 3410: 826-840.

Ikeda K, Kita H, Kobayashi S, 2001. Failure of Pareto-based MOEAs: does non-dominated really mean near to optimal? [C]// Proceedings of the 2001 congress on evolutionary computation. IEEE, (2): 957-652.

Inselberg A, Dimsdale B, 1990. Parallel coordinates: a tool for visualizing multi-dimensional geometry [C]//Proceedings of the 1st conference on visualization'90. IEEE Computer Society Press, 361-378.

Ishibuchi H, Nakashima Y, Nojima Y, 2011. Performance evaluation of evolutionary multi-objective optimization algorithms for multi-objective fuzzy genetics-based machine learning [J]. Soft computing, 15 (12): 2415-2434.

Ishibuchi H, Yamamoto T, 2004. Fuzzy rule selection by multi-objective genetic local search algorithms and rule evaluation measures in data mining [J]. Fuzzy sets & systems, 141 (1): 59-88.

Jaszkiewicz A, 2002. On the performance of multiple-objective genetic local search on the 0/1 knapsack problem-a comparative experiment [J]. IEEE transactions on evolutionary computation, 6 (4): 402-412.

Jensen M T, 2003. Reducing the run-time complexity of multi-objective eas: the NSGA-II and other algorithms [J]. IEEE transactions on evolutionary computation, 7 (5): 503-515.

Jia L M, Meng X L, 2012. Genetic Algorithms implement in railway management information system [M]. Genetic algorithms in applications. InTech.

Jiang H, Sun W, Ren Z, et al., 2014. Evolving hard and easy traveling salesman problem instances: a multi-objective approach [J]. Simulated evolutionand learning, 8886 (8): 216-227.

Jiang S, Yang S, 2016. An improved multi-objective optimization evolutionary algorithm based on decomposition for complex pareto fronts [J]. IEEE transactions on cybernetics, 46 (2): 421-437.

Jin Y, Sendhoff B, 2002, Incorporation of fuzzy preferences into evolutionary multi-objective optimization [C]//Genetic and evolutionary computation conference. Morgan Kaufmann Publishers, 683.

Johnson M D, Tauritz D R, Wilkerson R W, 2007. SNDL-MOEA: stored non-domination level MOEA [C]//Conference on genetic and evolutionary computation.ACM, 837-844.

Jong K A D, 1975. Analysis of the behavior of a class of genetic adaptive systems [D]. Ph. d. thesis University of Michigan: 805-819.

Jourdan L, Corne D, Savic D, et al., 2005. Preliminary investigation of the 'learnable evolution model' for faster/better multi-objective water systems design [C]//International conference on evolutionary multi-criterion optimization. Berlin: Springer, 841-855.

Karahan I, Koksalan M, 2010. A territory defining multi-objective evolutionary algorithms and preference incorporation [J]. IEEE transactions on evolutionary computation, 14 (4): 636-664.

Kazantzis M D, Simpson A R, Kwong D, et al., 2002. A new methodology for optimizing the daily operations of a pumping plant [C]//Conference on Water Resources Planning and Management.

Ke T, Wang J, Li X, et al., 2016. A scalable approach to capacitated arc routing problems based on hierarchical decomposition [J]. IEEE transactions on cybern, 99: 1-13.

Khabzaoui M, Dhaenens C, Talbi E, 2004. A multi-criteria genetic algorithm to analyze microarray data [C]//Proceedings of the 2004 congress on evolutionary computation. IEEE, (2): 1874-1881.

Khan N, Goldberg D E, Pelikan M, 2002. Multiple-objective Bayesian optimization algorithm [C]//Conference on genetic and evolutionary computation.Morgan Kaufmann Publishers, 684.

Kim Y J, Ghaboussi J, 1998. A new genetic algorithm based control method using state space reconstruction [C]//Proceedings of the second world conference on struc control,2007-2014.

Kim Y S, Street W N, Menczer F, 2001. An evolutionary multi-objective local selection algorithm for customer targeting [C]//Proceedings of the 2001 congress on evolutionary computation. IEEE, (2): 759-766.

Kim Y, Jeon Y H, Lee D H, 2006. Multi-objective and multi-disciplinary design optimization of supersonic fighter wing [J]. Journal of aircraft, 43 (3): 817-824.

Kita H, Yabumoto Y, Mori N, et al., 1996. Multi-objective optimization by means of the thermodynamical genetic algorithm [J]. Transactions of the Institute of Systems Control& Information Engineers, 11 (3): 103-111.

Kleeman M P, Lamont G B, 2005. Solving the aircraft engine maintenance scheduling problem using a multi-objective evolutionary algorithm [M]. Berlin: springer.

Kleeman M P, Lamont G B, Hopkinson K M, et al., 2007. Multi-objective evolutionary algorithms for designing capacitated network centric communications [C]//Conference on genetic and evolutionary computation. ACM, 905-905.

Knowles J D, 2002. Local-search and hybrid evolutionary algorithms for Pareto optimization [D]. University of Birmingham.

Knowles J D, Corne D W, 2000. Approximating the nondominated front using the Pareto archived evolution strategy [J]. Evolutionary computation, 8 (2): 149.

Knowles J D, Watson R A, Corne D W, 2001. Reducing local optima in single-objective problems by multi-objectivization [C]//International conference on evolutionary multi-criterion optimization. Berlin: Springer, 269-283.

Knowles J, Corne D, 1999. The Pareto archived evolution strategy: a new baseline algorithm for Pareto multi-objective optimization [C]//Proceedings of the 1999 congress on evolutionary computation. IEEE, 98-105.

Knowles J, Corne D, 2003. Properties of an adaptive archiving algorithm for storing nondominated vectors [C]//IEEE transactions on evolutionary computation.IEEE, 7 (2): 100-116.

Konstantinidis A, Yang K, 2011. Multi-objective energy-efficient dense deployment in wireless sensor networks using a hybrid problem-specific MOEA/D [J]. Applied soft computing, 11 (6): 4117-4134.

Koo W T, Chi K G, Tan K C, 2010. A predictive gradient strategy for multi-objective evolutionary algorithms in a fast changing environment [J]. Memetic computing, 2 (2): 87-110.

Krishnakumar K, 1990. Micro-genetic algorithms for stationary and non-stationary function optimization [J]. Proceedings of SPIE-the International Society for Optical Engineering, 1196: 289-296.

Kukkonen S, Lampinen J, 2005. GDE3: the third evolution step of generalized differential evolution [C]//Proceedings of the 2005 congress on evolutionary computation. IEEE, (1): 443-450.

Kundu P, Kar S, Maiti M, 2013. Multi-objective multi-item solid transportation problem in fuzzy environment [J]. Applied mathematical modelling, 37 (4): 2028-2038.

Kundu P, Kar S, Maiti M, 2014. Multi-objective solid transportation problems with budget constraint inuncertain environment [J]. International journal of systems science, 45 (8): 1668-1682.

Kursawe F, 1991. A variant of evolution strategies for vector optimization [M]. Berlin: Springer.

Lahanas M, Schreibmann E, Baltas D, 2003. Multi-objective inverse planning for intensity modulated radiotherapy with constraint-free gradient-based optimization algorithms [J]. Physics in medicine & biology, 48 (17): 2843-2871.

Langdon W B, 1995. Evolving data structures using genetic programming [C]//International conference on genetic algorithms,295-302.

Laumanns M, Thiele L, Deb K, et al., 2002. Combining convergence and diversity in evolutionary multi-objective optimization [J]. Evolutionary computation, 10 (3): 263-282.

Laumanns M, Thiele L, Zitzler E, 2004. Running time analysis of multi-objective evolutionary algorithms on pseudo-Boolean functions [J]. IEEE transactions on evolutionary computation. IEEE, 8 (2): 170-182.

Lee I H, Shin S Y, Zhang B T. 2003. DNA sequence optimization using constrained multi-objective evolutionary algorithm [C]//Proceedings of the 2003 congress on evolutionary computation. IEEE, (4): 2270-2276.

Lei D, Wu Z, 2006. Tabu search for multiple-criteria manufacturing cell design [J]. The international journal of advanced manufacturing technology, 28 (9): 950-956.

Levy A V, Montalvo A, Gomez S, et al., 1982. Topics in global optimization [J]. Lecture notes in mathematics, (909): 18-33.

Li D, Das S, Pahwa A, et al., 2013. A multi-objective evolutionary approach for generator scheduling [J]. Expert systems with applications, 40 (18): 7647-7655.

Li H, Lim A, 2003. Local search with annealing-like restarts to solve the vrptw [J]. European journal of operational research, 150 (1): 115-127.

Li H, Zhang Q, 2007. Comparison between NSGA-II and MOEA/D on a set of multi-objective problems with complicated Pareto sets [J]. IEEE transactions on evolutionary computation, 13 (2): 284-302.

Li H, Zhang Q, 2008. Multi-objective optimization problems with complicated Pareto sets, MOEA/D and NSGA-II [J]. IEEE transactions on evolutionary computation, 13 (2): 284-302.

Li H, Zhang Q, Deng J, 2014. Multi-objective test problems with complicated Pareto fronts: difficulties in degeneracy [C]//Proceedings of the 2014 congress on evolutionary computation. IEEE, 2156-2163.

Li H, Zhang Q, Deng J, 2016. Biased multi-objective optimization and decomposition algorithm [J]. IEEE transactions on cybernetics, 47 (1): 52-66.

Li K, Zhang Q, Battiti R, 2013. MOEA/D-ACO: a multi-objective evolutionary algorithm using decomposition and antcolony [J]. IEEE transactions on cybernetics, 43 (6): 1845.

Li L, Yao X, Stolkin R, et al., 2014. An evolutionary multi-objective approach to sparse reconstruction [J]. IEEE transactions on evolutionary computation, 18 (6): 827-845.

Li M, Yang S, Liu X, 2013. Shift-based density estimation for Pareto-based algorithms in many-objective optimization [J]. IEEE transactions on evolutionary computation, 18 (3): 348-365.

Li M, Yang S, Liu X, 2014. A test problem for visual investigation of high-dimensional multi-objective search [C]//Proceedings of the 2014 congress on evolutionary computation. IEEE, 2140-2147.

Li M, Yang S, Liu X, 2015. A performance comparison indicator for Pareto front approximations in many-objective optimization [C]//Proceedings of the 2015 annual conference on genetic and evolutionary computation. ACM, 703-710.

Li M, Yang S, Liu X, 2016. Pareto or non-Pareto: bi-criterion evolution in multi-objective optimization [J]. IEEE transactions on evolutionary computation, 20 (5): 645-665.

Li S D, Zhu J, Li G X, 2005. Optimization of MEO regional communication satellite constellation with genetic algorithm [J]. Journal of system simulation, 17 (6): 1366-1470.

Li Y, Zhou Y R, Zhan Z H, et al., 2016. A primary theoretical study on decomposition based multi-objective evolutionary algorithms [J]. Transactions on evolutionary computation, 20 (4): 563-576.

Liu C A, Wang Y, 2007. Dynamic Multi-objective optimization evolutionary algorithm [C]//International conference on natural computation. IEEE Computer Society, 456-459.

Liu H L, Gu F, Cheung Y, 2010. T-MOEA/D: MOEA/D with objective transform in multi-objective problems [C]//International conference of information science and management engineering. IEEE Computer Society, 282-285.

Liu M, Zheng J, Wang J, et al., 2014b. An adaptive diversity introduction method for dynamic evolutionary multi-objective optimization [C]//Proceedings of the 2014 congress on evolutionary computation. IEEE, 3160-3167.

Liu S, Qu L, 2008. A new field balancing method of rotor systems based on holospectrum and genetic algorithm [J]. Applied soft computing, 8 (1): 446-455.

Liu S, Tai H, Ding Q, et al., 2013. A hybrid approach of support vector regression with genetic algorithm optimization for aquaculture water quality prediction [J]. Mathematical and computer modelling, 58 (3): 458-465.

Liu C A, Wang Y P, 2009. Multi-objective evolutionary algorithm for dynamic nonlinear constrained optimization problems [J]. 系统工程与电子技术（英文版）, 20 (1): 204-210.

Liu J, Abbass H A, Green D G, et al., 2012. Motif difficulty: a predictive measure of problem difficulty for evolutionary algorithms using network motifs [J]. Evolutionary computation, 20 (3): 321.

Lohpetch D, Corne D, 2011. Multi-objective algorithms for financial trading: Multi-objective out-trades single-objective [C]//Proceedings of the 2014 congress on evolutionary computation. IEEE, 192-199.

Louis S J, Rawlins G J E, 1991. Designer genetic algorithms: genetic algorithms in structure design [J]. IEEE transactions on computer-aided design of integrated circuits and systems, 20 (9): 1037-1058.

Luo Q, Wu J, Yang Y, et al., 2016, Multi-objective optimization of long-term groundwater monitoring network design using a probabilistic Pareto genetic algorithm under uncertainty [J]. Journal of hydrology, 534: 352-363.

López D, Angulo C, Macareno L, 2008. An improved meshing method for shape optimization of aerodynamic profiles using genetic algorithms [J]. International journal for numerical methods in fluids, 56 (8): 1383-1389.

Ma Y, Liu R, Shang R, 2011. A hybrid dynamic multi-objective immune optimization algorithm using prediction strategy and improved differential evolution crossover operator [C]//International conference on neural information processing. Berlin: Springer, 435-444.

Marcos M D G, Machado J A T, Azevedo-Perdicoúlis T P, 2012. A multi-objective approach for the motion planning of redundant manipulators [J]. Applied soft computing, 12 (2): 589-599.

Marianoromero C E, Alcoceryamanaka V, Morales E F, 2005. Multi-objective water pinch analysis of the Cuernavaca city water distribution network [C]//International conference on evolutionary multi-criterion optimization. Berlin: Springer, 870-884.

Marvin N, Bower M, Rowe J E, 1999. An evolutionary approach to constructing prognostic models [J]. Artificial intelligence in medicine, 15 (2): 155-165.

Mason W, Coverstonecarroll V, Hartmann J, 1998. Optimal Earth orbiting satellite constellations via a Pareto genetic algorithm [C]//AIAA/AAS astrodynamics specialist conference and exhibit, 1-14.

Matrosov E S, Huskova I, Kasprzyk J R, et al., 2015. Many-objective optimization and visual analytics reveal key trade-offs for London's water supply [J]. Journal of hydrology, 531: 1040-1053.

Mauseth R, Wang Y, Dassau E, et al., 2010, Proposed clinical application for tuning fuzzy logic controller of artificial pancreas utilizing a personalization factor [J]. Journal of diabetes science & technology, 4 (4): 913-922.

Mccormick G, Powell R S, 2004, Derivation of near-optimal pump schedules for water distribution by simulated annealing [J]. Journal of the operational research society, 55 (7): 728-736.

Mester D, Bräysy O, Dullaert W, 2007, A multi-parametric evolution strategies algorithm for vehicle routing problems [J]. Expert systems with applications, 32 (2): 508-517.

Mezura-Montes E, Coello Coello A C, 2011, Constraint-handling in nature-inspired numerical optimization: past, present and future [J]. Swarm & evolutionary computation, 1 (4): 173-194.

Michalewicz Z, Schoenauer M, 1996, Evolutionary algorithms for constrained parameter optimization problems [J]. Evolutionary computation, 4 (1): 1-32.

Molina J, Santana L V, Hernández-Díaz A G, et al., 2009. G-dominance: reference point based dominance for multi-objective metaheuristics [J]. European journal of operational research, 197 (2): 685-692.

Molina J, Santana L V, Hernández-Díaz A G, et al., 2009. G-dominance: reference point based dominance for multi-objective metaheuristics [J]. European journal of operational research, 197 (2): 685-692.

More J J, Garbow B S, Hillstrom K E, 1981. Testing unconstrained optimization software [J]. ACM transactions on mathe matical software, 7 (7): 17-41.

Morita H, Nakahara T, 2009. Pattern mining for historical data analysis by using moea [J]. Lecture notes in economics & mathematical systems, 618: 135-144.

Morse J N, 1980. Reducing the size of the nondominated set: pruning by clustering [J]. Computers & operations research, 7 (1): 55-66.

Murugeswari R, Radhakrishnan S, Devaraj D, 2016. A multi-objective evolutionary algorithm based QoS routing in wireless mesh networks [J]. Applied soft computing, 40 (C): 517-525.

Nebro A J, Durillo J J, 2010. A study of the parallelization of the multi-objective meta heuristic MOEA/D [C]//International conference on learning and intelligent optimization. Venice: DB LP, 303-317.

Neto A R P, 2010. A simulation-based evolutionary multi-objective approach to manufacturing cell formation [J]. Computers & industrial engineering, 59 (1): 64-74.

Neufeld D, Chung J, 2005. Unmanned aerial vehicle conceptual design using a genetic algorithm and data mining [J]. Infotech@ Aerospoace, 1-25.

Neumann F, Reichel J, 2008. Approximating minimum multicuts by evolutionary multi-objective algorithms [C]//International conference on parallel problem solving from nature.Berlin: Springer, 72-81.

Neumann F, Wegener I, 2005. Minimum spanning trees made easier via multi-objective optimization [C]//Conference on genetic and evolutionary computation. ACM, 763-769.

Nie L, Gao L, Li P, et al., 2011. Multi-objective optimization for dynamic single-machine scheduling [C]//International conference on advances in swarm intelligence. Berlin: Springer, 1-9.

Olhofer M, Jin Y, Sendhoff B, 2001. Adaptive encoding for aerodynamic shape optimization using evolution strategies [C]//. Proceedings of the 2001 congress on evolutionary computation. IEEE, 576-583.

Oliveira L S, Morita M, Sabourin R, et al., 2005. Multi-objective genetic algorithms to create ensemble of classifiers [M]. Berlin: Springer.

Olson B, Shehu A, 2014. Multi-objective optimization techniques for conformational sampling in template-free protein structure prediction [J]. Conference on bioinf and comp biol, 236-250.

Onan K, Lengin F, Sennaro, et al., 2015. An evolutionary multi-objective optimization approach to disaster waste management [M]. Oxford: Pergamon Press.

Osman I H, 1993. Metastrategy simulated annealing and tabu search algorithms for the vehicle routing problem [J]. Annals of operations research, 41: 421-451.

Osyczka A, Kundu S, 1995. A new method to solve generalized multicriteria optimization problems using the simple genetic algorithm [J]. Structural optimization, 10 (2): 94-99.

Oyama A, Nonomura T, Fujii K, 2010. Data mining of Pareto-optimal transonic airfoil shapes using proper orthogonal decomposition [J]. Journal of aircraft, 47 (5): 1756-1762.

Oyarbide-Zubillaga A, Goti A, Sanchez A, 2008. Preventive maintenance optimisation of multi-equipment manufacturing systems by combining discrete event simulation and multi-objective evolutionary algorithms [J]. Production planning & control, 19 (4): 342-355.

Palesi G A V C M, 2002. A framework for design space exploration of parameterized VLSI systems [C]//Proceedings of the 2002 Asia and South Pacific design automation conference. IEEE Computer Society, 245-250.

Pedersen G K M, Goldberg D E, 2004. Dynamic uniform scaling for multi-objective genetic algorithms [J]. Lecture notes in computer science, 3103: 11-23.

Pelikan M, Goldberg D E, 1999. BOA: the Bayesian optimization algorithm [C]//Conference on genetic and evolutionary computation. Morgan Kaufmann Publishers, 525-532.

Pelikan M, 2002. Bayesian optimization algorithm: from single level to hierarchy [M]. Champaign: University of Illinois at Urbana-Champaign Press.

Pelikan M, Goldberg D E, 2000. Hierarchical problem solving by the Bayesian optimization algorithm [C]//Conference on genetic and evolutionary computation, 267-274.

Peng Z, Zheng J, Zou J, 2014. A population diversity maintaining strategy based on dynamic environment evolutionary model for dynamic multi-objective optimization [J]. Proceedings of the 2014 congress on evolutionary computation. IEEE, 274-281.

Pereira V, Rocha M, Cortez P, et al., 2013. A framework for robust traffic engineering using evolutionary computation [C]//International conference on autonomous infrastructure,management and security. Berlin: Springer, 1-12.

Peter M, Adam W, 2006. An evolutionary algorithm for multi-criteria path optimization problems [J]. International journal of geographical information science, 20 (4): 401-423.

Poloni C, Fearon M, Ng D, 1996. Parallelisation of genetic algorithm for aerodynamic design optimisation [C]//Conference on adaptive computing in engineering design and control,96.

Poloni C, Mosetti G, Contessi S, 1996. Multi-objective optimization by GAs: application to system and component design [J]. Computer aided design, 258-264.

Porta J, Parapar J, Doallo R, et al., 2013. High performance genetic algorithm for land use planning [J]. Computers environment & urban systems, 37 (1): 45-58.

Radbia A, Bechikh S, Said L B, 2014. A multiple reference point-based evolutionary algorithm for dynamic multi-objective optimization with undetectable changes [C]//Proceedings of the 2014 congress on evolutionary computation. IEEE, 3168-3175.

Rahmani A, Mirhassani S A, 2014. A hybrid firefly-genetic algorithm for the capacitated facility location problem [J]. Information sciences, 283 (4): 70-78.

Rahmani F, Behzadian K, 2014. Sequential multi-objective evolutionary algorithm for a real-world water distribution system design [J]. Procedia engineering, 89: 95-102.

Rahmani S, Mousavi S M, Kamali M J, 2011. Modeling of road-traffic noise with the use of genetic algorithm [J]. Applied soft computing, 11 (1): 1008-1013.

Ramirez-Rosado I J, Bernal-Agustin J L, 2001. Reliability and costs optimization for distribution networks expansion using an evolutionary algorithm [J]. IEEE transactions on power systems, 16 (1): 111-118.

Ray T, Kang T, Kin C S, 2001. Multi-objective design optimization by an evolutionary algorithm [J]. Engineering optimization, 33 (4): 399-424.

Rechenberg I, 1965. Cybernetic solution path of an experimental problem [J]. Royal aircraft establishment library translation, 1122.

Reynolds J H, Ford E D, 1999. Multi-criteria assessment of ecological process models [J]. Ecology, 80 (2): 538-553.

Richardson, Jon T, Palmer, et al., 1989. Some guidelines for genetic algorithms with penalty functions [C]//International conference on genetic algorithms, 58-63.

Ritzel B J, Eheart J W, Ranjithan S, 1994. Using genetic algorithms to solve a multiple objective groundwater pollution containment problem [J]. Water resources research, 30 (5): 1589-1603.

Rivas-Dávalos F, Irving M R, 2005. An approach based on the strength Pareto evolutionary algorithm 2 for power distribution system planning [J]. Evolutionary multi-criterion optimization, 3410: 707-720.

Rocha M, Sousa P, Cortez P, et al., 2011. Quality of service constrained routing optimization using evolutionary computation [J]. Applied soft computing, 11 (1): 356-364.

Rochat Y, Éric D, Taillard, 1995. Probabilistic diversification and intensification in local search for vehicle routing [J]. Journal of heuristics, 1 (1): 147-167.

Rogers J L, 2000. A parallel approach to optimum actuator selection with a genetic algorithm [C]//AIAA guidance, navigation, and control conference and exhibit, 355-360.

Rosenberg R S, 1970. Simulation of genetic populations with biochemical properties [J]. Mathematical biosciences, 8 (1): 1-37.

Rosenman M A, Gero J S, 1985. Reducing the Pareto optimal set in multi-criteria optimization [J]. Engineering optimization, 8: 189-206.

Roy R, Mehnen J, 2008. Dynamic multi-objective optimisation for machining gradient materials [J]. CIRP annals-manufacturing technology, 57 (1): 429-432.

Rudolph G, 1998. On a multi-objective evolutionary algorithm and its convergence to the Pareto set [C]//Proceedings of the 1998 congress on evolutionary computation. IEEE, 511-516.

Rudolph G, 1998a. Evolutionary search for minimal elements in partially ordered finite sets [C]//Evolutionary programming. Berlin: Springer, 345-353.

Rudolph G. 2001. Some theoretical properties of evolutionary algorithms under partially ordered fitness values [J]. Evolutionary algorithms workshop, 9-22.

Rudolph G, 2001a. Evolutionary search under partially ordered fitness sets [J]. In proceedings of the International symposium on information science innovations in engineering of natural and artificial intelligent systems, 818-822.

Ruiz-Torrubiano R, Suárez A, 2010. Hybrid approaches and dimensionality reduction for portfolio selection with cardinality constraints [J]. IEEE computational intelligence magazine, 5 (2): 92-107.

Runarsson T P, Yao X, 2000. Stochastic ranking for constrained evolutionary optimization [J]. IEEE transactions on evolutionary computation, 4 (3): 284-294.

Runarsson T P, Yao X, 2005. Search biases in constrained evolutionary optimization [J]. IEEE transactions on systems, man, and cybernetics, part C (applications and reviews), 35 (2): 233-243.

Said L B, Bechikh S, Ghédira K, 2010. The r-dominance: a new dominance relation for interactive evolutionary multicriteria decision making [J]. IEEE transactions on evolutionary computation, 14 (5): 801-818.

Sait S M, Faheemuddin M, Minhas M R, et al., 2005. Multi-objective VLSI cell placement using distributed genetic algorithm [C]//Proceedings of the 7th annual conference on genetic and evolutionary computation. ACM, 1585-1586.

Sait S M, Youssef H, Khan J A, 2001. Fuzzy evolutionary algorithm for VLSI placement [C]//Proceedings of the 3rd annual conference on genetic and evolutionary computation. Morgan Kaufmann Publishers, 1056-1063.

Saludjian L, Coulomb J L, Izabelle A, 1998. Genetic algorithm and Taylor development of the finite element solution for shape optimization of electromagnetic devices [J]. IEEE transactions on magnetics, 34 (5): 2841-2844.

Saravanan R, Ramabalan S, Balamurugan C, 2009. Evolutionary multi-criteria trajectory modeling of industrial robots in the presence of obstacles [J]. Engineering applications of artificial intelligence, 22 (2): 329-342.

Sato H, Aguirre H, Tanaka K, 2007. Controlling dominance area of solutions and its impact on the performance of MOEAs [C]//Evolutionary multi-criterion optimization. Berlin: Springer, 5-20.

Schaffer J D, 1985. Some experiments in machine learning using vector evaluated genetic algorithms [R]. Vanderbilt University, Nashville, TN (USA).

Schaffer J D, 1985a. Multiple objective optimization with vector evaluated genetic algorithms [C]//International conference on genetic algorithms. L. Erlbaum Associates, 93-100.

Schnier T, Yao X, Liu P, 2004. Digital filter design using multiple Pareto fronts [M]. Berlin: Springer.

Schott J R, 1995. Fault tolerant design using single and multi-criteria genetic algorithm optimization [J]. Cellular immunology, 37 (1): 1-13.

Schwefel H P, 1995. Evolution and optimum seeking [M]. Venice: DBLP.

Sendhoff B, 1999. The Pareto archived evolution strategy: a new Baseline algorithm for Pareto multi-objective optimization [C]//Proceedings of the 1999 congress on evolutionary computation. IEEE, 98-105.

Seo U J, Chun Y, Choi J H, et al., 2012. Design of rotor shape for reducing torque ripple in interior permanent magnet motors [J]. International journal of applied electromagnetics and mechanics, 39 (1-4): 881-887.

Shang R, Jiao L, Liu F, et al., 2012. A novel immune clonal algorithm for mo problems [J]. IEEE transactions on evolutionary computation, 16 (1): 35-50.

Shang R, Jiao L, Ren Y, et al., 2014. Quantum immune clonal coevolutionary algorithm for dynamic multi-objective optimization [J]. Soft computing, 18: 743-756.

Shao H, Li J, Yang L, 2010. Discussion of hazardous chemicals transportation mode based on multi-objective problem [J]. Journal of safety science and technology, 2: 016.

Sharma S, Rangaiah G P, 2013. An improved multi-objective differential evolution with a termination criterion for optimizing chemical processes [J]. Computers & chemical engineering, 56: 155-173.

Shen R, Zheng J, Li M, 2015. A hybrid development platform for evolutionary multi-objective optimization [C]//Proceedings of the 2015 congress on evolutionary computation. IEEE, 1885-1892.

Shi C, Li Y, Kang L, 2003. A new simple and highly efficient multi-objective optimal evolutionary algorithm [C]//Proceedings of the 2003 congress on evolutionary computation. IEEE, (3): 1536-1542.

Solomon M M, 1987. Algorithms for the vehicle routing and scheduling problems with time window constraints [J]. Operations research, 35 (2): 254-265.

Srinivas N, Deb K, 1994. Multi-objective optimization using nondominated sorting in genetic algorithms [J]. Evolutionary computation, 2 (3): 221-248.

Stanley T J, Mudge T N, 1995. A parallel genetic algorithm for multi-objective microprocessor design [C]//International conference on genetic algorithms. ACM, 597-604.

Storn R, Price K, 1997. Differential evolution-a simple and efficient heuristic for global optimization over continuous spaces [J]. Journal of global optimization, 11 (4): 341-359.

Seguier R, Cladel N, 2003. Multi-objective genetic snakes: application on audio-visual speech recognition [C]//Eurasip conference focused on video/image processing and multimedia communications. IEEE, (2): 625-630.

Taharwa I A, Sheta A, Weshah M A, 2008. A mobile robot path planning using genetic algorithm in static environment [J]. Journal of computer science, 4 (4): 341-344.

Takahama T, Sakai S, 2006. Constrained optimization by the ε-constrained differential evolution with gradient-based mutation and feasible elites [C]//Proceedings of the 2006 congress on evolutionary computation. IEEE, 100 (2): 1-8.

Tamaki H, 1994. Multi-criteria optimization by genetic algorithm: a case of scheduling in hot rolling process [C]//3rd Conference of the Association of Asian Pacific Operational Research Society within IFORS, Fukuoka Japan, 51.

Tan K C, Lee L H, Ou K, 2001. Artificial intelligence heuristics in solving vehicle routing problems with time window constraints [J]. Engineering applications of artificial intelligence, 14 (6): 825-837.

Tan K C, Chew Y H, Lee L H, 2006. A hybrid multi-objective evolutionary algorithm for solving vehicle routing problem with time windows [J]. Computational optimization and applications, 34 (1): 115-151.

Tan K C, Cheong C Y, Goh C K, 2007. Solving multi-objective vehicle routing problem with stochastic demand via evolutionary computation [J]. European journal of operational research, 177 (2): 813-839.

Tan T G, Teo J, Chin K O, 2013. Single-versus multi-objective optimization for evolution of neural controllers in Ms. Pac-Man [J]. International journal of computer games technology, (2): 374-384.

Tang K, Yang P, Yao X, 2016. Negatively correlated search [J]. IEEE journal on selected areas in communications, 34 (3): 542-550.

Tang L, Zuo X, Wang C, et al., 2015. A MOEA/D based approach for solving robust double row layout problem [C]// Proceedings of the 2015 congress on evolutionary computation. IEEE, 1966-1973.

Tani N, Oyama A, Yamanishi N, 2008. Multi-objective design optimization of rocket engine turbopump turbine [C]// Proceedings of the 5th international spacecraft propulsion conference, 13-18.

Teich J, Blickle T, Thiele L, 1997. An evolutionary approach to system-level synthesis [C]//International workshop on hardware/software codesign. IEEE, 1167-1171.

Teklu F, Sumalee A, Watling D, 2007. A genetic algorithm approach for optimizing traffic control signals considering routing [J]. Computer-aided civil and infrastructure engineering, 22 (1): 31-43.

Thomas M W, 1998. A Pareto frontier for full stern submarines via genetic algorithm [J]. Massachusetts Institute of Technology.

Tormos P, Lova A, Barber F, et al., 2008. A genetic algorithm for railway scheduling problems [M]//Metaheuristics for scheduling in industrial and manufacturing applications.Berlin: Springer, 255-276.

Tsoi E, Wong K P, Fung C C, 1995. Hybrid GA/SA algorithms for evaluating trade-off between economic cost and environmental impact in generation dispatch [C]// Proceedings of the 2002 congress on evolutionary computation. IEEE, 132.

Türkmen B S, Turan O, 2004. An application study of multi-agent systems in multi-criteria ship design optimisation [C]// Computer and IT applications in the maritime industries,340-354.

Van Z J E, Savic D A, Walters G A, 2004. Operational optimization of water distribution systems using a hybrid genetic algorithm [J]. Journal of water resources planning and management. ASCE, 130: 160-170.

Veldhuizen D A V, 1999. Multi-objective evolutionary algorithms: classifications, analyses and new innovations [J]. Evolutionary computation, 8 (2): 125-147.

Veldhuizen D A V, Lamont G B, 2000. On measuring multi-objective evolutionary algorithm performance [C]// Proceedings of the 2002 congress on evolutionary computation. IEEE, (1): 204-211.

Veldhuizen D A V, Lamont G B, 1998. Evolutionary computation and convergence to a Pareto front [D]. California : Stanford University.

Veldhuizen D A V, Lamont G B, 1999a. Multi-objective evolutionary algorithm test suites [C]//ACM symposium on applied computing.ACM, 351-357.

Vescan A, Grosan C, 2008. A hybrid evolutionary multi-objective approach for the component selection problem [J]. Hybrid artificial intelligence systems, 5271 (4): 164-171.

Vidal T, Crainic T G, Gendreau M, et al., 2012. A hybrid genetic algorithm for multidepot and periodic vehicle routing problems [J]. Operations research, 60 (3): 611-624.

Vinek E, Beran P P, Schikuta E, 2011. A dynamic multi-objective optimization framework for selecting distributed deployments in a heterogeneous environment [J]. Procedia computer science, 4 (4): 166-175.

Wagner T, Trautmann H, 2010. Integration of preferences in hypervolume-based multi-objective evolutionary algorithms by means of desirability functions [J]. IEEE transactionson on evolutionary computation, 14 (5): 688-701.

Wang J P, Tong Q, 2009. Urban planning decision using multi-objective optimization algorithm [C]//International colloquium on computing, communication, control, and management, 4: 392-394.

Wang J Y, Chang T P, Chen J S, 2009. An enhanced genetic algorithm for bi-objective pump scheduling in water supply [J]. Expert systems with applications, 36 (7): 10249-10258.

Wang R, Purshouse R C, Fleming P J, 2013. Preference-inspired co-evolutionary algorithms for many-objective optimization [J]. IEEE transactions on evolutionary computation, 17 (4): 474-494.

Wang S, Gong M, Li H, et al., 2016. Multi-objective optimization for long tail recommendation [J]. Knowledge-based systems, 104: 145-155.

Wang Y, Cai Z, 2012a. Combining multi-objective optimization with differential evolution to solve constrained optimization problems [J]. IEEE transactions on evolutionary computation, 16 (1): 117-134.

Wang Y, Cai Z, 2012b. Adynamic hybrid framework for constrained evolutionary optimization [J]. IEEE transactions on systems, man and cybernetics, part B: cybernetics, 42 (1): 203-217.

Wang Y, Cai Z, Guo G, et al., 2007. Multi-objective optimization and hybrid evolutionary algorithm to solve Constrained optimization problems [J]. IEEE transactions on systems, man and cybernetics, part B: cybernetics, 37 (3): 560-575.

Wang Y, Cai Z, Zhou Y. et al., 2008. An adaptive trade off model for constrained evolutionary optimization [J]. IEEE transactions on evolutionary computation, 12 (1): 80-92.

Wang Y, Dang C, 2008. An evolutionary algorithm for dynamic multi-objective optimization [J]. Applied mathematics & computation, 205 (1): 6-18.

Wang Y, Li B, 2009. Investigation of memory-based multi-objective optimization evolutionary algorithm in dynamic environment [C]//Proceedings of the 2009 congress on evolutionary computation. IEEE, 630-637.

Wang Y, Li B, 2010. Multi-strategy ensemble evolutionary algorithm for dynamic multi-objective optimization [J]. Memetic computing, 2 (1): 3-24.

Wegley C, Eusuff M, Lansey K, 2000. Determining pump operations using particles warm optimization [J]. Water resources engineering management, 122 (5): 1-6.

Weile D S, Michielssen E, 1996a. Integer coded Pareto genetic algorithm design of constrained antenna arrays [J]. Electronics letters, 32 (19): 1744-1745.

Weile D S, Michielssen E, Goldberg D E, 1996. Multi-objective synthesis of electromagnetic devices using nondominated sorting genetic algorithms [C]//Antennas and Propagation Society International Symposium, IEEE, (1): 592-595.

Weile D S, Michielssen E, Goldberg D E, 1996b. Genetic algorithm design of Pareto optimal broad band microwave absorbers [J]. IEEE transactions on electromagnetic compatibility, 38 (3): 518-525.

Whitley D K, Mathias S, Dzubera J, et al., 1996. Evaluating evolutionary algorithms [J]. Artificial intelligence, 85: 245-276.

Wickramasinghe U K, Carrese R, Li X, 2010. Designing airfoils using a reference point based evolutionary many-objective particle swarm optimization algorithm [C]//Proceedings of the 2010 congress on evolutionary computation. IEEE, 1-8.

Wilson P B, Macleod M D, 1993. Low implementation cost IIR digital filter design using genetic algorithms [J]. Workshop on natural algorithms in signal processing, 4: 1-8.

Wolpert D H, Macready W G, 1997. No free lunch theorems for optimization [J]. IEEE transactions on evolutionary coputation, 1 (1): 67-82.

Wu J, Azarm S, 2001. Metrics for quality assessment of a multi-objective design optimization solution set [J]. Journal of mechanical design, 123 (1): 18-25.

Xie C, Ding L, 2010. Various selection approaches on evolutionary multi-objective optimization [C]//International conference on biomedical engineering and informatics, 7: 3007-3011.

Yang B S, Choi S P, Kim Y C, 2005. Vibration reduction optimum design of a steam-turbine rotor-bearing system using a hybrid genetic algorithm [J]. Structuraland multi-disciplinary optimization, 30 (1): 43-53.

Yang L, Liu L, 2007. Fuzzy fixed charge solid transportation problem and algorithm [J]. Applied soft computing, 7 (3): 879-889.

Yang S, Li M, Liu X, et al., 2013. A grid-based evolutionary algorithm for many-objective optimization [J]. IEEE transactions on evolutionary computation, 17: 721-736.

Yang Y, Xin Y, Zhou Z H, 2012. On the approximate on ability of evolutionary optimization with application to minimum set cover [J]. Artificial intelligence, 180-181 (2): 20-33.

Yao X, 1996. Fast evolutionary programming [J]. Evolutionary programming, (2): 451-460.

Ye H K, Cho B H, Seong Y K, et al., 2013. Multi-objective evolutionary optimization for tumor segmentation of breast ultrasound images [C]//Engineering in Medicine And Biology Society.IEEE, 3650-3653.

Yu G, Chai T, Luo X, 2013. Two-level production plan decomposition based on a hybrid MOEA for mineral Processing [J]. IEEE transactionson automation science and engineering, 10 (4): 1050-1071.

Yu G, Zheng J, Shen R, et al., 2015. Decomposing theuser-preference in multi-objective optimization [J]. Soft computing, 20 (10): 1-17.

Zaliz R R, Zwir I, Ruspini E, 2004. Generalized analysis of promoters (GAP): a method for dna sequence description [J]. Applications of multi, 427-449.

Zangari D S M, Ramirez P A T, 2014. A GPU implementation of MOEA/D-ACO for the multi-objective traveling salesman problem [C]//Intelligent systems.IEEE, 324-329.

Zebulum R S, Pacheco M A, Vellasco M, 1998. Synthesis of CMOS operational amplifiers through genetic algorithms [C]//Proceedings of the 1998 congress on integrated circuit design. IEEE, 125-128.

Zebulum R S, Pacheco M A, Vellasco M, 1998a. A multi-objective optimization methodology applied to the synthesis of low-power operational amplifiers [C]//International conference in microelectronics and packaging, 264-271.

Zeng S Y, Kang L S, Ding L X, 2004. An orthogonal multi-objective evolutionary algorithm for multi-objective optimization problems with constraints [J]. Evolutionary computation, 12 (1): 77-98.

Zhang J, 2006. Improved on-line process fault diagnosis through information fusion in multiple neural networks [J]. Computers & chemical engineering, 30 (3): 558-571.

Zhang Q, Li H, 2007. MOEA/D: A multi-objective evolutionary algorithm based on decomposition [J]. IEEE transactions on evolutionary computation, 11 (6): 712-731.

Zhang Q, Liu W, Li H, 2009. The performance of a new version of MOEA/D on CEC09 unconstrained MOP test instances [C]//Proceedings of the 2009 congress on evolutionary computation. IEEE, 203-208.

Zhang Q, Zhou A, Jin Y, 2008. RM-MEDA: a regularity model-based multi-objective estimation of distribution algorithm [J]. IEEE transactions on evolutionary computation, 12 (1): 41-63.

Zhang Q, Zhou A, Zhao S, et al., 2008. Multi-objective optimization test instances for the CEC 2009 special session and competition [J]. University of Essex, 264.

Zhao S, Jiao L, Zhao J, et al., 2005. Evolutionary design of analog circuits with a uniform-design based multi-objective adaptive genetic algorithm [C]//NASA/DOD conference on evolvable hardware. IEEE, 26-29.

Zheng B, 2007. A new dynamic multi-objective optimization evolutionary algorithm [C]//International conference on natural computation. IEEE Computer Society, 565-570.

Zheng F, Simpson A, Zecchin A, 2015. Improving the efficiency of multi-objective evolutionary algorithms through decomposition: an application to water distribution network design [J]. Environmental modelling & software, 69 (C): 240-252.

Zheng J, Ling C X, Shi Z, et al., 2004. Some discussions about MOGAs: individual relations, non-dominated set, and application on automatic negotiation [C]//Proceedings of the 2004 congress on evolutionary computation. IEEE Xplore, (1): 706-712.

Zheng J, Ling C, Shi Z, et al., 2004a. A multi-objective genetic algorithm based on quick sort [C]//Conference of the Canadian Society for Computational Studies of Intelligence.Berlin: Springer, 175-186.

Zhou A, Jin Y, Zhang Q F, et al., 2007. Prediction-based population re-initialization for evolutionary dynamic multi-objective optimization [C]//International conference on evolutionary multi-criterion optimization. Berlin: Springer,

832-846.

Zhou A, Jin Y, Zhang Q, 2014. A population prediction strategy for evolutionary dynamic multi-objective optimization [J]. IEEE transactions on cybernetics, 44 (1): 40-53.

Zhou A, Zhang Q, Jin Y, 2009. Approximating the set of Pareto-optimal solutions in both the decision and objective spaces by an estimation of distribution algorithm [J]. IEEE transactions on evolutionary computation, 13 (5): 1167-1189.

Zhou Y, 2009. Runtime analysis of an ant colony optimization algorithm for TSP instances [J]. IEEE transactions on evolutionary computation, 13 (5): 1083-1092.

Zhou Y, He J, 2007. A runtime analysis of evolutionary algorithms for constrained optimization problems [J]. IEEE transactions on evolutionary computation, 11 (5): 608-619.

Zhou Y, Lai X, Li Y, et al., 2013. Ant colony optimization with combining Gaussian eliminations for matrix multiplication [J]. IEEE transactions on cybernetics, 43 (1): 347-357.

Zhou Z H, Yu Y, 2005. Ensembling local learners through multimodal perturbation [J]. IEEE transactions on systems, man, and cybernetics, part B, 35 (4): 725-735.

Zhu Y, Wang J, Qu B, 2014. Multi-objective economic emission dispatch considering wind power using evolutionary algorithm based on decomposition [J]. International journal of electrical power & energy systems, 63 (12): 434-445.

Zitzler E, 1999a. Evolutionary algorithms for multi-objective optimization: methods and applications [J]. Science and technology information, 4 (2): 59-68.

Zitzler E, Deb K, Thiele L, 2000. Comparison of multi-objective evolutionary algorithms: empirical results [J]. Evolutionary computation, 173-195.

Zitzler E, Künzli S, 2004. Indicator-based selection in multi-objective search [C]//International conference on parallel problem solving from nature.Berlin: Springer, 832-842.

Zitzler E, Laumanns M, Thiele L, 2001. SPEA2: improving the strength Pareto evolutionary algorithm [J]. Technical Report Gloriastrasse, 1-21.

Zitzler E, Laumanns M, Thiele L, et al., 2002. Why quality assessment of multi-objective optimizers is difficult [C]// Proceedings of the 4th annual conference on genetic and evolutionary computation. Morgan Kaufmann Publishers, 666-674.

Zitzler E, Thiele L, 1998. Multi-objective optimization using evolutionary algorithms: a comparative case study [C]//International conference on parallel problem solving from nature.Berlin: Springer, 292-301.

Zitzler E, Thiele L, 1999. Multi-objective evolutionary algorithms: a comparative case study and the strength Pareto approach [J]. IEEE transactions on evolutionary computation, 3 (4): 257-271.

Zitzler E, Thiele L, Laumanns M, et al., 2003, Performance assessment of multi-objective optimizers: An analysis and review [J]. IEEE transactions on evolutionary computation, 7 (2): 117-132.

Zou J, Zheng J, Deng C, et al., 2015. An evaluation of non-redundant objective sets based on the spatial similarity ratio [J]. Soft computing, 19 (8): 2275-2286.

Zuo Y, Gong M, Zeng J, et al., 2015. Personalized recommendation based on evolutionary multi-objective optimization [J]. IEEE computational intelligence magazine, 10 (1): 52-62.

Zydallis J B, 2003. Explicit building-block multi-objective genetic algorithms: theory, analysis, and development [R]. Air Force Institute of Technology Library, Wright-Patterson AFB, Ohio of Engineering and Management.

Zydallis J B, Van V D A, Lamont G B, 2001. A statistical comparison of multi-objective evolutionary algorithms including the MOMGA-II [C]//International conference on evolutionary multi-criterion optimization.Berlin: Springer, 226-240.